集散控制系统
应用技术

韩兵 编

化学工业出版社

·北京·

图书在版编目（CIP）数据

集散控制系统应用技术 / 韩兵编. —北京：化学工业出版社，2011.8

ISBN 978-7-122-11034-3

Ⅰ. 集…　Ⅱ. 韩…　Ⅲ. 集散控制系统　Ⅳ. TP273

中国版本图书馆 CIP 数据核字（2011）第 067145 号

责任编辑：宋　辉　　　　文字编辑：徐卿华

责任校对：王素芹　　　　装帧设计：王晓宇

出版发行：化学工业出版社（北京市东城区青年湖南街 13 号　邮政编码 100011）

印　　装：三河市延风印装厂

787mm×1092mm　1/16　印张 18　字数　451　千字　　2011 年 8 月北京第 1 版第 1 次印刷

购书咨询：010-64518888（传真：010-64519686）　　售后服务：010-64518899

网　　址：http: // www. cip. com. cn

凡购买本书，如有缺损质量问题，本社销售中心负责调换。

定　　价：**48.00** 元

版权所有　违者必究

前言 FOREWORD

集散控制系统（DCS）技术与产品在工业生产与民用工程自动化应用中占主要地位。随着生产过程工艺技术不断更新和产品质量不断提高，各种类型、不同功能和大小规模的集散控制系统在各个领域得到了更广泛的应用。进入21世纪以来，不但工业生产离不开集散控制技术，而且我们生活的各个方面也越来越与集散控制系统相关。随着控制系统技术不断发展，特别是自动化和信息化的不断融合，集散控制系统变得越来越重要。例如，在大型公众文化文艺活动中，大规模的灯光和道具背景都可以采用集散控制系统来实现控制。由于具有数字控制、网络通信、监控组态和决策信息处理的功能，集散控制成为了工业和工程控制系统的主要应用形式。集散控制系统在航空航天工程、能源工程、石油与化学工程、生产流水线、制造过程、交通车辆控制、工程测量系统、安全监控系统、环境工程中起着重要的作用。

集散控制系统应用对象广泛，控制系统结构复杂，全球重要企业的集散控制产品众多，从事控制系统应用的工程技术人员开发、应用和维护集散控制有很多问题需要解决。大多数集散控制应用工程师是由企业进行专门的培训来掌握 DCS 的，而这往往只针对单一系统产品。为了帮助现场工程师和技术人员进一步掌握DCS技术和应用，我们编写了此书，特别介绍了集散控制系统的监控组态软件和应用设备。本书也可作为大专院校相关专业的教学用书或参考书。全书共分5章，包括集散控制系统概论、现场总线与网络技术、集散控制系统监控组态软件、集散控制系统仪表、集散控制系统应用案例。

在本书的编写过程中，潘雷、时红军参加了部分工作，在此表示感谢；同时对提供资料的单位和个人表示感谢。

由于编者水平有限，加之时间仓促，不足之处在所难免，恳请读者批评指正。

编者

CONTENTS

目录

第 1 章 集散控制系统概论 Page 001

1.1 集散控制系统的体系结构 1
1.2 集散控制系统网络与通信 2
1.2.1 企业网络信息系统 2
1.2.2 企业集散控制系统（DCS） 7

第 2 章 现场总线与网络技术 Page 014

2.1 现场总线的基本概念 14
2.1.1 现场总线分布式网络系统 14
2.1.2 现场总线自动控制系统 15
2.2 现场总线的特点 15
2.2.1 现场总线系统的结构特点 15
2.2.2 现场总线系统的技术特点 16
2.3 现场总线的类型 17
2.3.1 现场总线的标准 17
2.3.2 现场总线开放系统互连模型基础 17
2.4 现场总线协议规范 19
2.4.1 FF 现场总线协议规范 19
2.4.2 LonWorks 现场总线协议规范 23
2.4.3 PROFIBUS 现场总线协议规范 24
2.4.4 CAN 现场总线协议规范 27
2.4.5 DeviceNet 现场总线协议规范 29
2.4.6 HART 的现场总线协议规范 33
2.4.7 Modbus 的现场总线协议规范 35
2.4.8 ASi 的现场总线协议规范 39
2.5 全球重要企业的现场总线系统 42
2.5.1 罗克韦尔（Rockwell）集散控制系统 42
2.5.2 西门子集散控制系统 49
2.5.3 ABB 现场总线控制系统 54

2.5.4 施耐德集散控制系统 …… 56
2.5.5 三菱集散控制系统 …… 59
2.5.6 欧姆龙（OMRON）集散控制系统 …… 63
2.5.7 中科博微集散控制系统 …… 66
2.5.8 浙大中控集散控制系统 …… 69

第 3 章 集散控制系统监控组态软件 Page 072

3.1 监控组态软件的结构 …… 72
3.1.1 系统监控组态软件组成 …… 73
3.1.2 组态软件的数据流 …… 73
3.2 监控与组态软件图形界面 …… 74
3.2.1 监控组态软件图形功能 …… 74
3.2.2 监控组态软件图形组态内容 …… 75
3.2.3 监控组态软件图形组态技术 …… 80
3.3 DCS 监控与组态软件网络通信 …… 82
3.3.1 监控系统组态通信方式与实现方法 …… 82
3.3.2 监控软件与现场设备之间的通信 …… 88
3.3.3 监控与组态软件的 OPC 通信 …… 90
3.4 DCS 监控与组态软件的组态 …… 92
3.4.1 监控组态软件的系统组态 …… 92
3.4.2 现场总线监控组态软件的变量组态 …… 94
3.4.3 现场总线监控组态软件的消息组态 …… 99
3.4.4 DCS 监控组态软件的设备组态 …… 104
3.5 全球重要企业的监控组态软件 …… 107
3.5.1 FOXBORO——I/A Series …… 107
3.5.2 NI——LabVIEW …… 110
3.5.3 Intellution——iFIX …… 113
3.5.4 亚控科技——组态王 …… 115

第 4 章 集散控制系统仪表 Page 121

4.1 过程控制现场总线仪表 …… 121
4.1.1 现场总线温度测量仪表 …… 121
4.1.2 现场总线压力测量仪表 …… 126
4.1.3 现场总线流量测量仪表 …… 135
4.1.4 现场总线变量转换仪表 …… 139
4.2 运动控制现场总线仪表 …… 147
4.2.1 位置测量与控制仪表和设备 …… 147
4.2.2 速度测量与控制仪表和设备 …… 151

4.3 人机交互现场总线仪表……166
4.3.1 人机界面仪表……166
4.3.2 编程器与组态设备……172

第 5 章 集散控制系统应用案例 Page 177

5.1 集散控制系统在钢铁工业中的应用……177
5.1.1 集散控制在系统干熄焦系统中的应用……177
5.1.2 钢铁集团公司高炉集散控制系统……179
5.1.3 集散控制系统在热轧机上的应用……182
5.1.4 钢铁企业中板厂集散控制系统……185
5.2 集散控制系统在化工生产过程中的应用……190
5.2.1 集散控制系统在丁二烯生产装置中的应用……190
5.2.2 集散控制系统在焦化厂制苯生产中的应用……196
5.2.3 集散控制系统在锅炉过程控制中的应用……202
5.3 DCS 在能源工程中的应用……228
5.3.1 集散控制系统在电厂的应用……228
5.3.2 集散控制系统在热能网行业的应用……245
5.4 集散控制系统在工业制造中的应用……249
5.4.1 JVH 工程公司汽车部件制造机器的现场总线应用……249
5.4.2 BOPP 薄膜生产线集散控制系统应用实例……260
5.5 集散控制系统在环境工程中的应用……265
5.5.1 水处理厂集散控制系统应用……265
5.5.2 自来水厂集散控制系统应用……268

参考文献 Page 280

第1章 Chapter 1
集散控制系统概论

1.1 集散控制系统的体系结构

与以往的控制系统相比，集散控制系统具有以下结构特点。

（1）功能分层体系

根据集散控制系统的设计思想，层次化分充分体现了集中操作管理和分散控制的原则，成为集散控制系统的重要体系特点。按照集散控制系统的规模和实际工艺需要可以将功能体系分成以下2～5层，将满足工厂自动化信息系统的基本功能要求，功能结构如图1.1所示。

战略决策层
经营管理层
生产管理层
综合自动化层
现场设备层

图1.1 DCS功能分层

① 现场设备层 直接与各种现场设备（如仪表、控制器）相连，实施监测、控制、诊断和保护，同时通过现场总线与综合自动化层交换信息。

② 综合自动化层 包括监控计算机，操作站及工程师站。综合监控各种设备信息，集中显示操作，进行控制回路组态和参数修改，完成过程控制任务，优化过程处理（自适应控制，优化各单元内装置等)。

③ 生产管理层 管理计算机完成比控制系统更宽的操作和逻辑分析功能，协调各单元级的参数设定，实施协调策略等，进行生产调度和生产计划的实施。

④ 经营管理层 居于工厂系统的高层，它的管理范围很广，包括工程技术、经济、商业事务等方面，实现企业资源计划ERP的任务。

⑤ 战略决策层 战略决策是战略管理中极为重要的环节，其起着承前启后的枢纽作用。战略决策依据战略分析阶段所提供的决策信息，包括行业机会、竞争格局、企业能力等方面。战略决策要综合各项信息确定企业战略及相关方案。战略实施则是更详细地分解展开各项战略部署，实现战略决策意图和目标。

对于某一具体集散控制的应用来说，并非一定具有5层功能不可，大多数应用于中、小规模的控制系统只有1～3层。少数情况使用到第4层的功能。在大规模的控制系统中才应用完全5层规模。就世界上的优秀集散控制系统产品来看，多数局限在第1~4层，带第5层的系统已经与市场和全球经济紧密相连。

（2）容错能力

集散控制系统具有很高的可靠性，广泛采用了容错、冗余技术，具有自动报警和故障诊断功能，此外还具有软、硬件自诊断功能，使设备的故障率大为下降，且故障后修复快，提高了设备维护的效率，保证了安全生产的运行。

（3）通信功能强

集散控制系统是由多台微处理器以数据通信的形式，通过高速公路相连而构成的一个完整的综合自动控制系统，系统内数据共享，可节约大量控制电缆、一次元件和变送器等，简化各子系统之间的接口，并减少备品配件的品种和数量，降低维护、管理的工作量和费用。

（4）功能齐全

集散控制系统功能齐全，人机界面友好，它的集中操作显示功能，精简了常规监视仪表，为运行人员提供了综合性的画面和信息，有利于全面掌握和分析工况，以及对整个生产过程的操作控制。从计算机事件顺序记录和事故追忆打印中，可迅速判断并处理事故，恢复运行，减少停机时间。

（5）扩展方便、组态灵活

控制系统扩展方便，组态灵活、直观，便于控制方案的调整，能方便地实现许多复杂控制功能，提高控制品质，而且系统易于调试。

（6）节省成本增加效益

采用集散控制系统以后设备主要参数的控制精度及自动系统的投入率均有较大幅度提高，同时可以节省成本，大大提高企业的经济效益。

1.2 集散控制系统网络与通信

1.2.1 企业网络信息系统

可以简单地说，以企业网络技术构建的运作企业内部的管理信息系统，就是 Intranet。它通过 Intranet 的开放性及建置的弹性，达到企业整体效益的提高。Intranet 是利用 Intranet 的技术和设备，为某一行业或企业提供综合性服务的计算机信息网络，一个组织机构中的信息和数据得以交换的系统。正如 Intranet 是在不同的组织机构中传输信息和数据的系统那样，它包括了在一个企业内部交换信息所涉及的各个方面，如工具、程序和协议等。由于企业性质的不同和需要的不同，不同的企业有不同的 Intranet 组成结构。一般 Intranet 由网络、电子邮件 E-mail、万维网 W W W、远程登录 Telnet、文件传输 FIP 组成。除上述组成部分外，一般网络还有即时通信、新闻组、公告栏等功能。客户端的软件有操作系统、浏览器、网络应用软件，如搜索引擎等。服务器端的应用层：超文本语言(HTML)、公共网关接口(CGI)、超文本传输协议(HTTP)和 Java 等。Web 服务器：可使用的软件有 Communications Server 和 Microsoft Intranet Information Server 等。数据库： Microsoft SQL、Oracle、Sybase、Informix 等。网络操作系统：UNIX 和 Windows Server 等。

Intranet 在企业的应用一般包括以下几个方面：企业内部主页、通信处理、支持处理、产品规划处理、运行处理、市场和销售以及客户处理等。企业内部主页(Homepage)主要介绍企业的情况，如企业的历史、宗旨、规章制度、组织结构、黄页(客户、厂商、员工电话簿)和服务、工具和资源等。这些信息放在网络服务器上，供企业内部共享。通信处理有组织机构间的通信和个人间的通信两类。前者包括公务合作和部门之间的通信，后者用于个人通信或工作小组内的通信。组织机构的通信又分三类，即企业的快报、公告栏、新闻等，经营单位或部门通信，以及企业的信息库。用于个人之间或小组内通信的最常用工具是电子邮件，此外，还有新闻组、谈话和视频会议系统(Video Conference)。支持处理用于企业内部，包括人事处理、财务处理、信息系统和技术支持、法律事务及基础设施的规划和建设等。产品规划处理是企业经营的核心部分，它和企业的经营目标有关，同时也是企业专有的。为了竞争需要，一般都属于内部使用，不被外界共享，其内容大致可分研究规划和工程两部分。运行处理也是企业经营的核心，包括采购、电子数据交换 EDI、库存管理、制造以及专门的服务规划等。市场和销售处理包括销售和市场策略、产品方向、市场研究信息、产品目录和说明、技术规范和需求、竞争能力的信息、价格清单、促销计划等。由于竞争的原因，这些信息一般也不提供外界共享。客户支持通过企业的 Web 主页给客户提供信息，提供客户和产品规划者联系的通道，以改善产品质量，将企业内部数据库通过 Intranet 供给客户使用。

1.2.1.1 企业网络系统功能

企业网络系统的设计原则是实现企业发展和建设的战略目标。企业资源计划（ERP）最初是美国著名的 IT 分析公司 GartnerGroup 根据企业发展和企业对供应链管理的需求提出的概念，经历了从封闭式 MRP 到 MRPⅡ再到 ERP 的三个发展阶段。ERP 拓展了 MRPⅡ的管理范围，将供应商和企业内部的采购、生产、销售以及客户紧密联系起来，集成了企业内部的其他管理功能如人力资源、质量管理、决策支持等，可对供应链上的所有环节进行有效管理，并支持国际互联网（Internet）、企业内部网(Intranet)和外部网（Externet）、电子商务（E-Business）等，实现对企业的动态控制以及多种资源的集成与优化，达到企业资源合理、高效利用的目的。ERP 融合了企业管理的先进思想与信息技术的最新成果，不仅是一种功能软件，而且也是先进管理思想的体现。ERP 有 4 种模式。

（1）ERP 系统定制规划模式

ERP 不仅是一个技术应用软件系统，而且是一种管理思想的体现，其主体是管理应用模式，其建立的基础是软件规划技术。它的规划应结合企业所处的行业背景、管理水平及运营方式来进行，实施与应用需要企业在管理思想和管理手段上有所突破，在管理流程上加以重组。因此，那些有能力自行组织力量规划 ERP 系统的企业，要根据本企业所处的行业特点并结合自身的运营方式来设计规划真正适合自己的 ERP 管理模式。而对一些大的软件开发商而言，也应该考虑其所开发的软件的使用对象，为不同类型的企业提供所需的合适的 ERP 应用软件系统。

（2）分布式应用和体系化管理模式

ERP 不仅适用于大型工业企业，同样也可以在中小企业管理中发挥作用。在市场经济条件下，无论中小企业还是大型企业，都要在开放的市场中公平竞争，全面提高企业的竞争能力无疑是企业管理的核心。企业要生存、发展，要赢得市场，应采取能实时控制整个组织体系、减少中间环节、提高企业应变能力的经营策略，实现整体化分布式的管理模式。因此，作为管理工具的 ERP 系统必须从应用模型和技术手段两个方面来完善解决分布式应用和体系化管理相结合的要求，实现企业内部各管理机构信息的动态交换和管理。ERP 软件还应该能够实现企业内部财物、采购、生产以及销售等过程的统一化与标准化，及时协调与供应商和客户的业务，准确、有效地处理企业范围内的采购、调配和物流等业务，使企业的资金、物流实现实时监控与管理，实现对整个企业的统一规划，提高企业整体竞争力。

（3）以业务流程重组为基础构建ERP管理模式

业务流程重组（Business Process Reengineering）概念最初是美国前MIT教授Micheal Hammer与CSCIndex首席执行官James Champy在《公司重组：企业革命的宣言》中提出的。ERP是一种改进哲理，它以作业为中心，摆脱了传统组织分工理论的束缚，采用顾客导向、组织变通、员工授权等形式，正确运用信息技术，以适应快速变动的环境。我国企业的管理水平与国外先进水平存在很大的差距，在应用ERP系统前需要对以往的业务流程进行重新改造或调整，以适应计算机信息处理的特点与工作方式的要求。企业实施ERP管理系统，应根据计算机数据化管理的特点，对企业传统的经营机制、业务流程、组织结构、管理职能、规章制度等进行改造，建立先进的企业业务流程管理模式。根据流程范围和重组特征，可以在以下几个层次上进行业务流程重组：职能机构内部的业务流程重组，理顺企业职能机构内部的具体职责和业务，做到机构不重叠，业务不重复；职能机构部门之间的业务流程重组，企业可以根据其具体活动的需要，打破部门之间的界限，实现业务流程重组管理，这可以大幅度地缩短新产品的开发周期。企业与企业之间的业务流程重组，在新的竞争方式和经济环境下，企业与企业之间不仅需要竞争，更需要创造双赢的合作，因此，这一层次的重组是非常必要的。这类ERP是目前业务流程重组企业管理最高层次，也是ERP的最终目标。

（4）面向供应链管理的ERP模式

供应链管理也是提高企业竞争力的重要因素。企业要具有较强的竞争力，就要求处于供应链上的每一个组成部分都有责任和义务保持供应链中信息流、物流、资金流的顺畅流通并提高其效率。企业的产品与行业特征以及经营范围等因素决定了其供应链的结构。一般而言，产品科技含量越高，创新越快，越需要市场响应能力高的供应链结构，而越是日用型的通用产品，越需要效率高的供应链结构。无论是ERP设计商还是自行组织力量开发ERP的企业，供应链结构设计都是供应链管理中最复杂也是最灵活的一步。设计供应链结构一般应遵循以下原则：简单实用；应用性强；有相当的弹性；有发展、系统、全面的观点。ERP应用中应注意的问题作为为企业提供解决方案的管理模式，ERP与其他现代管理思想和信息技术之间是相辅相成、互为前提的。企业要成功运用ERP应做到以下几点：企业应转变经营观念，具备新的管理思想与经营理念。我国企业在转制过程中遇到了许多困难和压力，但同时也存在许多机遇。建立现代企业制度、转变产权制度已经为我国企业解决了一些管理问题，但为了更好地参与国际市场竞争，企业在管理中还需要引入更加规范、科学的管理思想与手段。

1.2.1.2 企业网络数据库系统

数据集成环境建设是企业信息化的基础性工作。建设高水平的数据环境，可使企业信息资源得到充分的开发和利用。企业集成信息系统的主要内容是数据的标准化、规范化和信息资源管理数据集成，从而建立和运行集成化的数据信息系统。信息资源管理要求必须从简单数据文件和应用数据库的低水平数据环境，进一步发展到以主题数据库和数据仓库为主的高水平数据环境。实际生产过程和应用工程的信息集成系统建设经验说明，分析对企业数据环境建设的总体要求，可以建设一个高水平的数据仓库环境体系。

（1）企业数据环境分类

① 数据文件（data files） 其特征是根据应用需要，由系统分析员和程序员分散地设计各种数据文件。在数据库技术得到广泛应用的今天，这类数据环境在企业计算机信息系统中所占比例较少。

② 应用数据库（application databases） 使用数据库管理系统（DBMS），分散的数据文件为分散的应用而设计。虽然这类数据环境使用了 DBMS，数据有了一定的独立性，但并不能真正独立于具体的应用，有了新的应用需求就有了新的数据库产生，必然使数据的存储出现极大的冗余，数据的一致性和完整性也很难得到保证，最终可能引起数据管理的混乱。

我国大中型企业应用信息系统已有十几年的历史，现在的信息系统大都由原先的单个应用项目扩充而来，没有进行总体数据规划，企业为了进一步发展，必须对这种数据环境进行改造。许多企业与研究机构和公司合作实施 CIMS 工程，在总体规划的基础上，已经建立起了生产车间管理信息系统、质量管理系统、物资管理系统、生产计划调度系统和办公管理系统等信息系统，具备了很高的信息化水平。该企业的基础自动化水平较高，但上层信息系统之间的信息集成和互操作却不多，在数据资源的深度挖掘和全局利用方面显得能力不足。

③ 主题数据库（subject databases） 其数据独立于具体的应用，数据类型不频繁变化，而使用数据的处理功能却可以经常变化。新的应用项目不再建立新的数据库，而是从共享的数据库中提取所需要的信息，因此数据的一致性和完整性得到了较好的保证。由于要建成这种数据库需经过严格的数据分析和数据建模，实施时间可能较长，但维护成本很低，投入使用之后，可以大大加快应用项目的开发速度和用户与数据库的交互，是我国企业目前进行信息系统集成化建设必须重点建成的数据环境。例如，某炼油化工有限公司是一个大型石化企业，生产流程复杂，数据源丰富，包括生产实时数据、油品质量数据、油品罐存数据、设备管理数据和经营管理数据等。可以选取其中几个主题，如生产实时数据或质量数据，建立主题数据库。

④ 数据仓库（data warehouse） 是面向主题的、集成的、稳定的、不同时间的数据集合，用于支持经营管理中决策的制定过程，它是主题数据库的集成。数据仓库作为企业级应用，涉及的范围和投入的成本常常是巨大的，它的建设很容易形成高投入、慢进度的大项目，这样的背景使数据集市(data mart) 应运而生。数据集市是一种更小、更集中的数据仓库，它为企业提供了一条部门/ 工作组级的分析数据的廉价途径。数据集市应该具备的特性包括规模小、面向特定的应用、面向部门/ 工作组、快速实现、投资规模小、易使用、全面支持异种机平台等。

第三类和第四类数据环境是一个高水平的数据环境，又称为高级数据环境。一个高效率的企业应该具有第三类和第四类数据环境，以保证良好的数据基础。但是，主题数据库和数据仓库并不是信息的堆积，而是信息资源的深入开发。对于石化企业，其数据环境的一个鲜明特点就是生产过程中产生了大量的实时数据，并由实时数据库加以管理。实际企业的生产车间通用信息集成系统可很好地建立起实时数据和关系数据之间的交互，使基础自动化数据能够和企业的上层信息系统应用结合起来。

（2）企业数据库体系化环境建设

企业数据库体系化环境就是在一个企业内，由各种面向事务处理的 OLTP(online transaction process)数据库及各级面向主题的数据仓库所组成的数据环境，在这个数据环境中建立和进行一个企业从联机事务处理到企业管理决策的所有应用。数据库体系化环境的构成是广泛的，除要建立各级数据库和数据仓库外，还要对各面向应用的数据库之间、各级数据仓库之间、数据库与数据仓库之间的界限和相互联系作出合理划分和明确描述；对在不同数据库或数据仓库上的数据处理和应用作出明确的定义和划分；对软硬件资源及人员的配置作出明确规定等，以使这个体系化环境成为一个结构清晰、层次分明、联系明确、有序运行的有机整体。从总体上看，操作型数据环境存放的是当前的细节性数据，用于支持高性能的事务处理，是分析型数据环境的数据源；分析型数据环境除了要存储大量的历史数据外，还存有各种级别的导出数据，用于支持企业内的各种分析处理；数据从操作型环境经过整理、综合、集成进入数据仓库。启发式分析是千变万化的，不可能要求一个单一层次的数据仓库完全符合各种各样的分析需求，而数据仓库的主题需要不断完善，不断调整，导出的综合数据的内容和形式也要灵活多变。另外，随着数据不断载入，数据仓库将越来越庞大，分析工作若完全基于单一层次的数据仓库，性能将十分低下，因而对于分析型数据环境，需要建立多层次的数据仓库。全局数据仓库存储的是从操作型数据环境集成而来的，按照面向主题组织的历史的、细节的和适度综合的数据，它独立于任何应用逻辑，负责为其他各级数据仓库多维数据库提供集成的、一致的数据；部门数据仓库按照部门或业务领域分析需求从全局数据仓库抽取数据，数据组织一般与分析应用逻辑结合起来，有利于提高分析效率。主要用来支持企业中一个或几个相关部门的业务分析、控制和决策；个人数据仓库按照特殊的启发式分析需求，从全局数据仓库、部门数据仓库临时抽取数据，按分析的特定需要组织数据，以提高分析效率。它面向企业中的高层管理人员，支持企业进行战略决策所需的复杂分析工作。

（3）企业数据仓库建设实施方案

以企业 ERP 和 CIMS 工程及其生产车间通用信息集成系统为背景，研究企业数据仓库建设的总体方案。企业开发数据仓库首先需要统筹规划，尤其是采用自底向上的开发策略，更需要规划企业全局的数据模式。该阶段的主要工作包括选择数据仓库的拓扑结构。数据仓库的拓扑结构有 4 种，即集中式企业级数据仓库、独立型部门级数据集市、分布式数据仓库、数据仓库与数据集市混合型。企业网络的数据库如图 1.2 所示。大型企业一般选择数据仓库和数据集市的混合结构。因为大型企业数据丰富，物流复杂，分析所用数据来源广泛，利用混合结构可以保证先建立起各个相对较简单的数据集市，然后在此基础上搭建起数据仓库。选择开发策略。常用的开发策略有 3 种，即自顶向下方法、自底向上方法、自顶向下和自底向上相结合的方法。自顶向下的实现方法首先在原始数据源的基础上导出数据，建立企业级数据仓库，然后根据需要导出部门级和个人级数据仓库。该方法自上而下进行总体设计和实施，有利于保证各级数据仓库的一致性，但是周期长、费用多、难度大。在这种形式下，面向主题的 DW 和面向应用的数据环境共存，构成一个多层次的体系化环境，可以进行从 OLTP 到 DSS 的所有应用。自底向上方法的核心思想是从最迫切的部门(或主题、区域等) 需求出发建立小型数据仓库（数据集市），以最小的投资在最短的时间获得所需的回报。在此基础上，不断进行扩充、完善，最后实现企业级的数据仓库。该方法面向特定需求和应用，规模小、投资小、见效快，方便了部门层次的使用。在建立数据集市时具有全局观念，便于以后的集成。

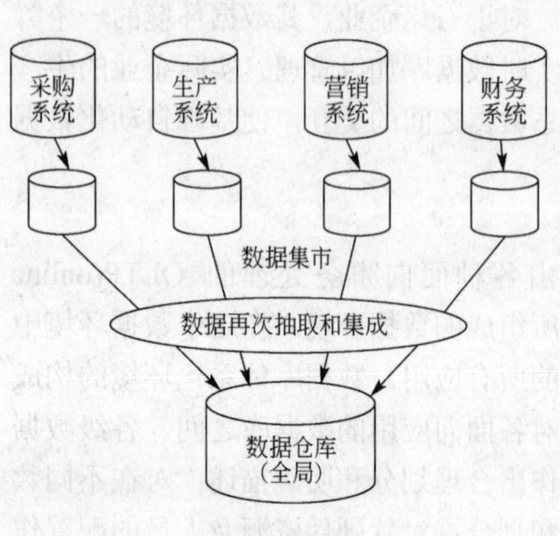

图 1.2 企业网络的数据库

数据集市的快速开发特性是解决企业需求的既快捷又节省投资的方案，但数据集市的简单堆积或将数据集市连接在一起，并不能构成企业级数据仓库。因为如果没有全局的组织规划和数据集市建模，设计时不考虑跨部门的信息需求，则所建立的数据集市之间将产生零碎且模式不一致的数据，这将妨碍将来需要跨部门信息的应用开发。因此，企业可利用自顶向下的方法规划整个企业的数据仓库，利用自底向上的方法快速开发数据集市。

选择实现范围。在总体规划时确定总方向和目标后，必须选定一个能快速为企业带来效益的有限的实现范围，即确定最初的实现范围。就某炼油化工有限公司的实际情况，选择了生产数据作为数据仓库主题。因为该主题是信息系统集成的基础，有了它才有进一步的应用。生产数据表中累积性质的数据具备统计意义，操作型数据(瞬时数据)具备分类意义。

（4）集散控制系统为数据库提供了生产数据

生产和工程现场提供的实时数据是企业管理生产过程、实现市场目标的基础。由于建立了现场总线系统，生产过程的工艺参数、实时状态、生产进度和设备运行状态都可以有效地进行信息交流。这使得过去不能进行的高级优化、工程管理、故障诊断得以进行，极大地提高了生产的安全性和经济效益。

近年来，由于现场总线控制系统提供了大量数据，数据挖掘得到了极大的关注，其主要原因是企业保存的大量的实时数据和历史数据，可以被广泛地使用，并迫切需要将这些数据转换成有用的信息和知识。获取的知识可以广泛用于各种应用，包括商务管理、生产控制、市场分析、工程设计和科学探索等。最近，分布式数据挖掘(DDM)吸引了不少研究者的目光，并取得了一些进展。他们提出了一些分布式数据挖掘算法和一些分布式数据挖掘体系。所谓分布式数据挖掘就是使用分布式算法，从逻辑上或物理上分布的数据源中发现知识的过程。

面向数据源分布的数据挖掘研究得到了如此的重视是因为以下几个因素：数据挖掘的目标是大规模的数据集，而在现实环境中，绝大部分的大型数据库都是以分布式的形式存在的，因此，提出新的分布式数据挖掘系统的体系结构是非常必要的；在数据挖掘系统中，经常需要来自不同站点的数据库中的数据，这就使得数据挖掘系统必须具有分布式挖掘的能力，同时也应根据分布式数据挖掘的特点设计出新的分布式数据挖掘算法。

1.2.2　企业集散控制系统（DCS）

工业控制系统的发展趋势主要表现为：控制面向多元化，系统面向分散化，即负载分散、功能分散、危险分散和地域分散。分散式工业控制系统就是为适应这种需要而发展起来的。这类系统是以微型计算机为核心，将计算机技术、自动控制技术、通信技术、人机交互技术和传感转换技术紧密结合的产物。它在适应范围、可扩展性、可维护性以及抗故障能力等方面，较之分散型仪表控制系统和集中型计算机控制系统都具有明显的优越性。

集散控制系统 DCS 也称分布式控制系统（Distributed Control System，DCS；Total Distributed Control System，TDCS），国内习惯叫 DCS。传统简单的 DCS 系统结构如图 1.3 所示。

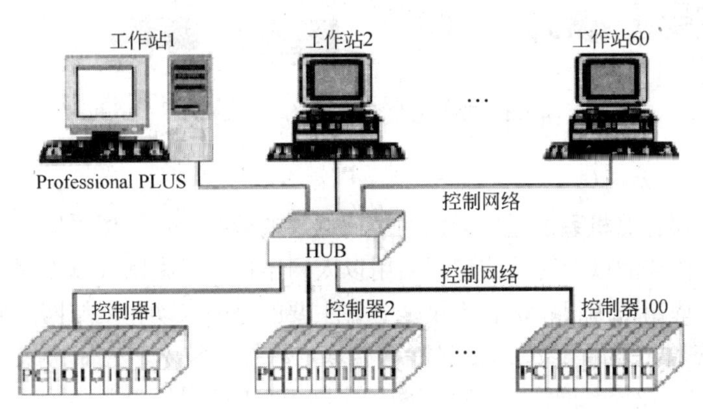

图 1.3　集散控制系统结构

集散控制系统的核心思想是集中管理、分散控制，即管理与控制相分离，上位机用于集中监视管理功能，若干台下位机下放分散到现场实现分布式控制，各上下位机之间用控制网络互连以实现相互之间的信息传递。因此，这种分布式的控制系统体系结构有力地克服了集中式数字控制系统中对控制器处理能力和可靠性要求高的缺陷。

遗憾的是，传统DCS厂家控制通信网络采用各自专用的封闭形式，不同厂家的DCS系统之间以及DCS与上层Intranet、Internet信息网络之间难以实现网络互联和信息共享。在这种情况下，用户对网络控制系统提出了开放化和降低成本的迫切要求。基于上述原因和多种信息技术的需求，建立包括现场总线在内的分布式企业信息系统十分重要。

1.2.2.1 集散控制系统网络结构

经过多年的发展，利用集散控制系统技术的工业控制网络逐步演变、简化为三个基本层次。这其中，罗克韦尔（Rockwell）公司的三层网络结构比较具有代表性。罗克韦尔自动化系统结构包含三个网络层，即信息层（Ethernet）、控制层（ControlNet）和设备层（DeviceNet）。

这种开放型的自动化结构，通过设备网网络、控制网网络、信息网网络以及这些网络的节点，提供各种连接，以满足不同的需要。某些应用只需设备网或控制网，其他一些应用需要其中两类或所有三层网络，可以根据实际应用的需要选择相应的设备来完成系统集成。三层网络的结构如图1.4所示。

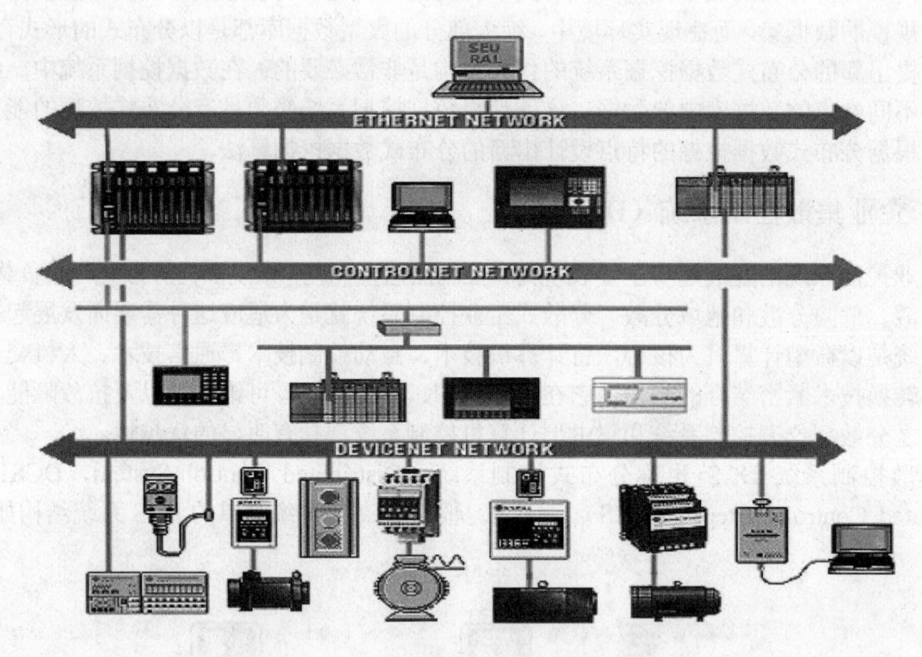

图1.4 罗克韦尔自动化三层网络结构

（1）信息层（以太网络）

信息层提供上层计算机系统通过以太网访问低层的数据。这一层采用符合公共标准传输控制协议TCP/IP协议的以太网。信息层采用以太网结构，以太网（以太网络）是最著名的几种局域网之一，应用范围很广，它不仅是一种主要的办公自动化局域网，而且在工业控制网中也有一定的应用。采用CDSA/激光唱碟存取这种控制技术，控制协议为传输控制协议TCP/IP。以太网在工业控制网络结构中有两种不同类型的应用：一类是把以太网用在系统复合型结构的通信网络中管理子网，传送生产管理信息；另一类是把以太网当作控制网络使用，即把所有的工作站直接挂在以太网上用来传送过程数据。

（2）控制层（ControlNet）

控制层在各个 PLC 之间以及各智能化控制设备之间进行控制数据的交换、控制的协调、网上编程和程序维护、远程设备的配置和排查错误，也可以连接各种人机界面产品进行监控。控制网网络（ ControlNet ）是 20 世纪 90 年代以及以后的自动化及控制网络，该网络集中网络的优点于一身，拥有输入输出， PLC 互锁，对传信息传输以及在同一网上编程的功能。这是一种对于用信息传送有时间苛刻要求的，高速确定性网络。同时，它允许传送无时间苛刻的报文数据，但不会对有时间苛刻要求数据传送造成冲击。它为对等通信提供实时控制和报文传送服务。作为控制器和输入输出设备之间的一条高速通信链路，它综合了现有的远程输入输出和 DH＋ 链路的功能。控制网网络能与各种设备相连接，包括个人计算机、控制器、操作员界面、拖动装置等。

（3）设备层（DeviceNet）

在罗克韦尔的三层网络结构中，设备层是比较容易理解的一层，也是设计网络的基础。它位于工业现场，是罗克韦尔三层网络的最底层，是用来挂各种实际运作的终端设备的网络。它将低层的设备直接连接到控制器上，这种连接无需通过输入 / 输出模块，消除昂贵的布线。设备网网络是一个开放型的、符合全球工业标准的通信网络，它通过一根电缆可编成一个网络，从传感器、电动机启动器、按钮、简易操作员界面以及拖动装置这样的设备读取信息，比如读取传感器的开/关状态，报告电动机启动器的工作温度和负载电流，改变拖动装置的减速率，调整传感器的灵敏度等，对于设备网的具体产品有不同的功能。在采集各种现场设备的有效数据后，设备网直接为高层的控制器提供控制数据，并对各设备进行配置和监视。

这个开放的网络在各种厂家的设备间提供了互用性，可以运行多种厂商生产的设备，用户可以连接 64 个逻辑节点（ 2048 个设备）到一个设备网网络，每个设备都有唯一的站点号，可通过硬件拨码开关设定速率和节点号，也可以通过软件实现，不同设备有不同设定方法。设备网可在带电情况下或不需要编程工具就可拆卸和更换网上设备，这是其显著的优点之一。

1.2.2.2 集散控制系统网络通信

（1）现场总线协议通信

控制及信息协议（CIP）是罗克韦尔自动化公司开发的专为工业应用开发的应用层协议。是 DeviceNet、ControlNet 以及 Ethernet/IP 的共同应用层，CIP 协议的推出，首先解决了罗克韦尔网络解决方案中各种数据传输的各种问题，降低了网络集成的难度。

在 CIP 协议中，根据所传输的数据队传输服务要求的不同，把报文分为两种，显式报文和隐式报文。显式报文用于传输对时间没有苛求的数据，如程序的上传和下载，系统维护故障诊断，设备配置，这种报文包含解读该报文所需的信息。隐式报文用于传输时间有苛求的数据，如 I/O，实时互锁，这种报文不包含解读该报文所需的信息，其这些信息一般在网络配置时就已建立。

在网络底层协议的支持下，CIP 用不同报文传输显式或隐式报文。

DeviceNet 给予不同类型的报文不同的优先级，隐式报文使用优先级高的报文，显式报文使用优先级低的报文。

ControlNet 在预定的时间段发送隐式报文，在非预定时间段发送显式报文。

Ethernet/IP 用 TCP 来传输显式报文，以 UDP 来发送隐式报文。

在 CIP 协议进行通信前，在收发双方必须建立起连接，获得针对这一通信过程的唯一的连接标识符 CID，通过获取 CID，连接报文就不必包含与连接有关的所有信息。

对应于 CIP 的显式和隐式报文传输，CIP 有显式和隐式连接方法。如在节点 A 和节点 B 之间建立显式连接过程中，A 节点是以广播方式发一个要求建立显式连接的未连接报文，网络上的所有节点在接收到该请求并判断是否发给自己的，目的节点 B 在接收到该报文后，其 CUMM 作出相应，以广播方式发出一个包含 CID 的未连接响应报文，节点 A 在接收到该报文后，得知 CID，建立显式连接。而隐式连接的建立是在网络配置时建立的，需要更多显式报文传输服务。

在 CIP 协议中，又将连接分为多层次，自上而下为应用连接、传输连接和网络连接。一个传输连接在一个或两个网络连接的基础上建立，应用连接在一个或两个传输连接的基础上建立。

在 CIP 协议下，接收节点之间是基于生产者/消费者模型进行数据通信。在 CIP 网络上的节点既可以是客户也可以是服务器，或兼而有之，服务器“消费”请求报文，同时“产生”响应报文，客户“消费”响应报文，“生产”请求报文。当 CIP 通信协议中的数据单向传输时，不属于客户或服务器，是单纯的生产者或消费者。

在 CIP 的隐式报文传播中采用了生产者/消费者模型，可使用多播方式，而显示报文传播是基于源/目的地模型，只采用点对点方式。

在 CIP 中，还可以使用不同的通信模型：主从、多主、对等或三种模型的任意组合。

主从通信方式下，网络节点地位不平等，网络由一个主节点和若干从节点组成。多主通信模式下，网路中有多个节点。对等通信模式下，网络上的各个节点的地位是平等的。

通过支持多种 I/O 数据触发方式，如位选通、轮询、状态改变和循环，通过选择合理的 I/O 数据触发方式，可显著地提高 CIP 协议网络的利用率。控制及信息协议（CIP）通信模型如图 1.5 所示。

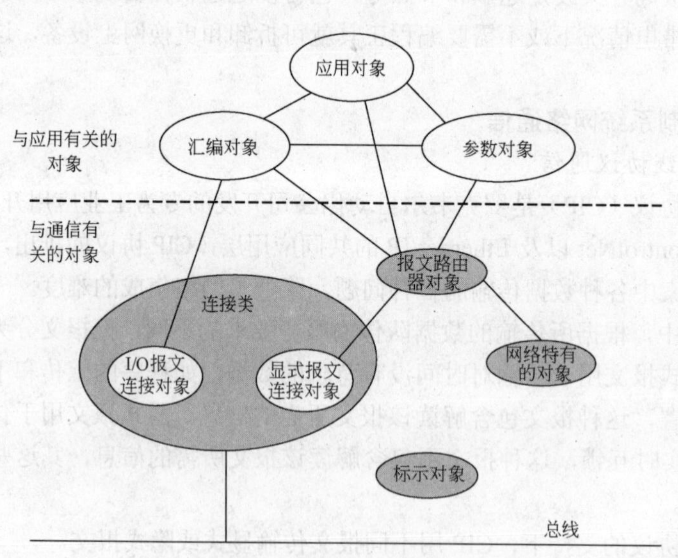

图 1.5　控制及信息协议（CIP）通信模型

在 CIP 规范中，通过使用 OOP 技术来描述 CIP 对象，使得 CIP 具有相当好的移植性，方便 DeviceNet、ControlNet 和 Ethernet/IP 三者的数据交换在 CIP 对象中，有与通信相关的对象和与应用相关的对象。

CIP 中进行显式通信和隐式通信的示意图如图 1.6 所示。

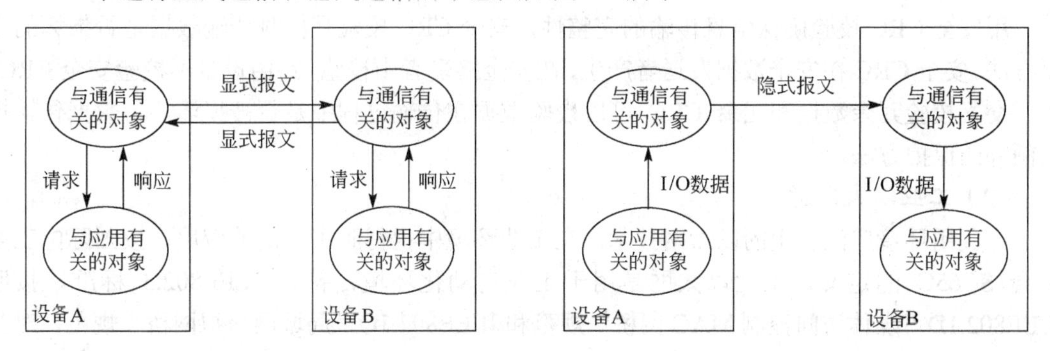

图 1.6 CIP 中进行显式通信和隐式通信

在 CIP 基础上，通过 CIP Sync、CIP Motion 和 CIP Safety 对 CIP 进行了扩展，使得 CIP 网络可以适应不同的控制要求。

以 CIP Safety 为例，通过 CIP Safety 协议，将 CIP 网络运用于对安全要求很高的工业环境中。在 CIP Safety 使用了一种附加的服务机制，保证系统的和随机的与安全相关的故障减少到所要求等级。

CIP Safety 是应用层上的协议，与硬件无关，可以在任何一个安全网络介质上使用，不依赖于网络底层，CIP 通过扩展与 Safety 相关的对象和设备描述来完成安全功能，如将 Safety 功能在 DeviceNet 上实现，成为 DeviceNet Safety。

在 CIP Safety 中，主要由安全验证器 Safety Validator 负责、管理 CIP safety 连接，并作为安全应用对象和链路层二者间的接口，当数据在传输或中间路由器发生故障，由 CIP Safety 连接对象检测后，由设备中的 CIP Safety App 对象执行适当的动作，实现系统安全。在 CIP Safety 应用层指定使用安全验证器（Safety Validator）对象负责管理 CIP Safety 连接（标准的 CIP 连接由通信对象管理），并作为安全应用对象和链路层连接之间的接口。安全验证器确保安全数据的完整性，主要完成以下几种功能。

① 安全应用使用验证器实例来产生安全数据，并确保时间协同。

② 客户端使用链路数据生产者来传输数据，并使用链路消费者来接收时间协同报文。

③ 安全应用使用服务器来接收和校验数据。

④ 服务器端使用链路消费者来接收数据，并使用链路生产者来传输时间协同报文。

这样，通过安全验证器，链路生产者和消费者不需要了解安全数据报文的内容，也不实现任何安全功能，安全数据的高完整性传输和校验全部由安全验证器来保证。

CIP Safety 并不能阻止通信错误的发生，但它能够通过发现错误，允许设备执行适当的动作来确保传输的完整，安全验证器负责发现这些通信错误。CIP Safety 通过时间戳确定数据传输时间、发送和接收 ID、安全 CRC 校验，交叉校验冗余可以检验通信错误。

在 CIP Safety 数据生产时都带有时间戳，保证数据接收者就可以确定数据的传输时间。时间戳则允许检测到传输、媒体访问/仲裁、排序、重试和路由延迟所用的时间。在数据发送和接受者之间通过 ping 请求和 ping 响应报文进行时间协同。

数据发送者标识符（PID）安全数据报文都有一个数据发送者标识符（PID），以确保每个报文能够被正确的接收者接收，PID 通过电子密钥、序列号和 CIP 连接序列号计算而得，如果具有安全功能的设备收到带有不正确 PID 的报文，将进入安全状态，如果具有安全状态的设备在预定时间内没有收到带正确 PID 的报文，也将进入安全状态。

用安全 CRC 校验确保信息传输的完整性，安全 CRC 校验是检测传输数据是否损坏的主要方法。安全 CRC 在安全数据发送者产生，在安全接受者中校验，路由设备不校验安全 CRC。

交叉校验冗余数据和冗余 CRC 可以校验数据在传输过程中是否被损坏，为数据传输提供额外的保护方法。

（2）工业以太网通信

在民用环境广泛应用的以太网技术，在工业环境中也得到了广泛的应用。按国际电工委员会 SC65C 的定义：工业以太网是用于工业自动化环境，符合 IEEE802.3 标准，按照 IEEE802.1D“媒体访问控制 MAC 网桥”规范和 IEEE802.1Q“局域网虚拟网桥”规范，对其没有进行实时扩展而实现的以太网。工业以太网可以将实时响应控制在 5～10ms，相当于现场总线由于以太网固有的特性，为了使网络数据的实时响应达到 5ms 或更高的程度。在工业以太网的基础上发展出了实时工业以太网。

在 IEEE802.3 标准的基础上，通过对其和相关标准的实时性扩展，提高实时性，并做到与标准以太网的无缝连接，建立了实时工业以太网，其中，Ethernet/IP、ProfiNet、EPA、EtherCAT、Ethernet PowerLink 及 ModBus_IDA 是主要的实时以太网技术。

工业以太网上在标准以太网的基础上，通过采用交换式以太网、全双工以太网和虚拟局域网技术以及自适应的 100Mbps 快速以太网技术，降低了以太网响应时间过长，吞吐量低，冲突高的不利影响，使得以太网可用于实时性要求较高的工业控制领域。

由于以太网只是定义了物理层和数据链路层，需要根据工业自动化控制的需要，在以太网的基础上制定统一的高层协议规范，保证数据传输和指令传输过程中，通信一致性和可操作性，需要满足开放系统的要求。同时还要提高网络的可用性、可靠性、可恢复性和可维护性，适应工业环境的苛刻要求。

在工业以太网中使用各种 IT 技术，建立现场级、管理级、工程设计系统、和操作员系统之间的统一通信网络。应用于工业现场过程底层，建立现场车间级信息网络。

在工业以太网（实时以太网）的网络协议中，必须满足三类数据的传输要求，而支持这三种数据传输的协议必须在同一个以太网中共存。

① 非实时协议：在标准的以太网上提供开放式的连接，反应次数较少。

② 实时协议：设备广播配置技术，最大限度减少循环次数，有时可采用包优先技术，如支持于减少开关减缓扰动的服务质量内的（QoS）的 IEEE802.3D/Q、Ethernet/IP 和 ProfiNet 是其中的代表。

③ 硬实时协议：在设备上使用自定义硬件，也需要特制的以太网交换机或通过设备间菊花链连接来代替交换机的作用，用于执行高等级的运动控制，如 EtherCAT 和 ProfiNet IRT。

通过对数据实时传输的技术的不同，工业以太网可以分为以下几种网络模型。

① 在常规的以太网技术的基础上，通过减轻以太网负荷，提高网速，采用交换式以太网和全双工通信，信息优先和流量控制及虚拟网技术，工业以太网的实时响应控制在 5~10ms，相当于现场总线，如图 1.7 所示。

② 在 TCP/IP 协议的基础上，利用 TCP/IP 协议族中的相关协议上进行实时参数交换方案。采用此项技术的实时以太网有 ModBus/TCP、EtherNet/IP。协议模型如图 1.8 所示。

③ 在标准的工业以太网的基础上，采用优化处理和提供旁路实时通道等技术手段，完

成实时通信的方案。采用此项技术的实时以太网有 ProfiNet V2、IDA。协议模型如图 1.9 所示。

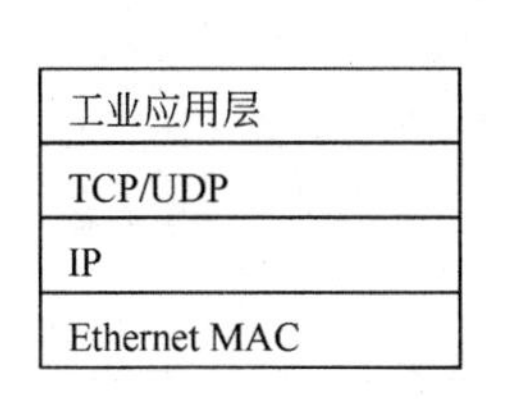

图 1.7　工业以太网模型

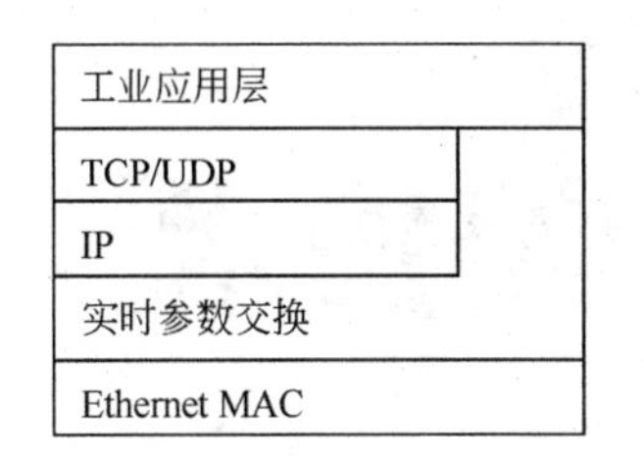

图 1.8　实时参数交换协议模型

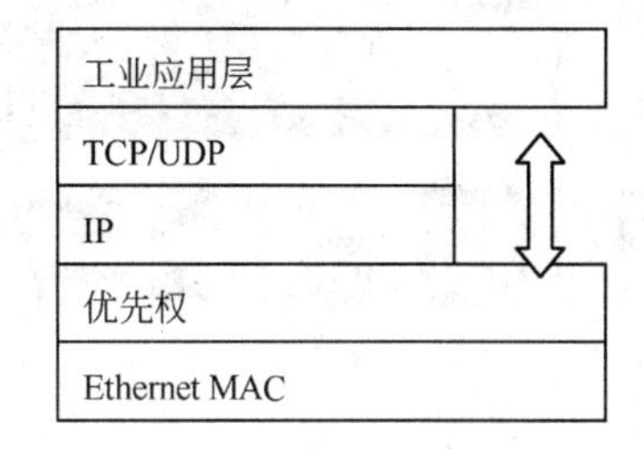

图 1.9　优化处理和旁路实时通道等协议模型

④ 在标准工业以太网的基础上，采用集中调度的方法，提高网络实时性。采用此项技术的实时以太网有 EPA、ProfiNet V3。协议模型如图 1.10 所示。

⑤ 采用类似于 InterBus 现场总线“集总帧”通信方式和在物理层使用总线拓扑结构来提升以太网实时性能有 EtherCAT。协议模型如图 1.11 所示。

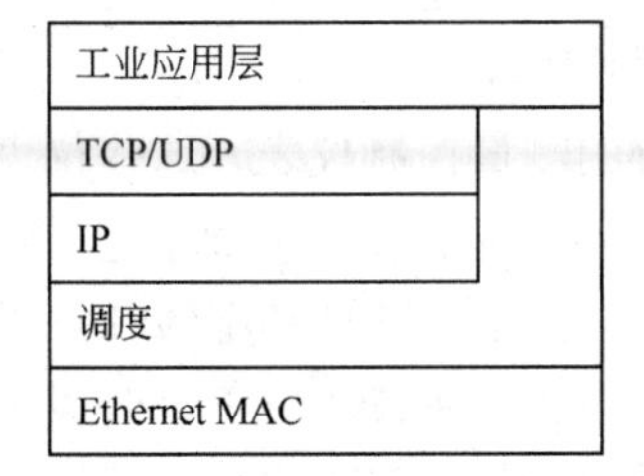

图 1.10　集中调度式协议模型

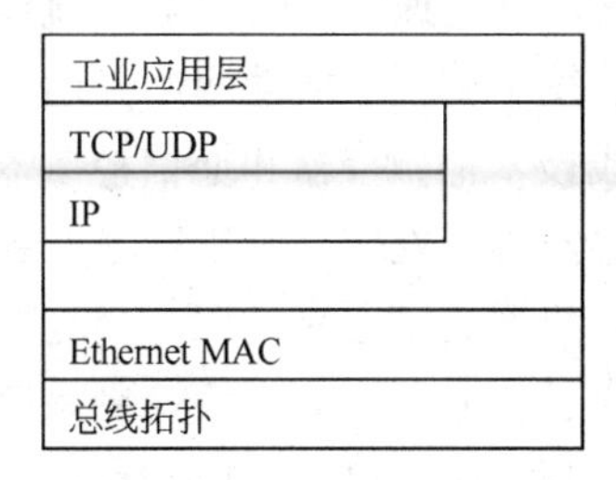

图 1.11　总线拓扑结构协议模型

由于这些工业以太网是在标准以太网和 TCP/IP 协议族的基础上建立和发展起来的，所以，TCP/UDP/IP 是其重要的网络协议之一。由于 TCP 面向连接，TCP 在收发数据前，必须和对方建立可靠的连接，在数据收发过程中，TCP 还需要解决次序和拥堵等情况，具有安全和排序等功能。 ModBus/TCP，ProfiNet 和 InterBus 等工业以太网利用 TCP/IP 协议的可靠和稳定性建立工业以太网中的实时数据传输方案。

与 TCP 相比，UDP 非面向连接，UDP 将安全和排序的功能安排在上层应用中完成。利用 UDP，收发双方不用建立连接，减少开销和延迟，双方不必维持用于记录连接状态表，同时，UDP 的数据报首部信息简单，使得接收方容易处理。而且 UDP 取消了拥塞控制，使得发送方不会降低发送速度。HSE、Ethernet/IP 等工业以太网是基于 UDP 的快速性建立工业以太网。

第2章 Chapter 2

现场总线与网络技术

2.1 现场总线的基本概念

现场总线是应用在工业和工程现场，在嵌入式测量仪表与控制设备之间实现双向串行多节点数字通信的网络系统。现场总线系统是具有开放连接和多点数字传输能力的底层控制网络。近几年来，它迅速在制造工业、流程工业、交通工程、建筑工程和民用与环境工程等方面的自动化系统中实现了成功应用并向更广阔的应用范围发展。

现场总线技术把微控器和通信控制器嵌入到传统的测量控制仪表，这些仪表传感器可在本地进行传感器信号处理，而执行器如调节阀有了数字 PID 的计算和数字通信能力，采用双绞线作为串行数据通信总线，把每个测量控制仪表、执行器、PLC 和上级计算机连接成的网络系统，构成了全分布式的网络控制系统。按现场总线通信协议，位于工业或工程现场的每个嵌入式传感器、测量仪表、控制设备、专用数据存储设备和远程监控计算机都通过一条现场总线在任意单元之间进行数据传输与信息交换，按实际应用需要实现不同地点不同回路的自动控制系统。现场总线把单个分散的测量控制设备变成网络节点，由一条总线连接成可以相互交换信息，共同完成控制、优化和管理任务的控管一体化系统。现场总线使自动控制系统的结构大大简化，分散化的设备都具有通信能力和控制信息处理能力，提高了控制系统的可靠性和整体性能水平。

2.1.1 现场总线分布式网络系统

现场总线控制系统既是一个开放通信网络，又是一种全分布控制系统。现场总线将智能设备连接到一条总线上，把作为网络节点的智能设备连接为微计算机网络，进一步建立了具有高度通信能力的自动化系统，可以实现基本控制、补偿计算、参数修改、报警、显示、监控、优化及控管一体化等的综合自动化功能。它是一种集智能传感器、仪表、控制器、计算机、数字通信、网络系统为主要内容的综合应用技术。

现场总线网络集成自动化系统是开放的系统，可以由不同设备制造商提供的遵守同一通信协议的各种测量控制设备共同组成。由于现场总线历史起源的原因，现存几种不同的现场总线协议。在它们尚未完全统一之前，可以在一个企业内部的现场层级形成不同通信协议的多个网段，这些网段间可以通过网桥连接而互通信息。通信协议的不同也可能是由一种现场总线标准的不同组成部分构成的，主要适用于生产过程的不同层级。通过以太网或光纤通信网等与高速网段上的服务器、数据库、打印绘图外设等交换信息。通过现场总线网络的双绞线与现场生产过程的传感器、控制器和执行器进行通信。

2.1.2　现场总线自动控制系统

由于现场总线领导了工业控制系统向分散化、网络化、智能化发展的方向，它一产生便成为全球工业自动化技术的新起点，受到全世界的自动化设备生产企业和用户的普遍关注。现场总线的出现使目前生产的自动化仪表、集散控制系统（DCS）、可编程控制器（PLC）、控制人机接口面板等产品在体系结构、技术功能等方面发生重大的变化，自动化设备的制造企业必须使自己的产品适应现场总线技术发展的需要。原有的模拟仪表将逐渐由智能化数字仪表取代，也有具备进行模拟信号传输和数字通信功能的混合型仪表。出现了可以检测、运算、控制的多功能变送控制器；出现了可以检测温度、压力、流量的多功能、多变量变送器；出现了带控制模块和具有故障自检信息的执行器，它们极大地改变了原有生产过程设备的优化控制和维护管理方法。

现场总线是一种具有多个网段、多种通信介质和多种通信速率的控制网络。它可与上层的企业内部网（Intranet）、因特网（Internet）相连，且大多位于生产控制和网络结构的底层，因而称之为现场总线。现场总线的应用使它从传统的工业控制领域向工程现场的各个方面发展，现在已进入到过去不存在的工程控制方面，如住宅小区的安全监控、智能大厦的景观灯光控制管理等方面。

现场控制层网段 Profibus 的 H1、H2、LonWorks 等，即为底层控制网络。它们与工厂现场设备直接连接，一方面将现场测量控制设备互连为通信网络，实现不同网段、不同现场通信设备间的信息共享；同时又将现场运行的各种信息传送到远离现场的控制室，并进一步实现与操作终端、上层控制管理网络的连接和信息共享。在把一个现场设备的运行参数、状态以及故障信息等送往控制室的同时，又将各种控制、维护、组态命令，乃至现场设备的工作电源等送往各相关的现场设备，沟通了生产过程现场级控制设备之间及其与更高控制管理层之间的联系。由于现场总线所肩负的是测量控制的特殊任务，因而它具有自己的特点。它要求信息传输的实时性强，可靠性高，且多为短帧传送，传输速率一般在几千至 10Mbps 之间。

2.2　现场总线的特点

2.2.1　现场总线系统的结构特点

现场总线系统打破了传统控制系统的结构形式。传统模拟控制系统采用一对一的设备连线，按控制回路分别进行点对点连接。位于现场的测量变送器与位于控制室的控制器之间，控制器与位于现场的执行器、开关、电机之间均存在不同的一对一连线。

现场总线系统由于采用了智能现场设备，能够把原先 DCS 系统中处于控制室的控制模块、各输入输出模块置入现场设备，加上现场设备具有通信能力，现场的测量变送仪表可以与阀门等执行机构直接传送信号，因而控制系统能够不依赖控制室的计算机或控制仪表，直接在现场完成，实现了彻底的分散控制。图 2.1 为现场总线控制系统与传统控制系统的结构对比。由于采用数字信号替代模拟信号，因而可实现一对电线上传输多个信号（包括多个运行参数值、多个设备状态、故障信息），同时又为多个设备提供电源；现场设备以外不再需要模拟 / 数字、数字 / 模拟转换部件。这样就为简化系统结构、节约硬件设备、节约连接电缆与各种安装、维护费用创造了条件。

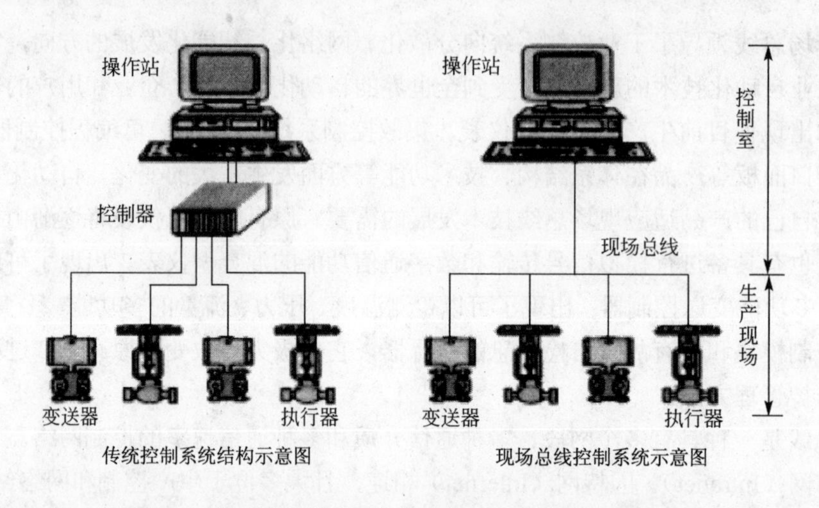

图 2.1 现场总线控制系统与传统控制系统结构的比较

2.2.2 现场总线系统的技术特点

（1）系统体系的开放性

开放主要是相关标准和规范的公开。任何设备制造企业和公司，现场总线设备的用户都可以方便地得到现场总线有关标准协议文本。因此，所有企业生产的现场总线设备，一旦标有相应现场总线的标志如 FF，就意味着对公开协议的一致遵从。一个开放系统是说明它可以在任何地方与遵守相同标准的其他设备或系统连接应用。通信协议一致公开，各不同企业的设备之间可实现信息交换。现场总线开发者是要致力于建立统一的工厂底层网络的开放系统。用户可按自己的需要和考虑，把来自不同供应商的产品组成大小随意的系统。通过现场总线构筑自动化领域的开放互连系统。

（2）互可操作性与互用性

互可操作性是指实现互连设备和系统间的信息传送与交换；而互用则意味着不同生产企业的性能类似的设备可实现相互替换。由于现场设备的智能化和功能自治，它将传感测量、补偿计算、工程量处理与控制等功能分散到现场设备中完成。因此，现场设备可以完成自动控制的基本功能，并可随时将诊断设备运行状态的信息进行交换。这样就保证了系统的互可操作性和互用性。

（3）系统结构的高度分散性

现场总线构成了一种新型的全分散性控制系统的体系结构。与现有的集散控制系统 DCS 集中与分散相结合的系统体系相比，简化了系统结构并提高了可靠性。由于现场总线设置在生产过程现场，企业网络底层的现场总线专为现场环境而设计，支持双绞线、同轴电缆、光缆、射频、红外线、电力线等不同传输介质，具有较强的抗干扰能力，能采用两线制实现供电与通信，并可满足本质安全防爆要求。这种对现场环境的适应性支持了高度分散的系统结构。

2.3　现场总线的类型

2.3.1　现场总线的标准

（1）IEC 61158（IEC/TC65/SC65C）的 10 种类型

IEC 技术报告　相当于 FF 的低速部分 H1，由美国 Rosemount 等公司支持。

- ControlNet　由美国 Rockwell 等公司支持；
- Profibus　由德国 Siemens 等公司支持；
- P-Net　由丹麦 Process Data 等公司支持；
- FF 的 HSE（High Speed Ethernet）由美国 Emerson 等公司支持；
- Swift Net　由美国波音等公司支持；
- World FIP　法国 Alstom 等公司支持；
- Interbus　由德国 Phoenix Contact 等公司支持；
- FF 的应用层（Application Layer）；
- Profinet　德国 Siemens 等公司支持。

可以看出，IEC 61158 实际上包括了 FF，Control Net，Profibus，P-net，Swift Net，World FIP，Interbus 与 Profinet 共 8 种现场总线。

（2）IEC 62026（IEC/TP17/SC17B）

包括了 4 种现场总线国际标准：

- ASi（Actuator Sensor-interface）执行器传感器接口　由德国 Festo 与 Btf 等公司支持；
- DeviceNet　由美国 Rockwell 等公司支持；
- SDS（Smart Distributed System）灵巧式分散型系统　由美国 Honeywell 等公司支持；
- Seripex（串联多路控制总线）。

（3）ISO 11898 与 ISO 11519

包括 CAN（Control Aero Network 控制器局域网络，由德国 Bosch 等公司支持）；CAN 11898 （1Mbit/s）,CAN 11519（125kbit/s）。

另外还有美国标准现场总线 LonWorks。因此，目前现场总线的国际标准至少有 14 种，而且还有可能增加。

2.3.2　现场总线开放系统互连模型基础

2.3.2.1　开放系统互连参考模型的结构

OSI 参考模型是设计和描述网络通信的基本框架，应用最多的是描述网络环境。它不仅促进了数字通信技术的发展，而且还导致了整个计算机网络发生根本性变革。OSI 参考模型提供了概念性和功能性结构。该模型将开放系统或计算机网络的通信功能划分为相互独立七层。各层协议细节描述了网络应用硬件和软件可以采用层次的方式协同进行网络通信。生产企业可以根据 OSI 模型的标准设计自己的产品，在导入新技术或提出新的业务要求时，可以把由通信功能扩充、技术更新带来的影响仅限于直接有关的层内，模型层次是不变化的。

OSI 参考模型分层的原则是将相似的功能集中在同一层内，功能差别较大时则分层处理，每层只对相邻的上、下层定义接口。

（1）OSI 参考分层模型

OSI 参考模型是计算机网络体系结构发展的产物，它的基本内容是开放系统通信功能的分层结构。这个模型把开放系统的通信功能划分为七个层次。从邻接物理媒体的层次开始，分别赋予 1,2,…,7 层的顺序编号，相应地称之为物理层、数据链路层、网络层、传输层、会话层、表示层和应用层。OSI 参考模型如图 2.2 所示。

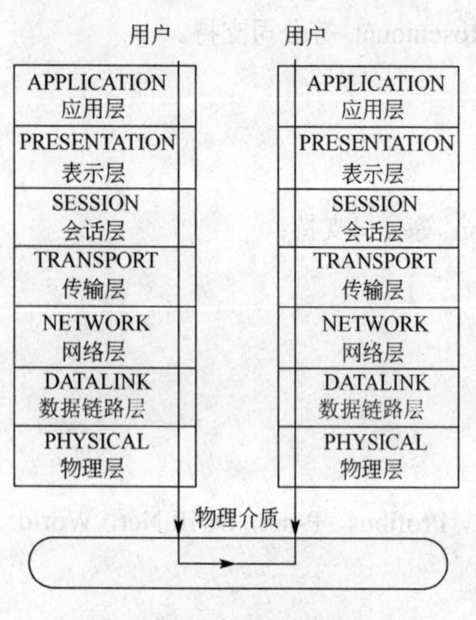

图 2.2 OSI 参考模型

OSI 参考模型每一层的功能是独立的，它利用其下一层提供的服务并为其上一层提供服务，而与其他层的具体实况无关。这里所谓的“服务”就是下一层向上一层提供的通信功能和层之间的会话规定，一般用通信服务原语实现。两个开放系统中的同等层之间的通信规则和约定称之为协议。通常，第 1～3 层功能称为低层功能（LIF），即通信传送功能，这是网络与终端均需具备的功能。第 4～7 层功能称为高层功能（HIF），即通信处理功能，通常需由终端来提供。

（2）OSI 参考模型层次

① 物理层（第 1 层） 物理层并不是物理媒体本身，它只是开放系统中利用物理媒体实现物理连接的功能描述和执行连接的规程。物理层提供用于建立、保持和断开物理连接中机械的、电气的、功能的和过程的条件。简而言之，物理层提供有关同步和比特流在物理媒体上的传输手段，其典型的协议有 EIA 232 D，EIA 485，IEC1158-2 等。

② 数据链路层（第 2 层） 数据链路层用于建立、维持和拆除链路连接，实现无差错传输的功能。在点到点或点到多点的链路上，保证信息的可靠传递。该层对连接相邻的通路进行差错控制、数据成帧、同步等控制。检测差错一般采用循环冗余校验（CRC），纠正差错采用计时器恢复和自动请求重发（ARQ）等技术。其典型的协议有 OSI 标准协议集中的高级数据链路控制协议 HDLC。

③ 网络层（第 3 层） 网络层规定了网络连接的建立、维持和拆除的协议。它的主要功能是利用数据链路层所提供的相邻节点间的无差错数据传输功能，通过路由选择和中继功能，实现两个系统之间的连接。在计算机网络系统中，网络层还具有多路复用的功能。

④ 传输层（第 4 层） 传输层完成开放系统之间的数据传送控制。主要功能是开放系统之间数据的收发确认。同时，还用于弥补各种通信网络的质量差异，对经过下三层之后仍然存在的传输差错进行恢复，进一步提高可靠性。另外，还通过复用、分段和组合、连接和分离、分流和合流等技术措施，提高吞吐量和服务质量。

⑤ 会话层（第 5 层） 会话层依靠传输层以下的通信功能使数据传送功能在开放系统间有效地进行。其主要功能是根据在应用进程之间的约定，按照正确的顺序收发数据，进行各种形式的对话。控制方式可以归纳为以下两类：一是为了在会话应用中易于实现接收处理和发送处理的逐次交替变换，设置某一时刻只有一端发送数据，因此需要有交替改变发信端的传送控制；二是在类似文件传送等单方向传送大量数据的情况下，为了防备应用处理中出现意外，在传送数据的过程中需要给数据打上标记。当出现意外时，可以由打标记处重发。例

如可以将长文件分页发送，当收到上页的接收确认后，再发下页的内容。

⑥ 表示层（第 6 层）　表示层的主要功能是把应用层提供的信息变换为能够共同理解的形式，提供字符代码、数据格式、控制信息格式、加密等的统一表示。表示层仅对应用层信息内容的形式进行变换，而不改变其内容本身。

⑦ 应用层（第 7 层）　应用层是 OSI 参考模型的最高层。其功能是实现应用进程（如用户程序、终端操作员等）之间的信息交换。同时，还具有一系列业务处理所需要的服务功能。

2.3.2.2　现场总线通信协议模型

IEC/ISA（ISA，美国仪表学会）在综合了多种现场总线标准的基础上制定了现场总线协议模型，规定了现场应用过程之间的可互操作性、通信方式、层次化的通信服务功能划分、信息的流向及传递规划，并将上述内容以类似于 ISO/OSI 参考模型的方式进行了定义。

IEC/ISA 现场总线参考模型如图 2.3 所示。比较可见现场总线的体系结构省略了网络层、传输层、会话层及表示层。这主要是针对工业过程的特点，使数据在网络流动中尽量减少中间环节，加快数据的传递速度，提高网络通信数据处理的实时性。

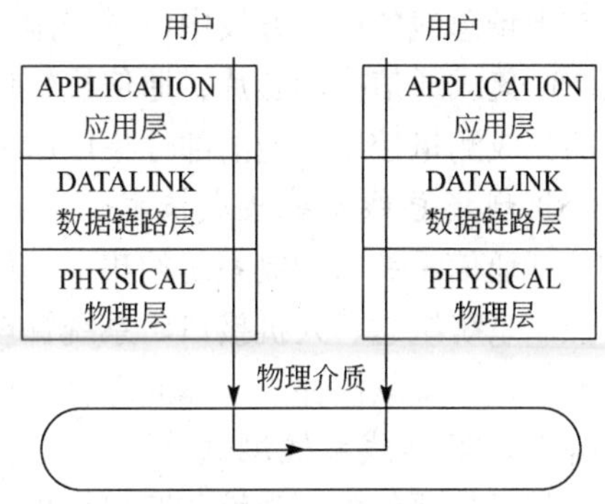

图 2.3　IEC/ISA 现场总线参考模型

目前大多数现场总线参考模型采用了这种模型，但有的在应用层上又加了用户层，如 FF 现场总线。有个别现场总线协议也包括全部 7 层协议，如 LonWorks 现场总线协议。从发展趋势上看，现场总线模型仍保持多样性和融合性，例如工业以太网的发展就是传统计算机网络与现场总线网络融合的结果。

2.4　现场总线协议规范

2.4.1　FF 现场总线协议规范

2.4.1.1　FF 现场总线协议的主要技术特点

正因为基金会现场总线是工厂底层网络和全分布自动化系统，围绕这两个方面形成了它的技术特色。其主要技术内容如下。

（1）基金会现场总线的通信技术

包括基金会现场总线的通信模型、通信协议、通信控制器芯片、通信网络与系统管理等内容。它涉及一系列与网络相关的硬软件，如通信栈软件，被称之为圆卡的仪表内置通信接口卡，FF 总线与计算机的接口卡，各种网关、网桥、中继器等，它是现场总线的核心技术之一。

（2）标准化功能块(FB Function Block)

它提供一个通用结构，把实现控制系统所需的各种功能划分为功能模块，使其公共特征标准化，规定它们各自的输入、输出、算法、事件、参数与块控制图，并把它们组成为可在某个现场设备中执行的应用进程。便于实现不同制造商产品的混合组态与调用。功能块的通用结构是实现开放系统构架的基础，也是实现各种网络功能与自动化功能的基础。

（3）设备描述(DD，Device Description) 与设备描述语言(DDL，Device Description Language)

设备描述为控制系统理解来自现场设备的数据意义提供必需的信息，因而也可以看作控制系统或主机对某个设备的驱动程序，即设备描述是设备驱动的基础。设备描述语言是一种用以进行设备描述的标准编程语言。采用设备描述编译器，把 DDL 编写的设备描述的源程序转化为机器可读的输出文件。控制系统正是凭借这些机器可读的输出文件来理解各制造商附加 DD，写成 CDROM，提供给用户。

（4）通信控制器与智能仪表或工业控制计算机之间的接口技术

在现场总线的产品开发中，常采用 OEM 集成方法构成新产品。已有多家供应商向市场提供 FF 集成通信控制芯片、通信栈软件、圆卡等。把这些部件与其他供应商开发的或自行开发的完成测量控制功能的部件集成起来，组成现场智能设备的新产品。

（5）现场总线系统集成技术

包括通信系统与控制系统的集成。如网络通信系统组态、网络拓扑、配线、网络系统管理、控制系统组态、人机接口、系统管理维护等。这是一项集控制、通信计算机、网络等多方面的知识，集软硬件于一体的综合性技术。

（6）现场总线系统测试技术

包括通信系统的一致性与互可操作性测试技术、总线监听分析技术、系统的功能、性能测试技术。一致性与互可操作性测试是为保证系统的开放性而采取的重要措施。一般要经授权过的第三方认证机构作专门测试，验证符合统一的技术规范后，将测试结果交基金会登记注册，授予 FF 标志。

基金会现场总线作为工厂的底层网络，相对一般广域网、局域网而言，它是低速网段，其传输速率的典型值为 H1 31.25Kbps，H2 1Mbps 和 2.5Mbps。

2.4.1.2 系统的主要组成部分及其相互关系

基金会现场总线的核心之一是实现现场总线信号的数字通信。为了实现通信系统的开放性，其通信模型参考了 ISO/ OSI 参考模型，如图 2.4 所示，并在此基础上根据自动化系统的特点进行演变后得到的。

ISO/OSI模型		FF现场总线模型	
		用户层(程序)	用户层
应用层	7	现场总线信息规范子层FMS 现场总线访问子层FAS	通信栈
表示层	6		
会话层	5		
传输层	4		
网络层	3		
数据链路层	2	数据链路层	
物理层	1	物理层	物理层

图 2.4 FF 现场总线通信模型与 ISO/OSI 参考模型

基金会现场总线的参考模型只具备 ISO/ OSI 参考模型七层中的三层，即物理层、数据链路层和应用层，并按照现场总线的实际要求，把应用层划分为两个层——总线访问子层与总线报文规范子层。省去了中间的 3～6 层，即不具备网络层、传输层、会话层与表示层。不过它又在原有 ISO/ OSI 参考模型第七层应用层之上增加了新的一层——用户层。这样可以将通信模型视为四层，其中，物理层规定了信号如何发送；数据链路层规定如何在设备间共享网络和调度通信；应用层规定了在设备间交换数据、命令、事件信息以及请求应答中的信息格式与服务。用户层则用于组成用户所需要的应用程序，如规定标准的功能块、设备描述，实现系统管理等。不过，在相应软硬件开发的过程中，往往又把除去最下端的物理层和最上端的用户层之后中间部分作为一个整体，统称为通信栈。这时，现场总线的通信参考模型可简单地视为三层。变送器、执行器等都属于现场总线物理设备。每个具有通信能力的现场总线物理设备都应具有通信模型。图 2.1 从物理设备构成的角度表明了通信模型主要组成部分及其相互关系。它在分层模型的基础上更详细地表明了设备的主要组成部分。从图中可以看到，在通信参考模型所对应的四个分层，即物理层、数据链路层、应用层、用户层的基础上，按各部分在物理设备中要完成的功能，被分为三大部分：通信实体、系统管理内核、功能块应用进程。各部分之间通过虚拟通信关系 VCR(Virtual Communication Relationship)来沟通信息。VCR 表明了两个或多个应用进程之间的关联，或者说，虚拟通信关系是各应用层之间的通信通道，它是总线访问子层所提供的服务。

通信实体贯穿从物理层到用户层的所有各层。由各层协议与网络管理代理共同组成。通信实体的任务是生成报文与提供报文传送服务，是实现现场总线信号数字通信的核心部分。层协议的基本目标是要构成虚拟通信关系。网络管理代理则是要借助各层及其层管理实体，支持组态管理、运行管理、出错管理的功能。各种组态、运行、故障信息保持在网络管理信息库 NMIB（Network Management Information Base）中，并由对象字典 OD（Object Dictionary）来描述。对象字典为设备的网络可视对象提供定义与描述，为了明确定义、理解对象，把有如数据类型、长度一类的描述信息保留在对象字典中。可以通过网络得到这些保留在 OD 中的网络可视对象的描述信息。系统管理内核 SMK（System Management Kernel）在模型分层结构中只占有应用层和用户层的位置。系统管理内核主要负责与网络系统相关的管理任务，如确立本设备在网段中的位号，协调与网络上其他设备的动作和功能块执行时间。用来控制系统管理操作的信息被组织成对象，存储在系统管理信息库 SMIB（System Management Information Base）中。系统管理内核包含有现成总线系统的关键结构和可操作参数，它的任务是在设备运行之前将基本的系统信息置入 SMIB，然后，根据系统专用名，分配给该设备带入到运行状态。系统管理内核 SMK 采用系统管理内核协议（SMKP）与远程 SMK 通信。当设备加入到网络之后，可以按需要设置远程设备和功能块，由 SMK 提供对象字典服务。如在网络上对所有设备广播对象名，等待包含这一对象的设备的响应，而后获取网络中关于对象的信息。为协调与网络上其他设备的动作和功能块同步，系统管理还为应用时钟同步提供一个通用的应用时钟参考，使每个设备能共享公共的时间，并可通过调度对象控制功能块执行。功能块应用进程 FBAP (Function Block Application Process) 在模型分层结构中也位于应用层和用户层。功能块应用进程主要用于实现用户所需要的各种功能。应用进程 AP 是 ISO 7498 中为参考模型所定义的名词，用以描述留驻在设备内的分布式应用。AP 一词在现场总线系统中是指设备内部实现一组相关功能的整体。而功能块把为实现某种应用功能或算法按某种方式反复执行的函数模块化，功能块提供一个通用结构来规定输入、输出、算法和控制参数，把输入参数通过这种模块化的函数，转化为输出参数。如 PID 功能块完成现场总线系统中控制计算、AI 功能块完成参数输入，转化为输出参数。还有用于远程输入输出的交互模块等。每种功能块被单独定义，并可为其他功能块所调用。由多个功能块及其相互连接，集成为功能块应用。在功能块应用进程部分，除了功能块对象之外，不包括对象字典 OD 和设备描述 DD。在功能块连接中，采用 OD 和 DD 来简化设备的互操作，因而也可以把 OD 和 DD 看作支持功能块应用的标准化工具。

2.4.1.3 FF 现场总线网络通信协议

图 2.5 表明了 FF 现场总线协议数据的内容和模型中每层应该附加的信息。它也从一个角度反映了现场总线报文信息的形成过程。如某个用户要将数据通过现场总线发往其他设备，首先在用户层形成用户数据，并把它们送往总线报文规范层处理，每帧最多可发送 251 个 8 位字节的数据信息；用户数据信息在 FAS、FMS、DLL 各层分别加上各层的协议控制信息，在数据链路层还加上帧校验信息后，送往物理层将数据打包，即加上帧前、帧后定界码，也就是开头码、帧结束码，并在开头码之前再加上用于时钟同步的先导码，或称为同步码。各层所附的协议信息的字节数见图 2.5。信息帧形成之后，还要通过物理层转换为符合规范的物理信号，在网络系统的管理控制下，发送到现场总线网段上。

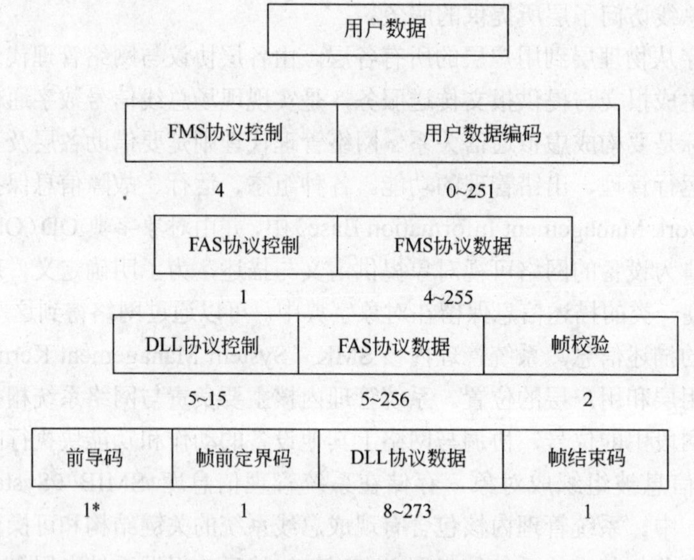

图 2.5 现场总线协议数据的生成

协议报文编码是指携带了现场总线要传输的数据报文，这些数据报文由各层的协议数据单元生成。基金会现场总线通信的协议报文编码由以下几种信号码制组成。基金会现场总线采用曼彻斯特编码技术将数据编码加载到直流电压或电流上形成物理信号。在曼彻斯特编码过程中，每个时钟周期被分成两半，用前半周期为低电平、后半周期为高电平形成的脉冲正跳变来表示 0；前半周期为高电平、后半周期为低电平的脉冲负跳变表示 1，这种编码的一个显著特征就是：在每个时钟周期的中间，数据码都必然会存在一次电平的跳变。每帧协议报文的长度为 8～273 个字节。

前导码、帧前定界码和帧结束码见图 2.6 所示。

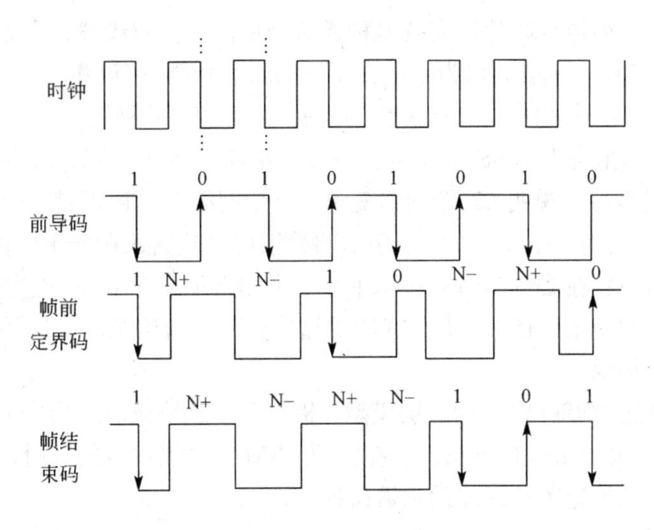

图 2.6　基金会现场总线的几种编码波形

H1、H2 总线网段的主要特性参数见表 2.1。

表 2.1　H1 、H2 总线网段的主要特性参数

	低速现场总线 H1			高速现场总线 H2		
传输速率/bps	31. 25K	31. 25 K	31. 25 K	1M	1M	2. 5M
信号类型	电压	电压	电压	电流	电压	电压
拓扑结构	总线/菊花链/ 树型	总线/菊花链/ 树型	总线/菊花链/ 树型	总线	总线	总线
通信距离/m	1 900	1 900	1 900	750	750	750
分支长度/m	120	120	120	0	0	0
供电方式	非总线供电	总线供电	总线供电	总线交流供电	非总线供电	非总线供电
本质安全	不支持	不支持	支持	支持	支持	支持
设备数/段	32/2	12/1	6/2	32/2	32/2	32/2

2.4.2　LonWorks 现场总线协议规范

2.4.2.1　系统的主要组成部分及其相互关系

LonWorks 技术包括以下几个组成部分：LonWorks 节点和路由器、LonTalk 协议、LonWorks 收发器、LonWorks 网络开发工具。

（1）LonWorks 节点和路由器

一个典型的 LonWorks 智能节点是以神经元芯片(Neuron Chip) 为核心的控制节点。神经元芯片主要包含 MC143150、TMPN3150 和 MC143120、TMPN3120 两大系统。NEURON 3120 不支持外部存储器，内部带有 ROM。NEURON 3150 支持外部存储器，适合更为复杂的应用。神经元芯片内部有三个 CPU，它们分别是媒介访问控制 CPU、网络 CPU 和应用 CPU。其中，媒介访问控制 CPU 完成 OSI 7 层协议的 1 层和 2 层网络协议，网络 CPU 完成 OSI 7 层协议的 3～6 层网络协议，应用 CPU 完成用户的编程，对应 OSI 7 层协议的第 7 层。神经元芯片有 11 个 IPO 口，这些引脚可以根据不同外部设备 IPO 的要求，灵活地配置输入输出方式，神经元芯片的 11 个 IPO 口有 34 种预编程设置，可以有效地实现对这 11 个 IPO 口的测量、计时和控制等功能。神经元芯片可支持多种通信介质，包括双绞线、电力线、同轴电缆、光纤、RF 等。神经元芯片的通信端口为了适合不同的通信介质，可以将 5 个通信引脚——CP0～CP4 配置成三种不同的接口模式，以适合不同的编码方案和不同的波特率。神经元芯片的编程语言为 Neuron C ，它是从 ANSI C 派生出来的，并对 ANSI C 进行了删补。一个运行 Neuron C 程序的节点，最多可以说明 62 个网络变量。一个网络变量可以是 Neuron C 变量或结构，其最大长度可达 31 个字节，最多 31 个字节的数组可以被嵌入在一个结构里，并作为一个网络变量来传播。路由器在 LonWorks 技术中是一个非常重要的部分，它连接两个通信通道的信息。由于路由器的使用，使 LON 总线不受通信介质、通信距离、通信速率的限制。

（2）LonTalk 协议

LonTalk 协议遵循 ISO 定义的 7 层模型，提供了 7 层协议所有内容的服务，在通信方式上采用 Predictive P-persistent CSMA。它在保留 CSMA 协议优点的同时，注意克服它在控制网络中的不足，有效地避免了网络的频繁碰撞。

（3）LonWorks 收发器

LonWorks 收发器是实现现场智能控制节点与 LON 总线连接的设备。LON 总线的一个非常重要的特点是它对多通信介质的支持。LON 总线可以根据不同的现场环境选择不同的收发器和介质。LonWorks 收发器主要有以下几种：双绞线收发、电源线收发器、电力线收发器、无线收发器、光纤收发器等。

（4）LonWorks 网络开发工具

LonWorks 网络开发工具主要包括 Nodebuilder 和 Lonbuilder。其中 Nodebuilder 主要完成单个节点的开发，它包含一个 Neuron C 编译程序，能将用户用 Neuron C 编制的程序编译连接成可下装文件。而 Lonbuilder 是对整个网络进行开发，包括节点开发、网络管理、协议分析和报文统计等功能。

2.4.2.2 LonTalk 协议介绍

LonTalk 是 LonWorks 的通信协议，固化在神经元芯片内。它是直接面向对象的网络协议，为 LonWorks 通信设置框架，支持 ISO/ OSI 模型的 7 层协议，可使简短的控制信息在各种介质中非常可靠地传输。LonTalk 7 层协议是关于 OSI 层次和 OSI 的服务标准。LonTalk 的服务处理器包括：物理层提供计算机和通信设备间的机械、电气和程序接口，为实现互连系统间物理上位流的透明传输提供介质，电气接口采用双绞线直接驱动、EIA-485 和变压器耦合三种方式。MAC 处理器包括数据链路层帧结构；流量控制帧结构；数据解码；CRC 校验；预测 P-坚持、时间片 CSMA/CD；优先级 MAC 处理器。网络层包括报文分组、路由选择地址、路由网络处理器。传输层包括端对端的可靠传输应答、非应答、点对点、广播等网络处理器。会话层为两个表示进程建立会话连接，并管理该连接上的对话请求/ 响应、网络管理网络处理器。表示层进行代码转换、数据加密与解密、文件信息格式变换、网络变量处理。应用层包括负责两个应用进程交换信息标准的网络变量类型应用处理器。

2.4.3 PROFIBUS 现场总线协议规范

2.4.3.1 系统的主要组成部分及其相互关系

PROFIBUS 协议结构符合 ISO 7498 国际标准制定的开放系统互连 OSI 参考模型。在这个模型中，每个传输层都处理各自规定的任务，现场总线只使用第 1 层(物理层) 、第 2 层(数据链路层 FDL)和第 7 层(应用层) 。PROFIBUS - DP 使用第 1 层和第 2 层以及用户接口，第

3～7 层不定义，这种结构能够保证快速和有效的数据传送。直接式数据链路转换器(DDLM)提供的用户接口，使得对第 2 层的存取变得简单方便。在用户接口中定义了用户和系统使用的应用功能，以及各种 PROFIBUS-DP 装置特性，传输可使用 RS-485 传输技术或光纤媒体。PROFIBUS - PA 使用扩展的 PROFIBUS-DP 数据传输协议。此外，PA 应用文件软件包定义现场装置的特性。根据 IEC 1158-2 标准规定的传输技术，现场装置可通过总线供电，并能安装在本质安全防爆场合。使用电缆耦合器，PROFIBUS - PA 装置能很容易连接到 PROFIBUS-DP 网络。PROFIBUS-FMS 定义 1、2 和 7 层，应用层由 FMS 和 LLI 组成。FMS 包括应用协议，并为用户提供强有力的通信服务功能选择，LLI 完成各种通信联系，并为 FMS 提供对第 2 层的存取；第 2 层 FDL (Fieldbus Data Link) 实现总线存取控制和数据安全。PROFIBUS - FMS 可使用 RS-485 和光纤传输技术。PROFIBUS - DP 和 PROFIBUS - FMS 使用相同的传输技术和统一的存取协议，这样在同一根电缆上两种方式能同时工作。

2.4.3.2　PROFIBUS 通信协议

（1）PROFIBUS 总线存取协议

三种 PROFIBUS(DP、FMS 和 PA) 均使用一致的总线存取协议，该协议是通过 OSI 参考模型的第二层来实现的，它包括数据的可靠性以及传输协议和报文的处理。其总线存取协议如图 2.7 所示。

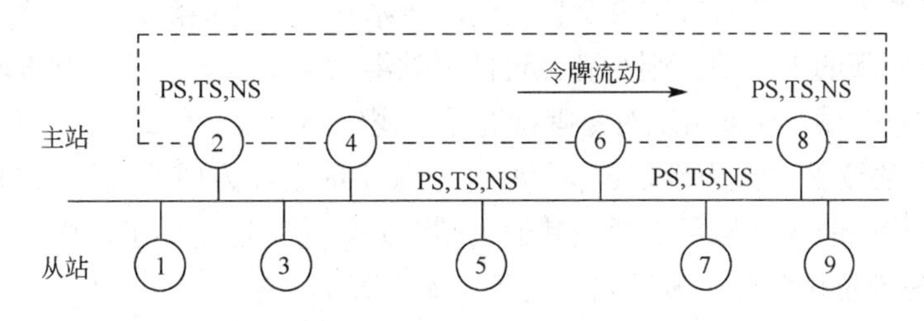

图 2.7　PROFIBUS 总线存取协议

在 PROFIBUS 中，第二层称为现场总线数据链路层(FDL)，介质存取控制(MAC) 具体控制数据传输的程序。MAC 必须确保在任何一个时刻只能有一个站点发送数据，PROFIBUS 总线存取协议包括主站之间的令牌传递方式和主站与从站之间的主从方式。在图 2.7 中，首先由 PROFIBUS 总线上的主站（不一定全部）组成逻辑环，让一个令牌在逻辑环中按一定方向依次流动。凡获得令牌的站就获得了总线的控制权，并获得批准的令牌持有时间，在这段时间内，该站就成为整个网络的主站，执行主站工作，可依照主-从关系表与所有从站通信，也可依照主-主关系表与所有主站通信，这就是所谓令牌控制主站浮动。根据这一定义，总线有三种控制方式，分别是 N∶M 方式（总线共有 M 个站，其中 N 个主站，$N<M$）；N∶N 方式（共 N 个站，且都为主站）；1∶N 方式（共 N 个站，1 个主站）。图中，PS 为前站地址，TS 为本站地址，NS 为下站地址。令牌环是所有主站的组织链，按照它们的地址构成逻辑环。在这个环中，令牌（总线存取权）在规定的时间内按照次序（地址的升序）在各主站中依次传递。在总线系统初建时，主站介质存取控制制定总线上的站点分配并建立逻辑环。在总线运行期间，断电或损坏的主站必须从环中删除，新上电的主站必须加入逻辑环。总线存取控制保证令牌按地址升序依次在各主站间传送，各主站的令牌保持时间长短取决于该令牌配置的循环时间。另外，PROFIBUS 介质存取控制还可监测传输介质及收发器是否有故障，检查站点地址是否出错（如地址重复）以及令牌错误（如多个令牌或令牌丢失）。下面重点介绍

令牌在逻辑环中的传递和逻辑环的维护。

（2）令牌的传递

在逻辑环中的每一个站内都存放着一张 LAS 表，在 LAS 表中列出 PS、TS、NS。在正常情况下，每一个站都按 LAS 表进行令牌传递。对于具体某个站而言，令牌一定是从它的 PS 传来，传到它的 NS 去，图 2.6 中各站的 LAS 表如表 2.2 所示。

表 2.2 PROFIBUS 的 LAS 表

站 2 LAS 表		站 4 LAS 表		站 6 LAS 表		站 8 LAS 表	
TS	2	PS	2		2	NS	2
NS	4	TS	4	PS	4		4
	6	NS	6	TS	6	PS	6
PS	8		8	NS	8	TS	8
结束		结束		结束		结束	

当一个站把令牌传递给自己的下一个站后，它还应当监听一个时间片（slot time），看下一站是否收到令牌。当下一站收到令牌，无论是发送数据还是再向它的下一站传递令牌，都将在帧的 SA 段填入监听站的 NS。若监听不到则再次向自己的 NS 发令牌，若连试两次仍收不到 SA 等于自己 NS 的帧，则表明自己的下一站 NS 出了故障。于是此站应向再下一站传递令牌。若找到新的下一站，则令牌绕过故障站继续流动；若失败，则再向下找一站。如果一直没有找到下一站，则表明现有令牌持有站是逻辑环上唯一的站，必须重新建立逻辑环。

PROFIBUS 协议首先人为设定逻辑环中地址最小的主站为环首，环首首先自己给自己发一令牌帧，这一特殊的令牌帧用来通知其他主站要开始建立逻辑环了，然后环首用“Request FDL Status”，按地址增大顺序发给自己的下一站。若下一站用“Not Ready”或者“Passive”应答，则环首把此站地址登记到 GAPL 表中；若下一站用“Ready for the Logical ring”应答，则环首把此站地址登记到 LAS 表中，这样逻辑环就建立起来了。

主从方式的优先级调度。在 PROFIBUS 总线协议中，一旦某主站获得了令牌，它就按主从方式控制和管理全网，并按优先级进行调度。首先进行逻辑环维护，这段时间不计入令牌持有时间。然后处理高优先级任务，最后处理低优先级任务。高优先级任务即使超过了令牌持有时间，也应全部处理完。在处理完高优先级任务后，再根据所剩的令牌持有时间对低优先级任务进行调度。优先级的高低是由主站提出通信要求，用户进行选择的，选择高任务优先级，则该任务为高优先级任务；反之为低优先级任务。这类由主站随机提出的通信任务，采用非周期发送请求方式传输数据。如果通信任务是由用户预先在每个主站中输入一张轮询表（polling list），该表定义了此主站获得令牌后应轮询的从站及其他主站，并规定此主站与轮询表中各站按周期发送/ 请求方式传输数据。对于这类任务，PROFIBUS 一律按低优先级任务调度，即当处理完高优先级任务后，如果剩有令牌持有时间，则安排轮询表规定的任务，按照轮询表规定的顺序，在令牌持有时间内，采用周期发送/ 请求方式向各站发送数据，并要求立即给予带数据的应答。

FDL 帧的结构。PROFIBUS 协议结构中 FDL 帧由异步格式的字符组成，字符格式为 11 位，其中 1 个起始位，8 个数据位，1 个偶校验位，1 个停止位。FDL 帧的格式总共有三种：①不带数据且长度固定的帧，它包括请求帧、应答帧、简短应答帧；②带数据且长度固定的帧，它包括发送/请求帧、响应帧；③数据段长度可变的帧，重点介绍这种帧的结构，它包括三种帧。

- 发送/请求帧，其结构如图 2.8 所示，其中 $L=4\sim249$bit。

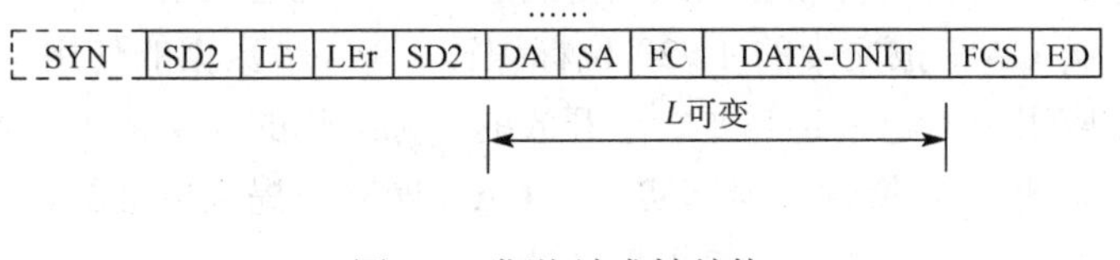

图 2.8　发送/请求帧结构

- 响应帧，其结构如图 2.9 所示。
- 令牌帧，其结构如图 2.10 所示。

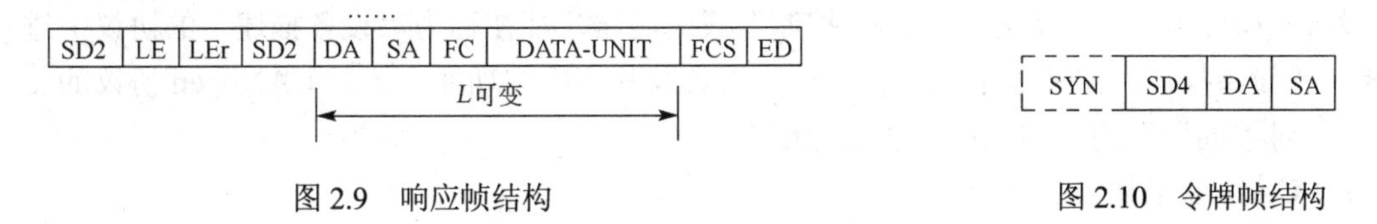

图 2.9　响应帧结构　　图 2.10　令牌帧结构

上述帧结构中，SYN 为同步字段，只在请求帧和令牌帧前出现，不允许在字符之间出现；SD2 为开始界定符，10H；SD4 为开始界定符，DCH；LE 和 LEr 都表示长度占一个字节，它是 DA + SA + FC + DATA - UNIT 的字节数的总和；FCS 为校验段，占一个字节；DA 为目的站地址，SA 为源站地址；DA 和 SA 各占一个字节，其格式如下:

EXT 26 25 24 23 22 21 20

地址中 EXT 为扩展位，EXT = 0 表示不扩展，EXT = 1 表示地址扩展，扩展形式如下：当 DA 的 EXT = 1 时，其扩展地址为 DAE ；当 SA 的 EXT = 1 时，其扩展地址为 SAE。DAE 和 SAE 的格式如下：

EXT TYP 25 24 23 22 21 20

其中 EXT 为附加地址扩展标示符； TYP = 0 时，DAE 和 SAE 中为服务访问点地址 SSAP 及 DSAP ；当 TYP = 1 时，DAE 和 SAE 中为带桥的多级总线段地址。当 TYP = 0 时，令牌持有站与其下一站连接。DAE 中的 DSAP 为目的服务访问站地址，SAE 中的 SSAP 为源服务访问站(即令牌持有站) 地址，DA 中的目的站地址，SA 中的源站地址组成两级地址，并建立连接，为数据传输服务。FC 帧控制段是最关键的字段，其格式为：b8 为 Res，表示预留位；b7 为帧类型，b7= 1 表示发送/ 请求帧，b7 = 0 表示响应帧； 此时 b6b5 作 Stn 类型，即表示站类型及 FDL 状态，如 b6b5 = 00 ，表示从站； b6b5 = 01 表示主站未准备好；b6b5 = 10 表示主站准备进入逻辑环；b6b5 = 11 表示该站已是逻辑环上的主站。当 b7 = 1 时，b6b5 表示 FCB 与 FCV ，FCB 位为帧计数位，0/ 1 交错。FCV = 1 表示帧计数位有效。FCB 位与 FCV 位联合使用以防帧丢失或帧重叠。

2.4.4　CAN 现场总线协议规范

2.4.4.1　CAN 现场总线的分层结构

根据 ISO 11898 (1993) 标准， CAN 分为两个层次模型：物理层(Physical Layer) 和数据链路层(Data Link Layer)。

物理层定义了信号电平、位表达方式、传输媒体等。数据链路层又分为媒体访问控制层(MAC) 和逻辑链路控制层(LLC)。MAC 层有帧组织、总线仲裁、检错、错误报告、错误处理等功能。MAC 将接收到的信息发送给 LLC 层并接收来自 LLC 层的信息。LLC 为应用层提供了接口。CAN 只定义物理层和数据链路层，没有规定应用层，本身并不完整，需要一个高层协议来定义 CAN 报文中的 11/29 位标识符、8 字节数据的使用。而且，基于 CAN 总线的工业自动化应用中，越来越需要一个开放的、标准化的高层协议：这个协议支持各种 CAN 厂商设备的互用性、互换性，能够实现在 CAN 网络中提供标准的、统一的系统通信模式，提供设备功能描述方式，执行网络管理功能。

基于 CAN 协议扩展的 CANopen 协议是 CAN-in-Automation（CiA）定义的标准之一，并且在发布后不久就获得了广泛的承认。尤其是在欧洲，CANopen 协议被认为是在基于 CAN 的工业系统中占领导地位的标准。大多数重要的设备类型，例如数字和模拟的输入输出模块、驱动设备、操作设备、控制器、可编程控制器或编码器，都在称为“设备描述”的协议中进行描述；“设备描述”定义了不同类型的标准设备及其相应的功能。依靠 CANopen 协议的支持，可以对不同厂商的设备通过总线进行配置。

2.4.4.2 CAN 通信协议

（1）CAN 信息帧格式

CAN 定义四种类型的协议帧：数据帧，用于传输数据；远地帧，用于请求数据；错误帧，用于指示检测到的错误状态；过载帧，用于后续帧的延时。MAC 数据帧规范如表 2.3 所示。

表 2.3 MAC 数据帧格式

起始位		仲裁域		控制域			数据域	CRC	应答域	结束位
SO	F	ID	RTR	RB1	RB0	DLC	8×*n* bit	16bit	2bit	7bit

① 起始位(SO F)：标志数据帧的开始，由一个主控位构成。

② 仲裁域: 由 11 位标识符(ID) 和远程发送请求位(RTR) 组成，其中最高 7 位不能全是隐性位。ID 决定了信息帧的优先权。ID 的数值越小，则优先权越高。对数据帧，RTR 为“0”。对远地帧，RTR 为“1”。这决定了数据帧的优先权总是比远地帧的优先权高。

③ 控制域：RB1 和 RB0 为保留位，用于以后数据帧的扩展。这两位为主控电平。DLC 为数据域长度代码，为 0～8。

④ 数据域: 允许传输的数据字节长度为 0～8，其长度由 DLC 决定。

⑤ CRC 域: 它采用 15 位 CRC，其生成多项式为

$$x^{15}+x^{14}+x^{10}+x^{8}+x^{7}+x^{4}+x^{3}+1$$

CRC 最后一位为 CRC 分界符，它为隐性电平。

⑥ 应答域：包括应答位和应答分界符。发送站发出的这两位均为隐性电平。而正确地接收到有效报文的接收站，在应答位期间应传送主控电平给发送站。应答分界符为隐性电平。

⑦ 结束位：由 7 位隐性电平组成。

（2）CANopen 协议

CAN 提供了所有的网络管理服务和报文传送协议，但并没有定义 CMS 对象的内容或者正在通信的对象的类型（它只定义了 how，没有定义 what），而这正是 CANopen 切入点。

CANopen 是在 CAN 基础上开发的，使用了 CAN 通信和服务协议子集，提供了分布式

控制系统的一种实现方案。CANopen 在保证网络节点互用性的同时允许节点的功能随意扩展，或简单或复杂。 CANopen 的核心概念是设备对象字典（OD：Object Dictionary），在其他现场总线（Profibus，Interbus-S）系统中也使用这种设备描述形式。注意：对象字典不是 CAN 的一部分，而是在 CANopen 中实现的。

对象字典是一个有序的对象组；每个对象采用一个 16 位的索引值来寻址，为了允许访问数据结构中的单个元素，同时定义了一个 8 位的子索引。不要被对象字典中索引值低于 0×0FFF 的 data types 项所迷惑，它们仅仅是一些数据类型定义。一个节点的对象字典的有关范围在 0×1000～0×9FFF 之间。

CANopen 通信模型定义了 4 种报文（通信对象）：①管理报文；②服务数据对象 SDO(Service Data Object)；③过程数据对象 PDO（Process Data Object)；④预定义报文或者特殊功能对象。

为了减小简单网络的组态工作量，CANopen 定义了强制性的缺省标识符（CAN-ID）分配表。这些标志符在预操作状态下可用，通过动态分配还可修改它们。CANopen 设备必须向它所支持的通信对象提供相应的标识符。

缺省 ID 分配表是基于 11 位 CAN-ID，包含一个 4 位的功能码部分和一个 7 位的节点 ID(Node-ID)部分。如图 2.11 所示。

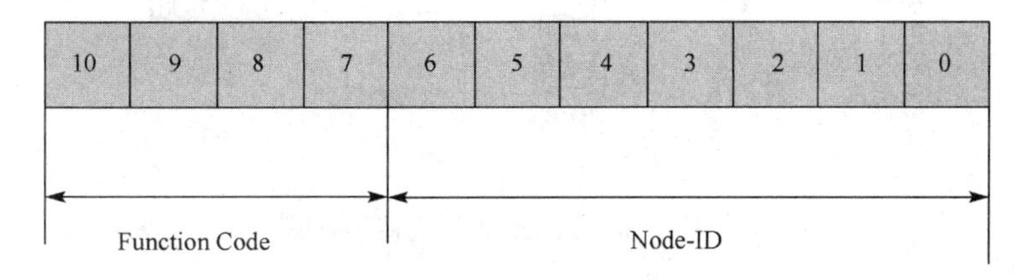

图 2.11 预定义连接集 ID

Node-ID 由系统集成商定义，例如通过设备上的拨码开关设置。Node-ID 范围是 1～127（0 不允许被使用)。

预定义的连接集定义了 4 个接收 PDO（Receive-PDO)，4 个发送 PDO（Transmit-PDO)，1 个 SDO（占用 2 个 CAN-ID)，1 个紧急对象和 1 个节点错误控制（Node-Error-Control）ID。也支持不需确认的 NMT-Module-Control 服务，SYNC 和 Time Stamp 对象的广播。

此外，CANopen 协议还规定了 CANopen 标识符分配、CANopen boot-up 过程、CANopen 消息语法细节等内容。

2.4.5 DeviceNet 现场总线协议规范

2.4.5.1 DeviceNet 现场总线的分层结构

DeviceNet 的物理层采用了 CAN 总线协议具有如下特点。

① 线性的网络结构。

② 最多可支持 64 个节点。

③ 使用两对双绞线的屏蔽电缆(分别连接信号和电源)，可使用干线电缆、支线电缆。

④ 可使用密封连接器或开放式连接器。

⑤ 不必切断电源就可以拆、装网络节点。

⑥ 错接线保护。

⑦ 125 Kbps、250 Kbps、500 Kbps 三种可选波特率对应 500～100m 允许干线长度。

⑧ 同时支持网络供电及自供电设备。

⑨ 高电源容量(每个电源最大可供应 16A) 。

DeviceNet 使用了 CAN 的物理层和数据链路层协议。CAN (Controller Area Network) 芯片已将 CAN 协议固化在芯片中，作为商品销售。由于 CAN 芯片已得到广泛的使用，并得到世界范围主要芯片制造商的支持，并且由于生产规模大，价格仅为其他总线芯片的 1/ 5～1/ 10 。DeviceNet 使用的 CAN 芯片本身具有下列出错管理功能：出错主动、出错被动、总线脱离，并根据表示节点内部运行情况的错误计数器决定节点对错误的反应，尽量减少出错的影响。DeviceNet 通信连接如图 2.12 所示。

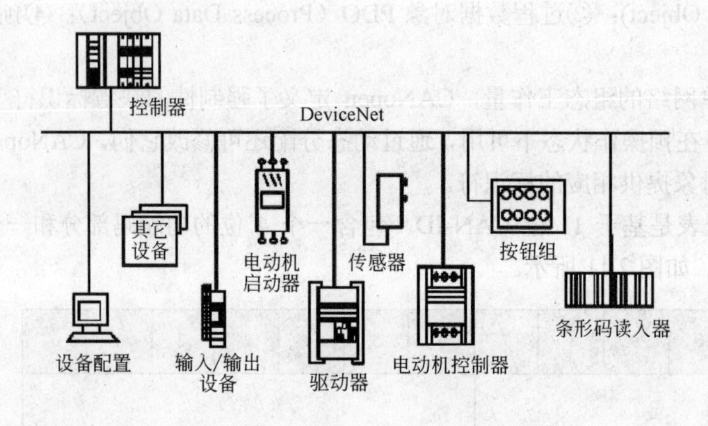

图 2.12 DeviceNet 通信连接示意图

2.4.5.2 DeviceNet 通信协议

DeviceNet 使用短帧传送，每帧只有 0～8 字节的数据，每帧传送时间只有 0.1～1ms ，通过优先级的分配使它能及时响应更加重要的信息。而对于大于 8 字节的信息，可以使用分段传送数据重组规约，将它分为 8 字节的数据帧分段传送。分段传送规约可以保证分段传送数据的完整性。

(1) DeviceNet 的数据帧

DeviceNet 的数据帧如图 2.13 所示。

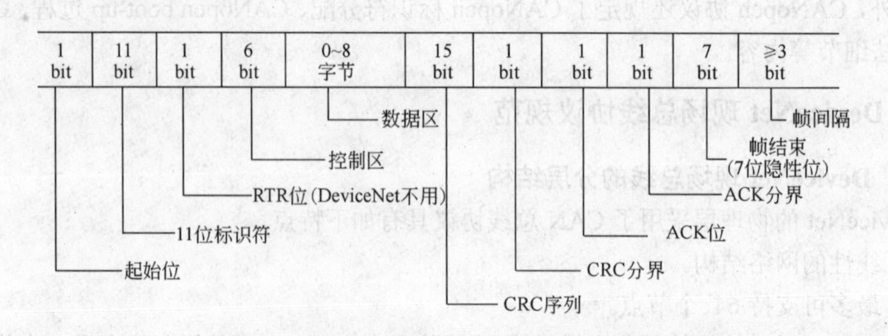

图 2.13 DeviceNet 的数据帧

DeviceNet 网络上所有节点都在监听总线，当总线上已有节点在发送时，任何节点必须等待这一帧结束，经过约定的帧间隔，任何节点都可以申请下一帧的发送，但经过 11 位标识符的仲裁，只有一个节点能赢得仲裁，取得这一帧的发送权。15 位 CRC 序列是对本帧数据进行计算得到的循环校验码，在接收时通过校验码的校核，可以判定所收到的数据是否正确。

ACK 位是规约要求的应答位，发送节点在这一位传送一个隐性位(“1”电平) ，要求接收这个帧的节点，在收到这个帧并且在前面的循环校验通过时，在 ACK 位置发送一个显性位(“0”电平) 来应答。按 DeviceNet 规约(实际上这部分是 CAN 规约的功能) ， 当一个节点向总线发送隐性位(“1”) ，另一节点向总线发送显性位(“0”) 时，总线上出现的是显性位(“0”) ，即显性位优先于隐性位，使得发送节点在信息帧发送末尾就已经得到了应答信息。除了这个由 CAN 规约提供的应答外，DeviceNet 规约还在应用层中规定了应答帧，对显式信息必须要有应答帧，对 I/O 信息可以选择是否需要应答帧。

（2）连接的概念

DeviceNet 是一种既灵活又功能齐全的总线。通过对每个节点的配置可以使它具有规定的特性。为了说明通信过程中各个环节之间的关系，DeviceNet 使用通信对象模型来形象地描述 DeviceNet 使用连接的概念。用连接对象表示两个物理节点之间的一个通信关系，这仅是一个抽象的表示,表示设备 1 中的应用对象通过一个连接与设备 2 中的应用对象建立通信关系。在 DeviceNet 中通过一系列参数和属性对连接对象进行描述，如这个连接使用的标识符(连接标识符 CID ,即 DeviceNet 数据帧中的 11 位标识符) 、这个连接传送的信息的类型(显式信息或 I/O 信息）、数据长度、路径信息的生产方式、信息包传送频率和连接的状态等。DeviceNet 网络中一台设备一般只有一个与网络的物理接口，有一个地址称为 MAC 口 ID(介质存取控制标识符），但一个设备可以与多个节点建立连接，也可以与一个节点建立多个连接。每个连接都可以配置不同的参数。DeviceNet 不但允许预先设置或取消连接，也允许动态建立或撤消连接，这使通信具有更大的灵活性。

（3）显式报文和 I/O 报文

DeviceNet 中定义了两类不同的报文，即显式报文和 I/ O 报文。显式报文用于两个设备之间多用途的信息交换，一般用于节点的配置、故障情况报告和故障诊断。DeviceNet 中定义了一组公共服务显式报文，如读取属性、设置属性、打开连接、关闭连接、出错响应、启动、停止、复位等。这类信息因为是多用途的，所以在报文中要标明报文的类型，对应不同类型，报文格式也不同。它是根据报文和预先规定的格式说明其含义的，显式报文是询问/回答式的。

（4）I/O 信息

I/O 信息是工业控制系统最主要的信息，它反映系统实时状态的信息，具有以下特点。

① I/O 信息的含义是预先约定的，内容比较单纯。

② 由于控制系统实时性要求， I/ O 信息必须快速重复地传送、刷新，因此数据量大，要求格式精简。

③ 为了更有效地传送 I/O 信息，DeviceNet 定义了多种传送规则，可以根据应用对象信息的特点选用适当的方式：位选通；轮询；状态变化；循环传送。I/O 信息可以选择应答或无应答传送，一般选择无应答方式以节省时间。

④ 可以是点对点或多点传送。

（5）报文格式

显式报文是多用途的，可用于节点的配置、故障情况报告等各种服务。它必须在规定格式报文中说明要做的事情，在 DeviceNet 规约中定义了各种显式报文格式。下面以“打开显式信息连接服务”为例说明显式报文格式的要点。为了说明连接的建立， 需要补充说明 DeviceNet 11 位标识符和信息组的定义。DeviceNet 使用 CAN 规约中的 11 位仲裁区定义它的标识符，这 11 位标识符对每个报文是唯一的。标识符分为三部分：连接组别使用 1～2 位；MAC ID，表示节点地址，6 位；信息 ID，使用 3～6 位表示在一个信息组内所用的信息通道。

连接在 DeviceNet 网络上的节点，如果要交换信息，首先要建立通信关系，也就是建立“连接”，打开显式信息连接服务，就是用在两个节点间建立一个显式信息的联系。为了在尚未建立显式信息连接的节点间实施这一个显式信息的交换。在 DeviceNet 中规定了两个专门的未连接显式信息通道：报文组 3 信息 ID = 5 未连接显式响应报文；报文组 3 信息 ID = 6 未连接显式请求报文。如果客户机节点的 MCA ID = 0 ，服务器节点的 MAC ID = 5 ，要求建立的显式信息连接所使用的信息通道：

客户机→服务器 组 1 信息 ID = A；

服务器→客户机 组 1 信息 ID = 3；

通过这一组未连接显式报文，在客户机和服务器之间建立起一个显式信息连接(注意所建立的连接与为建立连接使用的未连接显式信息通道是不同的) 。在此连接建立以后，就可通过此连接交换显式报文，同时可以通过对这个连接的进一步设置将它改为 I/ O 信息连接。I/ O 报文传送的是单一的 I/ O 的状态信息，因此不需要繁复的格式，同时 I/ O 信息要求实时性，必须及时反复传送，信息量很大。因此，应尽可能简化格式。DeviceNet 的 I/ O 报文，在标识符后面就是实际的 I/ O 信息。

DeviceNet 信息帧最长为 8 bytes ，数据长度如果超过 8 bytes ，就需要使用分段传送的规约。I/O 报文可能更多使用分段传送。现信息体的第 0 byte 用作分段协议；bit0～5 为分段计数器，填写分段的编号；bit6 、bit7 表示本帧的分段类型(0 表示第一分段；1 表示中间分段；2 表示最后分段；3 表示分段应答)在采用分段传送时，第 0 byte 用于分段协议，所以只有 7 个 bytes 能用于实际数据，通过分段协议可以保证数据的正确传送。

（6）预定义主/从连接组

DeviceNet 是基于连接的通信规约。前面的例子也说明了通过未连接显示报文建立显式信息连接的过程。I/ O 连接则在显式信息连接基础上通过设置改为 I/ O 连接。这种设置可以预先建立，也可以在线动态修改。这使 DeviceNet 具有很好的灵活性，在一个总线上可以同时传送显式报文和 I/ O 报文，可以根据实际需要在线修改配置。但是这些灵活性也增加了复杂性，设置手续比较繁复，同时需要在设备上具备灵活配置和修改的能力。如对未连接显式信息的接收和处理要求设备具备 UCMM (Unconnected Message Manager) 能力。因为它要从专门的信息通道接收从未曾登记的节点来的信息，并且要根据建立连接的请求，分配信息 ID 和对信息 ID 进行动态管理，这对设备的硬件和软件能力有一定的要求。而在实际使用中，许多对象的应用情况很简单，常用的主/从连接方式足以满足要求。为此，DeviceNet 定义了一个预定义主/从连接组和仅限组 2 从站，以降低从站的成本和简化设备的配置。预定义主/从连接组用于主/从连接式通信，并预先定义好各信息组内的一些通道的功能。在使用前，需要主站通过分配主/从连接组请求服务和从站的应答明确关系，通过分配选择字节明确所采用的信息传送机制(周期传送、查询、位选通、状态改变、显式信息)即可。由预定义主/从连接组的标识符分配可以得到，主站发往从站的报文都使用目的节点的MAC ID 标识，而从站发往主站的报文都使用源MAC ID 标识，这使从站容易辨识自己的报文；而对主站来说它要接收来自多个从站的报文，同时主站具有强得多的功能，有能力处理。对于不具有UCMM 能力的从站，称为仅限组2从站，它没有能力接收通常的未连接显式报文，只能通过预定义主/从连接组内预留的仅限组2未连接显示请求(组2 信息ID = 6) 和从机的显式/未连接响应信息(组2 信息ID = 3) 通道实现预定义主/从连接的分配或撤消。

（7）应用层设备描述

DeviceNet 对直接连接到网络的每一类设备都定义了设备描述。设备描述是从网络角度对设备内部结构的说明，它使用对象模型的方法说明设备内部包含的功能，各功能模块之间的关系和接口。设备描述说明使用了哪些DeviceNet 对象库中的对象，和哪些制造商特定的对象，以及关于设备特性的说明。设备描述另一个要素是对设备在网络上对外交换的数据，这些数据在设备内代表的意义和采用的数据格式。此外，设备描述也要列出本设备所有可配置的数据。

2.4.6　HART 的现场总线协议规范

2.4.6.1　HART 通信协议的特点与优势

HART 基于主/从（master/slave）协议原理，这意味着只有在主站呼叫时，现场设备（从站）才传送信息。在一个HART 网络中，两个主站(主和副)可以与一个从设备通信。副主站，如手持终端，几乎可以连接在网络任何地方，不影响主站通信的情况下与任何一个现场设备通信。典型的主站可以是DCS、PLC、基于计算机的控制或监测系统。典型的两个主站的安装见图2.14。HART 协议可以使用不同的模式进行智能现场设备与中央控制或监测设备的信息往返通信。最常用的模式是在传送4～20mA 模拟 + 数字或单独数字通信不会中断模拟信号，从站对来自主站的命令/请求的典型响应时间 500ms(每秒两个值)全数字通信模式，连续传输挑选的标准回答信息，如 PV 信息之间的缝隙里，允许“Master”改变命令或模式典型的每秒更新3～4次，HART 主/从（Master/Slave）通信(正常HART 模式)如图2.15所示。

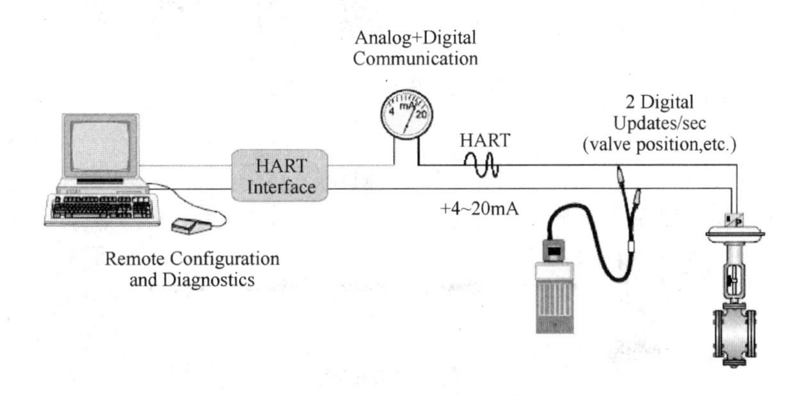

图2.14　HART 协议允许两个主设备同时访问现场从设备

HART 协议也支持在配置为多挂接的网络中在一对线上连接多个设备，如图2.16所示。在多挂接应用中，通信限定于数字主/从方式。流经每一个从设备的电流固定在一个用于驱动该设备的最小值(通常为 4mA)，而与过程毫无关系。观察安装可知，与连接传统4～20mA 模拟仪表一样的电缆用来载送 HART 通信信号。所允许的电缆长度依电缆类型和连接的设备数目而不同，通常单芯带屏蔽双绞电缆长度可达 3000m，多芯带屏蔽双绞电缆可达 1500m。更短的距离可使用非屏蔽电缆。可通过 HART 信号的本质安全栅/隔离器应用在危险场合。模拟信号同时进行主/从式数字通信，这种模式，允许来自从设备的数字信息在主设备上每秒更新两次。4～20mA 模拟信号是连续的，仍然可以载送控制的主要变量。“Burst”是可选的通信模式(图 2.17)，允许单一的从站连续广播一个标准的 HART 响应信息。为得到更新的过程变量信息，主站可能不断对从站发送命令请求。这种模式可将主站从不断对从站发送命令请求的重复中解放出来。同样的 HART 响应信息(PV 或其他)连续地由从站广播，直到主站指示其他命令。采用“Burst”通信方式，依选择的命令不同，数据更新为每秒 3～4 次。Burst 模式只能使用在单个从设备的网络中。

图 2.15 HART 主/从（Master/Slave）通信(正常 HART 模式)

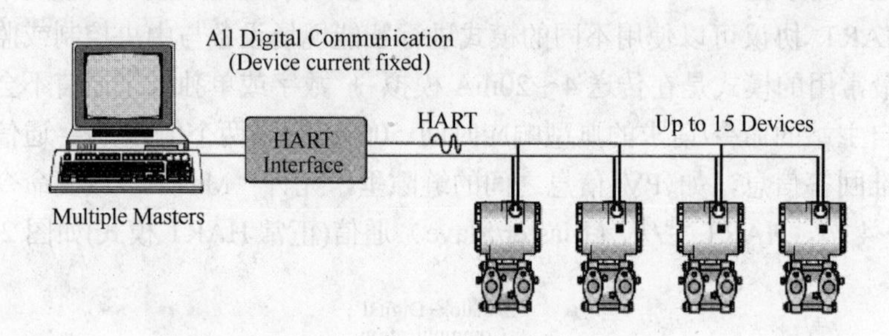

图 2.16 HART 设备在一些应用中可实现多挂接

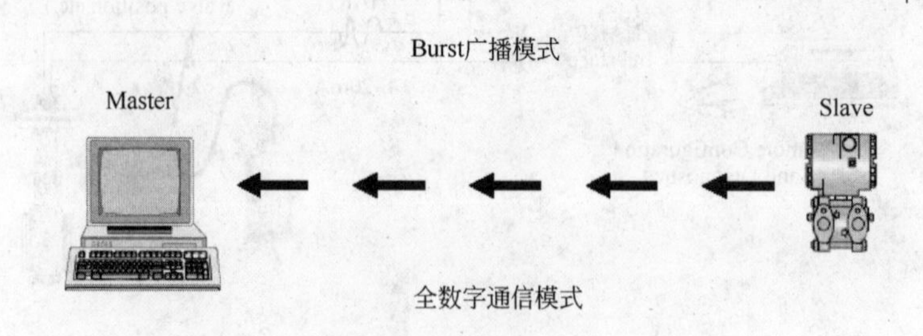

图 2.17 一些设备支持 HART Burst 通信模式(可选)

2.4.6.2 HART 通信协议

HART 通信基于命令，也就是说主站发布命令，从站作出响应。对 HART 兼容的现场仪表，三种类型的命令提供读/写等信息访问功能(见图 2.18)。通用和普通操作命令在 HART 协议规范中定义。第三类，设备特殊命令，则对设备中的专门参数或特定设备的唯一功能进行自由定义。通用命令确保在大量并不断增长的来自不同供应商的设备间可互操作，并在日常工厂操作中访问数据，即读取过程测量值/变量，上限、下限范围，及其他一些信息，诸如生产厂家、型号、位号及描述等。HART 协议的一个基本规则是 HART 兼容的从站设备必须响应所有通用命令。这些命令功能强大，例如通用命令允许在一个命令响应中多达 4 个动态参数被读取。通用操作命令访问那些大多数但并非全部设备所具有的功能。这些命令可选，但如果实现，必须被特殊说明。设备特殊命令允许访问设备独有特点，大多数用于设备参数组态。这些命令可以对设备发送一套新的 PID 算法参数。

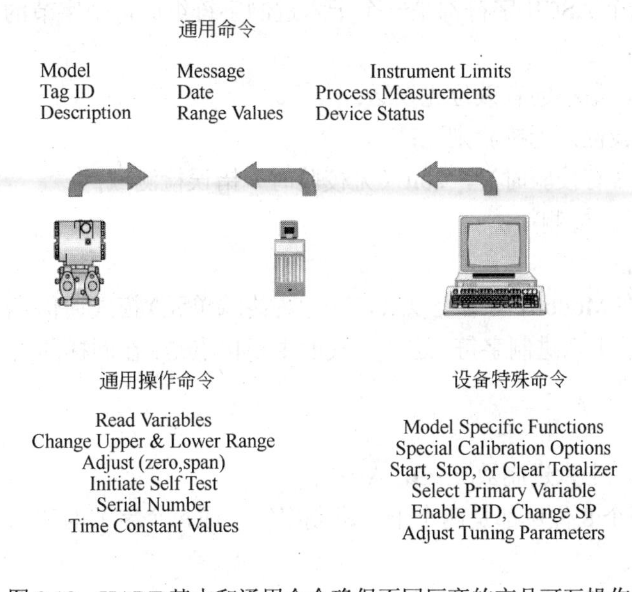

图 2.18 HART 基本和通用命令确保不同厂商的产品可互操作

在每一个命令响应中包含设备状态信息，对关键回路提供增强的系统完整性。每个响应中的状态位指出设备失效或其他问题，例如模拟输出饱和、变量超限或通信错误等。一些 HART 兼容设备可以连续检查设备状态位，在发现问题时，发出警报或停车。

HART 设备描述语言(DDL)，在通用和普通操作命令的基础上，扩展了可互操作性。现场设备(从站)生产商使用 DDL 建立相关设备特性的软件，因而有识别 DDL 能力的主站可以完全访问该设备。设备描述类似个人电脑的打印机驱动程序，该软件将打印机与应用程序连接起来，从而正确地进行打印。通用手持终端编程器使用几个生产商提供的 DDL 可以对任何基于 HART 的仪表进行组态。其他兼容 DDL 的主站也开始推出。一个针对所有 HART 兼容设备描述的中央数据库由 HART 通信基金会管理。

2.4.7 Modbus 的现场总线协议规范

2.4.7.1 Modbus 传输方式

控制器能设置为两种传输模式（ASCII 或 RTU）中的任何一种在标准的 Modbus 网络通

信。用户选择想要的模式，包括串口通信参数（波特率、校验方式等），在配置每个控制器的时候，在一个 Modbus 网络上的所有设备都必须选择相同的传输模式和串口参数。所选的 ASCII 或 RTU 方式仅适用于标准的 Modbus 网络，它定义了在这些网络上连续传输的消息段的每一位，以及决定怎样将信息打包成消息域和如何解码。在其他网络上（如 MAP 和 Modbus Plus）Modbus 消息被转成与串行传输无关的帧。

（1）ASCII 模式

当控制器设为在 Modbus 网络上以 ASCII（美国标准信息交换代码）模式通信，在消息中的每个 8bit 字节都作为两个 ASCII 字符发送。这种方式的主要优点是字符发送的时间间隔可达到 1s 而不产生错误。

代码系统：

① 十六进制，ASCII 字符 0…9，A…F；

② 消息中的每个 ASCII 字符都是一个十六进制字符组成每个字节的位；

③ 1 个起始位；

④ 7 个数据位，最小的有效位先发送；

⑤ 1 个奇偶校验位，无校验则无；

⑥ 1 个停止位（有校验时），2bit（无校验时）错误检测域；

⑦ LRC(纵向冗长检测)。

（2）RTU 模式

当控制器设为在 Modbus 网络上以 RTU（远程终端单元）模式通信，在消息中的每个 8bit 字节包含两个 4bit 的十六进制字符。这种方式的主要优点是：在同样的波特率下，可比 ASCII 方式传送更多的数据。

代码系统：

① 8 位二进制，十六进制数 0…9，A…F；

② 消息中的每个 8 位域都是两个十六进制字符组成每个字节的位；

③ 1 个起始位；

④ 8 个数据位，最小的有效位先发送；

⑤ 1 个奇偶校验位，无校验则无；

⑥ 1 个停止位（有校验时），2 bit（无校验时）错误检测域；

⑦ CRC（循环冗长检测）。

表 2.4 为两种模式的比较。

表 2.4 传输模式比较

特性		ASCII(7 位)	RTU(8 位)
编码系统		十六进制（使用 ASCII 可打印字符 0～9，A～F）	二进制
第一个字符的位数	开始位	1 位	1 位
	数据位（最低有效位第一位）	7 位	8 位
	奇偶校验（任选）	1 位（此位用于奇偶校验，无校验应无该位）	1 位（此位用于奇偶校验，无校验应无该位）
	停止位	1 或 2 位	1 或 2 位
	错误校验	LRC（即纵向冗余校验）	CRC（即循环冗余校验）

2.4.7.2　Modbus 通信协议

Modbus 消息帧——两种传输模式中（ASCII 或 RTU），传输设备将 Modbus 消息转为有起点和终点的帧，这就允许接收的设备在消息起始处开始工作，读地址分配信息，判断哪一个设备被选中（广播方式则传给所有设备），判知何时信息已完成。部分的消息也能侦测到并且错误能设置为返回结果。

（1）ASCII 帧

使用 ASCII 模式，消息以冒号（：）字符（ASCII 码 3AH）开始，以回车换行符结束（ASCII 码 0DH，0AH）。其他域可以使用的传输字符是十六进制的 0…9，A…F。网络上的设备不断侦测“：”字符，当有一个冒号接收到时，每个设备都解码下个域（地址域）来判断是否是发给自己的。消息中字符间发送的时间间隔最长不能超过 1s，否则接收的设备将认为传输错误。一个典型消息帧如表 2.5 所示。

表 2.5　消息帧结构

起始位	设备地址	功能代码	数据	LRC 校验	结束符
1 个字符	2 个字符	2 个字符	*n* 个字符	2 个字符	2 个字符

（2）RTU 帧

使用 RTU 模式，消息发送至少要以 3.5 个字符时间的停顿间隔开始。在网络波特率下多样的字符时间，这是最容易实现的表 2.6 中。传输的第一个域是设备地址。可以使用的传输字符是十六进制的 0…9，A…F。网络设备不断侦测网络总线，包括停顿间隔时间内。当第一个域（地址域）接收到，每个设备都进行解码以判断是否发往自己的。在最后一个传输字符之后，一个至少 3.5 个字符时间的停顿标定了消息的结束。一个新的消息可在此停顿后开始。整个消息帧必须作为一连续的流传输。如果在帧完成之前有超过 1.5 个字符时间的停顿时间，接收设备将刷新不完整的消息并假定下一字节是一个新消息的地址域。同样，如果一个新消息在小于 3.5 个字符时间内接着前个消息开始，接收的设备将认为它是前一消息的延续。这将导致一个错误，因为在最后的 CRC 域的值不可能是正确的。一个典型的消息帧如表 2.6 所示。

表 2.6　RTU 帧结构

起始位	设备地址	功能代码	数据	CRC 校验	结束符
T1-T2-T3-T4	8 位	8 位	*n* 个 8 位	16 位	T1-T2-T3-T4

（3）地址域

消息帧的地址域包含两个字符（ASCII）或 8bit（RTU）。可能的从设备地址是 0…247 (十进制)。单个设备的地址范围是 1…247。主设备通过将要联络的从设备的地址放入消息中的地址域来选通从设备。当从设备发送回应消息时，它把自己的地址放入回应的地址域中，以便主设备知道是哪一个设备作出回应。地址 0 是用作广播地址，以使所有的从设备都能认识。当 Modbus 协议用于更高水准的网络，广播可能不允许或以其他方式代替。

（4）处理功能域

消息帧中的功能代码域包含了两个字符（ASCII）或 8bit（RTU）。可能的代码范围是十进制的 1…255。当然，有些代码是适用于所有控制器，有些是应用于某种控制器，还有些保留以备后用。当消息从主设备发往从设备时，功能代码域将告之从设备需要执行哪些行为。

例如去读取输入的开关状态，读一组寄存器的数据内容，读从设备的诊断状态，允许调入、记录、校验在从设备中的程序等。当从设备回应时，它使用功能代码域来指示是正常回应（无误）还是有某种错误发生（称作异议回应）。对正常回应，从设备仅回应相应的功能代码。对异议回应，从设备返回一等同于正常代码的代码，但最重要的位置为逻辑 1。例如：一从主设备发往从设备的消息要求读一组保持寄存器，将产生如下功能代码：00000011（十六进制 03H）。对正常回应，从设备仅回应同样的功能代码。对异议回应，它返回：10000011（十六进制 83H）。除功能代码因异议错误作了修改外，从设备将一独特的代码放到回应消息的数据域中，这能告诉主设备发生了什么错误。主设备应用程序得到异议的回应后，典型的处理过程是重发消息，或者诊断发给从设备的消息并报告给操作员。

（5）数据域

数据域是由两个十六进制数集合构成的，范围 00…FF。根据网络传输模式，可以是由一对 ASCII 字符组成或由一 RTU 字符组成。主设备发给从设备消息的数据域包含附加的信息，从设备必须将其用于功能代码所定义的指令。这包括了不连续的寄存器地址，要处理项的数目，域中实际数据字节数。例如，如果主设备需要从设备读取一组保持寄存器（功能代码 03），数据域指定了起始寄存器以及要读的寄存器数量。如果主设备写一组从设备的寄存器（功能代码 10，十六进制），数据域则指明了要写的起始寄存器以及要写的寄存器数量、数据域的数据字节数、要写入寄存器的数据。如果没有错误发生，从从设备返回的数据域包含请求的数据。如果有错误发生，此域包含一异议代码，主设备应用程序可以用来判断采取下一步行动。在某种消息中数据域可以是不存在的（0 长度）。例如，主设备要求从设备回应通信事件记录（功能代码 0B，十六进制），从设备不需任何附加的信息。

（6）错误检测域

标准的 Modbus 网络有两种错误检测方法。错误检测域的内容视所选的检测方法而定。ASCII 当选用 ASCII 模式作字符帧，错误检测域包含两个 ASCII 字符。这是使用 LRC（纵向冗长检测）方法对消息内容计算得出的，不包括开始的冒号符及回车换行符。LRC 字符附加在回车换行符前面。当选用 RTU 模式作字符帧，错误检测域包含一 16bit 值(用两个 8 位的字符来实现)。错误检测域的内容是通过对消息内容进行循环冗长检测方法得出的。CRC 域附加在消息的最后，添加时先是低字节然后是高字节，故 CRC 的高位字节是发送消息的最后一个字节。当消息在标准的 Modbus 系列网络传输时，每个字符或字节以如下方式发送（从左到右）：最低有效位…最高有效位。

（7）错误检测方法

标准的 Modbus 串行网络采用两种错误检测方法。奇偶校验对每个字符都可用，帧检测（LRC 或 CRC）应用于整个消息。它们都是在消息发送前由主设备产生的，从设备在接收过程中检测每个字符和整个消息帧。用户要给主设备配置一预先定义的超时时间间隔，这个时间间隔要足够长，以使任何从设备都能作正常反应。如果从设备测到一传输错误，消息将不会接收，也不会向主设备作出回应。这样超时事件将触发主设备来处理错误。发往不存在的从设备的地址也会产生超时。

奇偶校验——用户可以配置控制器是奇或偶校验，或无校验。这决定了每个字符中的奇偶校验位是如何设置的。 如果指定了奇或偶校验，“1”的位数将算到每个字符的位数中（ASCII 模式 7 个数据位，RTU 中 8 个数据位）。例如 RTU 字符帧中包含以下 8 个数据位：11000101。整个“1”的数目是 4 个。如果使用了偶校验，帧的奇偶校验位将是 0，使得整个

“1”的个数仍是4个。如果使用了奇校验，帧的奇偶校验位将是1，使得整个“1”的个数是5个。如果没有指定奇偶校验位，传输时就没有校验位，也不进行校验检测。代替一附加的停止位填充至要传输的字符帧中。

LRC检测——使用ASCII模式，消息包括了一基于LRC方法的错误检测域。LRC域检测了消息域中除开始的冒号及结束的回车换行号外的内容。LRC域是一个包含一个8位二进制值的字节。LRC值由传输设备来计算并放到消息帧中，接收设备在接收消息的过程中计算LRC，并将它和接收到消息中LRC域中的值比较，如果两值不等，说明有错误。LRC方法是将消息中的8位字节连续累加，丢弃了进位。

CRC检测——使用RTU模式，消息包括了一基于CRC方法的错误检测域。CRC域检测了整个消息的内容。CRC域是两个字节，包含一16位的二进制值。它由传输设备计算后加入到消息中。接收设备重新计算收到消息的CRC，并与接收到的CRC域中的值比较，如果两值不同，则有误。CRC是先调入一值是全“1”的16位寄存器，然后调用一过程将消息中连续的8位字节各当前寄存器中的值进行处理。仅每个字符中的8位数据对CRC有效，起始位和停止位以及奇偶校验位均无效。CRC产生过程中，每个8位字符都单独和寄存器内容相或（OR），结果向最低有效位方向移动，最高有效位以0填充。LSB被提取出来检测，如果LSB为1，寄存器单独和预置的值或一下，如果LSB为0，则不进行。整个过程要重复8次。在最后一位（第8位）完成后，下一个8位字节又单独和寄存器的当前值相或。最终寄存器中的值，是消息中所有的字节都执行之后的CRC值。CRC添加到消息中时，低字节先加入，然后是高字节。

2.4.8 ASi的现场总线协议规范

2.4.8.1 ASi访问方式

ASi总线系统为主从结构，采用请求-应答的访问方式。主站先发出一个请求信号，信号中包括从站的地址。接到请求的从站会在规定的时间内给予应答，在任何时间只有1个主站和最多31个从站进行通信。一般总线的访问方式有两种：一种是带有令牌传递的多主机访问方式，另一种是CSMA/ CD方式，它带有优先级选择和帧传输过程。而ASi的访问方式比较简单，为了降低从站的费用、提高灵活性，一方面要在不增加传输周期的条件下尽量包括更多的参数和信息，另一方面传输周期的时间要能自动调整，例如系统中只有6个从站时，传输周期为1ms，而31个从站时周期约为5ms。如果在网上有短暂的干扰，主站没有收到从站的应答信号或收到的是错误无效的信号时，主站可以重发信息而无需重复整个传输周期。ASi总线的总传输速率为167Kbps，若包括所有功能上必要的暂停，允许的网络传输速率为53.3Kbps，从这一点看它的传输效率为32%，同其他现场总线系统相比较，这个数值还是较好的。但在电磁干扰的环境下应采取进一步的措施，以保证数据传输的可靠性。一个ASi报文传递周期由主站请求、主站暂停、从站应答和从站暂停四个环节组成。所有的主站请求都是14位，从站应答为7位，每一位的时间长度为6μs。主站暂停最少为3位，最多为10位。如果从站是同步的话，在主站3位暂停后从站就可以发送应答信号。如果不是同步信号，那么从站就必须在5位暂停后发送应答信号，因为在这段时间内，从站会在它接收到完整有效的请求信号后监测主站的暂停情况，看看是否还会有其他的信息。但是如果主站在10个暂停位后没有接收到从站的应答信号的起始位，主站会认为不再会有应答信号而发出下一个地址的请求信号。从站的暂停只有1位或2位的时间。

ASi 报文主站请求信息如表 2.7 所示，从站应答信息如表 2.8 所示。

表 2.7 主站请求信息

ST	起始位	主站请求开始，0 为有效，1 为无效
SB	控制位	数据/ 参数/ 地址位或命令位，0 为数据/ 参数/ 地址位，1 为命令位
A0～A4	从站地址位	被访问的从站地址(5 位)
I0～I4	信息位	要传输的信息(5 位)，请求类型
PB	奇偶校验位	在主站请求信息中不包括结束位为 1 的各位总和必须是偶数
EB	结束位	请求结束，0 为无效，1 为有效

表 2.8 从站应答信息

ST	起始位	从站应答开始，0 为有效，1 为无效
I0～I4	信息位	要传输的信息(5 位)，应答类型
PB	奇偶校验位	在从站应答信息中不包括约束位为 1 的各位总和必须是偶数
EB	结束位	应答结束，0 为无效，1 为有效

2.4.8.2 ASi 通信协议

ASi 通信协议把主机的通信过程分为 4 层结构，即传输物理层、传输控制层、执行控制层和主机接口层。它们分别与 ISO/ OSI 网络参考模型中的物理层、数据链路层、网络层和应用层相对应。各层的对应关系和主要功能如表 2.9 中所示。

表 2.9 ASi 通信协议各层的主要功能

名 称	功 能	对应的 ISO/ OSI 参考模型
主机接口层	主机接口，面向操作者	应用层
执行控制层	处理控制信息，自动地址分配	网络层
传输控制层	数据报文传输管理	数据链路层
传输物理层	收发脉冲的监控	物理层

（1）传输物理层

“传输物理层”描述的是主机与 ASi 电缆的电气连接特性，其作用是监控收发脉冲的状况和保护电缆上的传输信号不受各种干扰的影响。终端连接器的阻抗在不同频率下有不同的阻抗要求，这些要求的目的是采用一定的阻抗负载使信号的失真减到最小。ASi 各终端对地的阻抗要尽量保持一致。值得注意的是 ASi 系统的连接导线不可避免地也要像天线一样接收和发射电磁波，也就是说，它的干扰信号是不可能完全消除的。

发送器把产生的信号经过脉冲整形电路的处理，并与电源的电压耦合后，便形成了 ASi 的正弦平方的信号。发送器必须在线路电压低于 14.5V 的时候仍能正常发送报文。而当电源的供应电压过低时，所有的从机都可以通过“Reset Slave”的报文而被重启。比较器随时监测 ASi 线路上的直流电压，当电压值可以保证每一个从机都工作在可靠的工作状态时，发送“ASi Power On”信号。ASi 电缆上无论是单个响应还是来自不同从机的多个响应都可被主机接收器获取。接收器的幅值容差范围很大，在标准信号幅值的 30%上下波动的冲击都不会对主机接收器产生影响。

（2）传输控制层

“传输控制层”负责主机与从机交换报文的管理工作。通过接受指令完成数据交换，同时完成来自“执行控制层”大量原始数据的传输。在向从机发送数据之前，信号按帧的方式组织起来，并加入奇偶校验位。下面是主机呼叫的报文格式：

ST	SB	A4	A3	A2	A1	A0	I4	I3	I2	I1	I0	PB	EB

其中，ST 是起始位为 0，SB 是控制位，A4～A0 是从站地址，I4～I0 是数据位，PB 是奇偶校验位，EB 是结束位为 1。

主机与从机之间的数据交换过程可以分为主机呼叫、主机暂停、从机响应和发送暂停几个部分。主机暂停是发生在从机接收主机呼叫并加以回答之前，发送暂停是指从机响应后 ASi 的闲置时间。在发送暂停期间“传输控制层”禁止主机发送器工作，并接管整个 ASi 传输线路，此时每一个扰动都将使发送暂停期延长至少 1 比特的间隔时间。稍领先于从机响应的扰动可能会过早地使主机接收器受到触发，这将导致主机接收器在实际的从机响应之前就接收到一个所谓“合法”的从机响应报文，因此，如果“传输控制层”在从机暂停期间再接收到脉冲的话，就必须丢弃在此之前的从机响应，因为那肯定是一个由干扰引起的假报文。如果“传输控制层”在从机暂停结束之后并未从“执行控制层”接受新的指令，发送暂停期将会延长。在主机配置规定中，正常操作下的发送暂停期最长为 2 比特的间隔时间，这样便保证了 ASi 信号传输的短周期性。如果完整的 ASi 周期不大于 5ms ，则可以将发送暂停延长到最大值 500μs。在系统中延长 ASi 周期，将使主机有更多的时间用于完成“执行控制层”的功能。“传输控制层”在每一个 ASi 呼叫应答周期内只能完成一次数据传送，只有当“传输控制层”确认前一指令所要求的传送已完成后，“执行控制层”才能提出下一个请求。

在“传输控制层”中，主机的呼叫首先被进行差动曼彻斯特编码，加入起始位、停止位和校验位后形成帧，然后发送到 ASi 的电缆上。从机在接收到主机的呼叫信号后，会向主机发送从机响应信号。主机在接收到 ASi 电缆上从机的响应后，将对其进行曼彻斯特解码、起始位停止位的检查和奇偶校验，大部分的差错都可以在曼彻斯特码的检查和校验中被发现并得以改正。在接收从机响应过程中，如果在接收数据报文和校验帧时发现差错(这属于第一次差错)，则主机将重复发送数据报文。如果主机接收到的数据报文仍然有差错(这属于第二次差错)，该差错会直接被报告给“执行控制层”，后者将对差错进行管理。在主机呼叫传送和从机响应接收期间，“传输控制层”还负责 ASi 的上电特征，如果在此期间电压过低，将向“执行控制层”报告“ASi Power Fail”(APF) 信息。此时，即使接收到合法的报文，其数据也是非法的。在低电压的条件下，“传输控制层”还必须保证对报文的接收和发送，尽管在这种情形下已无法实现合法的从机响应，但仍允许“执行控制层”对所有从机进行重启。

（3）执行控制层

“执行控制层”位于“传输控制层”之上，执行相应的指令以实现其他层与该层间的数据交换。它在初始化、启动和正常操作三种条件下控制 ASi 报文序列。系统上电后，“执行控制层”即切换到对主机的初始化操作，而后转至启动操作，以确定 ASi 系统上所有运行的从机的工作情况，在随后的正常操作阶段便开始数据的循环交换。除此之外，它还完成用户通过“主机接口层”传来的操作指令。如果从机发生故障必须更换时，“执行控制层”将自动设定传感器和执行器的操作地址，以替换发生故障的旧的从机。“执行控制层”中还有许多系统数据域和列表，用来支持系统的运行。

（4）主机接口层

“主机接口层”是用户和“执行控制层”之间命令传递的接口，如德国 P+F 公司的“ASi

控制工具”软件。它把用户的命令或所编写的程序转成“执行控制层”可以识别的指令，因此用户可以像编写汇编语言一样来编写 ASi 系统的控制程序。同样也可以使用一些开发工具软件，如 VC++ 、VB、C 等，用来编写 ASi 系统的应用程序。

2.5 全球重要企业的现场总线系统

2.5.1 罗克韦尔（Rockwell）集散控制系统

2.5.1.1 现场总线系统结构与功能

罗克韦尔自动化系统结构包含三个网络层，即信息层（Ethernet）、控制层（ControlNet）和设备层（DeviceNet）。

ControlNet 基础技术是由罗克韦尔公司研究发展起来的， 1995 年 10 月开始面世，1997 年 7 月由 Rockwell 等 22 家企业发起成立 ControlNet 国家化组织，是个非赢利独立组织，主要负责向全世界推广 ControlNet 技术（包括测试软件），目前已有 50 多个公司参加，如 ABB Roboties、Honeywell 公司、横河、东芝，OMRON 等大公司。

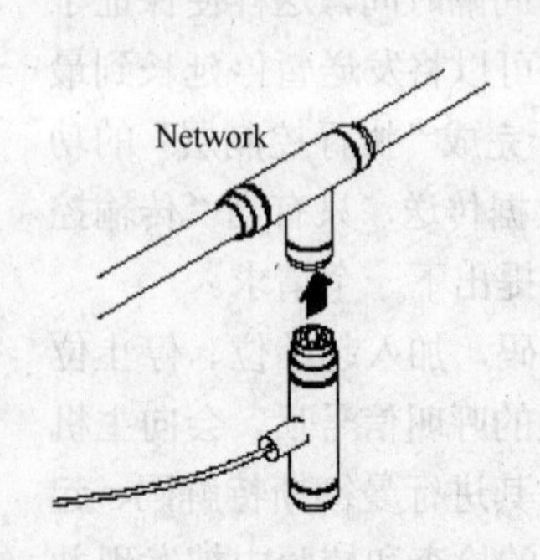

图 2.19 分接器和主干线相连

设备网 DeviceNet 电缆系统采用一种主干/支线设计，它的部件始于设备与设备网网络的连接点。通常将设备（或节点）连接到支线或多断口分接器，然后通过一个密封式、敞开式或多端的分接器和主干线相连，如图 2.19 所示。

设备网和控制网一样基于生产者/客户网络模式，这是最现代化的网络技术，这种模式使控制数据同时到达操作的每一单元，因为它允许状态切换的报文发送，以作出更快的响应，所以能更有效地利用网络的频带宽度，同时显著地减少网络通信量。周期性的报文发送提供了更好的确定性；对等通信允许数据和状态信息在设备间进行交换。这些优点，如更快的响应、更好的准确性、增强的灵活性以及最优化，所有这些都产生更高的生产率。设备网为底层控制设备提供了一个通信平台，它基于 CAN 总线协议。设备网通信电缆使用 4 芯屏蔽电缆，在正式场合，有一根粗主干线，通过在主干线上的 T 形接口，引出一条细电缆到设备，没有架设主干线，所有设备串接在一条通信电缆上。设备网的连接头为 5 芯接头，其中红色为 24V 直流电源正，黑色为 24V 直流电源负，白色为信号线_H，蓝色为信号线_L，中间的裸线接屏蔽线。信号线与连接端子如图 2.20 所示。

Wire Color	Wire Identity	Usage Round	Usage Flat
white	CAN_H	signal	signal
blue	CAN_L	signal	signal
bare	drain	shield	n/a
black	V−	power	power
red	V+	power	power

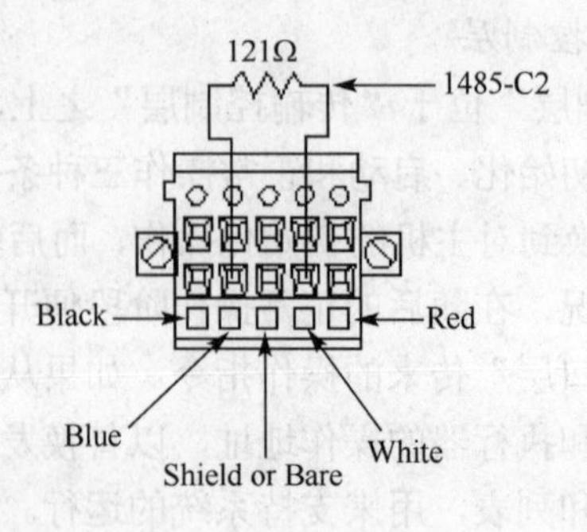

图 2.20 信号线与连接端子

2.5.1.2　现场总线系统软件

ControlNet 网络是一种高速确定性网络，特别适用于对时间有苛刻要求的复杂应用场合的信息传输。对于同一链路上的输入 / 输出，实施互锁，对等通信报文传送和编程操作，均具有相同的带宽；对于离散和连续过程控制，均具有高度确定性和可重复性；网络支持协议——ControlNet 具有高吞吐量、资源共享、组态和编程简单、传输介质为同轴电缆和光纤、支持冗余介质、体系结构灵活和安装费用低等特点。当通信速率为 5 Mbps 时，网络刷新时间最小可达 2 ms，可寻址节点数可达 99 个，同轴电缆传输距离最长可达 6 km（光纤介质使用中继器可达 30 km）。它通过 ControlLogix 出入口能实现 ControlNet、以太网络、DeviceNet、RIO、DH+之间的数据交换，而对于 FF 现场总线高速 H2，1 Mbps 时 0.75 km，2.5 Mbps 时 0.5 km，IEC/ ISA SP50 现场总线，5 Mbps 时 0.5 km ，对比可知，ControlNet 是一种先进的实时控制网络和控制系统平台。ControlNet 网络采用了基于开放网络技术的解决方案：生产者/消费者（生产者/消费者）模式。目前绝大多数网络通信，如 Profibus、Interbus、Modbus、ASi、DH+、RIO、Melsecnet 等，均采用源/目的的通信模式，但由于其采用应答是通信，若要向多个设备传送信息，则需要对这些设备分别进行“呼”、“应”通信，即使是同一个信息，也需要制造多个信息包，这样，增大了网络的通信量，网络响应速度受限制，容易发生信息瓶颈问题，难以满足更复杂的、高速的、对时间苛求的实时控制要求。图 2.21 所示为源/目的通信模式和生产者/消费者通信模式的数据包结构简图对比。

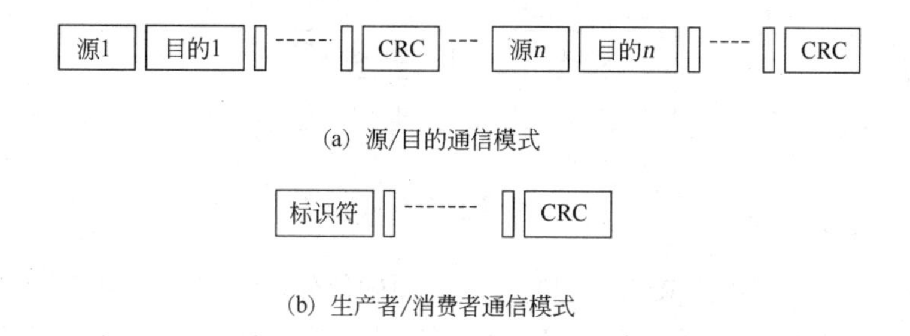

图 2.21　两种通信模式的数据包结构简图对比

生产者/消费者通信模式的特点有：生产者/消费者模式采用多信道广播模式，对输入数据和对等通信数据采用多信道广播，将传统网络针对不同站点需多次发送改为一次多点共享，从而减少了网络发送的次数，使网络更加经济、高效、可靠；允许网络上的所有节点同时从单个数据源存取相同的数据，报文是通过目录来识别；可以实现网络节点精确的同步化，从而可以连接更多的设备到网络上而不用增加网络的通信量，并且所有数据可以同时到达；采用该模式既可以支持系统的主从、多主或对等通信结构，也可以支持其任意组合的混合系统结构，还可在同一链路上实现任意数据类型的混合数据。

RSView32 是 Rockwell 自动化开发的用于控制系统组态和监控的 Win32 软件。与其他 Rockwell 软件产品、微软软件和第三方应用软件高度兼容。利用 RSView32 在屏幕上建立可视化图形、操作平台、数据表格等，可以将小型或微型计算机变成控制系统的综合工作站。在系统组态和监控方面，RSView32 具有如下特点。

① 数据通信　通信站可以是实际控制设备(如 PLC、驱动器等)，也可以是本地或远程网络计算机上的 DDE 服务程序。通过建立标签(标志) ，使之与需监控的输入 / 输出点相关联，

RSView32 可不断获取或刷新标签数据，从而达到控制现场设备的目的。

② 图形及动画　RSView32 提供了许多基本图形工具，并带有常用图形库。用户也可建立自己的图形库。作图时直接将图形对象拖入视图中即可。图形对象有其对应的属性值，如位置、颜色、旋转、可视性等，在操作和监控过程中，通过改变这些属性的值，可使图形呈现动画特点。

③ 数据记录及分析　可记录的数据可以是动作(活动)、标志（标签)、报警(警报)等。动作包括命令、宏的执行，系统信息采集等。记录的标签数据可以用来生成趋势图，而报警记录则可以用于故障分析和事故追踪，它们分类存储在不同的记录文件里。用户可自定义需要记录的数据，记录文件的生成、删除方式等。

RSView32 可以与 Rockwell 自动化的其他产品相配合，共同实现一个工业控制系统。在一个用变频器调速的磨削系统中将 1336 PLUS 变频器与 PLC-5/30 C 用控制网(ControlNet) 相连，另外用一台上位机来监控整个系统。系统硬件框图如图 2.22 所示，其中 1203-CN1 是变频器的通信模块，1747-KTCX 是插在计算机上的控制网通信卡，它将个人计算机也作为一个站点连接上控制网，个人计算机上运行利用 RSView32 开发的系统控制对象以便操作员监控整个系统。

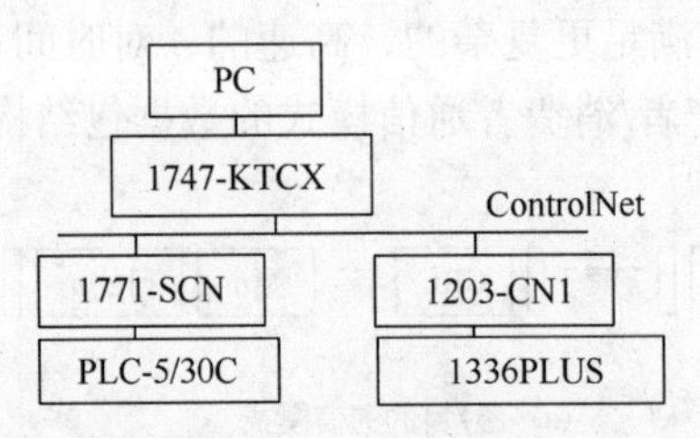

图 2.22　系统硬件框图

在整个系统开发中，除了 RSView32 人机界面软件外，还需要用到 RSLinx 通信软件、RSNetWorx 网络组态软件、RSLogix5 PLC 编程软件。首先要启动 RSLinx 并确保个人计算机与控制网正确连接，然后用 RSLogix5 对控制网组态，系统通信正常后可以用 RSLogix5 编好相应的逻辑程序并下载到 PLC- 5/30 C 中。下面将重点介绍如何用 RSView32 设计控制系统的人机界面。设计包括了以下步骤。

① 设置通道和节点　RSView32 可以同时监控 4 个通道，通过控制网与 PLC 通信，通道类型应设为控制网，节点应与 PLC 的设定值相同。

② 创建图形对象　图形是人机交流的主要工具，例中的图形对象分为两部分，即变频器参数调节画面和磨床工作台界面。前者包括变频器的一些重要参数，如频率设定、加减速时间等，这些参数也可以从变频器的面板上设置；后者包括磨床工作台的实物图片和一些指示灯、按钮等。另外为了便于故障分析并增强动感，还设计了一个同步液压油路视图。

③ 设置标签或衍生标签　标签是 RSView32 与外界通信的手段，可以用来控制实际对象。有些标签直接与设备上的输入输出点相联系，另一些则是它们的衍生或者系统中所用的变量。

④ 给图形对象添加动画　只有给图形对象添加了动画标签，才能使之与实际的硬件设备联系起来。用户通过人机界面的操作，便能够远程调节变频器参数及控制磨床工作。另外，为了使工作台更加形象逼真，还作了一些技术处理，如用砂轮图形外围的火花大小来表示其

运转速度的高低，这样在改变磨削速度时，操作者有更为直观的现场感受。

RSView 软件界面如图 2.23 所示。

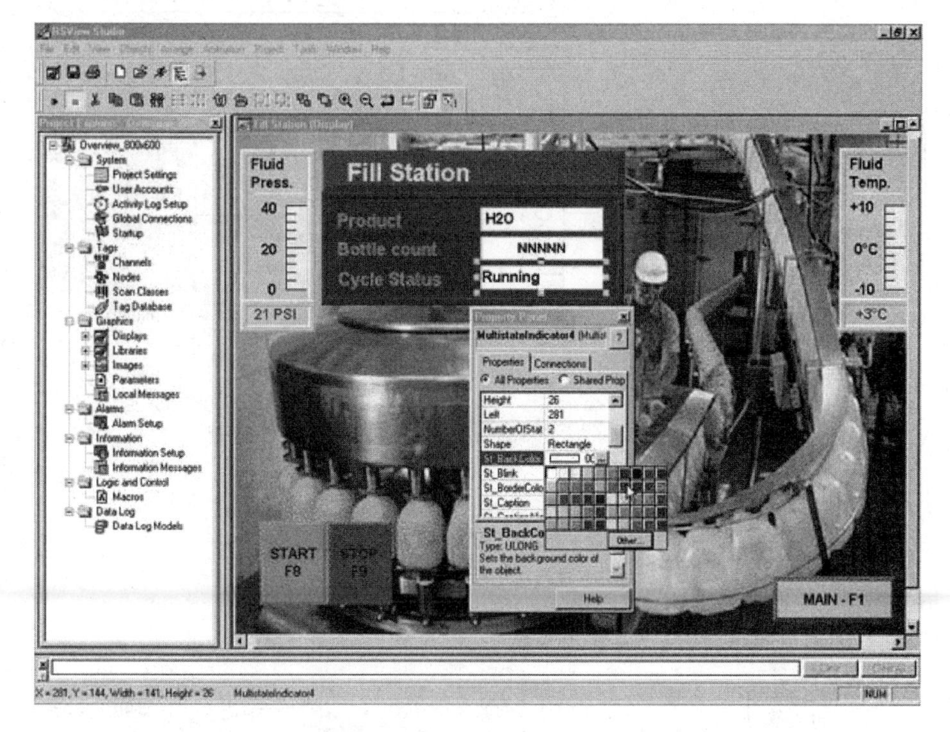

图 2.23　RSView 软件界面

2.5.1.3　现场总线系统设备

（1）DeviceNet 连接装置

DeviceNet 网络连接装置有扩展节点数的能力，建立无缝多层网络结构。表 2.10 为 DeviceNet 连接装置。

表 2.10　DeviceNet 连接装置

目录号	产　　品	功　　能
DeviceNet 对其他网络的接口		
1788-CN2DN	ControlNet 到 DeviceNet 连接装置	一个 DeviceNet 网络对 ControlNet 网络的接口。在这个接口上是一个 ControlNet 适配器支持的多冗余媒体。在另一边的接口是具有处理 4 K 输入字和 4 K 输出字能力的一个 DeviceNet 扫描器 接到 DeviceNet I/O 适配器 和 DeviceNet 辅助 I/O 装置。这个装置可以单独安装在 DIN 导轨上
1788-EN2DN	Ethernet/IP 到 DeviceNet 连接装置	Ethernet/IP 网络到 DeviceNet 网络的接口。这个接口的一边是 RJ45 Ethernet/IP 连接器，另一边是具有处理 469 字节输入和 469 字节输出的 DeviceNet 扫描器对应 DeviceNet I/O 适配器和 DeviceNet I/O 装置。这个独立的装置可安装在 DIN 导轨上

DeviceNet 连接装置如图 2.24 所示。

（2）DeviceNet 物理介质

DeviceNet 网络是一个开放的通信网络，设计用于连接生产设备和控制系统，不需要通过一个 I/O 系统接口连接。它加大了生产设备的信息传输量和速率，并有潜力充分地减少电缆成本。你可以连接 64 个节点到一个 DeviceNet 网段上。它有能力移去和替换电源低的网络装置，并且不需要编程设备，这是 DeviceNet 网络一个优点。DeviceNet 网络使用分接器和屏蔽结合的双绞线介质进行设备连接。DeviceNet 电缆连接装置如图 2.25 所示。

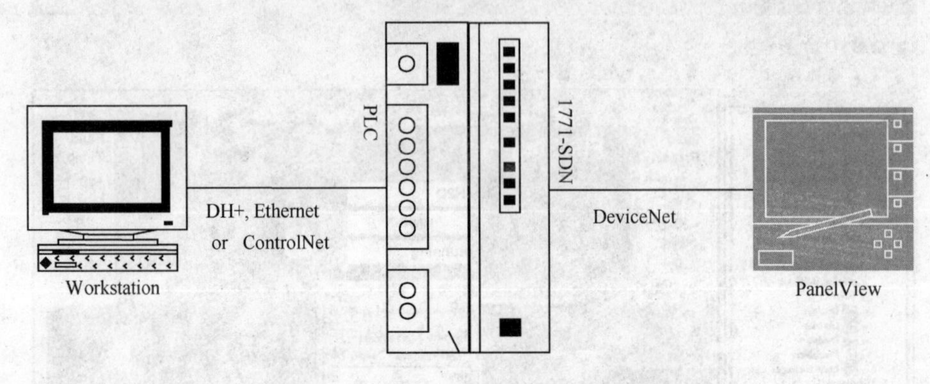

图 2.24 DeviceNet 连接装置

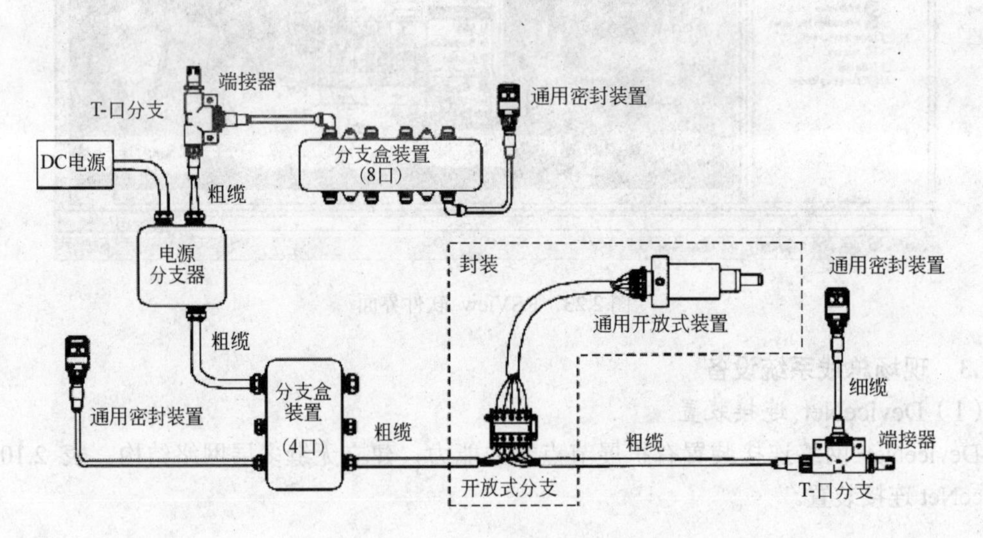

图 2.25 DeviceNet 电缆连接装置

（3）DeviceNet 电源

DeviceNet 网络独立电源（1787-DNPS）提供了 24V DC 网络电源用于设备连接到 DeviceNet 分接器。它是一个 UL/CSA 二类电源，DeviceNet 网络电缆系统需要这样一个总线电源，符合 NEC 电气标准。如果 DeviceNet 网络电缆系统有双绞线，必须满足 NEC 的电气要求，特别是满足 725 条款。电源参数见表 2.11。

表 2.11 DeviceNet 电源参数

输入电压标准	120/230V AC	用户输出电流	5.25A, 24V DC
输入电压范围	104～126.5V AC 207～257V AC	频率	48～62 Hz
实际输入功率，最大	178W	外观尺寸($W\times H\times D$)，近似	279mm × 127mm × 165 mm(11in × 5in×6.5 in)
输入电源，最大	221 V・A	质量	6.2 kg (13.5 lb)
变压器负载，最大	445 V・A		

（4）DeviceNet 适配产品

见表2.12和表2.13。

表2.12　DeviceNet 适配产品

目录号	产品	功能
控制器接口		
1771-SDN	PLC DeviceNet 扫描器	连接一个 PLC-5 处理器到两个 DeviceNet 网络
1747-SDN	SLC 500 DeviceNet 扫描器	连接一个 SLC 处理器到一个 DeviceNet 网络
1769-SDN	CompactLogix DeviceNet 扫描器	CompactLogix 系统提供了对 DeviceNet 网络的扫描能力
1788-DNBO	FlexLogix DeviceNet 扫描器	FlexLogix 系统提供了对 DeviceNet 扫描和桥接的能力
1761-NET-DNI	MicroLogix 到 DeviceNet 接口模块	连接控制器或计算机的 RS-232-C P 口到 DeviceNet 网络
1756-DNB	DeviceNet 桥接模块 对 ControlLogix 网关	ControlLogix 系统为 DeviceNet 网络提供了扫描和桥接的能力

表2.13　DeviceNet I/O

1790D 系列	1790 紧凑模块 LDX I/O	一个 24 V DC I/O 有每点最低的价格。继电、模拟和温度模块 4～16 点，可扩展到 64 点。紧凑模块 LDX I/O 在基块中包含一个内置的适配器
1791D 系列	紧凑模块 I/O	包括一个内置的 I/O 适配器、I/O 输入和/或输出电路和一个单独封装的电源。由于非常紧凑，它可被安装在操作工作站、面板、按钮站、电线管和小模块内
1792D 系列	1792 ArmorBlock Maxum I/O	一个 24V DC I/O，用于 Kwik Link 扁平连接 DeviceNet 系统。它是 IP67 and NEMA 4X 率。放置 I/O 块靠近恶劣环境的应用场合。不需要 T-口分接器或电缆
1799 系列	嵌入式 I/O	1799 嵌入式 I/O 提供了 24V DC 数字 I/O 直接安装在机器上或机器的一边、一个转换器的线路内或在一个现场可替换的单元内
1734-ADN	I/O 点	一个全部 63 点 I/O 模块被安装在一个单独的 DeviceNet 的节点上
1794-ADN	DeviceNet FLEX I/O 适配器模块	通过 DeviceNet 网络连接达 8 FLEX I/O 模块到 DeviceNet 扫描器
1769-ADN	DeviceNet CompactLogix I/O 适配器模块	通过 DeviceNet 网络连接 CompactLogix I/O 模块和 DeviceNet 扫描器
1485D 系列	DeviceLink 输入接口	为具有源输出的 24V DC 传感器提供一个单独的 DeviceNet 输入电路

（5）ControlNet 连接装置

采用 ControlNet 作为一个多层网络结构的主干可有效地建立一个内网连接。把设备和 ControlNet 网络连接提供了分配和扩展其他网络节点数量的能力，例如 DeviceNet 和 Foundation 现场总线。见表2.14。

表2.14　ControlNet 连接装置

目录号	产品	功能
ControlNet 对其他网络的接口		
1788-CN2DN	ControlNet 到 DeviceNet 的连接装置	ControlNet 网络到 DeviceNet 网络的接口。这个接口的一边是 ControlNet 适配器支持介质冗余，接口的另一边是 DeviceNet 扫描器。具有 DeviceNet I/O 适配器与 DeviceNet 适配 I/O 装置连接处理 4K 输入字和 4K 输出字。这个独立的单元可以安装在 DIN 导轨上
1788-CN2FF	ControlNet 到 Foundation Fieldbus 连接装置	符合 Foundation 现场总线标准，实现分布式控制。支持 PLC-5 处理器和 Logix5550 控制器。组态软件（目录号 1788-FFCT）能存储在 PC 中，可位于 ControlNet 网络和组态所有连接现场总线的设备

（6）ControlNet 适配产品

除了 ControlNet 连接装置、PC 接口、物理介质和设备，罗克韦尔自动化提供许多其他 ControlNet 适配产品——包括 I/O、操作接口和更多的支持。见表 2.15 和表 2.16。

表 2.15 Controller 接口

目录号	产品	功能
Controller 接口		
1785-L20C15，1785-L40C15，1785-L80C15	PLC-5/20C，PLC-5/40C，PLC-5/80C 处理器	ControlNet 网络处理提供控制和信息
1785-CHBM	ControlNet PLC-5 处理器备份系统	两个同等的 PLC-5 ControlNet 系统用作主系统和备份系统。这两个系统维持同步网络通信和程序扫描。一旦备份初始化，第二个系统接管。处理器必须是 1785-L40C15 或 1785-L80C15
1756-CNB，1756-CNBR	ControlLogix ControlNet 网桥模块	连接 ControlNet 接口与 ControlLogix 面板，在 ControlNet 与 Ethernet、DH+、DeviceNet 和其他 ControlNet 提供连接路由。
1788-CNC，1788-CNCR，1788-CNF，1788-CNFR	FlexLogix ControlNet 通信模块	为 FlexLogix 处理器提供一个预定的 ControlNet 网络连接。利用预定信息，FlexLogix 处理器可以控制 ControlNet 网络的实时 I/O 事件。有用于同轴和光纤介质的子卡： • 冗余（1788-CNCR）和非冗余（1788-CNC）同轴介质子卡 • 冗余(1788-CNFR)和非冗余(1788-CNF) 光纤介质子卡
1747-SCNR	SLC ControlNet 扫描模块	提供预定的 ControlNet 网络连接对 SLC 5/03，5/04，5/05 处理器。利用预定信息，SLC 处理器可以实时通过 ControlNet 网络控制 I/O 操作。补充模块 1747-KFC15
1747-KFC15	SLC 500 ControlNet RS-232 接口	提供未预定的 ControlNet 网络连接用于任何的 SLC 5/03，5/04 或 5/05 处理器。补充 1747-SCNR ControlNet 扫描器。通过 ControlNet 网络，使用 RSLogix 500 软件来编辑 SLC 处理器的程序。另外，模块网络接口访问连接器为计算机通过其 ControlNet 接口(1784-PCC，-KTCX15 或 1770-KFC15)提供便利的网络接口点
I/O		
1771-ACN15，1771-ACNR15	ControlNet 1771 I/O 适配模块	通过 ControlNet 网络连接 1771 I/O 模块
1747-ACN15，1747-ACNR15	SLC ControlNet I/O 适配模块	为 SLC 模拟和/或数字 I/O 提供 ControlNet 网络连接
1794-ACN15，1794-ACNR15	ControlNet FLEX I/O 适配器	通过 ControlNet 网络连接到 1793 和 1794 FLEX I/O 模块
1797-ACNR15	ControlNet FLEX Ex I/O 适配模块	提供一个由 I/O 总线到现场网络的高速接口。具有多达 8～128 I/O 模块在本质安全 I/O 环境通信的能力

表 2.16 ControlNet 操作接口

ControlNet 操作接口		
2711 系列	PanelView 550，600，900，1000 和具有 ControlNet 的 1400 终端	提供在节省空间面板和 CRT 设计中的电子操作接口。彩色、单色和灰度显示，触摸式和键盘选择使用。显示尺寸：5.5，5.7，8.4，9.8，10.4，14（in[①]）。
2711E 系列	PanelView 1000e 和具有 ControlNet 的 1400e 终端	提供在节省空间面板和 CRT 设计中的电子操作接口。触摸式和键盘选择使用。显示尺寸：10.4in 和 14in。

续表

Control Net 操作接口		
2706 系列	可视信息显示，模块和软件	通过生产现场传送报警、状态和其他信息。支持一个连接，为预定的信息
驱动器的 ControlNet 产品		
1203-CN1	用于驱动器的 ControlNet 适配模块	对 1305 AC MICRO 驱动器，1336 PLUS，1336 PLUS II，1336 IMPACT，1336 FORCE，1336 线重建包提供预定和非预定的连接。1397 DC 驱动器，1394 伺服启动器，1557 中压驱动器，Bulletin 150 SMC Dialog Plus，Bulletin 193 SMP，2364 通用 DC Bus 重建前端。使用 ControlNet 的 RSNetWorx 软件

① 1in=25.4mm,下同。

2.5.2　西门子集散控制系统

2.5.2.1　现场总线系统结构与功能

西门子是 PROFIBUS 现场总线标准的发起人之一。PROFIBUS 是目前国际上通用的现场总线标准之一，以其独特的技术特点、严格的认证规范、开放的标准、众多厂商的支持和不断发展的应用行规，已成为最重要的现场总线标准，符合 IEC 61158 国际标准和 JB/T10308.3—2001(中国标准)。PROFIBUS 协议包括三个主要部分。PROFIBUS-DP：主站和从站之间采用轮循的通信方式，主要应用于制造业自动化系统中单元级和现场级通信。PROFIBUS-PA：电源和通信数据通过总线并行传输，主要用于面向过程自动化系统中单元级和现场级通信。PROFIBUS-FMS：定义了主站和主站之间的通信模型，主要用于自动化系统中系统级和车间级的过程数据交换。虽然 PROFIBUS 也由三个标准组成，即 PROFIBUS-DP、PROFIBUS-FMS、PROFIBUS-PA，但这三个系统并不是严格按三层分布的。PROFIBUS 现场总线如图 2.26 所示。

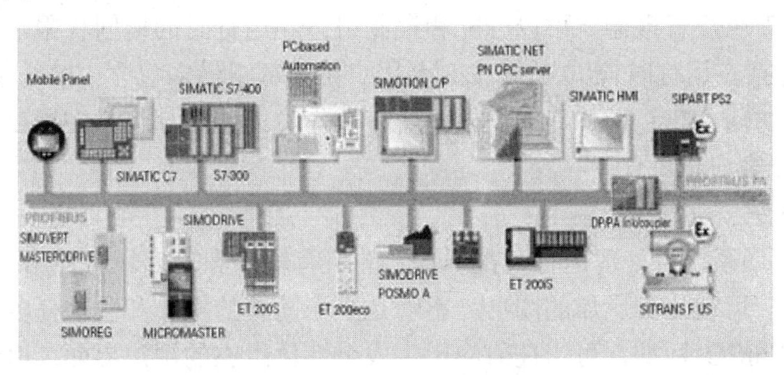

图 2.26　PROFIBUS 现场总线

（1）PROFIBUS 特点

① 12M 的通信速率和可靠的通信质量(海明距离=4)。

② 适用多种通信介质(电、光、红外、导轨以及混合方式)。

③ 灵活的拓扑结构，支持线形、树形、环形结构以及冗余的通信模型。

④ 强大的通信功能，支持基于总线的驱动技术和符合 IEC61508 的总线安全通信技术。

⑤ 先进的网络规模(最多支持 126 个总线站，网络规格可达 90 km)。

（2）PROFIBUS 网络的构成

① PROFIBUS 主站（一类主站，必需）

- SIMATIC PLC；

- SIMATIC WinAC 控制器；
- 支持主站功能的通信处理器；
- IE/PB 链路模块；
- ET 200S/ET 200X 的主站模块。

② PROFIBUS 从站

- ET200 系列分布式 I/O；
- 支持 DP 接口的传动装置；
- 支持从站功能的通信处理器；
- 其他支持 DP 接口的输入、输出或智能设备。

③ PROFIBUS 网络部件

- 通信介质——电缆；
- 总线部件——总线连接器、中继器、耦合器、链路；
- 网络转接器——串行通信、以太网、AS-i、EIB 系统。

④ 人机界面设备(二类主站，可选)

- TP/OP 设备；
- 经由通信处理器连接到网络的计算机及编程设备。

⑤ 工程及诊断工具

- 网络配置、诊断工具；
- 剥线工具。

2.5.2.2 现场总线系统软件 WinCC 的功能

（1）集成用户管理

使用 WinCC 用户管理器，可以分配和控制组态和运行时的访问权限。你还可作为系统管理员，随时(包括在运行时)建立最多 128 个用户组（每组最多包含 128 个单独的用户），并为其分配相应的访问 WinCC 功能的权限。所有操作员工作站都包括在用户管理范围内，例如 Web Navigator 客户机。

（2）图形系统

WinCC 的图形系统可处理运行时在屏幕上的所有输入和输出。可使用 WinCC 图形设计器来生成用于工厂可视化和操作的图形。不管是少而简单的操作和监视任务，还是复杂的管理任务，利用 WinCC 标准，可为任何应用生成个性化组态的用户界面，以实现安全的过程控制和整个生产过程的优化。WinCC 具有简单、逼真、灵巧的超级控制面板。为实现动画，将一个画面对象和一个内部 PLC 变量相连接是十分简便的。一旦将一个新的对象放置在画面内，就会出现一个易于编辑的对话框。WinCC 图形设计器能使用户简单地对需要的所有对象属性设定动画并且进行预览。为了保证总体的灵活性，甚至可以用脚本来增强一个对象的功能。WinCC 图形设计器支持组态 32 个图层。在包含大量分层对象的复杂画面里，可以隐藏图层，以保持一个清晰的视图。此外一个用户友好的特征就是可以同时改变一组对象的属性。通常，你只需复制画面中出现几次的对象。当复制对象时，可以一对一地复制其变量连接。要重新连接时，即与其他变量连接时，WinCC 可提供重新连接对话框，其中列出所有连接到所选择对象的变量，并有可能直接重建连接。

（3）操作和监视

通过锁定未经授权的访问，可保护过程、归档和 WinCC 避免未经授权的操作员输入。

WinCC可记录各种变量输入，并带有日期、时钟时间、用户名以及新、旧值之间的比较。对于在食品、制药工业中必须通过FDA 21 CFR Part 11标准认证的应用来说，可使用WinCC/Audit选件。可以自己作出判断，当需要针对过程生成引人入胜的用户界面时，SIMATIC WinCC能提供所需要的服务，系统可为此提供各种对象：从图形对象、按钮、柱状图和控件，直到每个用户对象。组态工程师能够动态控制画面部分的最终外观，这种画面可通过变量值或从程序直接加以控制和设定。除了这种功能外，WinCC还支持最多4096×4096像素的图形显示，包括平移、缩放和画面整理等，在进行操作和监视时给人以全新的感觉。

（4）消息结构、系统和归档

借助报警和消息，使停机时间最短。SIMATIC WinCC不仅可以获取过程消息和本地事件，而且还能将这些信息存储在循环归档系统中，然后在需要时，通过过滤或分类加以利用。消息可从某个位导出，亦可以直接来自自动化系统的一个报警消息帧，或者是超出极限条件时的模拟量报警。还可对消息进行组态，以便使用户对它作出响应。

归档可按大小和分段定制。系统将测量值或消息保存在一个大小可组态的归档内。实际上，还可以确定最大归档周期（例如一个月或一年），也可以规定一个最大数据量。每种归档都可分段。可定期将完成的各个归档（例如一星期的归档）输出到长期归档服务器。如有需要，也可以读出WinCC的归档并利用内置工具对它们进行分析。在WinCC基本系统中，可以组态512个归档变量。使用Powepacks，可将这一数值扩展到80000个。

（5）报表和记录系统

WinCC有一个集成的记录系统，可用它打印来自WinCC或其他应用程序的数据。该系统还可打印运行时获得的数据，这些数据的布局可以组态。可使用不同的记录类型：从消息序列记录、系统消息记录和操作员记录，直至用户报表。在打印报表之前，可将它们作为文件保存，并可在显视器上进行预览。

WinCC还可以接收来自数据库的数据和CSV格式的外部数据（可以是表格数据或曲线数据），为了以表格或图形方式显示从其他应用程序来的数据，你也可开发自己的“ReportProvider”。使用交叉引用表可分别组态布局来实现灵活打印。用户能在时间或在事件驱动的基础上，或通过直接的操作员输入来启动一个报表的输出。用户也可以给每个打印作业指定不同的打印机。

（6）多语言组态和数据工具

项目在运行时的文本可以组态为Windows下的所有主要语言。这些文本包括静态文本和工具提示。使用EasyLanguage实用程序能以*.csv格式（既可以是属于图形的文本，也可以是整个工程中通用的文本）导出或导入所有的静态文本。这样，用一种标准工具就可方便地完成翻译。

为了方便和快速地组态大量数据，WinCC提供了基于Microsoft Excel的组态工具，可读入现有的项目并产生一些新项目。除了过程连接和过程变量外，还可以编辑测量值归档、报警消息和文本库。表格的格式使你能方便地进行编辑，包括自动填写。有经验的用户可以通过任何他们喜欢的方式扩展其功能，例如使用基于VBA的宏。

（7）离线组态与检查

从图形库中简单地检索已经组态好的模块。一旦创建了图形对象，图形库就能将它们反复地集成到画面内。图形库内早已存储了大量如泵、风机、管路、测量仪表、开关等已经组态好的对象。开发人员可以生成基于公司、技术或行业标准的对象，以便快速和简便地生成各种项目。这些用于项目的对象通过图形库中的主题完成和排序，并且可以通过拖放放到画面内。为了能充分利用 WinCC 运行时的多语言支持，对于类似对象，可应用几种语言组态。利用模块化技术，也可以完成组态，此时可将任意数量的图形对象组成一个新对象，这意味着，只有与过程连接有关的接口参数，对用户来说才是可见的。应用 WinCC/IndustrialX，可以组态你自己的针对某种特定技术的 ActiveX 控件。立竿见影的好处就是，一旦在集中基础上统一地修改对象，在使用该对象的每一个位置都会生效。

只需利用仿真程序，甚至不需连接任何 PLC，就可测试 WinCC 的组态。要仿真变量时，可对每个变量指定一种数值变化形式。在测试过程中，当显示器上显示出画面时，通过颜色的变化，就可以判断组态的动画是否正确。

（8）组态简便、高效

在线组态是运行阶段的加速器。WinCC 能在关键的测试阶段改变组态数据，用户完全可以在线改变组态数据。当选择了下一个画面时，系统会更新已改变了的画面（这样能显著地缩短试运行时间）。同时，也能连续地获得如质量信息等过程数据，从而保证了文档的完整性。

SIMATIC WinCC 为开发人员提供了能简化组态任务的向导（助手）。例如消息向导可以向开发人员提供有待确认或修改的缺省设置。预览窗口可以显示参数选定后的效果。开发人员通过设定参数，能在非常短的时间内完成高性价比的可行解决方案。

SIMATIC WinCC 组态简便、高效。在自动化解决方案的寿命周期内，工程成本要占到总成本的 50%以上，如要显著地降低这种成本，就必须要有简单和高效的组态工具，以及直观、友好的系统。WinCC 再一次指明了这一道路。日积月累的 PC 应用技能可以应用于工业过程，这就是 SIMATIC WinCC 包含的设计思想。其结果就是在面向对象的多语言工程与组态环境下，提供方便组态的用户界面、工具提示以及范围广泛的在线帮助和应用实例。

2.5.2.3 现场总线系统设备

无论控制系统多么复杂，SIMATIC_ET200 分布式 I/O 都可应用，基于开放式 PROFIBUS 总线可实现从现场信号到控制室的数据通信。ET200 可以给用户带来许多好处：降低接线成本，提高数据安全性，增加系统灵活性，紧凑型的设计，达到 P67 的防护等级，低成本的现场解决方案。

- 由于采用了端子模块和接口模块分离的设计，因此方便地实现了 T 型功能。
- 接口模块支持标准的 M12 连接和 ECOFAST 连接方式，可以根据需要灵活调整。
- 端子模块上所有的 I/O 通道都支持短路保护和过载保护，同时支持通过 PROFIBUS 网络进行远程诊断。
- PROFIBUS 接口模块：

——M12 连接方式；

——ECOFAST 连接方式。

- 连接现场 I/O 的端子模块：

——8DI 数字输入模块；

——8DO 数字输出模块；

——16DI 数字输入模块；

——8DI/DO 数字输入、输出模块。

- 占地址范围 0～125，可与 PROFIBUS-DP 连接。

• 保护等级 P67，坚固的塑料外壳。

• 数据传输率最大 12Mbps。

（1）ET200X

ET200X 是一种分布式 I/O 单个组件，模块化设计，高防护等级，可直接安装于工业现场，无需控制柜设计的保护等级为 IP65/IP67。它由以下选件组成：

• 输入/输出模块；

• AS 接口主设备；

• 用于任何类型三相 AC 负载的负载馈电器；

• 气动模块接口；

• 用于信号处理，有可编程序控制器功能的模块；

• SITOP 功率电流电源（任选），由于保护等级高，结构坚固，ET200X 特别适宜于机械制造环境中应用。

模块化设计，高的保护等级，整个系统的插入式连接和使用气动技术，能快速和最佳地适配机器的控制功能，即使在频繁要求变动的场合，通过交换和组合不同的基本和扩展模块，设备的建立时间也可显著地缩短。由于 PROFIBUS-DP 的数据传输速率最大为 12Mbps，ET200X 也适宜于时间非常关键的作用。 辅助电压（负载电源）的分离意味着，可以单独断开各个模块或模块组。这就是说实现交错的 EMERGENCY-STOP（紧急停止）的程序非常简便。

（2）ET200M

ET200M 模块化设计，方便安装于控制柜。与 SIMATIC S7-300 I/O 模块及功能模块够兼容。

• IM153 接口，用于与 PROFIBUS-DP 现场总线的连接。

• 各种 I/O 模块，用总线连接器连接或插入在有源总线模块内，系统运行时可更换模块。

• 电源（如有必要）。

• S7-300 自动化单元的所有 I/O 模块，都可应用（功能和通信模块只用于 SIMATIC S7/M7 主设备）。

• HART 模块。

• 最多可扩展 8 个 I/O 模块。

• 每个 ET200M 的最大地址区：128 字节输入和 128 字节输出。

• PROFIBUS-DP 和 ET200M 之间的隔离。

• 保护等级 IP20。

• 数据传输速率最大为 12M bps。

• 诊断数据的集中和分布的分析可运行两种型式的 ET200M。

• 总线连接器设计：在运行过程中不能更换模块。

• 有源总线模块设计：在运行过程中能更换模块。

（3）ET200iSP

ET 200iSP 是一种模块化的、本质安全的分布式 I/O 产品，可以用于易爆区域（安装于危险 1 区的远程 I/O）。

• 直接安装于危险 1 区，传感器和执行器在危险 0 区。

• 从易燃气体和微尘等环境中连接本安信号。

• 电子模块具有本安结构，由于符合 PROFIBUS 的国际 2.062 标准，因此与 PROFIBUS 连接具有本安特性。

- 在危险 1 区运行，可对所有电子模块（包括电源及总线连接模块）“热插拔”。
- 节省安全区的配线、防爆绝缘变压器、接线板、机械保护措施。
- 电源和接口模块可实现冗余方案。
- 供电容量大，能够并联连接。
- 与传统结构相比，具有更好的诊断能力和更短的维护时间。

（4）ET200S

ET200S 是符合现代总线技术与传统机柜安装的优越产品。产品包括数字量输入/输出模块、模拟量输入/输出模块、智能模块(例如计数器 SSI 模块)、负载馈电器(可通信)等：

- 与 PROFIBUS-DP 连接的接口模块；
- 数字和模拟量输入/输出的电子模块；
- 智能模块(例如计数器 SSI 模块)；
- 负载馈电器(可通信)，用于电子机械的直接和可逆启动器；
- 用于检测器和负载电流的馈送电源模块有关的端子模块。

2.5.3 ABB 现场总线控制系统

2.5.3.1 现场总线系统软件

Control Builder F 是 IndustrialIT 系统的工程工具，它是集组态（包括硬件配置、控制策略、HIS 即人机接口等组态）、工程调试和诊断功能为一体的工具软件包。控制算法和策略组态符合 IEC1131-3 标准。Control Builder F 安装在 IndustrialIT 系统工程师站，组态结果由工程师站通过系统网络下载至相应的过程控制站 PS 及操作站 OS 中。系统提供了一个含有 200 多种功能的功能模块库。除 IEC 1131-3 标准规定的基本内容外，系统还扩充了许多功能强大并经过严格测试的功能块。此外，用户还可自定义功能块和由若干功能块组成的用户宏。Control Builder F 多个标准图形符号（静态和动态）及大量美观实用的立体图例可供 HIS 组态选用。项目树是用于管理和调试整个用户程序（组态内容）的核心工具，类似于 Microsoft Windows 的文件管理器。通过项目树可访问系统组态的全部内容。IndustrialIT 系统的信号、变量和过程点均由一个全局性的公共项目数据库管理，包括变量一览表（如 I/O 及内部变量）和回路（标签）一览表（功能块用）等。

全局性的数据库，保证了数据的唯一性和准确性，避免了组态时可能发生的混乱和错误。同时，也大大减少了系统调试时间。公共项目数据库一览表管理的交叉参考功能，可帮助工程师在全系统范围内迅速查找出并自动打开与指定变量或回路位号相关的程序及显示画面。操作监控软件 DigiVis 的操作监控功能也由 Control Builder F 组态实现的，系统提供 200 多个可扩展和定义的图形符号和大量三维立体图例，画面组态方便快捷。IndustrialIT 系统具有流程图显示、总貌显示、快选窗口、分组显示、面板显示、趋势显示和归档、消息列表及操作员提示、消息行、消息一览表、操作员提示一览表、记录和系统诊断显示等功能。

2.5.3.2 现场总线系统设备

（1）AC 800M 控制器

AC 800M 控制器是一个可导轨安装的系列，如图 2.27 所示、由 CPU、通信模块、电源模块和各种辅助模块组成。几个 CPU 模块在处理电源、内存大小、SIL-率和冗余支持方面是可变的。每个 CPU 模块配有两个以太网口用于与其他控制器通信，用于处理操作人员、工程师、管理人员和更高层应用的事务。针对重要的那些应用场合这些通信口可进行冗余组态。

它也配备了 RS-232C 口进行点对点的通信，采用可编程/调试工具，依靠第三方系统和装置。为使用这个模块，一些通信和 I/O 模块可以增加，例如以下模块。

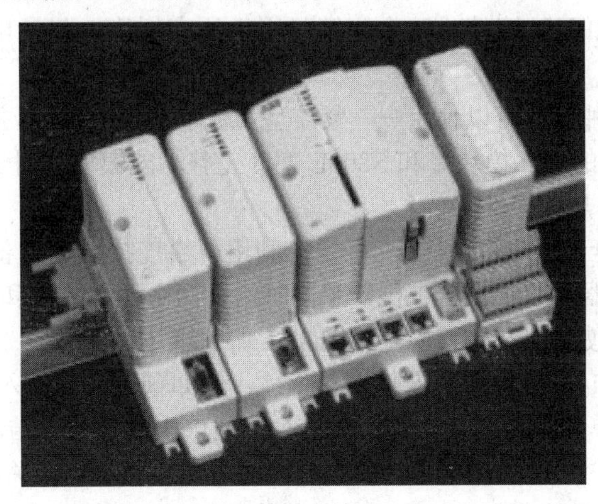

图 2.27　AC 800M 控制器

① 附加 RS-232C 口，以便与第三方系统和装置进行连接。

② PROFIBUS-DP、DP-V1 接口，提供 S200、S800 和 S900 I/O 系统的集成，并访问宽范围的现场设备，支持这些 PROFIBUS 协议。

③ 基金会现场总线 HSE 接口，提供一个实现基金会现场总线方案的中枢。

④ ABB INSUM 接口，通过多支路总线连接实现电开关设备的有效监控。

⑤ MasterBus 300 接口，使用 Advant OCS and ABB 主系统提供后向适配。

⑥ S100 I/O 接口，更新 Advant Controller 410 或 450，或者更新甚至连在 I/O 段上的 MasterPiece 200 系统和 AC 800M。

⑦ TRIO I/O 接口，更新 MOD300 控制器，TRIO I/O 段上的 AC 800M。

⑧ I/O 模块，由 S800 I/O 系列作为直接 I/O。

这些连接和扩展的选择使得 AC 800M 具有开放性和标准性，易于连接全球的监控系统和所有种类的智能设备，适应由于过程控制变化、扩展或连接的需要。

（2）S800 I/O 系列

S800 I/O 如图 2.28 所示，是与 AC 800M 紧密相关的系统，在连接上和特性上有如下特性。

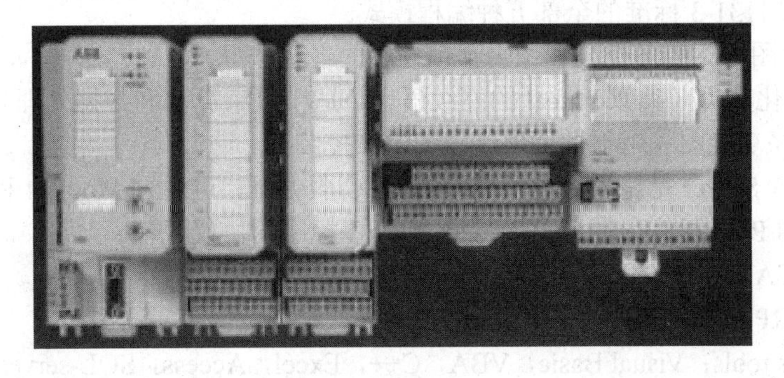

图 2.28　S800 I/O 用于三种不同的设计：紧凑、扩展和 S800L

① 包容性　S800 I/O 系列真实覆盖全部可能信号的类型和范围，从基本模拟和数字输入

输出到脉冲计数和本质安全I/O。

② 柔性结构 S800 I/O 可以以广泛的方式进行安放，从主机直接连接到子群连接（可使用光纤），到 PROFIBUS 连接。冗余方案可用于所有层次，包括电源、通信接口和 I/O 电路。

③ 柔性安装 三种设计可以使用——紧凑型（具有基本I/O信号传输区域）、扩展型（用于I/O电缆终端和跳件的插入模块）和 S800L 型（完整功能模块和对于 I/O 信号的可分离螺旋终端部件）用于不许热切换的安装。

④ 易于设置 一旦站点数目被分配确定，利用网络连接工程设备，另一个设置可以进行。AC 800M HI 控制器适用于在一个机器上同时运行两个过程控制和安全应用。IndustrialIT System 800XA 的特性使其组态和检验全部 HART 协议现场装置。

⑤ 可靠性 S800 I/O 提供可改变使用的特性，例如预定义的输入/输出集 （ISP/OSP），每一个输入/输出能被单独地约定一个预定义值，当通信失败时被冻结。

⑥ 模块的热切换 一个失效的I/O模块能够动态切换而不需要关闭电源，其他的站点也不受影响。硬件的关键是确保仅有一个正确的模块能够切入。

⑦ 在线热组态（HCIR）当处于全部正常运行时，S800 I/O 站可以组态而不需要切换到组态模式。

⑧ 冗余选择 在所有范围——电源、现场总线介质，现场总线接口和I/O模块都可冗余。

⑨ 精确性 S800 I/O 模块能够标示时间事件，如输入信号的传输具有毫秒精度，因此由热系统提供了有意义的事件序列。在紧凑的内锁过程中，它是找到生产干扰源头的关键。对于恶劣环境，S800 模块也可变化满足 ISA-S71.04 的 G3 严格环境条件对于过程测量和控制系统。

2.5.4 施耐德集散控制系统

2.5.4.1 现场总线系统软件

（1）工程师站组态软件包——Concept

施耐德电气公司的 Concept 工程师站组态软件包，是业界公认的功能强大的编程组态平台。Concept 非常易于组态，具有所有 5 种 IEC 1131-3 编程语言，并有用户定义可重复使用的功能块 DFB。为满足过程控制，Concept 还内置有丰富的过程控制函数库。

- 支持多种操作系统平台：Windows 95/98/NT/2000。
- 符合 IEC 1131-3 标准的全部五种编程模式。
- LD 梯形图，离散量控制和逻辑互锁程序的最佳选择。
- ST 结构化文本（类似 Pascal 的高级语言，适于复杂算法和数据处理）。
- SFC 顺序功能图（用于批处理过程和机械控制）。

OPC Factory Server 是施耐德电气公司的 OPC 服务器，可通过 Modbus 和 XWAY Uni-TE 与施耐德电气的 PLC 通信。也可直接与符合 OPC 标准的协议通信。

- HMI / SCADA：Intellution，Wonderware，US Data。
- MES / ERP。
- Standards tools：Visual Basic，VBA，C++，Excel，Access，SQL-server，Web(HTML)。

技术说明如下。

- OPC Factory Server 符合 OPC 标准 V1.0a 和 V2.0。
- 接口：OPC Automation 和 OPC custom。

- 可接本地和远程服务器。
- 可接多种 PLC(Quantum、 Premium、 Micro、 Nano、Momentum 等)。
- 多种通信协议(Modbus and Uni-TE V2.0)。
- Modbus RTU、Modbus Plus、Modbus TCP/IP。
- Unitelway、Fipway、Ethway、Uni-TE on Isabus、Uni-TE on TCP/IP (XIP)。
- 可接多用户。
- 可通过地址和标记变量连接。

PL7 V4.0 编程软件分为 PL7 Micro、PL7 Junior、PL7 Pro。有简单的可视化用户界面，可选多种语言，具备详尽的在线帮助功能，多窗口功能使操作灵活，效率倍增。技术说明如下。

- PL7 V4.0 提供四种符合 IEC 1131-3 标准的编程预言:梯形图(LD)、指令表(IL)、结构化文本(ST)、流程图(SFC)。
- 编程：带有工具条的图形化编辑器。
- 调试：有离线和在线的迅速切换、运行态更改数据和指令、保存动态表格、浏览交叉参数、插入断点、单步执行、程序诊断等功能。
- 维护：通过图形化显示，可得到 CPU、通信口、I/O 模块等的诊断信息，通过点击红色按钮，可以得到错误地点和错误原因的信息。
- 用途——可用于 Micro、Premium 编程。

（2）操作员站监控软件包——Monitor Pro（FactoryLink）

施耐德电气公司与美国 USDATA 公司联合开发的 Monitor Pro 监控软件包，是基于实时数据库核心（RTDB）的软件系统，工业现场数据采集实时性好，基于 Server/Client 结构的上位监控软件集 HMI、SCADA、MES 三大功能于一身。技术说明如下：

- 支持多种操作系统平台 Windows 95/98/NT，IBM OS/2；
- 基于服务器/客户机（Server/Client）的模式；
- 提供多种第三方设备接口协议的选件；
- 支持冗余的系统结构，大大提高上位监控系统的可靠性；
- 强大的实时数据采集能力；
- 集成的 OFS；
- 面向对象的组态；
- 提供 SQL 数据库接口、Sybase、Oracle 数据库接口；
- 分布式的报警管理系统；
- 利用内置或 ODBC 接口可方便地与企业级数据库相连；
- 适用于各种类型工业现场设备实时监控。

2.5.1.2 现场总线系统设备

总线与网络模块描述如表 2.17 所示，现场总线部件描述如表 2.18 所示。

表 2.17 总线与网络模块

应用	适合 TCP/IP 标准的局域网	适合 Modbus Plus 标准的现场总线	适合 Fip 标准的开放工业现场总线网络	
总线和网络类型	Ethernet TCP/IP 或 RS-232 调制解调 (PPP)	Modbus Plus	Fipway	Fipio (代理)

续表

结构 物理接口	10/100baseT (RJ45)	Modbus Plus	Fip 标准	
访问方式	CSMA-CD	令牌环	总线仲裁的总线用户管理	
速率	10/100 Mbps	1 Mbps	1 Mbps	
介质	屏蔽双绞线	双绞线 光纤	双绞线 光纤	
组态设备最大数量	64	32 每段多于 64 段	32 每段多于 64 段	多于 128 段
最大长度	Hub 与终端设备之间最大 100 m	每段 450 m 3 个中继器 1800 m	每个电气段 1000 m 最大 500 m	从 1000～15000 m 依赖于介质的应用
站点/连接数	1 maxi	1 maxi	1 maxi	
服务协议	- TCP/IP 或 PPP: Uni-TE 或 Modbus -服务器协议 BOOTP/DHCP -SNMP 代理服务 -基于 Ethernet 或 Modem 连接的透明通信 -具有或不具有 Web 用户的集成 Web 服务页 (8 Mb)	Modbus 信息处理 service: -写/读 变量 -全局数据库	-Uni-TE -应用对应用 -COM/共享表 -电报	-Uni-TE -应用对应用 -周期方式数据交换 -透明远程 I/O 数据交换
处理器类型	TSX 37-10/21/22 PLC bases	TSX 37-21/22 PLC bases		
模块性质	独立模块	类型 III PCMCIA 卡		
模块类型	SX ETZ 410/510	TSX MBP 100	TSX FPP 20	TSX FPP 10
页码	43312/11	43599/3	43593/3	

表 2.18 现场总线部件

多现场总线部件		符合 AS-i 标准的开放现场总线
模式特征: Uni-Telway, Modbus	模式特征: Uni-Telway, Modbus	AS-i
RS-485 非独立 RS-485 经过 TSX P ACC 01 (服从 Modbus)	RS-232 D RS-485 独立 20 mA CL	AS-i 标准
主/从*(1)*	主/从	主/从
1.2…19.2 Kbps	0.6…19.2 Kbps,1.2…19.2 Kbps	167 Kbps
屏蔽双绞线		2 线 AS-i 电缆
5 具有 Uni-Telway	28 具有 Modbus 点对点 28 16	31 传感器/执行器装置
10 m 用于非独立 RS-485, 1300m 不需要分接器对于独立 RS-485	15 m, 1000 m, 1300 m	100 m, 具有中继器 200 m
1 max	1 max	1 max
Uni-Telway: -Uni-TE 128 字节信息处理服务器 (客户/服务器) -128 字节应用对应用 -通过主/从 Modbus *(1)* RTU 的结构透明的装置	Uni-Telway: -Uni-TE 240 字节信息处理服务器 (客户/服务器) -240 字节应用对应用 -通过主 Modbus 的 X-Way 结构透明的所有装置 Modbus:	传感器/执行器装置交换的透明性

续表

<table>
<tr><td colspan="2">-读/写字节和字
-故障诊断</td><td colspan="3">-主/从 RTU 或 ASCII
-13 Modbus 功能</td><td>传感器/执行器装置交换的透明性</td></tr>
<tr><td>TSX 37-05/08/10 PLC bases</td><td>TSX37-21/22 PLC bases</td><td colspan="3">TSX 37-21/22 PLC bases</td><td>TSX 37-10/21/22 PLC bases</td></tr>
<tr><td colspan="2">Uni-Telway，集成 Modbus 主/从(1)连接</td><td colspan="3">类型 III PCMCIA 卡</td><td>模块插入第 4 导轨</td></tr>
<tr><td>集成连接 TER (2)终端口</td><td>集成连接 AUX (3)终端口</td><td>TSX SCP 111</td><td>TSX SCP 114</td><td>TSX SCP 112</td><td>TSX SAZ 10</td></tr>
</table>

2.5.5　三菱集散控制系统

2.5.5.1　现场总线系统结构与功能

CC-Link/LT 的定位如图 2.29 所示。

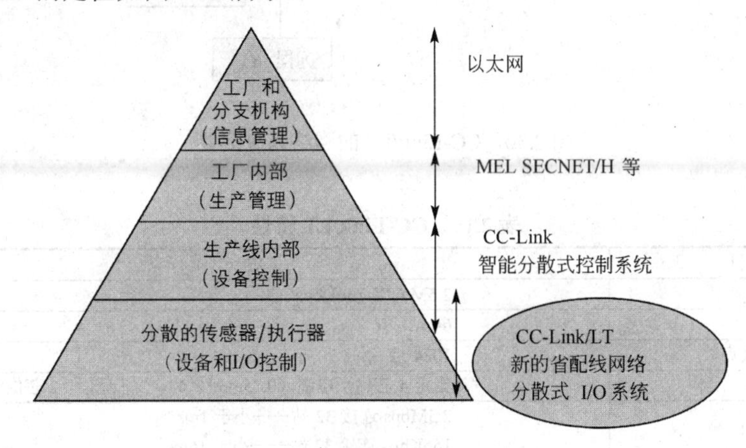

图 2.29　CC-Link/LT 的定位

CC-Link/LT 的特性如下。

（1）省配线特性

① 通过插线式连接通信电缆　易于接线，易于扩展。

② 高速刷新　刷新时间小于 1ms。

③ 大规模的 I/O 控制　最大控制点达到 1024 点。

（2）远程 I/O 特性

① 比 CC-Link 占用更小的空间。同样点数的模块体积是 CC-Link 的 70%。

② 除了 8 点、16 点的模块以外，还提供 1、2、4 点的微型单元。

③ 减少 4，8，16 点模块中不用的地址点。

（3）使用更加方便

① 易于用参数设定和编程——无需繁琐的参数设定，控制程序和 I/O 模块程序一样。

② 自动调整远程 I/O 速度——减少因设置粗心引起的麻烦。

③ 通过网络整定方便查找错误——诊断功能跟从 CC-Link，缩短因故障引起的停机时间。

CC-Link/LT 的网络系统配置如图 2.30 所示。具体特性见表 2.19。

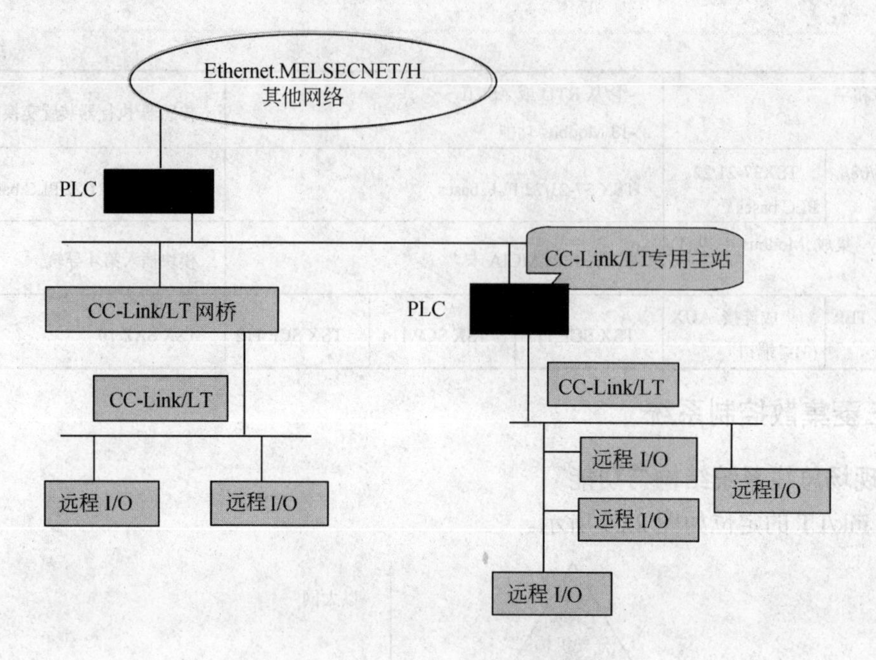

图 2.30 CC-Link/LT 的网络系统配置

表 2.19 CC-Link/LT 特性

项 目	规 范
通信速度	2.5M/62K/156Kbps
连接站数	64 站
系统最大连接点数	1024 点
电缆	指定 4 芯扁平电缆（$0.75mm^2 \times 4$），2 芯通信、2 芯供电
链接扫描时间	2.5Mbps 连接 32 站——小于 1ms 156Kbps 连接 32 站——小于 16ms
高可靠性	继承了 CC-Link 实现高速可靠的数据传输

关于网络兼容性，新版本 Ver.2.00 的主站和新版本 Ver.2.00 的从站及 Ver.1.00 版本的从站都能够兼容（然而，Ver.1.00 版本的从站只能在 Ver.1.00 版本的规格内使用，不能提供增加的数据容量）。

表 2.20 所示为各类型站之间的通信。

表 2.20 各类型站之间的通信

发送站＼接收站			（Ver.2.00 站）				（Ver.1.00 站）				
			M	L	ID	RD	M	L	ID	RD	RIO
（Ver.2.00 站）	主站	M	\	◎	◎	◎	\	○	○	○	○
	本地站	L	◎	◎	—	—	○	○	—	—	—
	智能设备站	ID	◎	◎	—	—	×	×	—	—	—
	远程设备站	RD	◎	◎	—	—	×	×	—	—	—
（Ver.1.00 站）	主站	M	\	○	×	×	\	○	○	○	○
	本地站	L	○	○	—	—	○	○	—	—	—
	智能设备站	ID	○	○	—	—	○	○	—	—	—
	远程设备站	RD	○	○	—	—	○	○	—	—	—
	远程 I/O 站	RIO	○	○	—	—	○	○	—	—	—

注：◎表示可进行扩展循环传送通信；○表示可进行循环传送通信；×表示不能通信；—表示无此功能；\表示无此项。

由于CC-Link可以直接连接各种流量计、电磁阀、温控仪等现场设备，降低了配线成本，并且便于接线设计的更改，通过中继器可以在4.3km以内保持10M的高速通信速度，因此广泛应用于半导体生产线、自动化传送线、汽车生产线及楼宇自动化等各个现场控制领域。

CC-Link目前在中国就有很多成功应用的范例，如在半导体、汽车、水泥、纺织、印刷、化工、食品、电器、机械等制造业以及楼宇、电力、水处理、机场、交通、车站等公共设施有非常成功的应用。

2.5.5.2 现场总线系统软件

三菱CC-Link的组态软件GX-Configurator，通信配置的组态软件GX-Configurator for CC-Link可以对A系列和QnA系列的PLC进行组态，实现通信参数的设置。

整个组态的过程十分简单，在选择好主站型号之后就可以进行主站的设置，此后再陆续添加所连接的从站，并进行从站的设置，包括从站的型号和其所占用站的个数。最后组态完成的画面如图2.31所示。

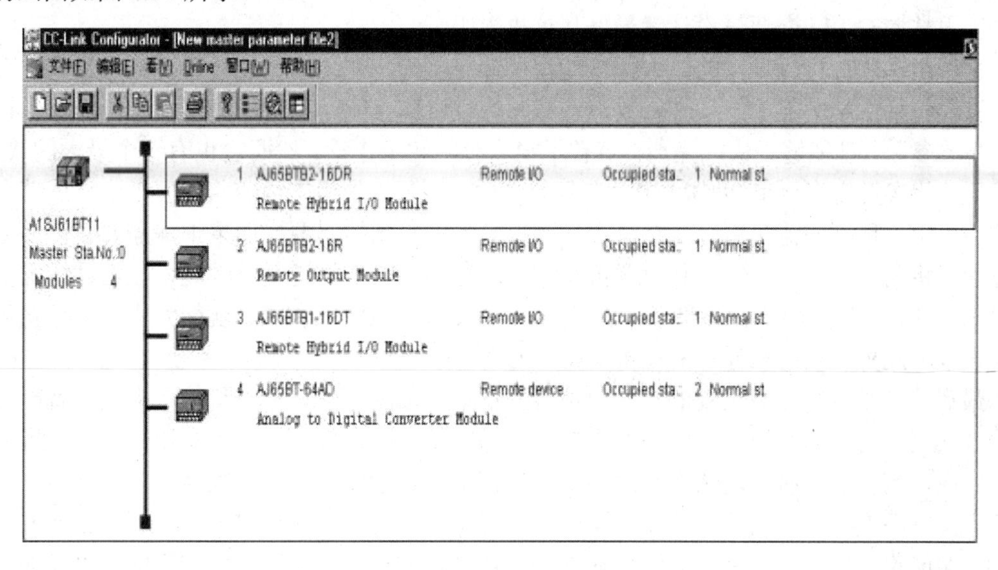

图2.31 组态完成画面

在组态过程中的各个模块的基本信息都会显示在组态完成的画面上，整个画面简单直观，系统配置一目了然。然而在组态完成后启动数据链接时出现了问题。

当选择“Download master parameter file”之后，弹出一对话框，要求选择是将参数写到E^{2}PROM还是缓冲存储器。无论选择其中任何一种，软件都会提示“是否现在执行数据链接?”，如果选择“是”，各站点的LED灯指示正常。然而，当把此时运行正常的PLC复位后重新运行，各站点均出错。这种情况说明组态文件并未能真正写入到E^{2}PROM中，也就是说该组态软件并不具备将参数写入E^{2}PROM这部分功能。因此在这种情况下为了能使用E^{2}PROM启动数据链接，就必须在主站中再写入“参数寄存到E^{2}PROM”这段程序，靠组态和编程共同作用来正常启动数据链接。显而易见，这种方法是利用组态软件包设置通信参数，再利用编程将这些参数写入E^{2}PROM，这才得以完成数据链接所必需的最后步骤。当然这在实际使用时会带来某些不便，但它毕竟可以省略将通信参数写入缓冲寄存区的一段程序，在这个意义上也给CC-Link的使用者带来许多便利。

最后一种方法是通过CC-Link网络参数来实现通信参数设定。由于这是小Q系列的PLC

新增的功能，而A系列和QnA系列PLC并不具备这项功能，因而在进行这种设置方法的实验就必须将原先使用的主站模块换成Q系列的PLC。

整个设置的过程相当方便，只要在GPPW软件的网络配置菜单中设置相应的网络参数，远程I/O信号就可自动刷新到CPU内存，还能自动设置CC-Link远程元件的初始参数。如果整个CC-Link现场总线系统是由小Q系列和64个远程I/O模块构成的，甚至不需设置网络参数即可自动完成通信设置的初始化。

编制传统的梯形图顺控程序来设置通信参数最为复杂，编程时耗费的时间长。并且在调试时一旦发现错误，就需要一条条指令校对，寻找出错误所在，因此需要很大的工作量。然而它仍然有着其他方法所没有的优势。首先，在编完整个设置的程序之后就能非常清晰地了解整个设置过程，掌握PLC是如何运作、启动数据链接的。其次，整个编程的思路非常清晰，而且要编制正确的程序必须建立在熟练地掌握各种软元件的使用条件的基础之上，因而在这个过程中能够对各个软元件的功能、接通条件都有非常好的理解，并能熟练使用。对初学且有志牢固掌握CC-Link通信设计者最好从这里入手。

采用组态软件进行设置的最大优势就在于简单直观，在画面上能够明了地看到整个系统的配置，包括主站所连接的从站个数，各从站的规格和性能，一目了然。而且一旦发生错误或要更改参数，都能够很快地完成，节省了很多时间和工作量。然而它也有一个最大的缺陷，就是无法将参数寄存到E²PROM中，在复位之后，刚写入的组态内容将不复存在。倘若在实际的应用中，现场的情况错综复杂，会遇到很多预想不到的问题，如果中途需要复位，那么组态软件将无能为力，必须重新设置再写入，这样会影响工作进度。因此，在这种情况下采用组态软件，并辅以将通信参数从缓冲积存区写入E²PROM的程序，就能完成整个系统的初始化设置。此外，组态软件目前还不支持小Q系列的PLC。

最后，利用网络参数设置的方法简单有效，只要按规定填写一定量的参数之后就能够很好地取代繁冗复杂的顺控程序。在发生错误或是需要修改参数时，同组态软件一样，也能很快地完成，减少设置时间。然而它的不足之处在于设置过程中跳过了很多重要的细节，从而无法真正掌握PLC的内部的运作过程，比较抽象。例如在填写了众多参数之后，虽然各站的数据链路能正常执行，但是却无法理解这些参数之间是如何联系和如何作用的，以及如何使得各站的数据链接得以正常完成。

2.5.5.3 现场总线系统设备

（1）主控/本地模块

CC-Link 主控/本地模块的特点：每个系列都可以连接主控/本地模块；在 A 系列中有AJ61BT11；在AnS系列中有A1SJ61BT11；可以作为主站或本地站使用；在QnA系列中有AJ61QBT11；在Q2AS系列中有A1SJ61QBT11。

作为主站使用时的特征：除了通过与远程I/O站、远程设备站、本地站之间的周期传送进行信息交换以外，还可以与显示器等智能化设备机器之间进行交换。设定待机主站的话，即使在主站中出现异常时，数据链接也能继续执行下去。

作为本地站使用时的特征：通过本地站之间的周期传送进行信息交换。

（2）CC-Link通信模块

① A8GT-J61BT13通信模块特点　将本单元装到GOT中，然后接到CC-Link系统中，这样就可以使用下功能：

- 系统监控；

- 回路监控；
- 特殊单元的监控等；
- 可瞬间传送；
- 对所有主站/本地站的 PC CPU 都监控。

② A8GT-J61BT15 CC-Link 通信模块特点

- 将单元接到 GOT 中，然后接到 CC-Link 系统中就可以进行回路监控；
- 比 A8GT-J61BT13 更经济。

2.5.6　欧姆龙（OMRON）集散控制系统

2.5.6.1　现场总线系统结构与功能

欧姆龙公司根据自己的特点推出 Ethernet、Control Link 和 CompoBus（DeviceNet）三层结构。对应 Control Link 对应高速控制网，CompoBus（DeviceNet）对应设备网。可编程控制器（PLC）现场通信网络是 PLC 开发应用和未来发展的一个重要方向，也是使 PLC 在工业现场获得更大效益的重要途径。而当前，可通信低压电器执行的现场总线标准种类较多，其中 DeviceNet 现场总线是一种应用日益广泛的可连接底层各种传感器和执行器等设备的开放式现场总线。欧姆龙公司 CompoBus/D 网络就是一个基于 DeviceNet 开放现场网络标准的多位、多厂家的机器/生产线控制级别的网络，它将控制和数据融合在一起，无论哪个厂家或公司的设备、部件，只要符合该协议均可接入 CompoBus/D 网络，实现 PLC 与计算机之间、PLC 与 PLC 之间、PLC 与其他可通信低压电器间的控制和通信。

CompoBus/D 根据现场需要由若干 PLC 主、从单元、DC24V 电源、适配器、终端电阻、配置器（用于 DeviceNet 的组态和配置的软件）以及总线上挂接的其他公司的产品构成。

（1）系统的特点

① 开放性的多厂家网络　因为 CompoBus/D 遵循 DeviceNet 现场总线标准，不同厂家网络产品可以方便地接入同一网络，在同一控制系统中进行互操作，而且不同厂家性能类似的设备可以实现互替换，简化了系统集成，网络布线简单，安装费用低，维护简便。

② 可同时进行远程 I/O 和信息服务　PLC 主、从单元间在定时交换远程 I/O 数据时也可使用通信指令在主单元间进行信息通信，因此非常适应现场既要位数据（控制信号或开关信号）传送又要信息数据交换的需求。其数据传输速率有 125 Kbps、250 Kbps 和 500 Kbps 三种可选。

③ 可实现多点控制和多层网络的扩展　使用配置器可实现一个网络连接多个主单元或者在一个 PLC 上安装多个主单元，实现多种形式的信息通信，构成多种网络拓扑结构。

（2）网络配置

① 主单元　可采用 CV 系列 PLC、C200HX/HG/HE 或 C200HS PLC，其中 C200HS 仅支持远程 I/O 通信，其他机型可支持远程 I/O 通信和信息通信。

② 从单元　CompoBus/D 可配置的从单元种类较多，主要有 I/O Link 单元、模拟量 I/O 终端、晶体管 I/O 终端、远程 I/O 适配器、传感器终端等。

③ 配置器　是运行在个人计算机上的应用软件，具有设置功能、监控功能、运行功能、文件管理功能。

④ 电缆　网络连接采用 5 线电缆（2 条信号线，2 条电源线，1 条屏蔽线），在网络干线常采用粗电缆，型号为 DCA2-5C10 或 A-B 公司 1485C-P1-A50，最大网络长度 500m。支线

或网络长度小于100m的干线可采用细电缆，型号为DCA1-5C10或A-B公司1485C-P1-C150，采用细缆最大网络长度为100 m。

⑤ 终端电阻 为减少信号反射并使网络通信稳定，在干线的两端必须连接终端电阻，根据现场需要可采用T形分支接头或带终端电阻的端子台。

（3）数据通信

① 远程通信 该通信方式无需编写通信程序，就可自动实现网络中主单元CPU与从单元之间的数据传送，各主、从单元地址分配可由系统自动默认或用户设定方式确定。

② 信息通信 它是通过在用户程序中使用 Send/Recv 或 Fins 指令来完成 PLC 之间、OMRON PLC与其他公司主、从单元之间的数据或信息的传送，如读取时间数据、出错经历、传递控制操作等。

基于DeviceNet现场总线的欧姆龙公司CompoBus/D网络自设计应用以来，运行稳定，工作可靠，组网成本较低，硬件布线十分简便，并支持设备的热插拔，可带电更换网络节点，符合本质安全要求。但在安装调试时应注意：网络总线两端应正确地安装终端电阻（121Ω），在系统不上电时，测得的网络CAN-H和CAN-L之间的电阻值应在50～70Ω之间；每个网段供电电源只能有一点接地；根据网络中所选用设备设置正确合理的通信速率，确认主、从单元的波特率设定都匹配。

2.5.6.2 现场总线系统软件

欧姆龙系统编程与组态软件为CX-Programmer视窗编程软件。软件系统性能如下。

① 用CX-Programmer减少应用开发测试时间并增强机器的性能。

② 应用于SYSMC CS，CJ，C和CVM1/CV系列PLC的梯形图编程软件，以NEW标志的新特征被CX-Programmer版本4.0或更高版本所支持。

③ CX-Programmer为所有类型的OMRON PLC控制器从微型PLC到双机处理器系统，提供了一个通用的PLC软件平台。

④ 它允许在不同的PLC类型之间方便地转换和再利用PLC代码，并全面地再利用老一代PLC编程软件所创建的控制程序。

⑤ 提供强大的文档特征，在文档中清楚地表述控制代码的用法和操作，文档能存储在PLC内部。还有一个先进的“项目比较”功能，允许详细地比较PLC项目和PC项目。

⑥ 容易与其他OMRON软件产品集成，这就允许分享Tag注释，从而减少错误，减少开发时间并提高使用的方便性。

⑦ 维护特征允许通过单击方便地查询触点和线圈，因此能快速确认机器或线路中断的原因，同时，监控、显示和调试功能也减少了工程时间和实施成本。

⑧ 先进的数据跟踪和时间表监控减少了维护和故障诊断及排除的时间。这也能用于精调机器性能，或减少和优化机器的循环时间。

OMRON的CX-ONE软件包集合了大部分OMRON工控产品软件。

- CX-Programmer：Ver.6.00。
- CX-Integrator：Ver.1.00。
- CX-Simulator：Ver.1.50。
- NS-Designer：Ver.6.20。
- CX-Motion：Ver.2.20。
- CX-Motion-NCF：Ver.1.20。

- CX-Position：Ver.2.10。
- CX-Protocol：Ver.1.60。
- CX-Process Tool：Ver.4.10。
- Face Plate Auto-Builder for NS：Ver.2.01。
- CX-Thermo：Ver.2.00。
- Switch Box：Ver.1.60。
- CX-Server：Ver.2.30。

主要实现系统编程、组态和监控等任务。

2.5.6.3　现场总线系统设备

（1）CompoBus/D 主单元

C200HW-SRM21-V1 是 CompoBus/D 主单元，它用于连接 CJ1，C200H α 单元。

CompoBus/D 主单元是一个符合设备网的多主控总线单元。两个节点通过一根专用电缆连接，大大减少接线工作量。利用 C200HX/HG/HE 系列主站最多可连接 50 个从站单元，得到 1600 点 I/O。控制网络长度不超过 500m 时，最高通信速率 93.75Kbps。

（2）从站单元

① CompoBus/D 与 I/O 链接单元 CPM1A-DRT21　当连接 CPM1A-DRT21 的 DeviceNet I/O 链接单元后，其功能可作为 DeviceNet 主单元的一个从单元。这允许主单元和 CPM2AH 之间有 32 点输入和 32 点输出。

② DRT1-ID/OD 远程 I/O 终端单元紧凑的 8 点和 16 点晶体管型：

- 8 点型——125mm×50mm×40mm（长×宽×高）；
- 16 点型——150mm×50mm×40mm（长×宽×高）；
- I/O 端子和内部电路隔离，采用两个独立电源；
- 采用 DIN 导轨或螺钉安装；
- 取得 UL、CSA 安全规格认证。

表 2.21 所示为远程 I/O 终端种类。

表 2.21　远程 I/O 终端种类

I/O 分类	内部 I/O 电路公共端	I/O 点数	端　子	电源额定电压	I/O 额定电压	型　号
输入	NPN(共+)	8 点	螺钉端子	DC24V	DC24V	DRT1-ID08
输出	NPN(共-)					DRT1-OD08
输入	NPN(共+)	16 点				DRT1-ID16
输出	NPN(共-)					DRT1-OD16

③ DRT1-ID16X/OD16X 远程适配器单元　带有 16 点 I/O 的小型远程适配器：

- 小型，仅 85 mm×40mm×50mm；
- 采用继电器和高功率 MOS 场效应晶体管输出可连接 G70D 或其他 I/O 终端；
- I/O 端子和内部电路隔离，采用两个独立电源；
- 采用 DIN 导轨或螺钉安装；
- 取得 UL、CSA 安全规格认证。

表 2.22 所示为小型远程适配器种类。

表 2.22 小型远程适配器种类

I/O 分类	内部 I/O 电路公共端	I/O 点数	端子	电源额定电压	I/O 额定电压	型号
输入	NPN(共+)	16	MIL 插座扁平电缆连接器	DC24V	DC24V	DRT1-ID16X
输出	NPN(共-)					DRT1-OD16X

2.5.7 中科博微集散控制系统

2.5.7.1 现场总线系统结构与功能

SIACON 软件系统、现场总线协议软件及现场总线通信控制器（网卡）已经成功应用于基于 FF 的分布式控制系统工程。经过现场应用表明，SIACON 软件、现场总线协议软件及现场总线网卡运行可靠、性能品质稳定，适合在冶金、石化、电力、化工等流程工业自动化系统中应用。该成果还推广应用到制药厂 VC 发酵过程和氧气厂的过程控制中，得到了用户的认可，取得了显著的经济效益和社会效益。2003 年 10 月，多总线集成的分布式工业控制系统技术向产业化迈出了重要一步，沈阳自动化所与浙江企业共同出资成立了“沈阳中科博微自动化技术有限公司”。2004 年 10 月 20 日，在美国现场总线基金会总部，中科博微公司的 HSE 现场总线网关、FF H1 压力表、FF FI 仪表等系列产品成功通过了国际认证测试。国产化现场总线设备通过 FF 现场总线基金会的测试，标志着我国现场总线设备的研制已经达到了国际先进水平，中科博微公司作为国内注册设备最多的现场总线设备供应商，已成为国际大市场的一员。

2.5.7.2 现场总线系统软件

（1）NCS-SIAViewer HMI 监控组态软件

SIAView 是分布式结构的可视化 HMI 监控系统开发平台，支持 OLE/COM 标准及 ActiveX Script 技术，提供 OPC 数据、报警访问接口，具有完善的监控组态功能，广泛应用于监控系统开发领域。SIAView 可运行于 Windows 98/NT/2000/XP 等平台。

（2）NCS-SoftPLC 软逻辑控制软件

NCS-SoftPLC 是以 PC 架构设计的新一代基于 PC 的控制系统软件，是新一代自动化控制的解决方案。SoftPLC 编程环境由一个图形编辑器和一个编译系统组成，图形编辑器是用户交互的界面，主要是梯形图语言。编译系统将用户编辑好的梯形图语言转换为目标系统可以识别的 TIC 码。PLC 是以中央处理单元（CPU）为控制中枢，它按照 PLC 系统程序赋予的功能，接受并存储从编程器键入的用户程序和数据，检查电源、存储器、I/O 以及警戒定时器的状态，并能判断用户程序中的语法错误。

软件 PLC 程序为用户提供一个编辑环境，并由一个虚拟机（Virtual Machine）来代替硬件 PLC 中的 CPU 来完成读取、解释、执行指令的功能。FF 设备环境下的 PLC 是 FF 智能化分散控制站中的一项，符合 IEC61131-3 标准。

NCS-SoftPLC 编程环境由一个图形编辑器和一个编译系统组成，图形编辑器是用户交互的界面，主要是梯形图语言。编译系统将用户编辑好的梯形图语言转换为目标系统可以识别的 TIC 码。

主要功能和特点：PLC 编程环境提供图形语言编辑、编译、仿真调试功能，编译后生成的 TIC 码通过组态软件下载并组态。

① 编辑功能　系统在单机环境下运行，当用户启动应用程序时候直接进入程序主窗口，程序窗口由5部分构成——程序菜单，包括建立工程、编辑图形、查看图形、编译运行、排列窗口；工具栏，主要包括标准工具栏、图形编辑工具栏、编译调试工具栏；工程树，维护工程，包括物理配置、资源、数据词典、用户函数、用户功能块、程序；输出视图，编译，调试时候输出信息；编辑区域，包括用户编辑图形时候的区域。

② 编译功能　用户编辑好LD图形语言后，就可直接编译，编辑功能检查语法错误、变量错误，输入、输出节点是否完整，并在输出视图显示编译信息，同时生成目标代码。

③ 仿真调试功能　编译功能是检查语法错误，仿真调试是检查逻辑错误，编译通过就可进行仿真调试，仿真调试时环境由编辑状态切换到调试状态，这时候不可进行编辑，用户可以输入或改变节点变量的值，观测输出节点的变量值，结果是否符合预期的要求，如果发现错误，用户可切换回编辑状态进行修改，修改后编译通过再进行仿真调试，直到结果符合用户要求。

2.5.7.3　现场总线系统设备

（1）基金会现场总线FF HSE/H1网关

Linking Device(简称LD)设备是连接FF HSE网段和FF H1网段的网关设备。一台Linking Device设备可以连接多个H1网段，可以作H1网桥设备。现场总线基金会在H1协议的基础上，将以太网技术作为底层协议加入到现场总线协议中，构建了基于工业以太网的现场总线协议HSE。FF HSE现场总线技术基于EEE802.3u和ISO/IEC 8802-3的高速以太网。使用标准的48位以太网地址，并通过最小长度为64个字节的以太网报文来传递与H1总线相同的服务。FF HSE工业以太网为现场设备提供了更高的带宽，可以满足高速设备的需求。LD是将FF H1现场总线接HSE工业以太网的关键设备，它可以连接多种不同的设备和网段，以达到扩展FF H1应用的目的。用户可以通过现场总线的组态软件，完成对整个网络的组态、控制回路组态、控制逻辑组态、功能块连接、报警趋势组态、控制应用下载等功能。

性能指标：

① 支持标准的FF HSE通信协议和FF H1现场总线协议；

② HSE端口为10/100M BaseTX 以太网接口（RJ-45）；

③ 支持一路或四路H1接口完成Linking Device功能；

④ 具备网桥功能；

⑤ H1和HSE设备均具有互操作性；

⑥ 供电为8～25V DC。

（2）控制主站

NCS-1-DCSTATION控制主站最大可动态地控制、管理七个不同的I/O模块，完成智能分布式I/O控制。它含有符合FF协议标准的各功能块（Function Block），如MAI、MAO、MDI、MDO、PID等。通过主站模块将现场模拟信号或传统模拟仪表映射成现场总线功能块。另外，还提供嵌入软件PLC虚拟机（编程语言标准符合IEC61131-3标准），完成PLC的软件运行，同时将编译的PLC原代码（梯形图等）映射成现场总线柔性功能块FFB。将离散I/O模块无缝接入FF HSE工业以太网或FF H1现场总线网络，可以透明访问各I/O模块。

控制主站还提供诊断和自动配置功能，可以完成系统中各I/O模块的动态配置、即插即用及热插拔等操作。

（3）I/O模块

FF分布式智能I/O是基于FF HSE现场总线协议或FF H1现场总线协议的智能化控制网

络设备，是用来完成过程自动化或制造自动化的现场设备互连的控制装置。它可以连接离散数据与FF现场总线的通道，以保留传统的离散数据和过程控制中标准的4～20mA模拟仪表，大大拓展了FF现场总线的应用范围。尤其适合将传统工业控制系统与先进的分布控制系统相结合，对老企业进行改造，使老企业自动化系统直接进入现场总线时代，解决分布式控制系统中的低成本问题。

I/O模块完成现场信号的采集和转换，每个I/O模块都支持热插拔和即插即用功能，都包含一个配置信息存储器（含有模块类型、通道数、序列号等信息）供主站控制管理时读取，每个I/O模块最多可提供128个I/O地址范围。在组成系统时，主站模块地址由FF协议总线分配，而各模块地址由主站模块自动分配地址。一旦组成了系统，则每个I/O模块就分配了唯一的地址。这样，各I/O模块在FF总线中将是透明的。

重新安装任何一种I/O模块，都可以在带电情况下进行交换，而且都会自动地将模块的配置信息上载到主站。因此，在系统运行期间，可以置换有故障的I/O模块，主站会自动地校验其新安装的模块是否与原模块兼容。如果兼容，则自动加入到主站配置信息中。整个过程不需用上位机干预，不会影响其他模块的正常运行。

（4）NCS-1-IF 电流信号到现场总线信号转换仪表

现场总线NCS-1-IF仪表是沈阳中科博微自动化技术有限公司自主开发的现场总线仪表，它是模拟量传感器到现场总线设备的接口。它可以接收四个通道的4～20mA模拟信号，并转换成现场总线信号发送到现场总线系统中去。现场总线IF仪表使用的数字信号技术使得现场和控制室之间的接口更加简单，还减少了安装、运行和维护的费用。

① 结构与特点

- CPU AT91M40800，4MHz；
- 高精度四通道A/D卡；
- LCD液晶显示屏（可选）；
- 内嵌实时操作系统内核；
- FF现场总线协议栈软件；
- 满足互操作要求的FF标准功能块（AI、PID）；
- 具有总线供电功能。

② 功能块列表

- AO 提供输出电流4～20mA，可以驱动1kΩ的负载。
- PID 标准的功能块，提供滤波和前馈的复杂功能控制（可以根据客户的需要，定制其他的功能块，如显示、报警等）。

③ 技术参数

- 输入信号：0～20mA、4～20mA模拟信号。
- 输出信号：可供电的31.25Kbps电流模式的总线信号。
- 输入阻抗：每个通道100Ω。
- 电源供给：总线电源9～32VDC，电流消耗 <20mA。
- 运行温度限制：–40～85摄氏度。
- 保存：–40～120摄氏度。
- 湿度限制：0～85% RH。
- 启动时间：小于5s。
- 精确度：0.025%。
- 周围温度影响：± 0.05% /℃。

- 输出电源影响：± 0.005% / V。
- 电磁兼容：符合 IEC61000-4 标准。

（5）NCS-1-FI 现场总线信号到电流信号转换仪表

NCS-1-FI 是我国自主研发 FF 现场总线产品之一。它是模拟变送器与现场总线系统之间的转换器。它转换现场总线信号并输出电流信号(主要为 4～20mA)。NCS-1-FI 采用数字技术，可同时输出四路电流信号，并提供了多种转换功能，使得现场仪表与控制室之间的转换十分简便，并且大大减少了安装、运行及维修费用。

利用现场总线技术可将多个现场设备互连的特点，可以构建功能强大的控制系统。功能块概念的引入，使用户很容易地建立和浏览一个复杂的控制策略。另外，现场总线技术大大提高了系统的灵活性，控制命令不需要重新接线或改变任何硬件即可进行编辑。NCS-1-FI 是现场总线产品的一种，现场总线是一个完整的系统，能够实现对所有现场设备的控制功能。

① 结构与特点

- CPU AT91M40800，4MHz；
- 高精度四通道 D/A 卡；
- LCD 液晶显示屏；
- 内嵌实时操作系统内核；
- FF 现场总线协议栈软件；
- 满足互操作要求的 FF 标准功能块（AO、PID）；
- 具有总线供电功能。

② 功能块列表

- AO 提供输出电流 4～20mA，可以驱动 1kΩ 的负载；
- PID 标准的功能块，提供滤波、报警和前馈的复杂控制。

③ 技术参数

- 输入信号：可供电的 31.25Kbps 电流模式的总线数字信号。
- 输出信号：4～20mA 模拟信号。
- 电源供给：总线电源 9～32VDC，电流消耗 ＜20mA。
- 运行温度限制：–40～85 摄氏度。
- 保存：–40～120 摄氏度。
- 湿度限制：0～85% RH。
- 启动时间：小于 5s。
- 精确度：0.025%。
- 周围温度影响：±0.05% /℃。
- 输出电源影响：± 0.005% / V。
- 电磁冲突影响：设计符合 IEC61000-4 要求。

2.5.8 浙大中控集散控制系统

2.5.8.1 现场总线系统结构与功能

开放性控制系统 SUPCON WebField GCS-1 是浙大中控控制系统家族的成员，主要面向以逻辑运算为主的场合，实现过程控制、顺序控制、数据采集等实时任务。该系统结构精简、配置灵活、维护方便、符合开放性标准、性能价格比高，可广泛应用于污水处理、城市供水、交通、智能楼宇、食品加工、纺织机械、建筑材料生产等过程监视及控制。

GCS-1 控制系统常用的控制器包括 OS-SC 系列和 OS-OMC 系列：OS-SC 系列适用于规模较小、控制算法相对简单的对象，采用串行方式与上位机通信；而 OS-OMC 系列可适用于不同规模的控制对象，并具有良好的可扩展性，除串行通信方式外还可采用以太网方式与上位机通信。

控制站编程软件包符合国际电工委员会 IEC 61131-3 标准，选用 OS-OMC 系列控制器时，需选配 F-P31-GMC1 软件；当选用 OS-SC 系列控制器时，需配 SC-500-WinPP。人机界面可选用通用监控软件，推荐使用浙大中控 SView 或 OSView，该两种软件功能强大，便于操作，可以很好地满足对象监视与控制需求。

GCS-1 系统由电源模块、CPU 模块、I/O 机架和各类 I/O 模块组成。CPU 模块、电源模块和 CPU 机架组成系统的基础部分。1 个 CPU 机架可以安装 1 个电源模块，1 个 CPU 模块并可提供 4、6 或 8 个 I/O 模块槽位。若 CPU 机架提供的 I/O 槽位数量不够，则可采用扩展式 I/O 机架，它有 6～8 个 I/O 槽位。图 2.32 为一个 OS-OMC-2/ER 组成结构。

图 2.32 OS-OMC-2/ER 组成结构

1—CPU 模块；2,3—I/O 模块；4—电源模块；

5—机架；6—LED 显示；7—扩展电缆连接器

（1）系统硬件

一套完整的 GCS-1 系统可包括以下几个部分：机架、电源模块、CPU 模块、各种 I/O 模块、通信模块、网络部件、操作站硬件、承载设备的机械部件以及操作站等。各类机架功能（用户可以根据需要选择不同型号的机架，用于固定各类系统功能模块）。

（2）电源模块

GCS-1 系统一般采用系统电源模块给卡件供电，如需向外配电或者给开关量输出卡件供电，则必须外配其他电源。

（3）CPU 模板

GCS-1 控制系统全面支持 Modbus 开放性协议，常用的控制器包括 OS-SC 系列和 OS-OMC 系列，适用于简单系统的 SC 系列控制器设计紧凑，价格低廉，其通常采用 RS-232 协议与上位机通信；具有复杂运算能力的 OS-OMC 系列控制器性能突出，除串行通信方式外，更可采用以太网通信。

（4）CPU 模块系统规模

每个 OS-SC-501 CPU 可带 1 个 CPU 机架和 3 个 I/O 扩展机架；每个 OS-OMC-2/E CPU 可带 1 个 CPU 机架和 3 个 I/O 扩展机架；每个 OS-OMC-2/ER CPU 可带 1 个 CPU 机架和 3 个 I/O 扩展机架以及 15 个远程机架（需配置远程 I/O 适配器）。

（5）机械部件机柜功能

用于安装机架等控制站硬件的箱体。部件采用标准化的组合方式，满足各种应用环境。机柜的内部安装合理、灵活，外形美观，有较强的抗电磁干扰能力和环境适应能力。

（6）打印机台功能

用户可根据打印报表及报警画面等的需要定制打印机台，放置打印机。

2.5.8.2 现场总线系统软件

GCS-1 控制系统全面支持标准现场总线协议 Modbus，通过这一协议可以与其他 DCS、PLC 的互连。例如与浙大中控生产的 JX-300X、WebField ECS-100 集散型控制系统相连，所需配置的软件主要有 OpenSys Paradym 31、OpenSys Modbus Editor、OpenSys Configuration、AdvanTrol 或 SView 2.6 软件等；所需配置的硬件为网关卡 SP244。

（1）系统软件和组态软件

GCS-1 通用的下位机软件主要有 F-P31-GMC1 软件包和 SC-500-WinPP 系列软件包。它们都是用以对控制器编程的软件。当选用 OMC 系列控制器时，必须配备 F-P31-GMC1 软件；当选用 SC 系列控制器时，其下位机编程软件则需配备 SC-500-WinPP。

① F-P31-GMC1 软件包　F-P31-GMC1 是针对 GCS-1 系统设计的软件包，适用于 OMC 系列的 CPU，它主要包括：用于编程和下载、仿真程序的符合 IEC61131-3 标准的编程环境 Paradym31；用于与其他程序进行数据交换的 OpenSys DDE；用于建立 Modbus 映像表的 Modbus MapEditor；用于规划模块布局、建立 IO 变量的 IO MapEditor；用于设置 OMC 参数的 OMC-1 Configuration 等。

② SC-500-WinPP 系列软件　该软件包是针对 GCS-1 系统设计的编程软件，适用于 SC 系列的 CPU。软件提供离线编辑及在线编辑两种编程方式，提供丰富的梯形图应用指令，提供使用者较多的选择，大幅降低了程序的复杂度，用户界面友好。

（2）监控软件 SView

可选用上位机软件 SView 或 OSView，用户可根据实际规模、使用习惯加以选择。SView 监控软件是一套全集成的、开放式的、基于组件技术的自动化软件产品。它在设计的时候有效地克服了以往软件包的约束性，使得工控平台与商业系统以及其他第三方应用程序之间更加易于集成，功能强大。

第3章 Chapter 3

集散控制系统监控组态软件

3.1 监控组态软件的结构

一般组态软件是一个具有实时多任务、接口开放、使用灵活、功能多样、运行可靠的软件系统。其中实时多任务是它最突出的特点。一个组态软件系统由若干个功能模块组成，模块之间的通信以及模块与数据库之间的通信均通过共享内存数据库和 OLE DB（Object Linking and Embedding Database）完成。实时数据库是SCADA系统的核心，实现机器内各应用程序的实时数据交换，通过网络通信程序将实时数据扩展到整个网络，其结构如图 3.1 所示。

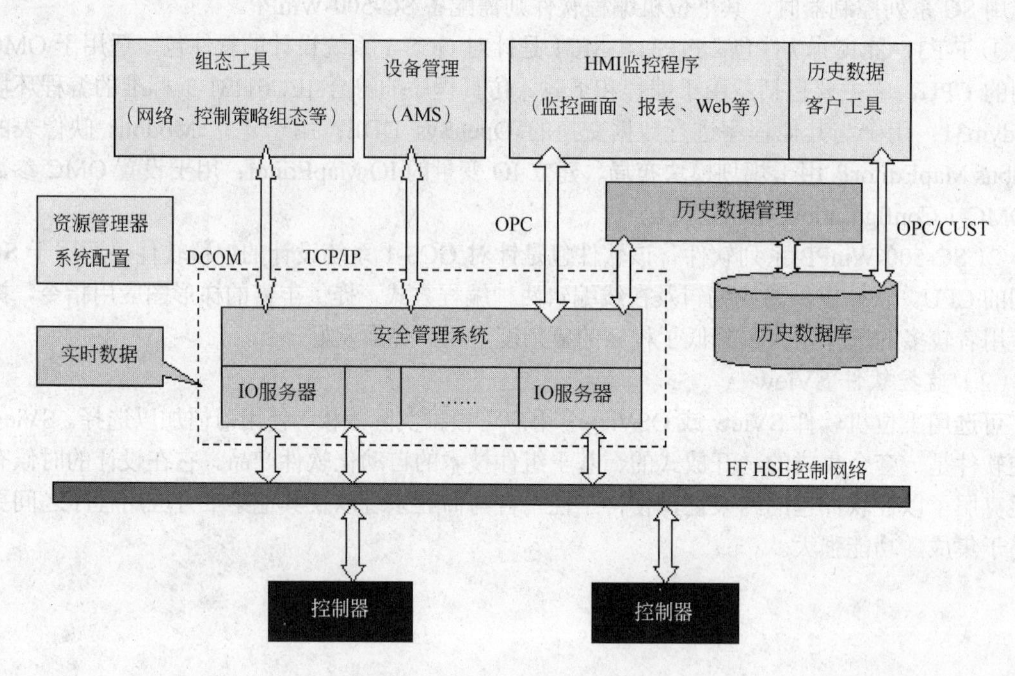

图 3.1 组态系统软件结构

以使用软件的工作阶段来划分，从总体上讲，组态软件是由系统开发环境和系统运行环境两大部分构成。

（1）系统开发环境

它是自动化工程设计师为实施其控制方案，在组态软件的支持下进行应用程序的系统生成工作所必需依赖的工作环境。通过建立一系列用户数据文件，生成最终的图形目标系统，提供系统运行环境运行时使用。

（2）系统运行环境

在系统运行环境下，目标应用程序被载入计算机内存并投入实时运行。系统运行环境根据工程画面上图元的动画连接实时更新图形画面，将现场工程运行状况以组态图形的方式显示出来。自动化工程设计师首先利用系统的开发环境，通过一定工作量的系统组态和调试，生成目标应用程序，并最终将目标程序在系统运行环境中投入实时运行，完成一个工程项目。

3.1.1 系统监控组态软件组成

组态软件因为其功能强大，每个功能模块相对来说有具有一定的独立性，因此其组成形式是一个集成软件平台，由若干程序组件构成。通常的典型组件有以下几部分组成。

① 图形界面开发程序　它是自动化工程设计师为实施其控制方案，在图形编辑工具的支持下进行图形系统生成工作所依赖的开发环境。通过建立一系列工程画面文件生成图形目标应用系统。

② 图形界面运行程序　在系统运行环境下，图形目标应用系统被图形界面运行程序载入内存并投入实时运行。

③ 实时数据库功能模块　实时数据库模块主要完成实时数据库的建立、维护、访问以及历史数据生成等功能，它是整个系统的基础和核心。从某种意义上讲，实时数据库就是按一定方式组织的监控和管理点（变量）的集合。为自动化需要而进行的诸如规约转换、HMI、曲线、报警、数据浏览等功能都是基于实时数据库展开的。网络环境下的运行系统在每个节点上均有一个独立的、但是每个点又是可以在全网络环境下唯一标识的实时数据库的实例。网络管理程序实时地更新每个节点上的实时数据库，以保持实时数据库全网络的一致性。通过与前置通信服务器模块的通信，此模块获取数据信息现场检测设备接收到的实时数据，同时还将处理好的数据传送给通信服务器。

④ 网络通信模块　网络通信模块是组态软件的实时网络通信内核，担负网络系统计算机之间实时数据的传输任务，保证系统各节点实时数据的一致性。

⑤ 前置通信模块　前置通信模块完成与终端数据信息现场检测设备的通信任务。组态系统可以有多组前置通信服务器，每一组前置通信服务器可由互为热备用的两套计算机组成，一般采用工业控制计算机。根据系统规模选择直接使用微机串口，使用“智能接口卡”，或使用“通信服务器”三种方式。

⑥ 历史数据库　历史数据库存储系统运行的历史数据信息。数据一般是由实时数据库模块以一定的采样周期将其数据信息向历史数据库转储而来的。因为实时数据库是在内存中，而且数据随着时间在不断更新，所以只有通过历史数据库才有可能对系统在一段时间内的运行状态作出评估。历史数据库一般使用商用数据库，如 Microsoft SQL Sever,Oracle 等。

⑦ 数据报表模块　数据报表模块以图表的方式向用户提供系统运行的历史数据信息，并提供报表的打印输出功能。实现报表模块的技术途径有自己开发报表软件或基于已有软件之上作二次开发。第一种方案程序功能容易控制，但实现有一定难度，开发时间相对较长。相反，二次开发则所需时间短，但程序功能控制比较困难。

3.1.2 组态软件的数据流

组态软件通过 I/O 驱动程序从现场 I/O 设备获得实时数据，对数据进行必要的加工后，一方面以图形方式直观地显示在计算机屏幕上；另一方面按照组态要求和操作人员的指令将控制数据送给 I/O 设备，对执行机构实施控制或调整控制参数。对已经组态历史趋势的变量存储历史数据，对历史数据检索请求给予响应。当发生报警时，及时将报警以声音和图像的方式通知给操作人员，并记录报警的历史信息以备检索。图 3.2 直观地表示出了组态软件的数据处理流程。

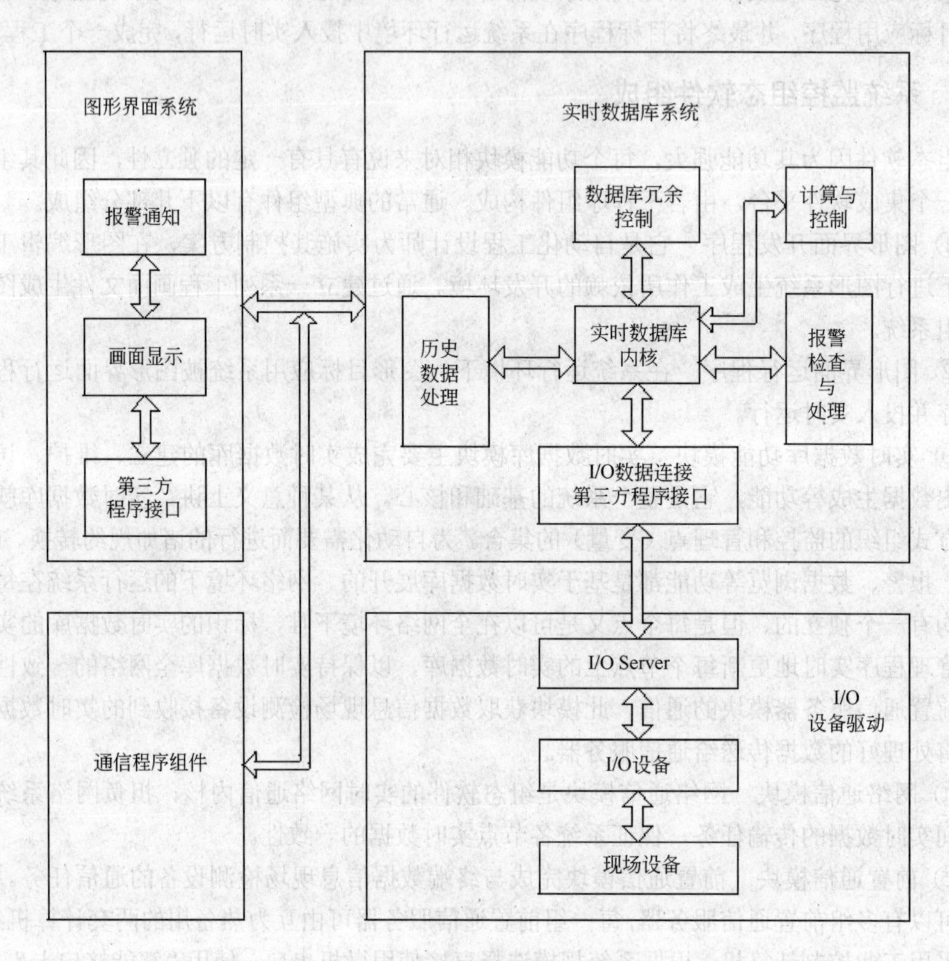

图 3.2 组态软件的数据处理流程

从图中可以看出，实时数据库是组态软件的核心和引擎，历史数据的存储与检索、报警处理与存储、数据的运算处理、数据库冗余控制、I/O 数据连接都是由实时数据库系统完成的。图形界面系统、I/O 驱动程序等组件以实时数据库为核心，通过高效的内部协议相互通信，共享数据。

3.2 监控与组态软件图形界面

3.2.1 监控组态软件图形功能

图形子系统是 DCS 监控组态软件的一个重要组成部分，是生成工艺流程图和监控画面的设计工具。它以图形方式对控制系统现场环境中客观存在的事物进行抽象，并且建立它们之间的关系，形成简洁、直观的工艺流程图以及用户与系统之间的交互图。只有这样，用户才可以直观地掌握控制系统现场的运行情况。自动化工程设计人员使用最频繁的就是图形开发环境。因此，给用户提供功能强大的图形系统是非常必要的。

控制系统的所有操作画面，包括流程画面都是在图形开发环境下制作生成的。任何设计可以看作是虚拟实体或者是积木的结合。作为一个图形系统，要具有良好的用户界面。每种图形元素对象都应有显示、编辑、删除等功能。此开发环境能绘制基本的图形元素，如直线、矩形、椭圆、圆弧以及文本等，还提供了图元、位图、动画等复杂图形元素的绘制功能，能对图形元素实施基本的变换，如移动、旋转、缩放，能够通过交互的方式来设置图形元素的属性，如位置、颜色、字体、文本内容、数据源，能够存取所绘制的图形。除此之外，还包括一般图形系统常用的功能，如窗口切换、图形拷贝、粘贴、删除等功能。

组态图形界面系统是组态系统与工程人员交互的接口，是自动化工程系统的调度和控制中心，它在组态软件系统中一直起着极其重要的作用。组态图形界面系统一般由两部分组成：图形开发环境和图形运行环境。

图形开发环境是目标系统的主要生成工具，是自动化工程设计人员使用最频繁的组态软件的组件。所有的操作画面都是在开发环境下制作、生成的。它依照操作系统的图形标准，采用面向对象的图形技术，为使用者提供丰富、强大的绘图编辑、动画连接和脚本编辑工具。

图形运行环境是目标系统投入运行的环境。目标系统通过运行环境以图形的方式显示系统的各设备数据信息及运行状况，实现对系统的监视功能。图形运行环境还接收系统操作员的操作命令，并将命令传送给底部控制模块去控制硬件，实现对设备的控制功能。

由于现场总线监控系统中的对象繁多，而且有些对象的结构复杂，所以组态图形界面系统的建模和实现都有一定的难度。针对图形对象的建模问题，可采用面向对象的建模技术，借助 UML 建模语言，使用 Rational Rose 建模工具实现图形系统的建模。针对图形系统的实现，常采用面向对象的编程方法，基于 Windows 的 MFC 技术，以 C++为编程语言，以 Visual C++6.0 为工具，依照图形系统的模型，实现整个组态图形系统。

3.2.2　监控组态软件图形组态内容

组态图形界面包括画面布局与画面切换。画面分成三部分：总览部分、按钮部分和现场画面部分。监控系统位于控制室内，通过鼠标和键盘进行控制画面。画面分辨率可设置为 1024×768 像素。整个画面分成三部分，对于这三个部分有两种不同的布局方法，这两种画面布局 1 和 2 分别如图 3.3 和图 3.4 所示。

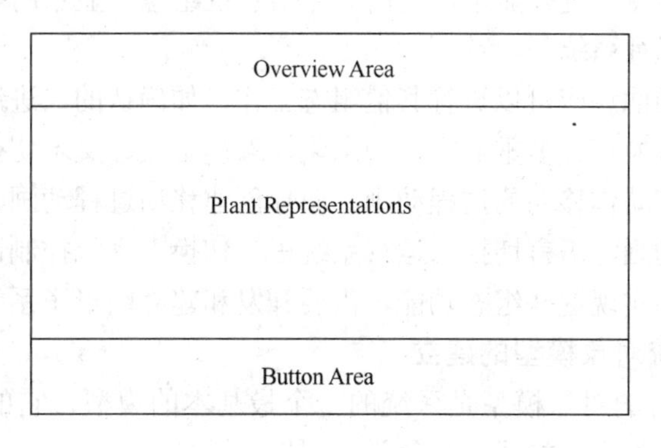

图 3.3　监控画面布局 1

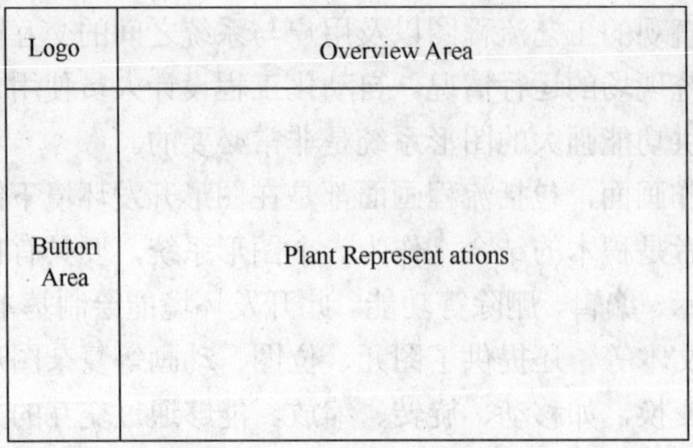

Logo
Overview Area
Button Area
Plant Represent ations

图 3.4 监控画面布局 2

布局原理是使用一个空白起始画面，然后在其中创建三个画面窗口（总览、按钮和现场）。在运行期间，可以根据需要交换这些画面窗口内显示的画面。这就给了用户一种简便而又灵活的修改方法。在总览部分，可组态标志符、画面标题、带日期的时钟以及报警文本行。在按钮部分，组态每个画面显示的固定按钮和现场运行画面显示的按钮。在现场部分，组态各个现场运行设备画面。

（1）画面打开

可以通过直接连接打开画面并显示画面名称，可以利用动态向导打开画面，通过内部函数打开画面；也可以通过对象名称和内部函数打开画面，通过对象名称以及与画面名称显示的变量连接打开并显示画面窗口。

（2）画面切换

在画面窗口中，通过用鼠标操作按钮并借助直接连接，可完成画面切换。为了实现切换，可使用一个 Windows 对象→按钮；当使用鼠标将其按下时，即可对显示窗口的画面进行切换。可以通过动态向导进行单个画面切换，或用直接连接切换单个画面。可以从画面窗口外的显示选择和从画面窗口内显示隐藏，用撤消选择的方式对画面进行实时控制隐藏。

（3）画面缩放

可在两种不同尺寸之间改变画面大小，连续更改画面几何结构。可以通过属性对话框组态调整画面几何结构。

（4）用户登录与退出

操作员控制允许使用缺省框登录，通过单独对话框进行操作员控制，允许用户登录。可按下鼠标右键时对画面窗口进行显示，使用向导信息框组态，显示用于文本输入的对话框，操作控制允许，退出运行系统。

另外对监控图形画面还应可以进行其他组态工作，如确认的二进制切换操作、自动输入检查、增强型自动输入检查、多重操作、动态化、颜色更改、文本切换、移动过程动画、位判断显示和隐藏对象、动作移动的过程动画、向导创建移动过程动画、鼠标动作更改颜色、状态显示的移动过程动画、语言切换、运行系统语言切换、系统控制语言切换对话框、无鼠标操作等组态内容。要实现这些组态功能，需要开发和建立图形子系统。

3.2.2.1 组态图形系统对象模型的建立

组态图形界面系统的对象模型是系统的一个最基本的模型，它的主要表达方式是类图（Class Diagram）。类图的主要构成成分是类、属性、服务、一般与特殊结构、整体与部分结构、实例连接结构和消息连接。这些成分所表达的模型信息可以从以下三个层次来看待。

① 对象层　给出系统所有反映的问题与系统责任的对象。用类符号表达属于每一个类的对象。类作为对象的抽象描述，是构成系统的基本单位。

② 特征层　给出每一个类（及其所代表的对象）的内部特征，即给出每个类的属性和操作服务。这个层次描述了对象的内部构成情况，以建模阶段所能达到的程度为限给出对象的内部细节。

③ 关系层　给出各个类（及其所代表的对象）彼此之间的关系。这些关系包括：继承关系（即分类关系），用一般与特殊结构表示；组装关系，用整体与部分结构表示；反映于属性的静态依赖关系，用实例连接表示；反映于操作的动态依赖关系，用消息连接表示。这个层次描述了对象外部的联系情况。概括来说，组态图形界面对象模型从三个层次分别描述系统：系统中应该设哪几类对象？每一个对象的内部结构怎样？各类对象与外部的关系如何？三个层次的信息（包括图形符号和文字）叠加在一起，形成一个完整的类图，从而把系统的总体内核结构展现出来。图 3.5 是三个层次构成对象模型的示意图。

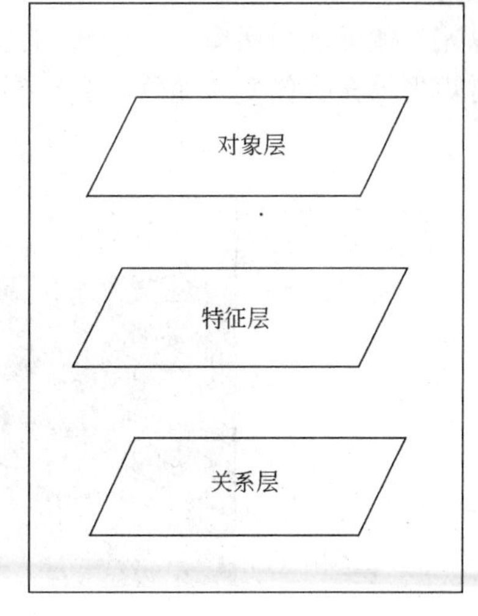

图 3.5　类图的三个层次结构图

组态软件图形界面系统主要由图元对象、动画对象和图形操作工具对象三大类对象构成，其中三类对象既相互独立，又存在着一定的联系。在设计中应将它们分别归为三个对象包：图元库(图元对象包)、动画库(动画对象包)和操作工具对象包。图 3.6 是三个对象包之间的关系图，将具体讨论建立此三类对象的类结构模型。

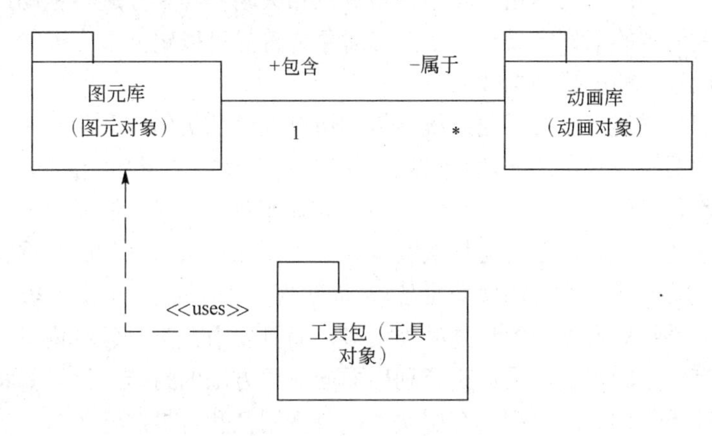

图 3.6　二个类对象包之间关系图

（1）图元库对象模型的建立

图元库对象模型给出了组态界面系统支持的所有图元的类结构和相互关系，是组态图形界面系统对象模型的核心模块之一，图形界面系统的所有图形功能都建立在图元库之上。由于组态图形界面系统对所支持的图形和动画要求在工业控制自动化领域内具有通用性，所以图元的类型繁多、形状复杂。可以利用面向对象方法的封装、继承等特点来实现建立图元库对象模型。建立的模型具有层次性、重用性和扩展性等特点。

（2）动画库对象模型的建立

动画连接是建立画面中对象与数据变量（或表达式）的对应关系。建立了动画连接以后，在图形界面运行环境下，根据数据变量或表达式的变化，图形对象就可以按动画连接的要求进行改变。在所有动画连接中，数据的值与图形对象间都是按照线性关系关联的。例如，假设变量 Level 的值代表某一容器液位的高度，并且创建了一个填充矩形表示容器液位，则可以建立如下动画连接：当 Level 的值大于 80 时矩形填充颜色变为红色；当 Level 的值小于 80 时矩形填充颜色变为绿色。这样通过观察图形的颜色就可以判断容器中液位的状况，如图 3.7 所示。

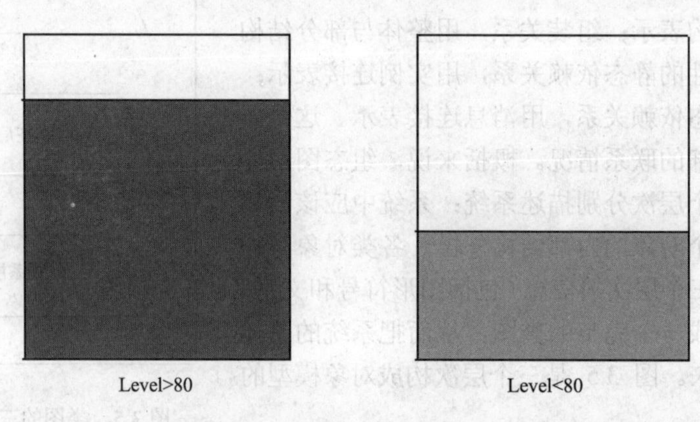

图 3.7 一个简单的动画连接示例

一旦建立了图形对象或图形符号，就可以建立与之相关联的动画连接。与图形对象相连的数据变量值发生变化后，动画连接就会使对象的外形发生变化。一般来讲，动画连接按照作用可以划分为四大类：与鼠标相关动作、与颜色相关动作、尺寸旋转移动以及数值输入显示。每一类都有更细致的动作定义。一个图形对象或符号可以定义多个连接。组合的动画连接能建立任何难以想象的屏幕动画效果。

动画库对象模型描述了组态界面系统支持的所有动画的类结构和相互关系，是组态图形界面系统对象模型的核心模块之一，图形界面系统的所有动态图形功能都建立在动画库之上。动画库对象一般都是以图元库对象为其载体的。动画库对象定义了图元对象以何种方式动态灵活地反映组态系统各现场设备的运行状况，定义了图元对象所操作的数据源（图元相关联的设备），即定义了某图元所代表的现场设备，从而实现工程画面上的图元与现场设备相关联。由于组态图形界面系统对所支持的动画种类繁多，而且要求在某一领域内具有通用性，所以动画对象的建模有一定的难度。设计充分利用面向对象方法的封装、继承等特点实现了对动画库对象模型的建模。建立的模型具有层次性、可重用性和可扩展性等特点。

（3）图形操作工具对象模型的建立

图形操作工具对象模型给出了组态界面系统为支持工程画面的图形生成和编辑而建立的用于操纵图元对象的工具对象模型，是组态图形界面系统模型的辅助模型，是将用户在界面上的操作翻译成对工程画面上图元操作的翻译工具，是用户与系统对象联系的桥梁。图形操作工具对象模型主要功能表现在对图元的操作控制功能，如图元的生成、编辑、撤消、移动和选择等。用户根据所操作的图元对象的种类，选择相应的操作工具，利用这个工具来编辑图元对象。由于组态图形界面系统的图元类型比较多，每种类型的图元支持的属性和操作都有一定的区别，所以对于每一类图元，应该有相应的操作工具，这就使得操作工具的对象种类繁多，对于它的建模也造成一定的难度。设计充分利用面向对象方法的封装、继承等特点实现了对图形操作工具对象模型的建模。

（4）图形系统动态模型建立

要了解一个系统，首先就要建立系统的静态结构，即了解系统的对象结构和在某一时刻的对象之间的相互关系。然而了解所有时间内对象的变化和对象之间关系的变迁更重要，这也正是系统所关注的时序关系。这就产生了一种与静态结构(对象模型)相对应的、与时间有关的和与变化有关的结构，这种结构被称为动态模型。系统的动态模型描述了系统中所有对象的行为，定义了对象所支持的功能，借助于动态模型可以确定每个类提供的操作接口。由于对象的行为规则往往与对象所接受的事件以及对象所处的状态有关，所以系统的动态模型主要由事件消息序列图和对象状态转换图来描述。对象模型描述系统中的对象、属性和连接的合理模式，及对象所拥有的属性值和连接称为对象的状态，在整个时间段中对象相互激励作用导致一系列状态的变化。从一个对象到另一个对象的单个触发称为事件，事件的响应取决于对象接受该事件的状态，并且包含了状态的改变，或者是另一事件回送到原发送者，或者另一事件发送到第三方对象。对于给定类的事件、状态和状态变迁的模式可以被抽象为状态图。正如对象图是类和类之间关系的网络一样，状态图是状态和事件的网络。动态模型包含一个或多个状态图，每个具有重要行为的类有一个状态图，显示了整个系统活动的模式。对象的状态变迁是由对象的事件消息来触发的，系统的消息传递系列从另一角度描述了系统的行为和功能。

3.2.2.2　组态软件图形的功能的实现

从组态画面图元与设备数据关联和画面无级缩放、漫游、导航功能两个方面来实现界面系统画面功能。

（1）图元与设备数据关联的实现

组态软件的最基本的功能就是以图形的状态表征工业现场设备实时运行的状况，因此工程画面上的图元是如何与现场设备数据信息相关联就成了组态图形界面系统所要解决的第一个问题。在组态界面系统中，图元对象的数据关联问题是通过与其相连接的动画对象来实现的，动画对象是图元对象与设备数据信息之间联系的桥梁。

图元与设备之间的关联还有另外一种途径，那就是以脚本引擎为桥梁。在这种方式中，图元对象关联一段脚本程序，这段脚本程序将图元与实时数据库中的测点编码相关联。在工程运行时，图元对象将这段关联的脚本发送给脚本引擎，脚本引擎执行这段数据关联功能的脚本，并修改图元对象的显示属性值产生动画效果，从而也实现了用图元描述现场设备运行参数。这种通过脚本将图元对象与现场设备数据信息相关联的方式，在当前的图形界面系统中还未完全实现。

（2）缩放漫游和导航功能的实现

组态图形界面系统为用户提供了图形的无级缩放、漫游和导航等功能。其中图形画面的无级缩放功能使用户可以以一定的比例放大或缩小图形画面，方便用户查看所关心设备的运行信息。图形的漫游功能对于一些大型工程特别有用，它使得用户可以建立大于计算机屏幕尺寸的工程画面。这样不需要将大型的工程画面进行分割，就可以在同一张图上绘制画面。组态图形界面系统的导航功能为用户提供了工程画面管理的一种有效途径。由于一般系统都有多个监控画面，在工程投入运行时，需要经常在画面之间进行切换，导航功能的实现大大方便了画面切换的操作。

3.2.3 监控组态软件图形组态技术

动画连接组态模块完成图形的动画属性，与实时数据库中定义的变量建立相关性的连接关系，作为动画图形的驱动源。动态属性与设备的I/O变量等相关，它反映图形大小、颜色、位置、可见度、闪烁性等状态的特征参数，随着表达式值的变化而变化。创建动画制作链接的基本步骤如下。

① 创建或选择链接对象（线、填充图形、文本、按钮或符号）。

② 双击图形对象，或点选右键菜单“动画连接”，弹出动画连接对话框。

③ 选择对象想要进行的链接。

④ 为链接定义输入详细资料。

动画连接对话框如图3.8所示。动画连接包括属性变化连接、位置与大小变化连接、值输出连接、值输入连接、命令语言连接几部分，共涉及17个对话框类，如表3.1所示。

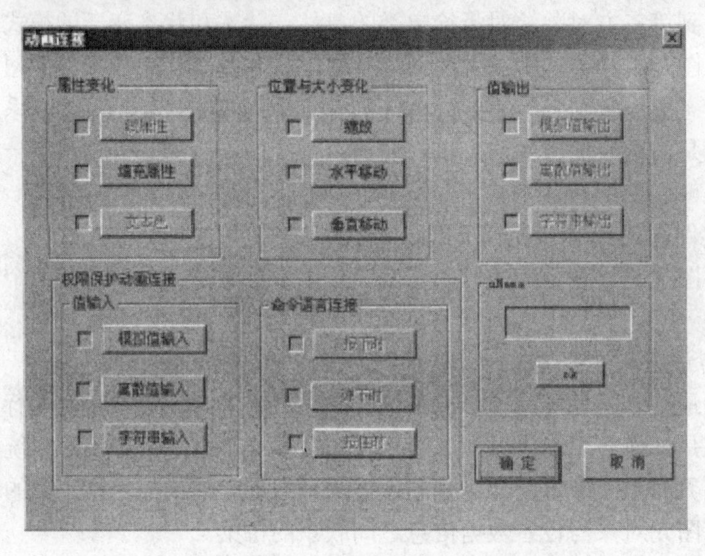

图3.8 动画连接对话框

表3.1 动画连接组态模块主要属性类及其说明

类 名	说 明	类 名	说 明
CAnimationDlg	动画连接主界面对话框	CUMoveDlg	垂直移动连接对话框
CAnimaLinePro	线属性连接对话框	CAOutDlg	模拟值输出对话框
CALine_ModDlg	线属性编辑对话框	CDOutDlg	离散值输出对话框
CFillProDlg	填充属性连接对话框	CTOutDlg	字符串输出对话框
CFillModDlg	填充属性编辑对话框	CAInDlg	模拟值输入对话框
CTxtColDlg	文本色连接对话框	CDInDlg	离散值输入对话框
CTxtColModDlg	文本色属性编辑对话框	CSInDlg	字符串输入对话框
CZoomDlg	缩放连接对话框	CChoseVarDlg	变量选择对话框
CLMoveDlg	水平移动连接对话框		

上述所有类均派生自基类 CDialog CAnimationDlg 为主界面类，其他对话框均从该类中调出，CAnimaLinePro，CALine ModDlg 共同实现有关线属性的动画连接，CFillProDlg, CFillModDlg 共同实现关于填充属性的动画连接，文本属性的动画连接由 CTxtColDlg, CTxtColModDlg 一起完成，CChoseVarDlg 管理所有的变量信息，各个模块通过调用该对话框实现与变量的关联。

属性变化规定了图形对象的颜色、线型、填充类型等属性如何随变量的值变化而变化。表 3.2 中给出相关属性变化参数，分别用来对线属性连接、填充属性连接和文本色属性连接进行描述。

表 3.2　属性变化参数表

属性变化参数	参 数 类 型	说　明
m_LineProExp	CString	线属性表达式
m_LineList	CArray<CString, CString>	线属性值链表
m_LineColList	CArray<COLORREF, COLORREF>	线属性颜色链表
m_FillProExp	CString	填充属性表达式
m_FillList	CArray<CString, CString>	填充属性值链表
m_FillColList	CArray<COLORREF, COLORREF>	填充属性颜色链表
m_TxtColExp	CString	文本色属性表达式
m_TextList	CArray<CString, CString>	文本色属性值链表
m_TextColList	CArray<COLORREF, COLORREF>	文本色属性颜色链表

位置与大小变化连接包括三种连接，规定了图形对象如何随变量值的变化而改变位置或大小。表 3.3 给出该部分的相关参数。下面对这三部分进行详细介绍。

表 3.3　位置与大小变化参数表

参 数 名 称	参 数 类 型	说　明
m_LMoveExp	CString	水平移动表达式
m_LMoveLeft	Int	向左移动像素
m_LMoveRight	Int	向右移动像素
m_ZuiMLeft	Int	最左端表达式对应值
m_ZuiMRight	Int	最右端表达式对应值
m_UMoveExp	CString	垂直移动表达式
m_UpMove	Int	向上移动像素
m_DownMove	Int	向下移动像素
m_ZuiUpMove	Int	最上端表达式对应值
m_ZuiDownMove	Int	最下端表达式对应值
m_ZoomExp	CString	缩放连接表达式
m_CorresLittle	Int	缩放表达式最小值
m_CorresBig	Int	缩放表达式最大值
m_ZoomLitPer	Int	表达式最小时缩放比例
m_ZoomBigPer	Int	表达式最大时缩放比例
m_ZoomDirection	Int	缩放方向

值输出连接用来在画面上输出连接表达式的值。相关参数参见表 3.4。

表 3.4 值输出连接参数表

参 数 名 称	参 数 类 型	说 明
m_AOutExp	CString	模拟值输出表达式
m_AIntDig	int	模拟输出整数位数
m_ADecDig	int	模拟输出小数位数
m_DOutExp	CString	离散量输出表达式
m_DOTMsg	CString	离散输出表达式为真时输出信息
m_DOFMsg	CString	离散输出表达式为假时输出信息
m_TOutExp	CString	文本输出表达式

用户输入连接，所有的图形对象都可以定义为三种用户输入连接中的一种，输入连接使被连接对象在运行时为触敏对象。当运行系统运行时，触敏对象周围出现反显的矩形框，可由鼠标或键盘选中此触敏对象。按 Space 键、Enter 键或鼠标左键，会弹出输入对话框，可以从键盘键入数据以改变数据库中变量的值。

3.3 DCS 监控与组态软件网络通信

3.3.1 监控系统组态通信方式与实现方法

在工业监控中设备多种多样，根据不同的需求采用不同的通信方式实现。主要有下列几种常见的通信方式：串行通信包括 RS-232 和 RS-485 等、板卡设备通信、工业以太网 TCP/IP 通信、现场总线通信等。

3.3.1.1 串行通信的软件实现

串口通信在通信软件中有着十分广泛的应用，如电话、传真、视频和各种工业控制设备等。串口通信目前流行的方法大概有两种：一是利用 Microsoft 提供的 MSCOMM 控件进行通信，这种方法使用起来非常方便，容易上手，只需要设置控件的一些属性，调用其方法就能够完成一般要求的通信，因此这里不作详细的介绍；二是利用 WINAPI 函数进行编程，这种编程的难度最大，要求掌握很多的 API 函数。

在 Windows 下对各种通信资源的函数作了很大的改进和标准化，使得对其操作就如同对文件的操作一样，串行设备的打开和关闭操作与文件的打开和关闭使用的函数完全相同。

在 Win32 中，每一个进程可以同时执行多个线程，这意味着一个程序可以同时完成多个任务。对于向通信程序这样既要进行耗时的工作，又要保持对用户输入的响应和组态软件的实时性，因此需要实时多线程技术。利用 Win32 的重叠 IO 操作和多线程特性可以编写高效的通信程序。几个重要的 WinAPI 函数说明如下：

打开关闭串口通信资源函数——CreateFile 和 C1oseHandle；

配置串口通信资源函数——GetCommState 和 SetCommState；

读写通信资源函数——ReadFile 和 WriteFile；

配置缓冲区函数——SetupComm；

设置通信事件函数——WriteCommEvent；

等待函数——WaitForSingleObject；

同步事件——使用 CreateEvent 函数创建事件对象。

采用 WINAPI 函数进行串口的开发有很大的灵活性，并且程序运行也很稳定。设计研究的开发平台采用了 WINAPI 函数进行串口设备驱动程序的开发，将所有的 API 的调用都封装起来，开发人员使用起来非常方便。

串口类逻辑设备实际上是监控组态软件内嵌的串口驱动程序的逻辑名称，内嵌的串口驱动程序不是一个独立的 Windows 应用程序，而是以 DLL 形式供监控组态软件调用，这种内嵌的串口驱动程序对应着实际与计算机串口相连的 I/O 设备，因此，一个串口逻辑设备也就代表了一个实际与计算机串口相连的 I/O 设备。监控组态软件与串口类逻辑设备之间的关系如图 3.9 所示。

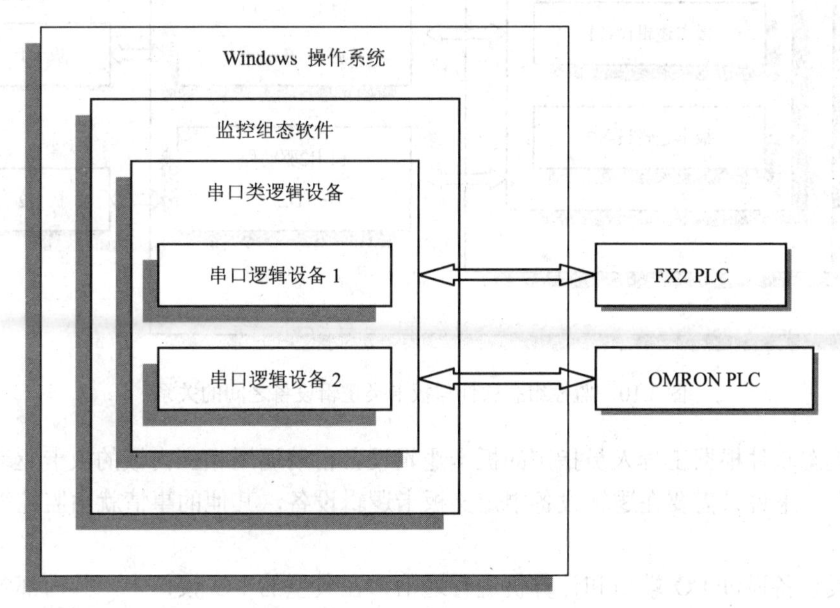

图 3.9 监控组态软件与串口类逻辑设备之间的关系

3.3.1.2 板卡设备通信实现

板卡是一种常见的数据采集设备，可以自接安装在计算机的扩展槽上，连接方便，抗干扰性强。板卡主要由模拟多路开关、程控放大器、采样保持器、功能控制芯片、接口电路和定时与逻辑控制电路等几部分组成。板卡功能丰富，可以完成模拟量输入/输出（AD/DA）、数字量输入/输出（DI/DO）和定时/计数（TC）等功能。根据板卡功能的不同，板卡可以分为 AD, DA,DI, DO, TC 和多功能板卡；根据总线形式可以分为 ISA 和 PCI 板卡。其中 PCI 板卡比 ISA 板卡采集速度更快，在功能上面几乎没有什么区别。以 ISA 板卡为例，对板卡设备在使用过程中的软件编程进行深入的探讨。

随着板卡设备在工业现场的广泛应用，工业控制厂商推出了多种型号的板卡设备。板卡设备编程主要有两种方式：一种是调用硬件厂商提供的 DLL,厂商将板卡的各种功能封装在 DLL 中，使用过程中只需要调用 DLL 中相应的函数即可以完成特定的功能，这种方式较为简单，但是使用起来显得不够灵活和方便；另一种是自接对板卡设备的各个 IO 端口进行读写操作，从而实现板卡的数据采集功能。

板卡类逻辑设备实际上是监控组态软件内嵌的板卡驱动程序的逻辑名称，内嵌的板卡驱动程序不是一个独立的 Windows 应用程序，而是以 DLL 形式供监控组态软件调用，这种内嵌的板卡驱动程序对应着实际插入计算机总线扩展槽中的 I/O 设备，因此，一个板卡逻辑设备也就代表了一个实际插入计算机总线扩展槽中的I/O板卡。监控组态软件与板卡类逻辑设备之间的关系如图3.10所示。

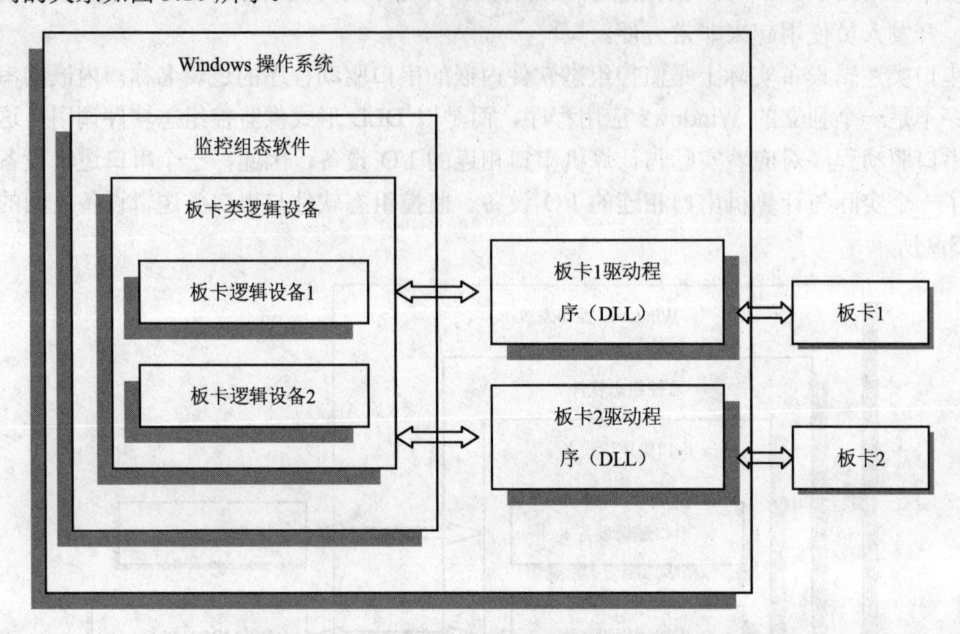

图3.10 监控组态软件与板卡类逻辑设备之间的关系

监控组态软件根据工程人员指定的板卡逻辑设备自动调用相应内嵌的板卡驱动程序，因此对工程人员来说只需要在逻辑设备中定义板卡逻辑设备，其他的事情就由监控组态软件自动完成。

板卡类设备通过I/O端口和计算机进行通信，在典型的I/O接口中，其内部各端口或寄存器都有自己的端口地址，称为I/O口地址。在微型计算机中，I/O口地址的编址方式有两种：存储器映射编址和I/O口映射编址。ISA板卡类设备的编址方式属于I/O口映射编址，在这种方式下，计算机必须采用专用的I/O指令（IN或OUT指令）可以访问板卡设备。采用I/O口映射编址可以不占用内存单元，节省内存空间，同时执行速度更快。在微型计算机上I/O口地址范围从0～65535共64K个8位的I/O端口。对于板卡设备的软件编程就是对板卡设备所占用的I/O端口进行编程。对板卡I/O操作包括读操作和写操作，利用汇编语言中的IN或OUT指令来完成，具体格式为：

读操作　INAL, DX　　//DX代表I/O端口地址

写操作　OUTDX, AL　　// AL代表读/写的数据

下面以板卡设备的AD功能为例介绍板卡编程方式。

板卡的AD功能实现将外界模拟量信号转换为计算机可以识别的数字信号的功能。在完成AD功能的板卡设备中，一般包括如下的I/O端口：功能控制端口、通道选择端口、增益控制端口、AD启动控制端口、AD状态端口、AD数据存储端口等。根据各个IO端口的功能，在一般AD板卡的软件编程中，主要包括以下步骤。

（1）功能设定控制执行写操作

可以设定板卡的各项功能，如AD启动方式、数据传送方式等。板卡不同，相应的控制功能定义会有所区别，根据厂商提供的说明书进行设定即可。

（2）通道选择控制执行写操作

通过向通道选择 IO 端口寄存器中写入相应的数据控制模拟多路转换开关来切换 AD 转换的通道，从而可以达到一片 AD 转换芯片多路分时复用接口。

（3）增益选择控制执行写操作

有些板卡上集成了可编程增益控制芯片，如 PGA202、PGA203 等，可以软件调节增益，在使用过程中可以写入相应的控制字，从而实现不同信号范围的模拟量输入。

（4）启动 AD 控制字

上面的步骤，可以称为 AD 初始化控制，当完成初始化控制后，可以启动 AD 进行数据采集，要启动 AD 一般需要对某一个 IO 端口进行读或写操作。

（5）查询 AD 转换状态执行读操作

AD 转换需要一定的时间，视转换芯片不同，时间有所差别。在启动完 AD 后，应进行适当的延时，然后通过查询 AD 转换完成的状态位来判断 AD 转换是否完成，也可以通过中断方式来完成，当 AD 转换完成时可以产生一个中断信号，通过中断服务程序来读取 AD 转换结果。其中软件查询相对较为灵活，但占用 CPU 时间；中断方式要占用中断资源，但是可以节省 CPU 时间，效率更高，在编程过程中可以视不同场合具体采用不同的方法。

（6）读取 AD 转换结果执行读操作

当 AD 转换完成后，可以读取 AD 转换数据结果。一般 8 位精度的数据结果可以存储在一个 I/O 端口寄存器中，12 位精度的需要两个 I/O 端口寄存器，在对数据进行处理时要屏蔽没有用到的数据位。

通过上面的步骤，可以完成一次模拟量的数据采集，需要注意的是在整个模拟量的数据采集过程中，有一些步骤之间是需要一定延时的，以满足多路转换开关或可编程增益等芯片的处理时间，延时时间和具体芯片类型有关。

3.3.1.3　工业以太网通信实现

随着现场总线和工业以太网技术的发展，基于 TCP/IP 的网络通信技术也得到了广泛应用。很多工控组态软件从支持网络通信设备及发展企业信息系统集成的角度出发都对 TCP/IP 通信提供了良好的支持，从而使网络通信模块成为工控组态软件运行平台的一部分。网络通信可以采用 TCP（Transfer Control Protocol）或者 UDP（User Datagram Protocol）两种方式，其中 TCP 是面向连接的通信协议，提供数据的可靠传输，UDP 是无连接的，提供不可靠的数据传输服务。虽然两种方式提供不同的可靠性服务，但两者在不同应用中各有优点，TCP 传输数据安全可靠，而 UDP 则体现在实时性上，因此这两种方式在网络通信中都得到广泛使用。Windows 平台提供了方便的网络应用开发接口——Socket MFC 和 Delphi 都对 Socket 进行了封装，大大简化了网络通信编程的复杂度。

Socket 代表网络通信的一个端点，通过 Socket，用户所开发的应用程序可以通过网络与其他 Socket 应用程序通信。Socket 是网络的 I/O 基础，通过从 Socket 中读取数据以及写入数据来与远程应用程序进行通信。即本地程序通过 Socket 将信息传入网络，当信息进入网络后，网络协议会引导信息通过网络让远端程序访问它。同样，远端程序也引导信息输入 Socket 信息将从那里通过网络回到本地程序，从而实现网络之间的通信。WinSock 系统继承了这种通信形式。

一个网络连接需要以下 5 种信息：本地协议端口指出接收报文或数据报的进程；本地主机地址指出接收数据报的主机；远地协议端口指出目的进程或程序；远地主机地址指出目的

主机；协议指出程序在网络上传输的数据时使用的协议。Socket 数据结构包含了这 5 个信息。也就是说，Socket 是网络通信中一个端口的抽象。Socket 数据结构包含端点需要的所有数据元素。Socket 结构大大简化了网络通信。

Windows Sockets API 主要提供了一些异步函数，并增加了符合 Windows 消息驱动机制的网络事件异步选择方式。这些扩充有利于程序员编写适合 Windows 编程模式的软件。WinSockets 使得在 Windows 下开发性能良好的网络通信程序成为可能。

利用 Socket 进行通信，有两种方式。第一种流方式，亦称面向连接方式。在这种方式下，两个进行通信的应用程序之间要建立一种虚拟的连接关系，每一次完整的数据传输都要经过建立连接、使用连接和中断连接三个过程。本质上，连接是一个通道，其数据收发顺序一致，且内容相同，流方式采用 TCP 协议。第二种数据报方式，又称无连接方式。每个数据分组都携带完整的目的地址，各分组在系统中独立传输。数据报方式采用 UDP 协议，报文长度是有限的（最大长度，可设为 32768 字节）。

WinSockets 规范定义了如何使用 API 与 Internet 协议族的连接，尤其要指出的是所有的 WinSockets 实现都支持流 Socket 和数据报 Socket。流 Socket 提供双向的、有序的、无重复并且记录边界的数据流服务；数据报 Socket 支持双向的数据流，但不保证是可靠、有序、无重复的。也就是说，一个从数据报 Socket 接收信息的进程有可能发现信息重复了，或者和发出时的顺序不同。数据报 Socket 的一个重要特点是它保留了记录边界。对于这一特点，数据报 Socket 采用了与现在许多包交换网络非常类似的模型。应用程序调用 WinSockets 的 API 实现相互之间的通信，WinSockets 得用下层的网络通信协议功能和操作系统调用实现实际的通信工作。

使用 WinSock 开发应用程序主要包括下面几个基本步骤：

① 创建并配置 Socket；

② 建立 Socket 连接；

③ 通过 Socket 进行数据的发送和接收；

④ 关闭 Socket。

监控组态软件利用以太网和 TCP/IP 协议可以与专用的网络通信模块进行连接，例如选用松下 ET-LAN 网络通信单元通过以太网与上位机相连，该单元和其他计算机上的监控组态软件运行程序使用 TCP/IP 协议，连接示意图如图 3.11 所示。

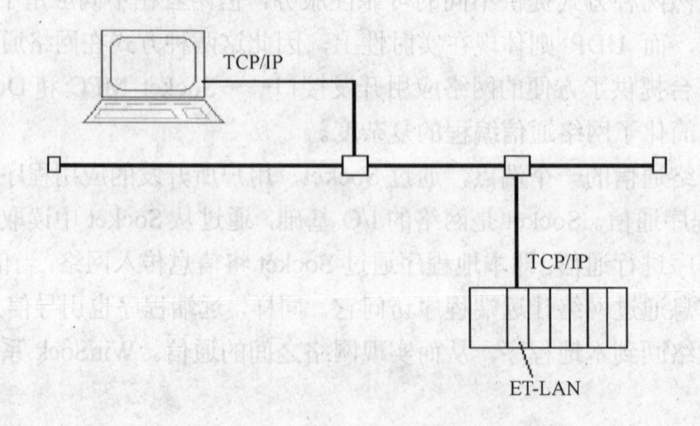

图 3.11 监控组态软件与网络模块设备之间的关系

3.3.1.4　DDE-COM-DCOM 通信实现

DDE（Dynamic Data Exchange）是最早的基于 Windows 的数据交换方法，有三种方式可供选择：冷连接、温连接和热连接。一般都是由客户端向服务器端发出连接申请，并且必须指明服务器端的名字和标题。在连接建立后，数据可以双向流动。典型的例子如抓图软件 SnagIt，它提供了 DDE 接口，能够让其他应用程序来控制它。DDE 是完全向后兼容的，从 16 位平台转到 32 位，源代码几乎不用修改。

DDE 设备是指与组态软件进行 DDE 数据交换的 Windows 独立应用程序，因此，DDE 设备通常就代表了一个 Windows 独立应用程序，该独立应用程序的扩展名通常为.EXE 文件，组态软件与 DDE 设备之间通过 DDE 协议交换数据，如 Excel 是 Windows 的独立应用程序，当 Excel 与组态软件交换数据时，就是采用 DDE 的通信方式进行。

北京亚控公司开发的莫迪康 Micro37 的 PLC 服务程序也是一个独立的 Windows 应用程序，此程序用于组态王与莫迪康 Micro37 PLC 之间进行数据交换，则可以给服务程序定义一个逻辑名称作为组态王的 DDE 设备，组态软件与 DDE 设备之间的关系如图 3.12 所示。

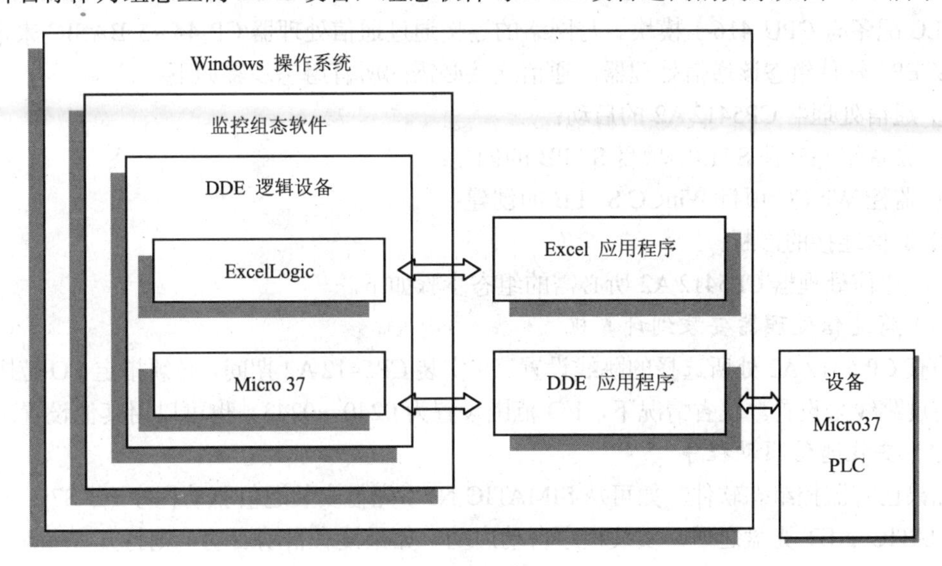

图 3.12　监控组态软件与 DDE 设备之间的关系

通过此结构图，可以进一步理解 DDE 设备的含义，显然，监控组态软件、Excel、Micro37 都是独立的 Windows 应用程序，而且都要处于运行状态，再通过给 Excel、Micro37 DDE 分别指定一个逻辑名称，则监控组态软件通过 DDE 设备就可以和相应的应用程序进行数据交换。

公共对象模式 COM 是一种协议，它建立了一个软件模块同另一个软件模块之间的连接，然后将其描述出来。当这种连接建立起来之后，则两个模块之间就可以通过称为“接口”的机制来进行通信。COM 可以用不同的语言（VB、VC、Delphi）进行编制，又能被其他语言编写的程序所使用，并且不用管通信双方实际所处的位置（是在同一台机上，还是在同一个网络上的不同机上）。事实上，Internet 上有大量的 COM 控件，可供人们下载使用，其中有相当一部分就是用于应用程序间的相互通信，硬盘上能够看到的大量的.ocx 文件其实就是一种 COM 文件。

COM 对象为外部调用提供了一个标准的界面，COM Client 通过创建 COM Server 的一个实例获得指针，转向所需的函数定义处并执行相应的程序。讲得通俗一点，也就是先正确定义好 COM 对象的属性（Property），再执行相应的方法（Method）。

DCOM(Distributed Component Object Model)是 COM 在网络上的一种扩展，它通过把分布式对象间的通信变成一个实体来实现通信。COM 如今被微软公司大力提倡，最著名的有 OLE、ActiveX、DirectX 和 Win95、WinNT 的外壳。COM 很有可能成为将来的业界标准，其前途也较为看好。但 COM 的庞大也会使一些经验丰富的程序员望而却步，他们宁可自己多写一些代码以使整个程序更为简洁、有效而不愿使用 COM 组件。

3.3.2 监控软件与现场设备之间的通信

本节讨论 PLC 和监控组态软件之间现场总线通信连接的启动过程。通信连接将通过现场总线 PROFIBUS 来实现。计算机使用的通信卡如 CP5412 A2 在其板卡上有自己的 CPU。这样可以使计算机的 CPU 不用处理通信任务。在 WinCC 项目中，必须安装通信驱动程序 SIMATIC S7 Protocol Suite。通过其通道单元 PROFIBUS，组态与 SIMATIC S7 的连接。

PLC 配备有 CPU 416-1 模块。与网络的连接通过通信处理器 CP 443-5 BASIC 来建立。要用 STEP7 软件组态该通信处理器。通信连接必需的所有组态步骤如下：

① 通信处理器 CP5412 A2 的启动；

② 设备组态软件 STEP7 项目 S7 PB 的创建；

③ 监控 WinCC 项目 WinCC S7 PB 的创建；

④ 通信连接的诊断。

启动通信处理器 CP5412 A2 所必需的组态步骤如下。

（1）将通信处理器安装到计算机

检查 CP 5412 A2 处所选择的跳线设置。在安装 CP5412 A2 期间，必须指定 I/O 范围。I/O 范围通过跳线来设置。缺省情况下，I/O 范围设置为 0240～0243。也可以用其他设置。

（2）安装通信驱动程序

如果已有监控组态软件，如可从 SIMATIC NET 光盘安装通信驱动程序 PB S7-5412。插入 SIMATIC NET 光盘之后，安装程序自动启动。如果没有自动启动，则打开 Windows NT 资源管理器启动位于光盘的 servo.exe 程序，通过按钮启动软件的安装。按照安装程序的说明，在组件页面上，必须选择要安装的驱动程序 PB S7-5412 的复选框，完成安装。

（3）安装通信处理器

通过设置 PG/PC 接口程序安装通信处理器 CP5412 A2。该程序通过：开始→设置→控制面板→设置 PG/PC 接口来访问。

（4）分配通信处理器

将显示 PG/PC 接口程序，通过安装按钮打开安装新接口的对话框。将显示安装/删除模块对话框。选择域列出所有可以安装的接口。如果先前已安装了通信驱动程序，则在其中将会有 CP5412 A2 条目。从选择域中选择 CP5412 A2 条目，通过单击<安装>按钮来启动通信处理器的安装，将显示 CP5412 A2 对话框。

必须指定存储器范围、I/O 范围和中断的设置。I/O 范围通过 CP5412 A2 处的跳线设置已经确定。确保分配的资源还未被计算机的其他模块占用。有关计算机资源的信息可以从资源标签中获得，该标签可以通过开始→程序→管理工具（公用）→Windows NT 诊断器来访问。

（5）测试通信处理器

在设置 PG/PC 接口程序，将访问点 CP L2 1:分配给刚安装的接口。访问点 CP L2 1:是 WinCC 通过 PROFIBUS 进行通信所使用的缺省访问点，在安装通信驱动程序 PB S7-5412 期间已经自动创建它。在应用程序访问范围域内，设置 CP L2 1:条目。在下面的域内，选择 CP 5412 A2(PROFIBUS)条目。这样就完成了访问点和通信处理器之间的分配。

监控组态程序和现场设备之间的通信过程主要分为两部分。以 PROFIBUS-DP 通信协议为例，通信过程包括读取组态环境下需要的数据参数，这些参数保存在设备数据库文件（GSD 文件）中。通信过程的另一部分是将配置好的子站的各项参数下载到 PROFIBUS-DP 驱动程序中，并通过 PROFIBUS-DP 驱动程序提供的接口将硬件设备上的数据读取上来。

3.3.2.1　设备数据库文件 GSD

PROFIBUS 设备具有不同的性能特征，特性的不同在于现有功能（即 I/O 信号的数量和诊断信息）的不同或可能的总线参数，例如波特率和时间的监控不同。这些参数对每种设备类型和每家生产厂来说均各有差别，为达到 PROFIBUS 简单的即插即用配置，这些特性均在电子数据单中具体说明，有时称为设备数据文件或 GSD 文件。标准化的 GSD 数据将通信扩大到操作人员控制一级，使用基于 GSD 的组态工具可将不同厂商生产的设备集成在一个总线系统中。

对一种设备类型的特性 GSD 以一种准确定义的格式给出其全面而明确的描述。GSD 文件由生产厂商分别针对每一种设备类型准备并以设备数据库清单的形式提供给用户，此种明确定义的文件格式便于读出任何一种 PROFIBUS-DP 设备的设备数据库文件，并且在组态总线系统时自动使用这些信息。在组态阶段，系统自动地对输入与整个系统有关的数据的输入误差和前后一致性进行检查核对。GSD 分为下列三部分。

① 总体说明　包括厂商和设备名称、软硬件版本情况、支持的波特率、可能的监控时间间隔及总线插头的信号分配。

② DP 主设备相关规格　包括所有只适用于 DP 主设备的参数（例如可连接的从设备的最多台数或加载和卸载能力）。从设备没有这些规定。其中包括了 67 个和主设备有关的键，另外还包括 13 个用于 DP 扩展的键。

③ 从设备的相关规格　包括与从设备有关的所有规定（例如 I/O 通道的数量和类型、诊断测试的规格及 I/O 数据的一致性信息）。其中包括 12 个和从设备有关的键。

所有 PROFIBUS-DP 设备的 GSD 文件均按 PROFIBUS 标准进行了符合性试验，在 PROFIBUS 用户组织的 WWW.Server 中有 GSD 库，可自由下载。

3.3.2.2　读取通信子站 GSD 文件

通信子站 GSD 文件中一共可能有五十几个键值，但是在组态环境下有用的键值不过二十几个。

这一部分功能可在类 CDATACHDLL 中实现的，主要是通过 BOOL FileRead（LPCTSTR FileName）和 BOOL FileFind()两个函数操作。由 FileFind()函数找出根目录下面的 *GSD 文件，并将它们的名字，也就是子站的名字显示在添加子站对话框的名字选择列表中，供组态人员在向主站添加子站时选择用。当组态人员选择了子站，子站的相关信息，如 8 通道 AI 则自动显示。另外组态人员还需要选择子站的波特率，这一信息是通过 FileRead 函数读取组态人员所选择的子站 GSD 文件所实现的，当波特率选择后，对应的 MaxTsdr_的值也自动显示。

3.3.2.3 信息传输驱动程序

在监控程序中现场总线协议通信有多种通信驱动程序可以使用。对于某一大类的现场总线协议，应用范围不同的通信协议（例如 PROFIBUS-DP、PROFIBUS -PA，PROFIBUS -FMS）由不同通信驱动程序来实现通信。各种通信驱动程序可建立的通信连接数是一定的。这些数值始终与通道单元相关，即与监控站使用的通信处理器相关。

组态完毕的信息要传输给 PROFIBUS-DP 驱动程序，这一部分是通过自动化实现的。在驱动程序中实现一个自动化的服务器类，实现一些属性，m_Child_Sta_Name[50]，m_Child_Sta_Speed[50]，m_Chi1d_Sta_Tsdr [50]，m_Chi1d_Sta_Name[50]等，分别代表着子站的组态信息，在 PROFIBUS-DP 驱动程序中实现了客户端，对这些属性进行读取操作，当读取后对其进行解码，然后就可以根据这些信息对子站进行配置了。

3.3.3 监控与组态软件的 OPC 通信

早期的 OPC（OLE for Process Control）标准是由提供工业制造软件的 5 家公司所组成的 OPC 特别工作小组在 1995 年开发的，微软同时作为技术顾问给予了支持。OPC 规范由世界主要自动化设备制造商与微软协商制定，为不同供应厂商的设备和应用程序之间实现接口标准化。它把硬件供应商和软件开发商分离开来，在设备、数据库等数据源和客户之间架起一座桥梁，为解决统一标准问题提供了方案。

OPC 规范主要包括数据访问(以下简称 OPC DA)规范、报警和事件规范以及历史数据访问规范。表 3.5 概括了 OPC 标准所涉及的内容。

表 3.5 OPC 规范

标 准	版 本	内 容
Data Access	1.0a, 2.0, 2.04, 3.00	数据访问的标准
Alarm and Event	1.0, 1.10, 2.0 正在开发	报警和事件的标准
Historical Data Access	1.0, 1.20	历史数据访问的标准
Batch	2.0	批处理的标准
Security	1.0	安全性的标准
Compliance	1.0	数据访问标准的测试工具
OPC XML DA	1.0	过程数据的 XML 标准
OPC Data Exchange	1.0	服务器间数据交换的标准

OPC 标准中最重要的规范是 OPC 数据访问规范（即 OPC DA 规范），最新 OPC DA 规范的版本是 3.00。OPC 服务器对象提供了对数据源进行访问的接口，数据源可能是现场的 UO 设备，也可以是其他的应用程序。通过接口，一个 OPC 客户程序可以同时和一个或多个厂商提供的 OPC 服务器连接。OPC 服务器内部实现与 I/O 控制设备通信及进行设备操作的代码。

OPC 报警与事件接口规范 Ibl 提供了一种机制，通过这种机制，当 I/O 设备中有指定的事件或报警条件发生时，OPC 客户程序可以得到通知。通过这个接口，OPC 客户程序还可以知道 OPC 服务器支持哪些事件和条件，并能得到其当前状态。

历史数据引擎可以向感兴趣的用户或客户程序提供关于原始数据的额外信息。目前大部分历史数据系统采用自己专用的接口分发数据，这种方式不能提供即插即用的功能，从而限制了其应用范围和功能。为了将历史数据和各种不同的应用系统进行集成，可以将历史信息认为是某种类型的数据。目前的 OPC 历史数据存取规范支持简单趋势数据服务器和复合数据压缩及分析服务器。

如图 3.13 所示，在缺少任何标准的情况下，设备供应商不得不各自开发自己专用的硬件和软件解决方案。在今天的市场上，所有过程控制系统和信息系统有其专用的技术、接口和 API（应用程序接口），目的在于存取所包含的信息。实现不同系统之间的集成、长期维护和支持集成环境等所需要的费用是昂贵的。尽管可以编写定制的驱动程序和接口程序，但因为上千个不同类型的控制设备和软件包需要互相通信，使得程序的种类迅速地增长，驱动程序数量的激增加深了解决已存在问题的困难程度，如不同设备供应商的驱动程序之间的不一致，硬件性能不能得到广泛支持，驱动程序不能适应升级后的硬件以及发生存取冲突等。

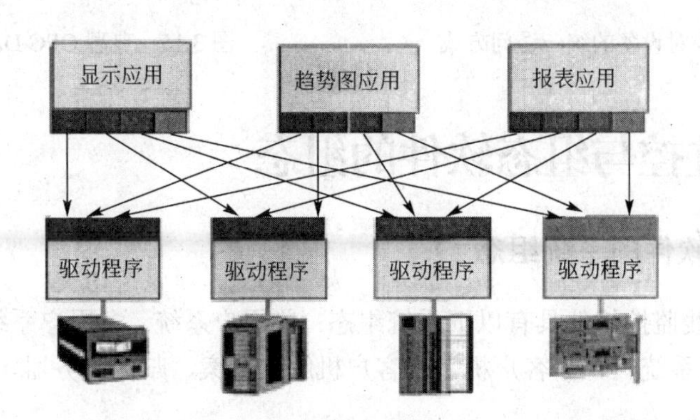

图 3.13 设备供应商专用硬软件解决方案

对于开发典型监控程序软件的技术人员来说，有 20%～30%的时间是用于编写通信驱动程序。一个供应商需要将一个新的控制器投入市场销售时，所有的软件开发人员就不得不重新编写一个新的驱动程序。应用软件的提供者花费大量资金开发和维护专用接口，这不仅增加了用户的负担，而且在实际上并不能真正解决不同系统的互操作性。在某种意义上，用户被他们的软件提供者所控制。

问题的解决方案如图 3.14 所示，给出一个标准，这个标准为过程控制和工厂自动化提供真正的即插即用软件技术，使得过程控制和工厂自动化的每一系统、每一设备、每一驱动器都能够自由地连接和通信。这个标准不但能够应用于单台计算机，而且可以支持网络上分布式应用程序之间通信，以及不同平台上应用程序之间的通信。

OPC DA 数据访问规范介绍如下。

图 3.15 是典型的 OPC DA 体系结构。OPC 以客户/服务器模型运行，客户向服务器发出请求，服务器响应请求。

OPC 规范为 OPC 服务器规定了两套接口：定制接口（Custom Interface）和自动化接口（Automation Interface）。其中定制接口是 OPC 服务器必须提供的，而自动化接口是可选的。OPC 服务器一般用 C++/VC 开发，服务器至少必须实现自定义接口，也可选择实现自动化接口。开发客户应用时可使用 C++/VC 和 VB，此时分别使用自定义接口和自动化接口。OPC 客户应用通过自定义或自动化接口与 OPC 服务器通信。用 VB 等高级语言开发的应用程序一般采用自动化接口，为了让 VB 的客户应用程序可以使用自动化接口，使用 OPC 自动化接口包装器将 OPC 定制接口变成 OPC 自动化接口，从而可以对 OPC 服务器进行访问。

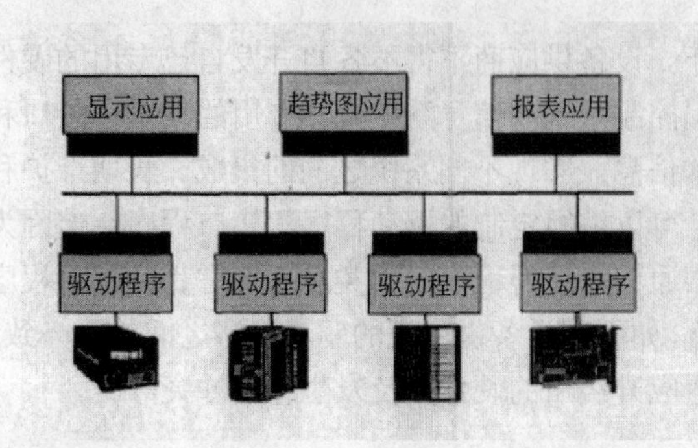

图 3.14 OPC 形成对设备的统一访问方式

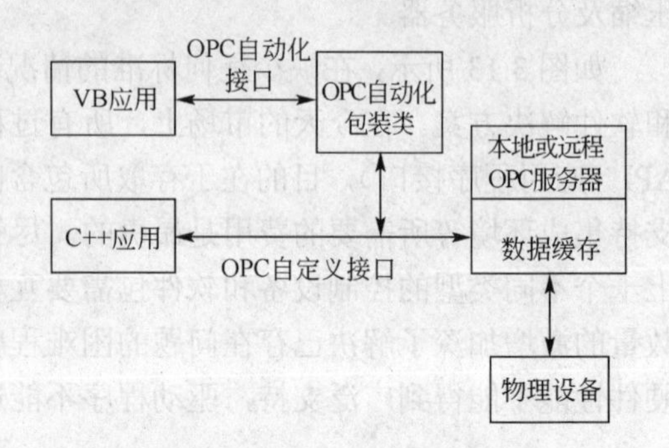

图 3.15 典型 OPC DA 体系结构

3.4 DCS 监控与组态软件的组态

3.4.1 监控组态软件的系统组态

基本上现场总线监控软件具有以下系统组态：单用户系统、多用户系统（客户机/服务器解决方案）、分布式系统、Web 客户机、瘦客户机解决方案、归档服务器（Historian）和冗余服务器。

（1）组态单用户系统

单用户系统配置适合于较小的应用，但具有各个独立的控制和可视化系统组件。每个单用户系统都独立运行，这就是说它有本身的过程通信、本身的画面和归档，还有各种选件可用于链接到自动化层。用户可跨 LAN（局域网）将数值传送给一个数据集中器（监控为一个 OPC 服务器）。

（2）组态多用户系统

多用户系统——客户机/服务器解决方案允许由若干数量的用户对同一个系统组件进行过程控制，就每一个用户看来，操作是由其他用户执行的。每一个操作站上的过程作业或消息确认对其他站都是同步的。在一个多用户系统内，许多操作站可协同运行。它们使用公共的集中服务，例如数据采集或归档。在一个多用户系统中，操作站还可沿着生产线布置，操作员可在过程驱动的基础上进行操作站之间的切换，各个操作站均能实现人干预。服务器承担集中任务，例如多用户系统中各个站的过程通信和归档以及项目数据的集中管理。多用户系统的安装需要 Server 软件包选件。如要求服务器具有高的可用性，可以另外再选用 Redundancy 软件包以便客户机站使用服务器提供的服务。通常，客户机站通过一个单独的 LAN 与服务器进行通信，LAN 同时还提供到办公室层的链接。标准的 TC P/IP 协议用于操作站之间的通信。由于客户机自动地搜索在其项目中的指定的服务器，因此能在随后的阶段对其进行切换而不会产生任何不良的效应。可以连接多达 32 个客户机到一个监控服务器。如在同一时间，使用服务器为一个操作站，则最多运行 4 个客户机，这需要使用 Windows2000 Server/ Advanced Server 为现场总线监控与组态软件服务器的平台。

（3）组态分布式系统

在分布式系统中，整个应用程序可分布在几个服务器上。将应用程序或任务分布在几个服务器不但可以扩大功能范围，而且还能提高性能。原则上在以下情况下，将整个可视化任务分配在几个服务器上是合理的，例如按工厂的物理结构（如车身制造车间、喷漆车间），或按功能分配（例如消息、服务器、归档服务器等）。将整个应用程序或任务分布在几个服务器上，能达到更高的功能范围，减轻每个服务器的负载，并保证良好的工厂性能。同时，分布也考虑到工厂的拓扑结构。为了构造一个分布式系统，只需为所用的每个服务器准备一个服务器授权 Server。实际的分布是通过相应的组态完成的，这意味着为所连接的精确描述客户机应用的客户机建立单独的项目。工厂的完整视图是由客户机实现的，这些客户机同时访问不同服务器项目的数据，可为这些客户机进行不同服务组态、建立归档趋势图并发布公用消息。根据需要，也能以冗余方式构造服务器（如它们用于分布式系统）。已有现场总线监控组态软件进行测试和推出最大性能范畴为 12 个（冗余）的服务器。每个服务器可最多为 32 个客户机提供当前和历史的过程信息。利用显示所有服务器视图的客户机，为整个组态提供最大性能范畴的客户机为 32 个。

（4）组态 Web 客户机

对于 Web 解决方案而言，Web Navigator 服务器安装在一个监控单用户系统、服务器或（SCADA）客户机上，或者安装在任何其他 Windows 计算机上，这样就可建立起一个 SCADA 客户机。使用一个支持 ActiveX 的因特网浏览器，这个客户机能操作和监视一个正在进行的监控项目。这意味着，与 Web 服务器连接的 Web 客户机可从世界上的任何地方访问系统中多达 12 个监控服务器（也可以是冗余的服务器）。Web Navigator 客户机和服务器是监控软件 Web Navigator 选件的组件，同时可将最多 50 个 Web 客户机连接到一个 Web 服务器。跨越局域网、企业的内部网和因特网的 TCP/IP 连接作为通信协议。由于数据传输所需的最小带宽仅为约 10 kbps，这意味着可利用经过调制解调器、GSM、ISDN 或 DSL 的拨号连接。由于 Web 的操作站包括在工厂的本地用户管理范围内，不同的用户访问级规定哪些用户有何种访问权利。此外，Web Navigator 支持所有的公共安全机制，这些安全机制可用于因特网上的应用。

（5）组态瘦客户机

采用瘦客户机解决方案，还可以在 Windows 操作系统（例如 Windows9x/ME）下连接简单的 PC，耐用的本地设备（例如带有瘦客户机/MP 选件的 SIMATIC MP370）和在 WindowsCE 下的移动式客户机（PDA，个人数字助理）。由于应用程序本身即 Web Navigator 客户机运行在 Windows2000 下的终端服务器上（最多可连接 25 个瘦客户机），因而这类解决方案对硬件的要求很低。瘦客户机/服务器计算的原理是处理物理上分离的数据、应用和画面输出。Windows 2000 Server 的终端服务使得系统可在一个中央 Windows 2000 终端服务器的主存储器（而不是在其自己的存储器）上运行应用程序 Web Navigator。在这种场合客户机 PC 成为终端，它的任务只是输入数据（经过键盘或鼠标）和将这种数据发送到一个终端服务器。终端服务器执行实际的处理（例如更新过程画面），然后将最终画面输出返回到客户机 PC，后者将它显示在它的监视器上。

（6）组态中央归档服务器

在复杂的系统中，监控软件可根据功能（例如消息服务器，归档服务器等）进行分布式系统组态。将整个应用或任务分配给几个服务器，这样能实现更大的应用范围，减轻每个服务器的负载，并保证有良好的性能。功能分配的一个特殊实例是归档服务器，就 Historian 而言，可作为公司范围内的信息交换。这样可高水平地处理大量性能数据，并集中完成归档任务。该服务器从较低层次监控服务器经过 TCP/IP 或经过 OPC 接收的当前过程数据(消息和测量值)。最多只有 11 个监控服务器、远程 OPC DA 服务器或远程数据库可以作为数据源。如果有高可用性的要求，可采用冗余监控软件、归档和备份服务器建立一致性的冗余解决方案。

（7）组态冗余解决方案

监控系统 Redundancy 选件能运行两个并行的监控站（单用户系统或服务器）。这种组态的最明显优点是监控冗余系统完成的自动归档匹配能保证数据的完整性。当服务器发生故障时，监控客户机就会自动切换到当前的服务器，进一步提高系统的可用性。除了采用监控软件 Redundancy 选件用于两个服务器并行运行外，在一个监控系统应用中也能实现 PLC 控制器的冗余通信通道。通过安装两个通信模块并实现双重通信路径就可实现这种冗余通信通道（需应用通信软件 REDCONNECT）。如有必要，通过使用高级系列 PLC 控制器，可在控制层进一步增加可用性。通过组合系统解决方案，可建立一种安全的，甚至能满足最严格要求的监控系统。

3.4.2 现场总线监控组态软件的变量组态

在组态软件内部的资源管理器中，可在变量管理条目下创建变量。有时要区分无过程驱动程序连接的变量（内部变量：内存变量）与有过程驱动程序连接的变量（外部通信变量：I/O 变量）。内存变量是指那些不需要和其他应用程序交换数据，也不需要从下位机得到数据，只在监控软件系统内需要的变量，比如计算过程的中间变量，就可以设置成“内存变量”。I/O 变量是指可与外部数据采集程序直接进行数据交换的变量，如下位机数据采集设备（如 PLC、仪表等）或其他应用程序（如 DDE、OPC 服务器等）。这种数据交换是双向的、动态的，就是说，在监控软件系统运行过程中，每当 I/O 变量的值改变时，该值就会自动写入下位机或其他应用程序；每当下位机或应用程序中的值改变时，监控软件系统中的变量值也会自动更新。所以，那些从下位机采集来的数据、发送给下位机的指令，比如“反应罐液位”、“电源开关”等变量，都需要设置成“I/O 变量”。

对于可组态的内部变量，一般最大数目没有任何限制。然而，外部变量的最大数目受软件限制。处理大量数据从而需要许多变量时，可将这些变量组织为变量组，这样可以在大型软件项目中关注各种事件。然而变量组不能保证变量的唯一性，只有变量名称才能确定变量的唯一性。

3.4.2.1 组态软件的变量组态内容

一般说来组态软件变量组态是创建、分组和移动变量。变量组态要将变量与实时数据库和历史数据库连接。在数据库中存放的是变量的当前值，变量包括系统变量和用户定义的变量。变量的集合形象地称为“数据词典”，数据词典记录了所有用户可使用的数据变量的详细信息。监控组态系统中定义的变量与一般程序设计语言，比如 Basic、Pascal 和 C 语言，定义的变量有很大的不同，既能满足程序设计的一般需要，又考虑到工控软件的特殊需要。特殊变量类型有报警窗口变量、历史趋势曲线变量、系统预设变量三种。这几种特殊类型的变量正是体现了监控软件系统面向工控软件应用、自动生成人机接口的特色。

（1）组态软件的变量类型和属性

① 报警窗口变量　这是工程人员在制作画面时通过定义报警窗口生成的，在报警窗口

定义对话框中有一选项为“报警窗口名”，工程人员在此处键入的内容即为报警窗口变量。此变量在数据词典中是找不到的，是监控软件系统内部定义的特殊变量。可用命令语言编制程序来设置或改变报警窗口的一些特性，如改变报警组名或优先级，在窗口内上下翻页等。

② 历史趋势曲线变量　这是工程人员在制作画面时通过定义历史趋势曲线时生成的，在历史趋势曲线定义对话框中有一选项为“历史趋势曲线名”，工程人员在此处键入的内容即为历史趋势曲线变量（区分大小写）。此变量在数据词典中是找不到的，是监控软件系统内部定义的特殊变量。工程人员可用命令语言编制程序来设置或改变历史趋势曲线的一些特性，如改变历史趋势曲线的起始时间或显示的时间长度等。

③ 系统预设变量　预设变量中有 8 个时间变量是系统已经在数据库中定义的，用户可以直接使用。预设变量还有用户名、访问权限、启动历史记录、启动报警记录、新报警、启动后台命令、双机热备状态、网络状态等。

变量的属性也是为满足工控软件的需求而引入的重要概念。它反映了变量的参数状态、报警状态，历史数据记录状态，比如实型变量“反应罐温度”，可以具有“高报警限”、“低报警限”等属性，当实际温度高于“高报警限”或低于“低报警限”时，就会在报警窗口内显示报警，而且它们大多是开放的，工程人员可在定义变量时，设置它的部分属性。也可以用命令语言编制程序来读取或设置变量的属性，比如在情况发生变化时，重新设置“反应罐温度”的“高、低报警限”。需要注意的是，有的属性可以被读取或设置，称为“可读可写”型；有的属性只能被读取不能被设置，称为“只读”型；有的属性只能被设置而不能读取，称为“只写”型。从而大大提高了组态的功能。

变量的属性用专门术语称为“变量的域”。对每个变量域的引用就是把变量名和域名用“.”号（西文输入状态下的句号）连接起来即可，类似于高级语言 C++中的“结构”，比如变量“反应罐温度”的报警组名（Group）域，写成“反应罐温度.Group”。可以通过变量属性域的设定进行变量连接。表 3.6 为内存离散变量和 I/O 离散变量，表 3.7 为内存实型变量、I/O 实型变量、内存长整型和 I/O 长整型，表 3.8 为离散变量、整型变量、实型变量的报警扩展域，表 3.9 为历史趋势曲线变量。

表 3.6　内存离散变量和 I/O 离散变量

Ack	表示变量报警是否被应答，离散型，只读
Alarm	表示变量是否有报警，离散型，只读
Group	表示变量所属的报警组名，模拟型，可读可写
Priority	表示变量的报警优先级，模拟型，可读可写
Name	表示变量的名称，字符型，只读
Comment	表示变量的描述内容，字符型，可读可写

表 3.7　内存实型变量、I/O 实型变量、内存长整型和 I/O 长整型

Ack	表示变量报警是否被应答，离散型，只读
Alarm	表示变量是否有报警，离散型，只读
Group	表示变量所属的报警组名，模拟型，只写
Priority	表示变量的报警优先级，模拟型，可读可写
HiHiLimit	高高报警限，模拟型，可读可写
HiHiStatus	高高报警状态，离散型，只读

续表

HiLimit	高报警限，模拟型，可读可写
Histatus	高报警状态，离散型，只读
LoLimit	低报警限，模拟型，可读可写
LoStatus	低报警状态，离散型，只读
LoLoLimit	低低报警限，模拟型，可读可写
LoLoStatus	低低报警状态，离散型，只读
MajorDevPct	大偏差报警限，模拟型，可读可写
MajorDevStatus	大偏差报警状态，离散型，只读
MinorDevPct	小偏差报警限，模拟型，可读可写
MinorDevStatus	小偏差报警状态，离散型，只读
DevTarget	偏差报警限的目标值，模拟型，可读可写
RocPct	变化率报警限，模拟型，可读可写
RocStatus	变化率报警状态，离散型，只读
MaxEU	最大值，模拟型，可读可写
MinEU	最小值，模拟型，可读可写
Name	表示变量的名称，字符型，只读
Comment	表示变量的描述内容，字符型，可读可写

表 3.8 离散变量、整型变量、实型变量的报警扩展域

ExtendFieldString1	表示报警变量的扩展域 1，字符串型，可读可写
ExtendFieldString2	表示报警变量的扩展域 2，字符串型，可读可写

表 3.9 历史趋势曲线变量

ChartLength	历史趋势曲线的时间长度，长整型，可读可写，单位为 s
ChartStart	历史趋势曲线的起始时间，长整型，可读可写，单位为 s
ValueStart	历史趋势曲线的纵轴起始值，模拟型，可读可写
ValueSize	历史趋势曲线的纵轴量程，模拟型，可读可写
ValueEnd	历史趋势曲线的纵轴结束值，模拟型，可读可写
ScooterPosLeft	左指示器的位置，模拟型，可读可写
ScooterPosRight	右指示器的位置，模拟型，可读可写
Pen1～Pen8	历史趋势曲线显示的变量，变量 ID 号，可读可写，用于改变绘出曲线所用的变量

（2）组态软件的变量组管理

当工程中拥有大量的变量时，会给开发者查找变量带来一定的困难，为此监控组态软件提供了变量分组管理的方式。即按照开发者的意图将变量放到不同的组中，这样在修改和选择变量时，只需到相应的分组中去寻找即可，缩小了查找范围，节省了时间。但它对变量的整体使用没有任何影响。

变量组建立完成后，可以在变量组下直接新建变量，在该变量组下建立的变量属于该变量组。变量组中建立的变量可以在系统的变量词典中全部看到。在变量组下，还可以再建立子变量组，属于子变量组的变量同样属于上级变量组。

如果不需要在变量组中保留某个变量，可以选择从变量组中删除该变量，也可以选择将该变量移动到其他变量组中。从变量组中删除的变量将不属于任何一个变量组，但变量仍然存在于数据词典中。进入该变量组目录，选中该变量，单击鼠标右键，在弹出的快捷菜单中选择“从变量组删除”，则该变量将从当前变量组中消失。如果选择“移动变量”，可以将该变量移动到其他变量组。

当不再需要变量组时，可以将其删除，删除变量组前，首先要保证变量组下没有任何变量存在，另外也要先将子变量组删除。监控与组态软件可在要删除的变量组上单击鼠标右键，然后在快捷菜单上选择“删除变量组”，系统提示删除确认信息，如果确认，当前变量组将被永久删除。

3.4.2.2 控制回路的组态

控制回路组态是控制组态中最主要的部分，它的组态结果构成了实时数据库与可执行的信息文件的主体。该信息文件将包含整个系统各个回路的控制信息，下位机就是根据这个信息文件来执行各个算法模块的。回路组态主要完成以下功能：完成回路头信息的登记，编辑回路，登记各回路模块的参数。

（1）控制回路头的设计

回路头的信息是至关重要的，因为它提供了对任意模块的索引以及模块间关联的信息。应用程序大都按照它提供的“线索”来运行。由于回路头所要完成的功能较多，数据结构也较复杂，而且它的信息登记是伴随着整个控制回路的组态而进行的，所以在此只介绍一下它的主要部分。

集散监控系统 DCS 回路头主要包括以下几种数据结构。

回路标志信息——包括回路号 CircuitNum 和回路名称 CircuitName。

运行显示信息——包括设定值来源 CS、采样来源 SS、输出值来源 OS。

模块信息和索引地址——包括回路模块指针数组 Pointer[15]、回路模块信息结构数组 Stru[15]。

回路标志信息的登记是在回路组态一开始就进行的。用户对话框填入回路号和回路名称后，方能对该回路编辑及组态。

回路头的运行显示信息和模块信息的登记，有的是在变量登记时完成，有的则是在回路编辑的过程中以及编译后完成的。回路头中 CS、SS、OS 值提供了运行时显示曲线的来源。另外，Pointer[15]记录了每个模块资料即模块参数在内存中的位置，如果某个回路的 Pointer[1]为 NULL,则说明该位置未登记任何模块资料。Stru[15]是一个结构数组，它记录了模块的重要信息，如模块的种类号 TN、输入输出端口情况、连接字符串信息等。

模块的连接字符串提供了三个方面的信息，即回路号 C、模块号 M、输出端口号 O。值得注意的是，在回路组态时，连接字符串中模块号是模块作图时的顺序号（流水号），它并不代表实际执行的顺序号。所以，在编译时，还要将流水号转换成模块的执行顺序号，这在描述回路的编译时详细说明。

回路头的设计虽然复杂，但要求用户完成的信息登记并不复杂。因为许多信息用户是没有必要知道的，如 Pointer[15]和 Stru[15]项，这些内容是组态软件自行处理的。另外，如确有要填写的信息，软件也会以提示的方式引导用户来完成，所以用户使用起来相当便利。

（2）控制回路的编辑

回路的编辑主要包括两个内容：一是从功能模块库中选择出回路组态所需的模块；另一

个是将所选模块按控制要求连成一个回路。

由于设计选用了一种非常直观的组态方法——图形组态法，所以回路的编辑很容易实现。在应用程序窗口的左上方有一下拉式菜单——模块操作，该菜单中显示了一些控制所需的模块，这些模块与下位机（现场控制站）中存放的模块是相对应的。用户只需用鼠标点击所选模块，然后将其放入回路编辑区即可。用户还可任意移动编辑区的模块到合适的位置。在将模块连接成回路时，用户只需移动鼠标到模块的输出端，当鼠标变成"十"字形时，按住鼠标左键，然后拖动鼠标到所要连接的模块的输入端后，松开鼠标，就可以在输入与输出模块之间画出一条带箭头的线来，表示两个模块的先后连接顺序。同时，组态软件还提供了删除、拷贝和恢复等功能，以方便用户的编辑操作。

图 3.16 是用 DCS 组态软件编辑的一个简单回路，该回路包括一个模拟输入模块、设定值模块、求差模块、PID 模块、模拟输出模块。

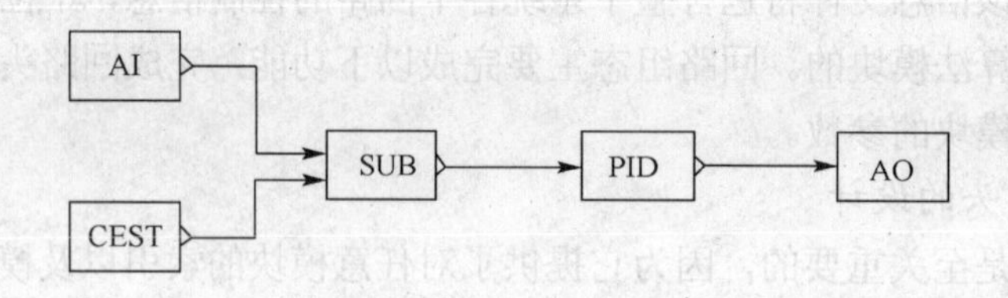

图 3.16　DCS 组态软件编辑的一个简单回路

回路编辑的目的就是要根据实际生产过程的需要，从各种算法模块库中选出所需的模块，然后连接起来，形成一个控制回路。该控制回路经过编译后为实际过程的控制提供组态控制信息。因此，在回路的编辑中，有必要把该回路所用到的算法模块以及它们之间的连接关系信息存储起来。为此 DCS 组态软件定义了 CModel 类和 CArrowLine 类，用于存储图形组件和连接线的相关信息。

在 CModel 类中定义的函数 GetModelcircod(), GetModelorder(),GetModelcode() 和 GetModelRect()是为了让外部函数有权访问类的私有数据成员。因为在后面讲到的生成组态信息数据文件时，必须获得有关模块的一些信息，所以有必要定义这些函数。

类 CArrowLine 的定义方法与类 CModel 是相同的，只是它的成员变量少了 code。另外，两个 CPoint 类的变量 pointl 和 point2 的作用也变为记录所画连接线的起点和终点坐标值，这是因为在生成组态控制信息时，需要根据连接线的起点和终点坐标信息以及模块的坐标信息来判断一个回路中各个模块执行的先后顺序以及模块之间的数据流向。同样，它也具备一些与外界沟通信息的成员函数 GetArrowLine_pointl(),GetArrowLine_point2()。

有了 CModel 类和 CArrowLine 类来存储图形组件和连接线的相关信息是不够的，因为这两个类只是记录了单个模块和单条连接线的信息。当用户选用了多个模块，并对其进行添加、删除或保存、读取等操作时，应用软件处理起来就比较复杂，这就需要一个变量来对其进行集中管理。在 DCS 中，通过创建类 CObArray 的对象 m_ModelArray 和 m_ArrowLineArray 来分别对众多的模块和连接线进行存储和管理。类 CObArray 是一个指针数组，就象 C 语言中的指针数组一样，它生成的对象可用来存放指针。用它创建的对象 m_ModelArray 和 m_ArrowLineArray 分别指向 CModel 类对象和 CArrowLine 类对象。当要对某个类对象进行添加、删除和检索时，只需用类 CObArray 的操作函数 Add、Removeit、Getat 等，对其相应的指针进行操作即可。这不但使存储管理变得非常容易，而且还提高了内存的使用效率。

（3）控制回路参数的登记

DCS组态软件的设计思想就是将控制软件的算法和参数相分离，也就是说，光有控制模块是不够的，还必须为每一个模块提供参与控制运算所需的参数。下面以图3.17所示的回路为例，来说明如何为各模块提供参数。

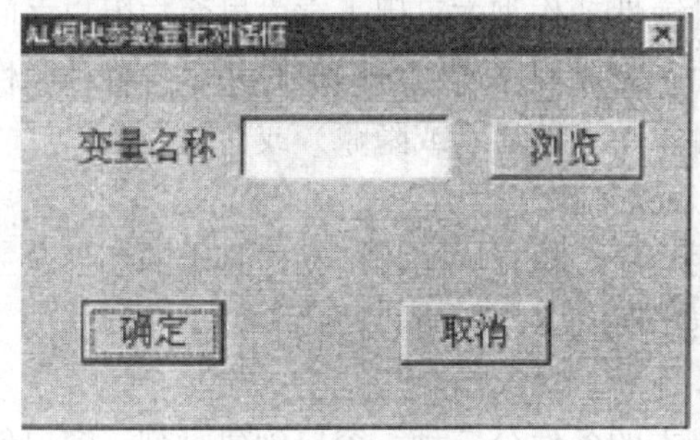

（a）AI模块参数登记对话框

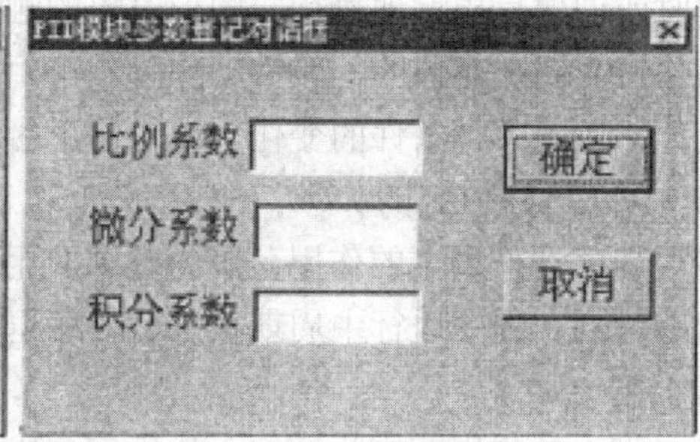

（b）PID模块参数登记对话框

图3.17　参数登记对话框

在登记参数时，只需双击该模块，就会弹出一个模块参数输入对话框。不同的模块弹出的对话框内容不同，这是因为不同的模块参数不同。如对于AI模块和AO模块，由于在此之前，所有的输入输出点的信息均已登记在实时数据库中，所以模块参数输入对话框的内容只有一项“变量名称”，也就是说用户只需填入已登记的输入输出变量名称就行了。如果用户对变量名称不确定，可以按对话框右边的“浏览”按钮，这时所有的模拟输入点都会显示出来，用户可以从中选择所需变量。然而，对于PID模块，参数输入对话框则要求输入比例系数、微分系数和积分系数等内容。

3.4.3　现场总线监控组态软件的消息组态

除了前面介绍的控制回路变量组态和数据库变量组态之外，DCS组态软件还具有消息组态，包括趋势组态和报警组态。趋势分析和运行报警是控制软件必不可少的功能，DCS组态软件对以下两种功能提供了强有力的支持和简单的控制方法。可以利用脚本处理消息。

全局脚本是C函数和动作的通称，它取决于类型，可以用于项目范围或项目跨度。组态环境的脚本（Script）功能可以增强目标应用程序的逻辑控制能力。使用脚本可以对数据进行处理和运算，可以在按下某一个按钮，打开某个窗口或启动应用时用脚本触发一系列的逻辑控制、联锁控制，改变变量的值、图形对象的颜色和大小，控制图形对象的运动等。脚本在动态连接库的源文件中表现为过程。在脚本中可引用已组态的各种变量。

所有的脚本都是事件驱动的。事件可以是用鼠标单击图元、计时器、窗口打开、应用启动等。根据脚本程序所依附的对象不同，将脚本分为不同的类型。可以区别下列类型。

项目函数——创建新的项目函数和改变存在的项目函数。项目函数在创建的项目中是唯一的。

标准函数——创建新的项目函数和改变存在的项目函数。可跨越项目识别标准函数。

内部函数——内部函数不能创建或改变。可跨越项目识别内部函数。

动作——动作可以作为全局脚本被创建和改变。这些动作在创建的项目内是唯一的。

在与对象有关的C动作，动态对话框中创建与对象相关的动作等区域使用项目函数、标准函数和内部函数。可使用项目函数、标准函数和内部函数使下列区域变为动态：过程值归档、用户归档、压缩归档。系统运行时，可以在过程控制中执行全局脚本动作。

按触发脚本程序的事件或时机不同，对象脚本又分为触敏性动作脚本和一般性动作脚本。触敏性动作脚本在用户用鼠标点击图元对象时执行；一般性动作脚本在图形对象所在窗口创建时或创建后周期地执行。图形对象的触敏性动作脚本可用于完成界面与用户之间的交互式操作，而图形对象的一般性动作脚本可用于完成程序逻辑对图形对象本身各种属性的控制（例如，按照某种条件的变化实现对图形对象动态地显示或隐藏）或其他控制。

（1）应用程序动作脚本

应用程序动作脚本的作用范围为整个应用程序。执行应用程序动作脚本的条件分三种：程序启动时刻、程序运行中周期执行、程序退出时刻。

（2）窗口脚本

窗口脚本的作用范围为窗口。执行窗口脚本的条件分三种：窗口创建时刻、窗口创建后的周期执行、窗口关闭时刻。

应用程序动作脚本、窗口脚本中周期地执行的脚本和图形对象的一般性动作脚本也可叫定时器脚本。

（3）热键脚本

此种脚本连接到指定键或某些组合键。按键按下时刻和按键释放时刻执行热键脚本。

（4）脚本的实现

实现脚本有如下几种途径。自己设计脚本语言，但这工作量极大。可借用其他的语言（语法、语义），如C、Basic、Pascal或它们的子集等，但要将高级语言编写的程序转换为计算机可执行的代码还要经过编译这一步，编译过程仍然很困难。将VBA集成到组态程序中。VBA作为一种较通用的嵌入式编程环境，在许多大型软件（如微软的Excel等Office工具，Autodesk的AutoCAD）中得到成功的运用，微软并未公开VBA与宿主应用程序的集成技术，要获得该技术，必须购买。一种简单的途径是借用其他开发工具中包含的编译程序。可采用Object Pascal语言，编译程序借用Delphi中包含的编译程序Dcc32.exeo Delphi中的函数，如数学函数等均可用，只要在动态连接库（DLL）的源文件的uses部分加上相应的函数原型说明部分（如math），但在动态连接库的源文件所在的目录下还要有函数的执行代码文件math. dcu。在动态连接库的源文件也可先定义局部的函数，然后在后面其他脚本过程中调用它。

（5）脚本程序执行的优先级

当设定多个脚本程序的起始执行时刻或执行周期相同时，处理顺序可由组态程序指定。可设定一缺省顺序，如先窗口脚本，后应用程序动作脚本，再后对象脚本，同类脚本按组态先后顺序执行。

（6）主要技术指标

脚本除了逻辑功能要正确以外，应用中所有脚本总执行时间长度不能超过动画刷新周期，否则出现紊乱，系统可能瘫痪，最好不用循环结构，防止死循环。

（7）脚本编辑和动态连接库（DLL）的源文件生成

脚本编辑部分应具备字符串的插入、修改、删除、定位查找、替换、复制、粘贴等功能，组态程序生成动态连接库(DLL)的源文件。具体编程时可用Delphi中的多行编辑器控件（memo）。它的诸多成员方法足以实现上述要求。

3.4.3.1 组态软件的趋势组态

趋势曲线有实时趋势曲线和历史趋势曲线两种。曲线外形类似于坐标纸，*X*轴代表时间，*Y* 轴代表变量值。同一个趋势曲线中最多可同时显示两个变量的变化情况，而一个画面中可定义数量不限的趋势曲线。在趋势曲线中用户可以规定时间间距、资料的数值范围、网格分辨率、时间坐标数目、数值坐标数目以及绘制曲线的"笔"的颜色属性。软件运行时，实时趋势曲线可以自动卷动，以快速反映变量随时间的变化。历史趋势曲线并不自动卷动，它一般与功能按钮一起工作，共同完成历史资料的查看工作。这些按钮可以完成翻页、设定时间参数、启动/停止记录、打印曲线图等复杂的功能。

在 DCS 图形编辑器中，选择菜单"绘图工具"下的"历史趋势曲线"项或单击工具箱中的"画历史趋势曲线"按钮，鼠标在画面中变为"十"字形。在画面中用鼠标画出一个矩形，历史趋势曲线就在这个矩形中绘出。历史趋势曲线对象的中间有一个带有网格的绘图区域，表示曲线将在这个区域中绘出，网格左方和下方分别是*X*轴（时间轴）和*Y*轴（数值轴）的坐标标注。

可以通过选中历史趋势曲线对象（周围出现 8 个小矩形）来移动位置或改变大小。通过调色板工具或相应的菜单命令可以改变趋势曲线的笔属性和填充属性，笔属性是趋势曲线边框的颜色和线型，填充属性是边框和内部网格之间的背景颜色和填充模式。用户有时见不到坐标的标注数字是因为背景颜色和字体颜色正好相同。双击趋势曲线对象，弹出一个对话框，用户可以通过这个对话框改变趋势曲线的属性。

3.4.3.2 组态软件的报警组态

为保证工业现场安全生产，报警和事件的产生和记录是必不可少的。监控组态软件提供了强有力的报警和事件系统，并且操作方法简单。

报警是指当系统中某些量的值超过了所规定的界限时，系统自动产生相应警告信息，表明该量的值已经超限，提醒操作人员。如炼油厂的油品储罐，如果往罐中输油时，如果没有规定油位的上限，系统就产生不了报警，无法有效提醒操作人员，则有可能会造成"冒罐"，形成危险。有了报警，就可以提示操作人员注意。报警允许操作人员应答。

事件是指用户对系统的行为和动作，例如修改了某个变量的值，用户的登录、注销，站点的启动、退出等。事件不需要操作人员应答。

DCS 组态软件自动对实时数据库中报警定义有效的数据变量进行监视。当发生报警事件时，把这些事件存于内存中的报警事件缓冲器中，报警事件在缓冲器中是以先进先出的队列形式存储，所以只有最近的报警事件存于内存中。历史报警窗口的报警事件都是取自报警缓冲器。如果一个数据变量包含于报警窗口的报警组，而且变量定义时报警优先级不大于报警窗口的报警优先级时，报警事件就会在报警窗口中显示出来，其显示格式由报警窗口定义时报警信息格式选项规定。

报警窗口类型有实时报警窗口和历史报警窗口两种。在一个画面中可以定义数目不限的报警窗口。在组态软件中制作画面时，选中菜单"报警窗口"项或单击工具箱中的"定义报警窗口"按钮，这时鼠标画出一个矩形，报警窗口就在这个矩形中绘出。

与趋势曲线一样，报警窗口也可以通过鼠标将其选中来移动位置或改变大小，同时也能通过交互式对话框对其属性进行修改。

报警记录编辑器负责消息的获取和归档。编辑器所包含的函数可以用于传送过程中的消息、处理消息、显示消息、确认消息以及归档消息，这样，可使报警记录支持用户查找错误原因。例如由报警记录对四台电机进行监控。电机故障可通过在分配给每台电机的变量设置不同的位来显示。电机的消息状态存储在内部变量中，电机的显示根据消息状态而改变。消息将显示在消息窗口中。必须创建多个与所监控的四台电机相关的单个消息。可使用一个报警控件在图形编辑器执行消息窗口。可使用多个标准来显示各台电机，电机在不同消息状态下的显示变化可通过使用C动作来实现。

一条消息由多个不同的消息块组成，可将其归类为以下三个方面。

系统块——这些块包含了由报警记录所分配的系统数据，包括日期、时间、报表标识等。

过程值块——这些块包含了由过程返回的数值，例如临界填充量、温度等。

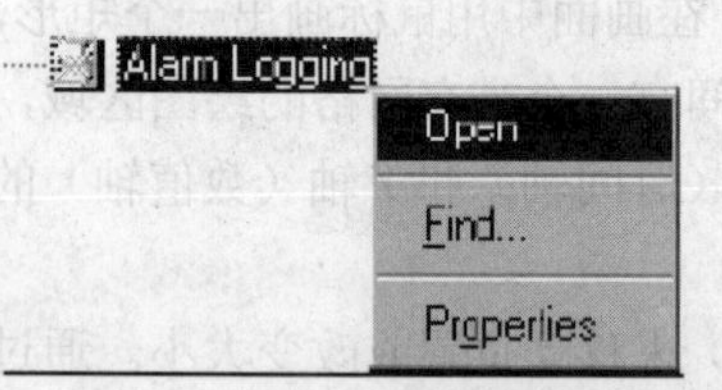

图 3.18 报警编辑器菜单选择打开

用户文本块——用于常规信息与解释的文本，例如出错解释、消息原因、出错查找等。

（1）消息块的组态

在资源管理器中，通过报警编辑器然后从弹出菜单中选择打开，如图 3.18 所示。

选择所期望的消息块。可以通过鼠标右键消息块条目，然后从弹出菜单选择消息块来完成。打开组态消息块对话框，如图 3.19 所示。

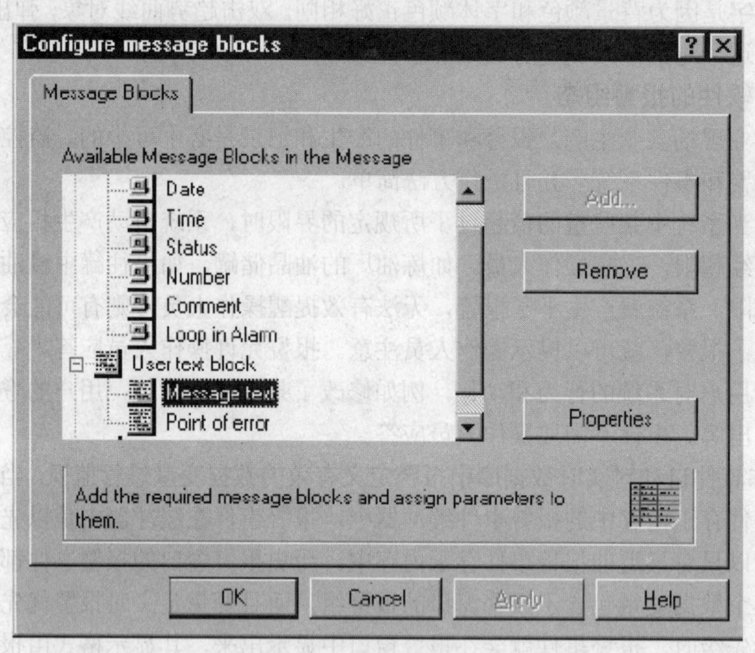

图 3.19 组态消息块对话框

通过添加按钮可以为所选择的系统块条目、用户文本块条目或过程值块条目打开用于添加块的对话框。可以操作第一个按钮允许用户删除所选择的消息块，第二个按钮允许用户组态各消息块的属性。在实例中，保留名称，并将长度设置为 20 个字符。单击“确定”按钮完成在消息块对话框所作的设置。组态消息块对话框也可通过单击“确定”按钮来关闭。对于该实例，总共创建了 12 个不同的单个消息，每个消息对应于表格窗口中的一行，并由多列组成。在各列中可以直接进行设置，实例是通过单个消息对话框来进行设置的，可以通过鼠标右键相关消息行来打开该对话框。

（2）单个消息的创建

按照先前所描述的步骤，打开第一行的单个消息对话框。在参数标签中，选择消息级别错误和消息类型故障。在消息域中，选择复选框进行归档和进行报告。在连接域中，选择变量 U16i_ex_alg _00 作为事件变量。输入 0 作为事件位。也就是说，如果变量设置的第一位为状态 1，将会产生消息。对于确认变量，选择变量 U16i_ex_alg_12，对于确认位，则输入 0。如果在运行系统中，确认消息，则变量设置的第一位将设为 1。对于状态变量，选择变量 U16i_ex_alg_02；对于状态位，则输入 0。该设置表示变量设置的第一位代表了消息的到达或消失。如果消息是未决的，该位将被设置为 1；如果消息不是未决的，则重新设定该位。该变量的第九位包含消息的确认状态。如果没有对其确认，则该位的状态为 1，如果对其进行了确认，则状态为 0。一个 16 位的状态变量可以代表 8 个单个消息的状态。低字节包含到达或消失状态，而高字节则包含确认状态。单个消息对话框如图 3.20 所示。

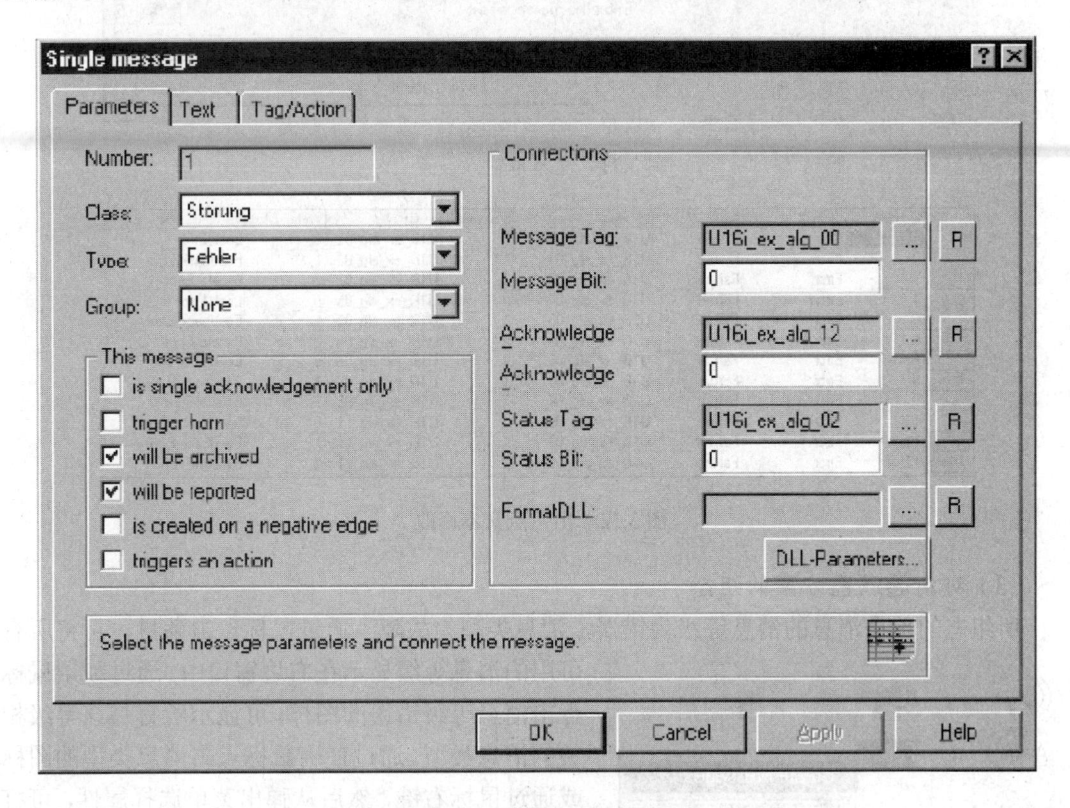

图 3.20　单个消息对话框

在文本框中，输入消息文本锁定错误与出错电机 1，没有使用任何信息文本。在实例中，不可填写变量/动作标签。单击“确定”按钮应用所作的设置。文本框如图 3.21 所示。

前面所创建的消息监控四台电机的第一台。必须为第一台电机创建超过两行的消息行。按照步骤所描述的那样进行设置，但要修改事件位、确认位与状态位。同时还使用了消息文本错误、反馈错误。对于另三台电机，还可分别创建三个消息行。此处必须对事件变量、确认变量与状态变量以及用于出错点的文本进行修改。文本修改如图 3.22 所示。

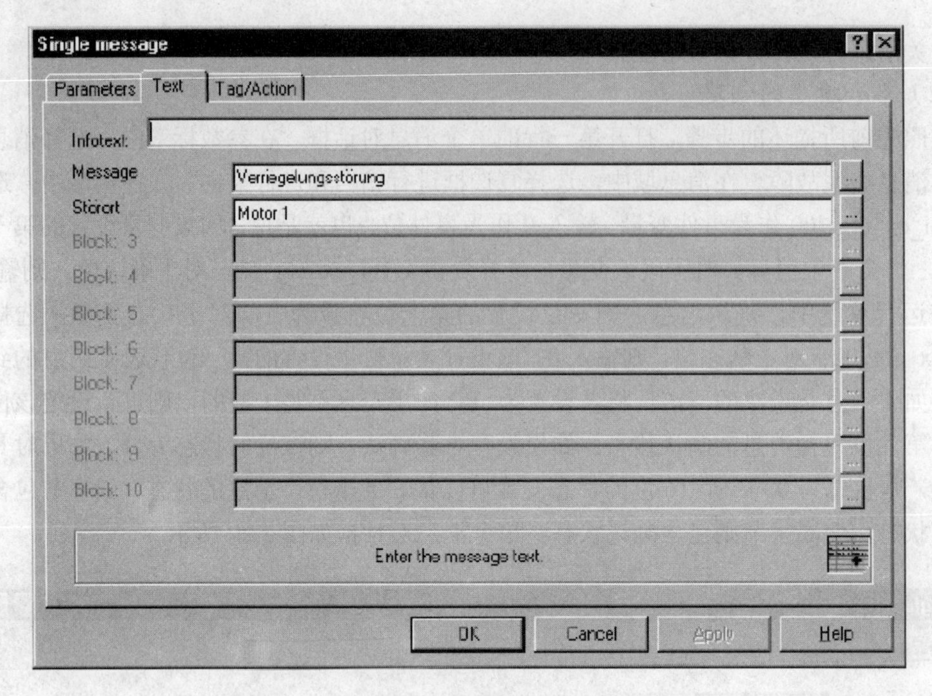

图 3.21 文本框输入设置

	Number	Class	Type	MessageTag	MessageBi	Status tag	Status bit	Message text
▶	1	Error	Failure	U16_ex_alg_00	0	U16_ex_alg_02	0	Lock Error
	2	Error	Failure	U16_ex_alg_00	1	U16_ex_alg_02	1	Feedback Error
	3	Error	Failure	U16_ex_alg_00	2	U16_ex_alg_02	2	Bimetal Error
	4	Error	Failure	U16_ex_alg_03	0	U16_ex_alg_05	0	Lock Error
	5	Error	Failure	U16_ex_alg_03	1	U16_ex_alg_05	1	Feedback Error
	6	Error	Failure	U16_ex_alg_03	2	U16_ex_alg_05	2	Bimetal Error
	7	Error	Failure	U16_ex_alg_06	0	U16_ex_alg_08	0	Lock Error
	8	Error	Failure	U16_ex_alg_06	1	U16_ex_alg_08	1	Feedback Error
	9	Error	Failure	U16_ex_alg_06	2	U16_ex_alg_08	2	Bimetal Error
	10	Error	Failure	U16_ex_alg_09	0	U16_ex_alg_11	0	Lock Error
	11	Error	Failure	U16_ex_alg_09	1	U16_ex_alg_11	1	Feedback Error
	12	Error	Failure	U16_ex_alg_09	2	U16_ex_alg_11	2	Bimetal Error

图 3.22 出错点文本修改

(3) 对消息颜色方案的组态

所组态的单个消息的消息等级为错误，消息类型为故障。通过鼠标点击条目，可将所有可用的消息等级显示在右边窗口中。通过使用鼠标点击消息等级错误的图标，可显示所有与该等级相关的消息类型。通过使用鼠标点击消息类型的图标或通过鼠标右键，然后从弹出菜单选择属性，可打开类型对话框。消息颜色菜单选择属性如图 3.23 所示。在类型对话框中，可以为每个消息状态创建颜色方案。

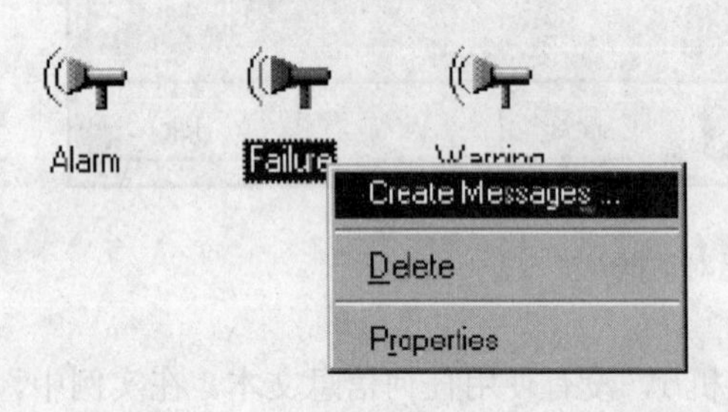

图 3.23 消息颜色菜单选择属性

3.4.4 DCS 监控组态软件的设备组态

现场总线组态过程分为设备离线组态（部分系统可在线进行）和系统在线组态。设备离线组态是在把设备连接到处于工作状态的网络之前，采用带有系统专门信息的装载设备，对某个现场设备进行组态。离线组态主要装载两类信息：一类用于规定该设备在系统中所完成的功能；另一类规定该设备与这个系统中其他设备间如何相互作用。一个设备的基本能力是由这个设备软件和硬件的集成组合而实现的。通过把软件装载到设备最终可确定这个设备的基本能力。单个设备离线组态可用该设备专用组态软件实现（如 SIMATIC S7 PLC 可用 STEP7 来实现，FF 设备可用 SYSCON 来实现组态）。

系统组态是在现场总线控制系统正常启动运行之前，从系统整体需要的角度，为其组成成员分配角色，选择希望某个设备所承担的工作，并为它们完成这些工作设置好静态参数、动态初始参数以及不易丢失的参数值。另外，组态还要对各个状态变量设置类型、报警上下限等。这是系统组态要完成的任务，它是形成系统的重要步骤。

3.4.4.1 监控组态软件的控制功能标准

具有 FCS 特征的系统网络结构具有分层分级结构。其中系统监控软件继承了 DCS 操作站和工程师站监控、管理的功能；I/O 驱动部件实现了实时数据库与现场智能测控组件数据库的数据交换；下载与调试程序完成了组态序列数据库参数的管理、编辑、下载和系统调试等功能，从而全面实现了 DCS 的操作、运算、控制及其组态等功能。

① 现场总线标准的用户层　用户层是专门针对工业自动化领域的，它是考虑现场装置的控制功能和具体应用而增加的，它也定义了现场设备数据库之间的相互存取的统一规则。在现场总线模型中，用户层在协议的最高层，即在应用之上。

② 功能块应用进程（FBAP）　功能块应用进程是用户层的一个重要组成部分，其在总线分层结构中的位置在用户层中。每个现场设备都通过执行一个或多个实时应用或一个实时应用的一部分而完成整个系统的部分工作，如获取传感器数据和控制算法处理。每个应用又包含着一系列基本的现场设备功能，这些功能模块化为功能块，而这些应用就被称作功能块应用进程。

③ 功能块应用进程中的资源　资源（Resource）是根据现场设备所要实现的功能的不同，将用户层的软件和部分硬件划分成若干个单元，这些单元称为资源。其中每个资源包括功能块、变送块、一个资源块以及可视对象等一些功能对象。用来使功能块与 I/O 设备的特性相隔离，如传感器、执行器和开关。资源包括资源块、功能块、变送块、连接对象、报警对象、域对象和程序调用对象、作用对象、系统时钟、功能块调度表。

④ 各种功能块定义　变送块（Transducer Block）——变送块通过定义一个可为功能块所用的独立的接口来控制对 I/O 设备的访问。此外，它也执行诸如校准和线性化等的一些功能。标准的变送块及其参数由 FF 行规组（Profile Groups）定义，厂商也可自定义一些特殊块和参数。

连接对象（Link Object）——同一资源内或不同资源间的功能块之间的数据和事件的交换通过已定义的连接对象来完成。此外，趋势报告和报警通知也通过已定义的连接对象完成。

可视对象和趋势对象（View and Trend Objects）——在一个功能块应用进程中，可视对象和趋势对象用于进行必要的参数访问。可视对象将操作数据转换成组并处理，使其可被一个通信请求成组地访问。趋势对象收集短期历史数据并存储在一个设备中，它提供了回顾其特征的历史信息。

报警对象（Alert Object）——用于将块的报警和事件报告给接口设备。

域对象和程序调用对象（Domain and Program Invocation Objects）——一个资源内与软件组件相关的程序和数据被定义为域对象以允许通过下载和上载来访问。与域对象相关的代码和数据可通过程序调用对象组合成可执行程序。

作用对象（Action Object）——用于创建和删除一个块或对象。

系统时钟（System Time）——由系统管理提供使设备间功能块应用进程同步的时钟。

功能块调度表（Function Block Schedule）——由系统管理提供使功能块应用进程中的功能块按顺序执行的调度表。

⑤ 功能块应用进程的主要工作

- 定义并组态功能块；
- 组态块连接；
- 报警处理；
- 为接口设备、远程设备、诊断和组态获取信息；
- 协调功能块的执行和通信。

3.4.4.2 监控组态软件的控制功能块

现场总线基金会（FF）规定了 29 种标准功能块，其中基本功能块 10 种，先进功能块 7 种，计算功能块 7 种，辅助功能块 5 种。基本功能块包括：模拟输入 AI、模拟输出 AO、开关量输入 DI、开关量输出 DO、PD 控制器 PD、PID（PI）控制器 PID、手动操作器 ML、偏置/增益 B/G、比率 RA、控制选择器 CS。其他标准功能块包括：脉冲输入、步进输出 PID、输入选择、复杂模拟输出、装置控制、信号特征、复杂数字量输出、设定值程序发生、死区、定时、分离器、运算、模拟接口、超前滞后补偿、积算、开关量接口、模拟报警、算术运算、开关量报警。

（1）功能块的参数

功能块是由参数（Parameter）、算法（Algorithm）和块事件（Event）三大要素构成的。功能块参数的分类方法与资源块相同，功能块与资源块不同的是功能块中除了内部参数外，还有输入输出参数。

（2）功能块的算法

它不同于一般的算法，而是一个包含一般算法在内的复杂过程。首先，应根据资源块的实际工作模式（具有最高优先级）、块内目标工作模式值和输入参数的状态决定本块内的实际工作模式。在此过程中若产生满足报警条件的事件，则产生报警。例如，进入和退出 O/S 模式都要产生报警。之后，如果实际工作模式不是 O/S 模式，则根据该功能块的实际工作模式和所要实现的功能分别取相应的输入值和算法进行计算，得出输出值的数值部分。根据实际工作模式和输入值的状态值得出输出值的状态值。

（3）运算控制功能块

控制算法模块从实时数据库中取得计算中需要的输入变量的值，经过执行运算将结果写回数据库，供输出模块或其他模块调用。其主要功能是要完成对采集的数据通过计算机进行处理，完成对生产过程的控制功能。

通常，一个 DCS 的 I/O 测控层的控制算法模块可达上百个，随着软件的丰富，控制品质的提高，这些模块化的软件也在不断发展。以下是一些常用的模块。

① 四则运算及开平方根算法模块 ADD、SUB、MUL、DIV、SQRT 这五种算法主要是用来实现四则运算和开平方运算，还可提供一些与控制相关的功能，在这些算法模块中都设有上、下限两个参数，当运算结果越限时，则输出限幅值到下一个连接算法或控制输出。

② 调节模块 P、PI、PID 调节是连续控制系统中应用最多的一种调节手段。在不同的调节回路中可根据需要采用 P、PI 或 PID 调节模块。

③ 选择控制模块 HS、LS 分别为高低选择算法，用于在不同的工艺条件下的控制方案

的选择，如通过选择算法来实现优化控制和安全控制。

（4）输入输出模块

输入模块按设定的采样周期定时取得通道信息（实时数据值、报警检验结果等），并进行相应的处理后将结果放入实时数据库中供其他模块调用。输出模块则从数据库中取得输出信息，执行之，并保存输出的状态。输入输出模块是调用最为频繁的数据处理模块。

这里的实时数据库是在I/O测控层的RAM中开辟的一个公共数据区。各输入、输出模块和控制算法模块等需要实时数据的模块都可以直接访问该数据区，对实时数据库中的数据进行读写。DCS中的I/O测控层的输入输出模块有如下几种。

① 输入处理模块　输入处理模块一般包括模拟量信号输入、开关量信号输入、脉冲累积量的输入处理等。

DIN——开关量输入处理模块。通常开关量输入是分组进行的，一次输入操作可以输入8位或16位开关量的状态，然后分别写入这些位所对应的实时数据库记录中，并进行报警检测。

AIN——模拟量输入处理模块。模拟量的输入复杂得多，因为它是一个连续平稳的信号值，对信号的质量要求较高，当系统受干扰时要对干扰引起的突变信号进行判断，并排除突变信号尖峰值的输入，避免因干扰引起的误动作。在对模拟量输入信号采样时首先要送出通道的地址，由该输入点通道在硬件上对现场接收的信号经过放大、隔离、滤波、A/D转换处理，再送往处理器。信号由模拟量输入模块读入，经A/D转换后，进行信号的平滑滤波、尖峰抑制、线性处理、工程单位转换、报警检测等工作，然后将结果写入实时数据库，完成模拟信号，的输入工作。

PIN——脉冲量输入处理模块。在化工自动化生产中有一类信号，其输入既不是连续变化的模拟量也不是开关量，而是一连串的脉冲序列，所代表的物理值的大小与脉冲的个数或频率成比例。对这类信号的输入，通过特有的硬件输入卡处理后由输入模块将脉冲输入个数（频率）转化成对应的物理量存入实时数据库中。

② 输出处理模块　信号的输出与输入过程正好相反，软件的处理过程可按相反的过程进行。通常工业控制输出信号一般为标准的4～20mA电流信号或1～5V的电压信号，因此，在信号处理上就比较简单。

DOUT——开关量输出处理模块。开关量的输出处理较为简单，由数据库中读出该位的值和其他各输出位的值一起输出即可。

AOUT——模拟量输出处理模块。输出模块在线性模块的记录项中取出如量程TC=25，偏值BS=－25。输出模块AOUT在进行运算时，如实时数据库先在数据库记录AV的输出值，对TC、BS的值进行逆运算求电压值VC=（AV–BS）/TC，再用VC求得输出二进制编码，然后将二进制送到AO通道即完成输出。

此外，还有中断处理模块INT和脉宽调制输出处理模块PWM。

3.5 全球重要企业的监控组态软件

3.5.1 FOXBORO——I/A Series

3.5.1.1 I/A Series 网络结构

I/A Series系统的通信网络是建立在国际标准化组织(ISO)所定义的开发系统互联(OSI)标准基础上的，并广泛遵循IEEE的各种规范。

FOXBORO 公司 2004 年初正式对外发布其新一代产品 I/A Series V8.0。新产品秉承了 I/A Series 系统一贯的开放式结构，在支持原有产品的同时又推陈出新，其主要的网络结构采用 Mesh 控制网络。

3.5.1.2 Mesh 控制网络

Mesh 控制网络是一种基于 IEEE 802.3u（快速 Ethernet）、IEEE 802.3z（GBit Ethernet）标准的交换机 Ethernet 网络。

I/A Series 系统处理机组件通过 Mesh 控制网络相互连接，形成过程管理和控制节点。系统组件也可通过一根或多根的通信链路与外部设备或其他类型的组件相连。

Mesh 控制网络为 I/A Series 系统中的各个站（控制处理机、应用处理机、操作站处理机等）之间，提供高速、冗余、对等的通信，从而具有优异的性能和安全性。一些组件可与控制处理机或运行 I/A Series 综合控制软件包的个人计算机连接。它们之间的通信是通过冗余的现场总线来完成的。

现场总线支持高速 Ethernet 网。现场总线的传递媒体为光缆，通信方式为令牌传送方式，数据传输速率为 100Mbps，其最大距离为 20km。现场总线最多可以挂 120 块 FBM，且支持远程 I/O 应用。

I/A Series 系统与信息管理网络(例如 Novell) Windows 98, NT, 2000, XP NPS 通信，连接方式：Ethernet 接口——I/A Series 系统可通过标准 Ethernet 接口直接与信息管理网络连接，I/A Series 系统可通过 AIM*OPC ,AIM*Historian, Exceed 等软件，不仅可以向 MIS 网络传输实时数据和历史数据，而且还可以传输各种流程控制画面，极大地提高了管控一体化的实用性。

3.5.1.3 综合控制软件

I/A Series 系统提供的综合控制组态软件包，简化了复杂控制策略和安全系统的结构。I/A Series 综合控制软件提供了连续量、顺序量、梯形逻辑和批量处理等方面的控制策略，它们可以单独或混合使用从而满足应用的需要。除了综合控制软件外，I/A Series 同时将综合控制组态和操作员接口软件集成在上述范围内。

过程控制算法的连续量、顺序量、梯形逻辑和批量处理主要在与之相连的控制处理机内进行。执行各种控制算法的基本单元是功能块（Block）。Block 完成控制功能，它可组织和组态成一个复合块（Compound）组。Compound 是 Block 逻辑上的集合，可完成指定的控制任务。综合控制组态软件可在 Compound 内综合连续量、梯形逻辑、顺序和批量功能，从而设计出有效的控制方案。

3.5.1.4 人机接口软件

梯形逻辑控制是通过在数字型 FBM 中运行梯形逻辑图的方式来实现的，可编程人机接口软件是由实时显示管理程序与一系列有关的子系统和工具组成，它们支持所有与图像显示和组态工作有关的活动。由于该软件在所有的操作站（WP 和 AW）之间的差异，某个操作站上的显示应用状态能直接传送到另一个操作站上。

I/O 系列操作站支持使用 OPEN LOOK 窗口管理程序的 X-Window 交互作用，并且支持多个 I/A Series 实时显示管理程序窗口。该窗口可运行在 X-Window 系统的就地操作站和远程终端上。利用这一特性，中央控制室的操作员可以使用多个过程显示和应用画面，而且工厂的工程技术人员或信息管理网络上的工厂管理层人员也可以看到这一切。

人机接口软件也支持终端仿真模式 WT-100，使得操作站成为一个程序员终端或作为某个安装一些适用工厂过程管理工具的特殊设备的接口。

I/A Series 系统向各类使用人员提供单一的人机操作界面。系统提供不同的操作环境让各类使用人员使用相应的系统资源。操作环境可以设置各自的密码，以防止非法使用系统资源。用户可以建立自己的使用环境。操作和显示画面本身可以按用户要求随意绘制，I/A Series 系统提供丰富的图形库和 CAD 式的绘图工具，可以方便地绘制符合用户要求的操作和显示画面。

人机接口软件包括了用于过程控制和管理的实时软件和组态软件。实时软件包括实时显示软件、操作站窗口软件、工厂操作定向显示软件、趋势子系统、报警子系统、操作员信息和报表软件、系统管理软件。组态软件包括显示绘图和组态软件、多窗口显示管理组态软件、系统组态程序、操作站/环境组态程序、显示实用程序、过程报警组态程序。FoxView 画面例见图 3.24。

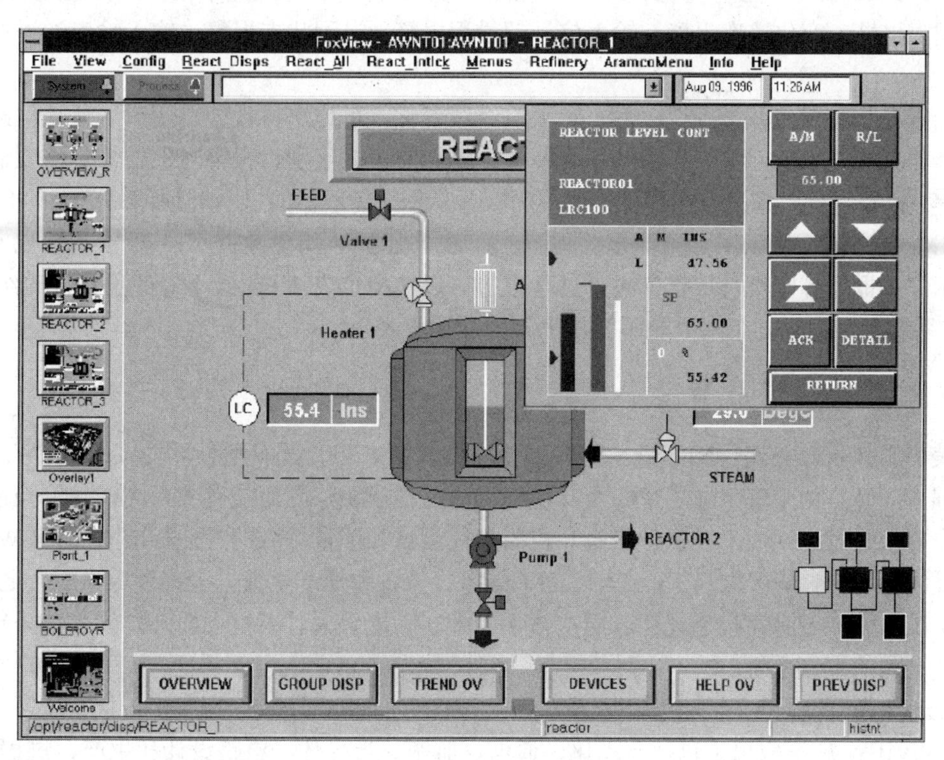

图 3.24　FoxView 画面例

3.5.1.5　批量工厂管理软件

批量工厂管理软件提供了将批量生产过程应用场合自动化，并协调连续量和顺序量控制功能的工具。批量工厂管理软件自动产生在设备上的控制活动并提供扩展数据存储器，同时检查与控制活动有关的情况。批量工厂管理软件具有以下功能。

生产模型图——采集复合块、功能块及其参数等过程控制详情，并将它们组织成单元。

单元水平控制——将过程控制详细组织成生产命令。例如，加热或排放某个单元的物料等。单元操作命令批量监视——跟踪生产过程中的物料，并提供该物料在通过过程单元的数据检索功能。

批量监视功能同样提供了与批量处理有关的生产命令控制步骤逻辑，使生产命令的执行自动化；控制步骤逻辑使用的变量集合，随控制步骤逻辑的结果而变化。

（1）组态软件

I/A Series 组态软件提供了一系列不同的组态程序。例如系统组态程序允许用户定义系统、网络、设备软件和包装的布置；控制组态程序允许用户定义各种控制方案；显示组态程序，能够将静态的显示画面转换成与过程有交互作用的动态显示画面，并提供逻辑上分层控制能力，组态软件可在 PC 机上离线闭环运行，并作为仿真终端使用。

FOXBORO 最新推出图形化控制组态软件 FoxCAE，用于组态 I/A Series 控制站数据库和历史数据库。通过 FoxCAE，用户可完成数据库的工程组态、自动生成回路图及相关文件。FoxCAE 可通过 TCP/IP 与 I/A Series 在线或离线连接。

（2）过程报警

I/A Series 系统的控制模块中具有多种报警功能。例如测量值越限报警、偏差越限报警、输出越限报警、变化速率报警、输入信号超量程报警、过程状态报警、输入输出通道故障报警等。

当报警状态发生并被确认以后，参数将继续变化，可作出再报警。用户可任意组态报警功能，如报警的限值、报警作用的不灵敏区、报警的优先级别、报警时报警信息将要输出的设备等。报警发生时系统作用于：模块的面板显示图、显示器的显示屏顶部菜单上的 SYS 和 ALARM 框、流程显示图、当前报警画面、报警历史画面(历史数据库)、操作员键盘上的报警指示灯、报警打印机、报警音响。过程报警可以被指定为 1～5 级不等的报警优先级，I/A Series 系统将根据优先级高低的不同作出不同的报警处理。

3.5.2 NI——LabVIEW

美国国家仪器公司（NI）推出的图形化虚拟仪器（VI）开发运行环境 LabVIEW，不仅功能强大，而且由于基于通用 PC 及其他标准软硬件模块，因而能有效提高构建测控系统的柔性、降低开发应用成本及保护投资。作为当前测试和测量领域的工业标准 LabVIEW 虚拟仪器技术，可通过 GPIB、VXI、PXI、PLC、串行设备和插卡式数据采集板等，配合通用 PC 机的标准软硬件资源，构建灵活、层次体系明晰、功能强大且人机界面友好的数据采集系统和便捷高效的控制系统。

LabVIEW 的应用介绍如下。

LabVIEW 广泛应用于包括自动化、通信、航空、半导体、电路设计和生产、过程控

制及生物医学在内的各种工业领域中，来提高应用系统的开发效率。这些应用涵盖了产品生产过程中从研发、测试、生产到后期服务的各个环节。

LabVIEW 具有多个图形化的操作模板，用于创建和运行程序。这些操作模板可以随意在屏幕上移动，并可以放置在屏幕的任意位置。操纵模板共有三类，为工具（Tools）模板、控制（Controls）模板和功能（Functions）模板。

（1）工具模板（Tools Palette）

工具模板为编程者提供了各种用于创建、修改和调试 VI 程序的工具。如果该模板没有出现，则可以在 Windows 菜单下选择 Show Tools Palette 命令以显示该模板。当从模板内选择了任意一种工具后，鼠标箭头就会变成该工具相应的形状。当从 Windows 菜单下选择了 Show Help Window 功能后，把工具模板内选定的任意一种工具光标放在框图程序的子程序（Sub VI）或图标上，就会显示相应的帮助信息。工具图标有如下几种。

操作工具——使用该工具来操作前面板的控制和显示。使用它向数字或字符串控制中键

入值时，工具会变成标签工具的形状。

选择工具——用于选择、移动或改变对象的大小。当它用于改变对象的连框大小时，会变成相应形状。

标签工具——用于输入标签文本或者创建自由标签。当创建自由标签时它会变成相应形状。

连线工具——用于在框图程序上连接对象。如果联机帮助的窗口被打开时，把该工具放在任一条连线上，就会显示相应的数据类型。

对象弹出菜单工具——用左鼠标键可以弹出对象的弹出式菜单。

漫游工具——使用该工具就可以不需要使用滚动条而在窗口中漫游。

断点工具——使用该工具在VI的框图对象上设置断点。

探针工具——可以在框图程序内的数据流线上设置探针。程序调试员可以通过探针窗口来观察该数据流线上的数据变化状况。

颜色提取工具——使用该工具来提取颜色用于编辑其他的对象。

颜色工具——用来给对象定义颜色。它也显示出对象的前景色和背景色。

与上述工具模板不同，控制和功能模板只显示顶层子模板的图标。在这些顶层子模板中包含许多不同的控制或功能子模板。通过这些控制或功能子模板可以找到创建程序所需的面板对象和框图对象。用鼠标点击顶层子模板图标就可以展开对应的控制或功能子模板，只需按下控制或功能子模板左上角的大头针就可以把对这个子模板变成浮动板留在屏幕上。

（2）控制模板（Controls Palette）

用控制模板可以给前面板添加输入控制和输出显示。每个图标代表一个子模板。如果控制模板不显示，可以用Windows菜单的Show Controls Palette功能打开它，也可以在前面板的空白处，点击鼠标右键，以弹出控制模板。控制模板子模板包括以下几种。

数值子模板——包含数值的控制和显示。

布尔值子模块——逻辑数值的控制和显示。

字符串子模板——字符串和表格的控制和显示。

列表和环（Ring）子模板——菜单环和列表栏的控制和显示。

数组和群子模板——复合型数据类型的控制和显示。

图形子模板——显示数据结果的趋势图和曲线图。

路径和参考名（Refnum）子模板——文件路径和各种标识的控制和显示。

控件容器库子模板——用于操作OLE、ActiveX等功能。

对话框子模板——用于输入对话框的显示控制。

修饰子模板——用于给前面板进行装饰的各种图形对象。

用户自定义的控制和显示模板。

调用存储在文件中的控制和显示的接口模板。

（3）功能模板(Functions Palette)

功能模板是创建框图程序的工具。该模板上的每一个顶层图标都表示一个子模板。若功能模板不出现，则可以用Windows菜单下的Show Functions Palette功能打开它，也可以在框图程序窗口的空白处点击鼠标右键以弹出功能模板。功能子模板包括以下几种。

结构子模板——包括程序控制结构命令，例如循环控制等，以及全局变量和局部变量。

数值运算子模板——包括各种常用的数值运算符，如+、–等；以及各种常见的数值运算式，如+1 运算；还包括数制转换、三角函数、对数、复数等运算，以及各种数值常数。

布尔逻辑子模板——包括各种逻辑运算符以及布尔常数。

字符串运算子模板——包含各种字符串操作函数、数值与字符串之间的转换函数，以及字符（串）常数等。

数组子模板——包括数组运算函数、数组转换函数，以及常数数组等。

群子模板——包括群的处理函数，以及群常数等。这里的群相当于 C 语言中的结构。

比较子模板——包括各种比较运算函数，如大于、小于、等于。

时间和对话框子模板——包括对话框窗口、时间和出错处理函数等。

文件输入/输出子模板——包括处理文件输入/输出的程序和函数。

仪器控制子模板——包括 GPIB(488、488.2)、串行、VXI 仪器控制的程序和函数，以及 VISA 的操作功能函数。

仪器驱动程序库——用于装入各种仪器驱动程序。

数据采集子模板——包括数据采集硬件的驱动程序，以及信号调理所需的各种功能模块。

信号处理子模板——包括信号发生、时域及频域分析功能模块。

数学模型子模块——包括统计、曲线拟合、公式框节点等功能模块，以及数值微分、积分等数值计算工具模块。

图形与声音子模块——包括 3D、OpenGL、声音播放等功能模块。

通信子模板——包括 TCP、DDE、ActiveX 和 OLE 等功能的处理模块。

应用程序控制子模块——包括动态调用 VI、标准可执行程序的功能函数。

底层接口子模块——包括调用动态连接库和 CIN 节点等功能的处理模块。

示教课程子模板——包括 LabVIEW 示教程序。

用户自定义的子 VI 模板。

文档生成子模板。

创建虚拟仪器 VI 程序具有三个要素：前面板、框图程序和图标/连接器。使用输入控制和输出显示来构成前面板。控制是用户输入数据到程序的接口，而显示是输出程序产生的数据接口。控制和显示有许多种类，可以从控制模板的各个子模板中选取。

图框是 LabVIEW 实现程序结构控制命令的图形表示，如循环控制、条件分支控制和顺序控制等，编程人员可以使用它们控制 VI 程序的执行方式。代码接口节点（CIN）是框图程序与用户提供的 C 语言文本程序的接口。

连线是端口间的数据通道，它们类似于普通程序中的变量。数据是单向流动的，从源端口向一个或多个目的端口流动。不同的线型代表不同的数据类型。在彩显上，每种数据类型还以不同的颜色予以强调。

程序结构控制命令的图形（框图连线）如图 3.25 所示。控制 VI 程序的运行方式叫作“数据流”。对一个节点而言，只有当它的所有输入端口上的数据都成为有效数据时，它才能被执行。当节点程序运行完毕后，它把结果数据送给所有的输出端口，使之成为有效数据，并且数据很快从源送到目的端口。

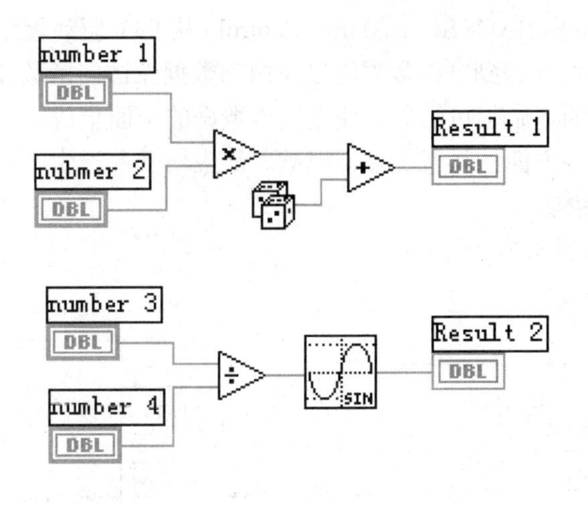

图 3.25　程序结构控制命令的图形

3.5.3　Intellution——iFIX

3.5.3.1　监控组态软件 iFIX

iFIX 是 Intellution Dynamics 自动化软件产品家族中的 HMI/SCADA 最重要的组件，它是基于 WindowsNT/2000 平台上的功能强大的自动化监视与控制的软件解决方案。iFIX 可以精确地监视、控制生产过程，并优化生产设备和企业资源管理。它能够对生产事件快速反应，减少原材料消耗，提高生产率，从而加快产品对市场反应速度。生产的关键信息可以通过 iFIX 贯穿从生产现场到企业经理的桌面的全厂管理体系，以方便管理者作出更快速更高效的决策，从而获得更高的经济效益。iFIX 是全球最领先的 HMI/SCADA 自动化监控组态软件，世界上许多最成功的制造商都依靠 iFIX 软件来全面监控和分布管理全厂范围的生产数据。在包括冶金、电力、石油化工、制药、生物技术、包装、食品饮料、石油天然气等各种工业应用当中，iFIX 独树一帜地集强大功能、安全性、通用性和易用性于一身，使之成为任何生产环境下全面的 HMI/SCADA 解决方案。 利用 IFIX 各种领先的专利技术，可以帮助企业制定出更快、更有效的商业及生产决策，以使企业具有更强的竞争力。

目前在工业自动化控制领域 FIX 和 iFIX 系列是最流行的工控组态软件之一。FIX32 DMACS 是全面集成控制系统——分布式制造自动化和控制软件（Fully Integrated Control System-Distributed Manufacturing Automation and Control Software）。它支持 DOS、OS/2、Windows9X、Windows2000/NT 等操作平台。iFIX 是 Intellution Dynamics TM 工业自动化软件解决方案家族中的 HMI/SCADA 解决方案，用于实现过程监控，并在整个企业网络中传递信息。基于组件技术的 Intellution Dynamics 还包括了高性能的批次控制组件、软逻辑控制组件及基于 Internet 功能组件。所有组件能无缝地集成为一体，实时、综合地反映复杂的动态生产过程。为追求系统的稳定性及易扩展性，iFIX 只支持 Windows2000/NT 平台。

它支持 Windows2000 的终端技术（Terminal Server），支持基于因特网的远程线组态。该系列软件以 SCADA（Supervisory Control And Data Acquisition）为核心，实现包括监视、控制、报警、保存和归档数据、生成和打印报告、绘图和视点创建数据的显示形式等多种功能。它们包括数据采集、数据管理和集成三个基本功能。数据采集是指从现场获取数据并进行处理的能力。数据管理包括由 SAC（Scan, Alarm, Control）从 DIT 驱动程序映像表（Driver Image Table）读数据、进行处理并送到过程数据库以及内部数据库访问函数读数据，并传达到需要的应用中。在上述两者的基础上可简单方便地实现数据的全面集成。包括一系列如监视、控制等重要功能。由于其各方面的显著优点，已被广泛应用于各种生产过程自动化系统。

3.5.3.2 iFIX 的基本结构

iFIX 的基本结构如图 3.26 所示。

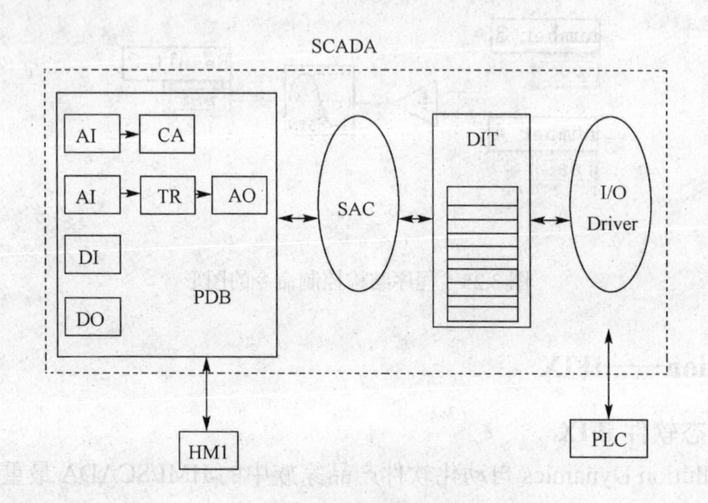

图 3.26 iFIX 基本结构

（1）过程硬件设备

iFIX 软件用于连接工厂中的仪表，它们使用的实时数据来自现场 PLC（可编程控制器）中的数据寄存器或另外一些输入/输出设备（如模拟量输入等）。

（2）输入/输出驱动程序

I/O 驱动器也称为轮询任务，作为 iFIX 和 PLC 之间的接口，其功能是不断地从输入设备读数据并送到对应驱动程序映像表的地址里，同时读输出驱动程序映像表数据并送到相应的输出设备。

（3）驱动程序映像表（DIT）

可以把它看成是内存中的一个数据区域，被划分为许多“邮箱”，由输入输出驱动程序创建和维护。其中每个邮箱称为一个记录，每个记录可以装一个或连续的数据点。驱动程序根据用户设置的通信参数及轮询时间等信息创建和维护驱动程序映像表。通过访问驱动程序映像表，iFIX 可以向操作员显示接收的数据。然而，在访问数据之前，iFIX 需要有一个地方来保存得到的信息，这就需要建立一个过程数据库。

（4）过程数据库（PDB）

它是 iFIX 的核心，由流程控制逻辑回路组成。描述形式是块(Block)和链(Chain)。一个块是一组被编码能实现具体任务的控制指令。一个链是一串连接在一起能创建控制回路的“块”序列，在 iFIX 中创建块可通过 iFIX 提供的数据库建立程序功能模块(Database Builder)来实现。用户要创建一个新的块，必须输入块名，规定块接收值来源、块输出值去向、报警优先权，对临界值或一般数据值的改变怎样反应等来完成一个块的创建过程。然后，把创建的块连接起来构成链，每个链实现流程规定的操作。创建链之后，SAC 程序就会在规定时间内处理每个块里的指令。假如想从输入输出设备读数据，经过计算后写回到该输入输出设备，则执行这一策略的链可以是模拟输入块(AI)—计算块(CA)—模拟输出块((AO)。

（5）扫描、报警、控制程序（SAC）

SAC 是一个运行在 SCADA（数据采集监控）节点上的系统任务。它的功能包括从驱动程序映像表中读数据，进行处理并传送到过程数据库中。

（6）内部数据库访问软件

从本地或远程数据库读数据，并把它们传送到需要的应用当中，当然，数据也可以被写回过程硬件。它包括操作员显示、数据库标识信息及数据流等内容。

总之，I/O 驱动程序，SAC 程序、过程数据库组成了 iFIX 软件的数据采集和管理功能。一个 SCADA 节点就是一个有过程数据库、运行输入输出驱动程序和 SCADA 程序的单元。在此基础上 iFIX 实现数据的全面集成。它是 iFIX 系列软件的核心内容，主要包括监视、报警、控制、保存和归档数据、生成和打印报表以及绘图和视点创建数据的诸多显示形式等内容。

3.5.3.3 iFIX 的人机接口（HMI）

当采集到数据并送入通道后，就能够以各种方式对数据进行集成和描述了。iFIX 系列在现场最重要的应用是提供"流程窗口"。这种通过与计算机打交道来了解流程中发生了什么的设计就是众所周知的人机界面（HMI——Human/Machine Interface）。iFIX 的人机界面是功能丰富的图形界面。主要由 Draw 和 View 程序组成。它们提供大屏幕以及丰富易用的格式来显示流程数据。

① Draw 程序　是以格式创建实时数据显示的配置程序。它提供多种工具和控件，使设计者能够创建具有多种功能而又美观的人机界面。

② View 程序　是显示含有实时数据的"Draw"图的应用程序。它提供命令与图建立联系，当建成了数据库，就可以用 Draw 来创建流程数据的显示。之后，操作员用 View 程序对显示进行访问。iFIX 则使用 Intellution Workspace 作为其人机界面。Intellution Workspace 为所有 Intellution Dynamics 组件提供集成化的开发平台，其特有的动画向导、智能图符生成向导等强大的图形工具方便了系统开发，标签组编辑器大量节省系统开发时间。它内置了微软易学易用的 Visual Basic For Application，使得无论是控制系统的设计人员，还是开发及应用人员都能快速上手。图像应用的核心是它能够访问数据库的数据，为直接显示数据、图像应用提供了各种链接（Links）。它显示系统数据或流程数据，并具有多种形式，如棒图、多笔图、时间信息、系统信息等。当然操作人员也可以用"链接"把数据写回数据库，而数据库的数据则可以控制一些动画特性，例如平移、侧移、流动、上升、下降、旋转等。

命令语言是一个功能强大的脚本工具（script tool），它通过一系列指令，执行自动任务。命令语言脚本存储这些指令，包括命令及其参数，然后在 View 中，按照要求执行这些指令。例如，对数据库的块进行控制、对文件进行操作、管理报警、自动运行其他应用程序等。iFIX 中使用 VBA（Visual Basic for Applications）作为其脚本语言。

3.5.4 亚控科技——组态王

3.5.4.1 组态王软件的特点

组态王（Kingview）工控软件是近年来很受欢迎的上层组态软件之一，以其价格低廉、使用简单、界面友好、服务好等优势在多个项目中获得成功应用，是在流行的 PC 机上建立工业控制对象人机接口的一种智能软件包，它以 Windows98/ Windows2000/ WindowsNT4.0 中文操作系统作为其操作平台，充分利用了 Windows 图形功能完备、界面一致性好、易学易用的特点。它使采用 PC 机开发的系统工程比以往使用专用机开发的工业控制系统更具有通用性，大大减少了工业控制软件开发者的重复性工作量，并可运用 PC 机丰富的软件资源进行二次开发。组态王的主要特点有以下几个方面。

① 画面显示功能　运行于 Windows 环境下，充分利用 Windows 的图形功能完备、界面美观的特点，可绘制出各种工业图画，可用其他工具制作动画，通过插入或连接方式，使画面生动、直观，最大程度上模拟工业控制现场，使人有一种身临其境的感觉。

② 良好的开放性　组态王软件能与多种通信协议互相连接，支持多种硬件设备，组态王软件向下能与数据采集设备通信，向上与管理层通信，实现上位机和下位机的双向通信。

③ 丰富的功能模块　可以与组态王相连接的功能模块很多，大约有 50 种。利用各种功能模块完成实时监控，产生报表，显示历史数据，产生报警，OPC 设备以及配方管理等功能。

④ 强大的数据库　数据库（数据词典）是组态软件的核心部分，配有实时数据库，可存储各种数据，如离散变量、实型变量、字符串变量、整型变量等，实现与外部设备的数据交换。

⑤ 强大的 ODBC 功能　组态王利用 ODBC 接口可与多种数据库连接，实现实时数据的写入功能，动态生成数据表，数据库函数丰富，能自动生成报警数据库，还支持数据表的图形显示。

⑥ 可编程的命令语言　提供一种和 C 相类似的语言，用户根据需要编写一段程序，在运行时定时或不定时地执行，和 C 语言不一样的是组态软件的程序相对零碎，程序执行入口多，语言功能强大，上手较快。

⑦ 系统安全性　安全保护是应用系统不可忽视的问题，对于可能有多个用户共同使用的大型复杂系统，系统必须能够依据用户的使用权限或通过安全区来允许或禁止其对系统进行操作。

3.5.4.2 组态王软件的组成

组态王软件包由工程管理器(ProjManager)、工程浏览器(TouchExplore)、画面运行系统(TouchView)三大部分组成。其中，工程管理器用于新建工程、工程管理等。工程浏览器内嵌画面开发系统，即组态王开发系统。工程浏览器和画面运行系统是各自独立的 Windows 应用程序，均可单独使用；两者又相互依存，在工程浏览器的画面开发系统中设计开发的画面应用程序必须在画面运行环境中才能运行。

（1）工程管理器

工程管理器主要用于组态王工程的管理，如新建工程、工程的备份、变量的导入导出、定义工程的属性等。其界面如图 3.27 所示。

① 搜索工程　搜索指定目录下的组态王所有版本的工程。

② 新建工程　新建立一个组态王工程。该命令不会真正建立一个组态王工程，只是建立了工程信息，只有启动了组态王开发系统后，才建立工程。

③ 删除工程　将所有的工程文件和工程信息全部删除，不可恢复。

④ 工程属性　定义工程的描述信息。

⑤ 工程备份　将选定的工程进行压缩备份。

⑥ 工程恢复　将备份的工程进行恢复，在备份后新产生的工程信息将被删除。

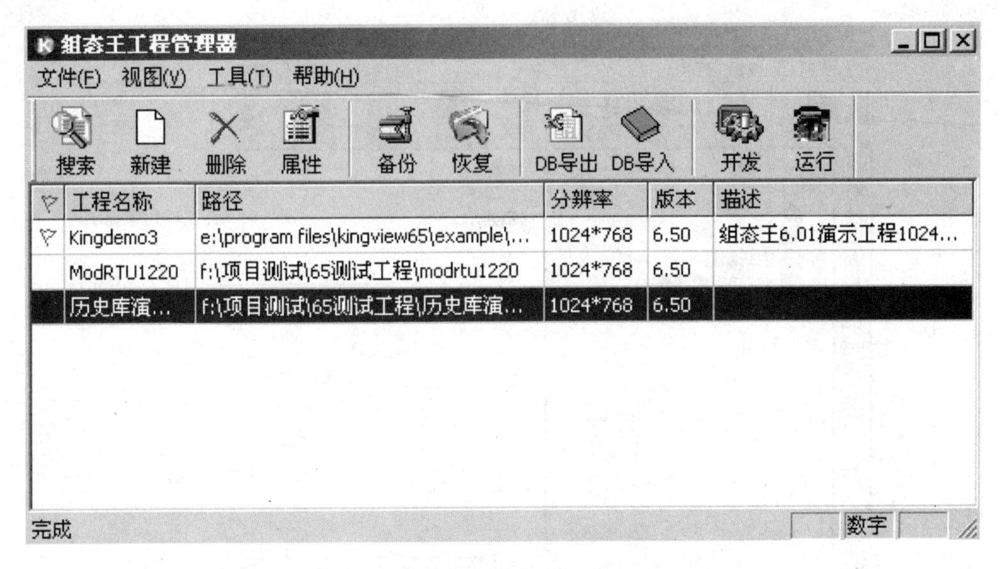

图 3.27　工程管理器界面

⑦ 数据词典导出　将选定工程的数据词典导出到 Excel 格式的文件中，供用户修改、定义变量。

⑧ 切换到开发系统　进入组态王开发系统。

⑨ 切换运行系统　如果当前选中的工程已经真正建立了组态王工程，则该项有效，进入到组态王的运行系统。

对于系统集成商和用户来说，一个系统开发人员可能保存有很多个组态王工程，对于这些工程的集中管理以及新开发工程中的工程备份等都是比较繁琐的事情。工程管理器的主要作用就是为用户集中管理本机上的所有组态王工程。工程管理器的主要功能包括：新建工程、删除工程，搜索指定路径下的所有组态王工程，修改工程属性，工程的备份、恢复，数据词典的导入导出，切换到组态王开发或运行环境等。工程管理器实现了对组态王各种版本工程的集中管理，更使用户在进行工程开发和工程的备份、数据词典的管理上方便了许多。

（2）工程浏览器

工程浏览器是组态王软件的核心部分和管理开发系统，它将画面制作系统中已设计的图形画面、命令语言、设备驱动程序管理、配方管理、数据库访问配置等工程资源进行集中管理，并在一个窗口中以树形结构排列，这种功能与 Windows 操作系统中的资源管理器的功能相似。工程浏览器内嵌画面开发系统，进入画面开发系统的操作方法如下。

在工程浏览器的上方图标快捷菜单中用左键单击“MAKE”图标。在工程浏览器左边窗口用左键选中“文件”下的“画面”，则在工程浏览器右边窗口显示“新建”图标，双击“新建”则进入组态王开发系统。

组态王工程浏览器的结构如图 3.28 所示。工程浏览器左侧是“工程目录显示区”，主要展示工程的各个组成部分，主要包括“系统”、“变量”和“站点”三部分，这三部分的切换是通过工程浏览器最左侧的 Tab 标签实现的。

① “系统”部分共有“Web”、“文件”、“数据库”、“设备”、“系统配置”和“SQL 访问管理器”六大项。

- “Web”为组态王 For Internet 工具。

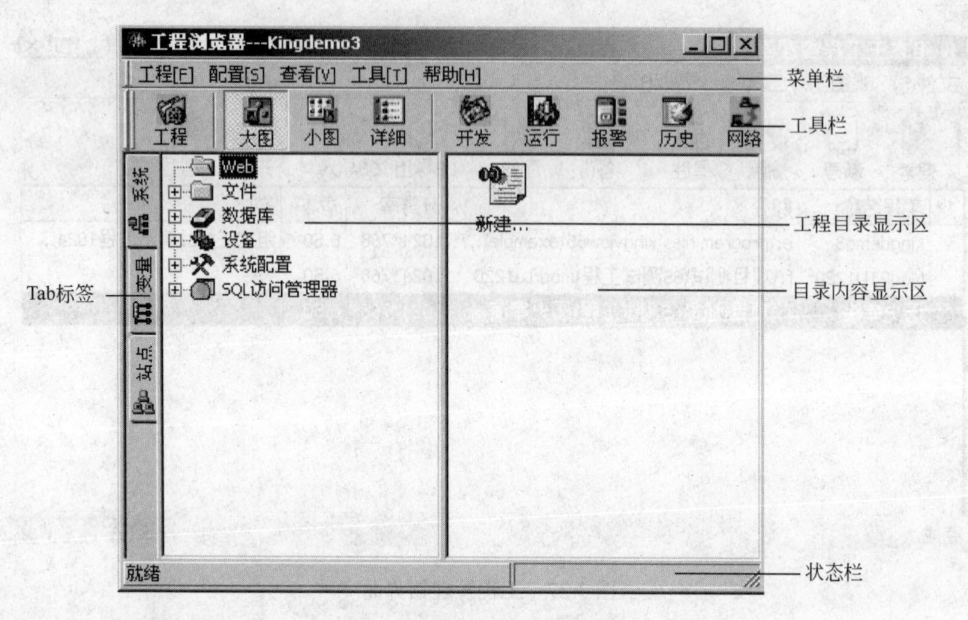

图 3.28 组态王工程浏览器

- “文件”主要包括“画面”、“命令语言”、“配方”和“非线性表”。其中“命令语言”又包括“应用程序命令语言”、“数据改变命令语言”、“事件命令语言”、“热键命令语言”和“自定义函数命令语言”。
- “数据库”主要包括“结构变量”、“数据词典”和“报警组”。
- “设备”主要包括“串口 1（COM1）”、“串口 2（COM2）”、“DDE 设备”、“板卡”、“OPC 服务器”和“网络站点”。
- “系统配置”主要包括“设置开发系统”、“设置运行系统”、“报警配置”、“历史数据记录”、“网络配置”、“用户配置”和“打印配置”。
- “SQL 访问管理器”主要包括“表格模板”和“记录体”。

②“变量”部分主要为变量管理，包括变量组。

③“站点”部分显示定义的远程站点的详细信息。

右侧是“目录内容显示区”，将显示每个工程组成部分的详细内容，同时对工程提供必要的编辑修改功能。

（3）画面运行系统

TouchView 是组态王软件的实时运行环境，用于显示画面开发系统中建立的动画图形画面，并负责数据库与 I/O 服务程序（数据采集组件）的数据交换，它通过实时数据管理从一组工业控制对象采集到各种数据，并把数据的变化用动画的方式形象地表示出来，同时完成报警、历史记录、趋势曲线等监视功能，并可生成历史数据文件。

工程人员在组态王开发系统中制作的画面都是静态的，那么它们如何才能反映工业现场的状况呢？这就需要通过实时数据库，因为只有数据库中的变量才是与现场状况同步变化的。数据库变量的变化又如何导致画面的动画效果呢？通过“动画连接”——所谓“动画连接”就是建立画面的图素与数据库变量的对应关系。这样，工业现场的数据，比如温度、液面高度等，当它们发生变化时，通过 I/O 接口，将引起实时数据库中变量的变化，如果设计者曾经定义了一个画面图素——比如指针——与这个变量相关，将会看到指针在同步偏转。

图库是指组态王中提供的已制作成型的图素组合。使用图库开发工程界面至少有三方面的好处：一是降低了工程人员设计界面的难度，使他们能更加集中精力于维护数据库和增强软件内部的逻辑控制，缩短开发周期；二是用图库开发的软件将具有统一的外观，方便工程人员学习和掌握；最后，利用图库的开放性，工程人员可以生成自己的图库元素，“一次构造，随处使用”，节省了工程人员投资。

组态王为了便于用户更好地使用图库，提供图库管理器，图库管理器集成了图库管理的操作，在统一的界面上,完成“新建图库”、“更改图库名称”、“加载用户开发的精灵”、“删除图库精灵”等操作，如图 3.29 所示。

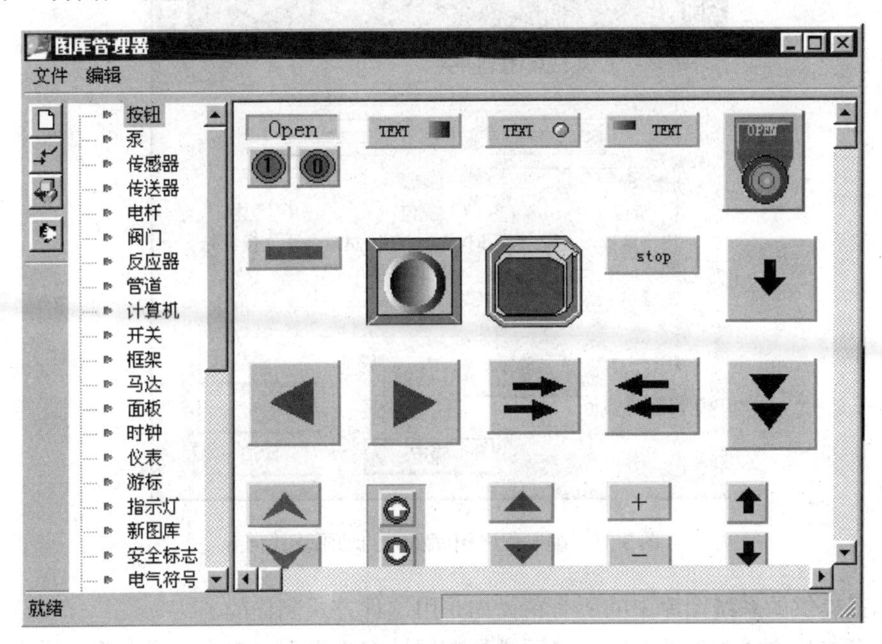

图 3.29　图库管理器

图库中的元素称为“图库精灵”。之所以称为“精灵”，是因为它们具有自己的“生命”。图库精灵在外观上类似于组合图素，但内嵌了丰富的动画连接和逻辑控制，工程人员只需把它放在画面上，作少量的文字修改，就能动态控制图形的外观，同时能完成复杂的功能。

用户可以根据自己工程的需要，将一些需要重复使用的复杂图形做成图库精灵，加入到图库管理器中。组态王提供两种方式供用户自制图库。一种是编制程序方式，即用户利用亚控公司提供的图库开发包，自己利用 VC 开发工具和组态王开发系统中生成的精灵描述文本制作，生成*.dll 文件。关于该种方式，详见亚控公司提供的图库开发包。另一种是利用组态王开发系统中建立动画连接并合成图素的方式直接创建图库精灵。

例如画面上需要一个按钮，代表一个开关，开关打开时按钮为绿色，开关关闭后变为红色，并且可以定义按钮为“置位”开关、“复位”开关或“切换”开关。如果没有图库，首先要绘制一个绿色按钮和一个红色按钮，用一个变量和它们连接，设置隐藏属性，最后把它们叠在一起——把这些复杂的步骤合在一起，这就是“按钮精灵”。利用组态王定义好的“按钮精灵”，工程人员只要把“按钮精灵”从图库拷贝到画面上，它就具有了“打开为绿色，关闭为红色”，也可以根据用户具体需求改变颜色，并且可以设置开关类型的功能。如图 3.30 所示。

图 3.30 图库精灵的组成

图库中的几乎每个精灵都有类似的已经定义的动画连接，所以使用图库精灵将极大地提高设计界面的效率。例如使用第一种方式即编制程序制作的图库精灵具有自动控制图形外观的向导功能。双击该类图形，弹出类似如图 3.31 所示的向导界面。

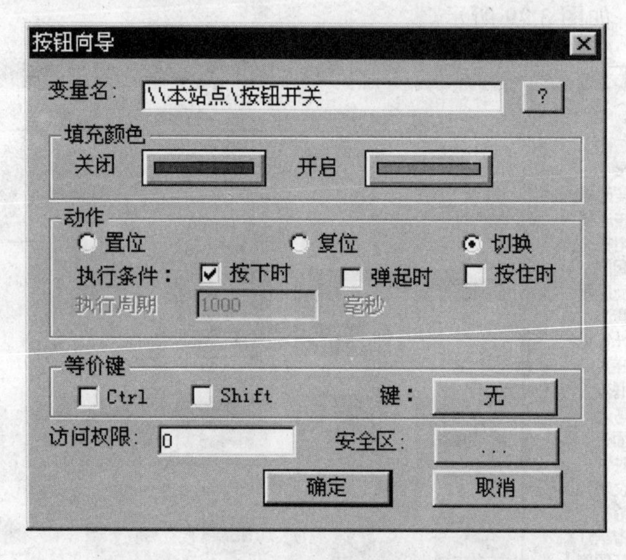

图 3.31 编制程序图库精灵的动画连接向导

组态王提供的系统图库中的所有精灵均是用这种方式制作的。

利用第二种方式制作的图库精灵同样具有属性定义界面，双击该类图形，弹出向导界面如图 3.32 所示。

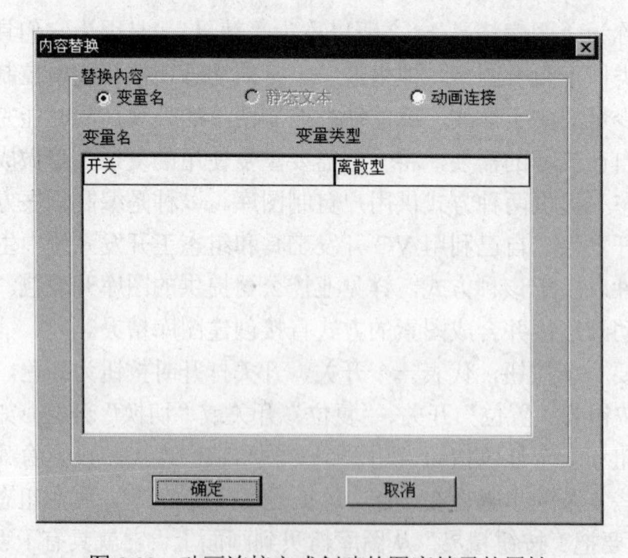

图 3.32 动画连接方式创建的图库精灵的属性

工程人员可以在画面上任意地缩放图库精灵。

第4章 集散控制系统仪表

Chapter 4

4.1 过程控制现场总线仪表

4.1.1 现场总线温度测量仪表

4.1.1.1 温度测量仪表的性能

测量温度参数的现场总线变送器符合基金会现场总线通信协议，双向数字通信，多站挂接，有功能块应用进程并可与其他总线设备构成用户应用等。温度变送器有如下技术性能。

① 输入信号——3个输入通道，分别对应差压、压力和温度参数。

② 输出信号——符合FF现场总线标准的数字信号输出；FF低速总线（H1），31.25Kbps；电压方式；二线制。

③ 供电电源——由总线供电，9～32V DC；静态电流消耗，小于15mA（圆卡8mA）；输出阻抗，本安应用阻抗必须大于或等于400Ω（频率范围：7.8～39kHz），非本安应用阻抗必须大于或等于3000Ω（频率范围：7.8～39kHz）。

④ 采用液晶显示。

⑤ 功能块——至少具有一个多路模拟输入功能块（MAI），或者三个标准模拟输入功能块（AI），可以接收变送块的测量值并变换之，以作为其输出提供给其他功能块使用。

⑥ 资源块——按照FF的资源块规范设计实现，说明设备的硬件特性。

⑦ 测量精度高，

4.1.1.2 温度测量仪表总体架构

温度变送器由两部分组成——通信圆卡和仪表卡，两部分均包含各自的软硬件。圆卡包括通信控制器、通信栈软件及通信接口，主要提供总线接口、总线通信以及功能块应用的处理能力；仪表卡负责采集现场信号，进行信号处理，将处理完毕的信息传送至圆卡，并提供了必要的人机接口。总体设计架构如图4.1所示。

图中，A为仪表卡部分，主要用于温度和其他参数的传感、输入、数据处理和显示功能；B为用于现场总线通信的圆卡部分。

（1）圆卡系统结构与功能

圆卡是一种开发现场总线现场设备所需要的通用产品。使用圆卡可以免除设备开发者开发现场设备时，在考虑满足FF物理层标准和一些通用电路上而花费大量时间和精力，使开发者可以集中精力去设计开发产品的其他应用特征。圆卡主要完成以下三个任务。

① 接收和发送总线信号，完成总线通信功能。该任务由通信栈完成，通信栈以库形式提供，需在用户开发的最后阶段进行链接。圆卡网络可视，并可实现与总线其他仪表的连接。

② 功能块调度和处理。在用户应用程序中开发功能块的执行动作，如AI、PID功能块

被调度执行时的数据处理算法，前者可进行输入信号滤波，后者可进行 PID 等数据处理。

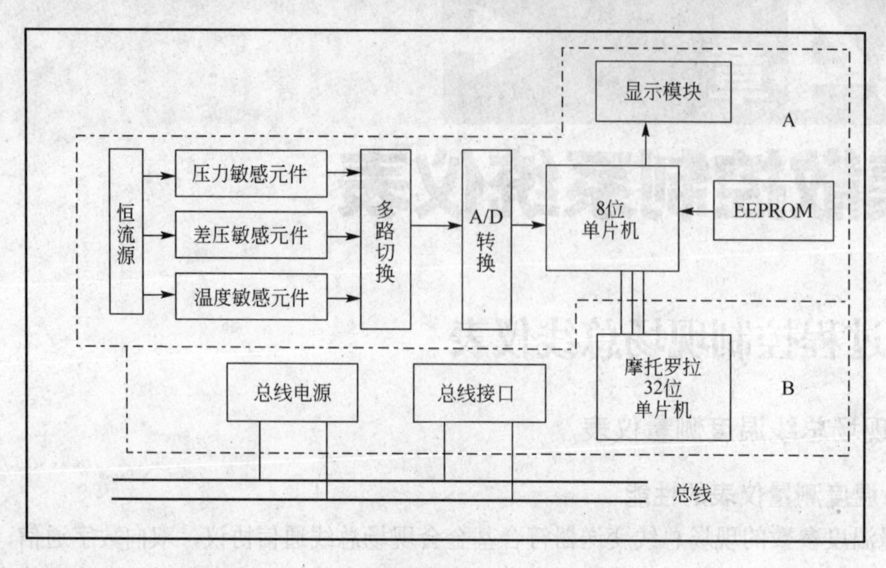

图 4.1　变送器总体设计架构图

③ 通过串行函数实现与仪表卡之间的串行通信。

圆卡的以上功能是通过圆卡应用的开发来实现的。以下是圆卡应用开发的环节：首先要写出设备模板，并将设备模板转换为 C 代码，生成设备组态；然后编写用户应用程序 C 代码，程序中需要写出功能块的 callback 函数，并在 userstart 函数中注册 callback 函数，编写功能块算法，定义串行函数、系统时钟速率和 RAM 大小，定义并安装中断处理器；最后将所有的 C 代码进行编辑、链接，生成二进制代码并写入圆卡的闪存。

（2）仪表卡结构与功能

按照温度仪表总体架构，给出了仪表卡的性能如下。

① 根据对差压、压力和温度信号的测量精度要求，选择合适的敏感元件，并设计必要的信号调理电路。同时，还要为敏感元件选择合适的激励源，以实现低功耗和高精度测量。

② 选择合适的模/数转换器件。该器件至少应具有 3 个输入通道，应能在保证低功耗的前提下实现较高的转换精度。

③ 选择合适的仪表卡 CPU，在满足系统要求的前提下实现低功耗的设计。因为仪表卡仅实现基本的测控功能，所以目前广泛使用的 8 位单片机即可满足要求。

④ 选择低功耗的液晶显示模块和 EEPROM。

⑤ 仪表卡的软件需要实现的功能有：各种器件的初始化，模/数转换，数据处理，液晶显示，响应来自圆卡的串行命令。

其中仪表卡完成仪表的测量、计算、显示等功能，是仪表的本体部分。通信圆卡为数据传输与控制部分，主要完成现场总线的通信任务以及各种通信算法。由仪表卡对差压 Δp、压力 p，温度 T 进行信号采集，在 8 位单片机内完成非线性校正、工程量计算等工作后，将数据送到通信圆卡。通信圆卡可根据需要将数据以约定的格式发送出去，也能调用控制功能模块，完成一定的控制任务。另外，通信圆卡接收外来信息，如参数设定、报警值设定等。圆卡和仪表卡安装于同一仪表壳体内，两卡之间的信息传输采用串行通信方式。

4.1.1.3 温度测量圆卡应用

（1）硬件组成部分

总线圆卡是一个现场总线协议的通信控制部件，它使得仪表允许与符合 FF H1 标准的网络连接。它由总线供电，使用 MOTOROLA 的 MC68331 内置处理器以及可编程 128K×16 闪存以运行栈接口库、功能块壳和用户应用。一个 128K×16 SRAM 提供易失性存储器，同时还有一个 4K×8 的串行 ROM（SROM），可作为非易失性存储器，用来存储总线管理信息库参数和块参数。

圆卡提供到总线的接口。它与设备测量电子部件的连接是通过子卡适配器实现的，National Instruments 公司提供用于 0～5V 和 4～20mA 信号的子卡适配器，用户也可自行开发设备元件的适配器。适配器的接口完全标准化，包括与圆卡相连接的同步和异步串行及并行 I/O，以及向设备元件供电的 5V/4mA 电源。用户可根据这些标准接口，选用合适的 CPU 及外围芯片，设计完成独特功能的测控电路。

（2）软件组成部分

运行在总线圆卡上的通信栈协议代码已经由供应商完成。总线圆片接口工具中提供了功能块壳（Function Block Shell），这是一个介于应用程序和通信栈之间的接口，只需要用户有很少的关于现场总线通信协议的知识，从而简化了总线设备开发的应用程序员接口（Application Programmer's Interface，API）。此外，还提供一个总线协议栈的可链接库，用户应用程序在下载到圆卡上之前，将圆卡应用和功能块壳同协议栈（FF 基金会通信软件）相链接。圆卡应用软件包括以下几项。

① 应用程序结构——设备启动后，自动激活从 userstart 函数开始的用户应用。

② 进程注册——功能块应用进程使用注册函数以通知功能块壳用户应用的特性，包括用户定义的数据类型、物理块、变送块、功能块、块参数以及 callback 函数。另外，用户必须定义一些其他的通用组态信息。在与功能块壳或总线进行链接前必须进行注册。

③ 数据的所属功能块壳组织并拥有 OD。每个资源块、功能块和变送块参数都有一个所属特性。

④ 串行函数——串行函数在圆卡和串行设备（仪表卡）之间提供一个传递数据的通用方式。它们用于与串行设备进行通信的通信协议，以及功能块壳和调用功能相互独立。

⑤ 组态文件——组态文件包括数据链接组态和系统管理组态，它们对设备类型（基本设备或链路主设备）、节点地址、设备 ID 号、设备位号、设备调度时间单位、调度时间表进行了定义。

⑥ 用户应用文件——用户应用程序 user.c 为实现变送器功能的主要部分。它利用功能块壳所提供的与 FF 通信栈的高级接口，处理有关网络通信的参数读写、功能块调度等任务。圆卡与仪表卡的通信功能放在功能块中调度执行，判断为 AI 功能块调度执行时，将需要的命令按照与仪表卡约定好的格式进行编码，并送至串行口。

（3）圆卡与仪表卡的通信

圆卡与仪表卡的连接如图 4.2 所示。总线圆卡除了提供到现场总线的接口，还可为外部电路提供 5V/4mA 的电源。通过 2×21 的插针接口 Wl，总线圆卡可方便地与用户开发的仪表卡相连，从而实现与现场信号的连接。

4.1.1.4 温度测量仪表卡应用

（1）仪表卡电路结构

对仪表卡的硬件整体结构和采用的主要元器件进行介绍，体现出低功耗的设计目标。如

图 4.3 所示为仪表卡的硬件整体结构图。

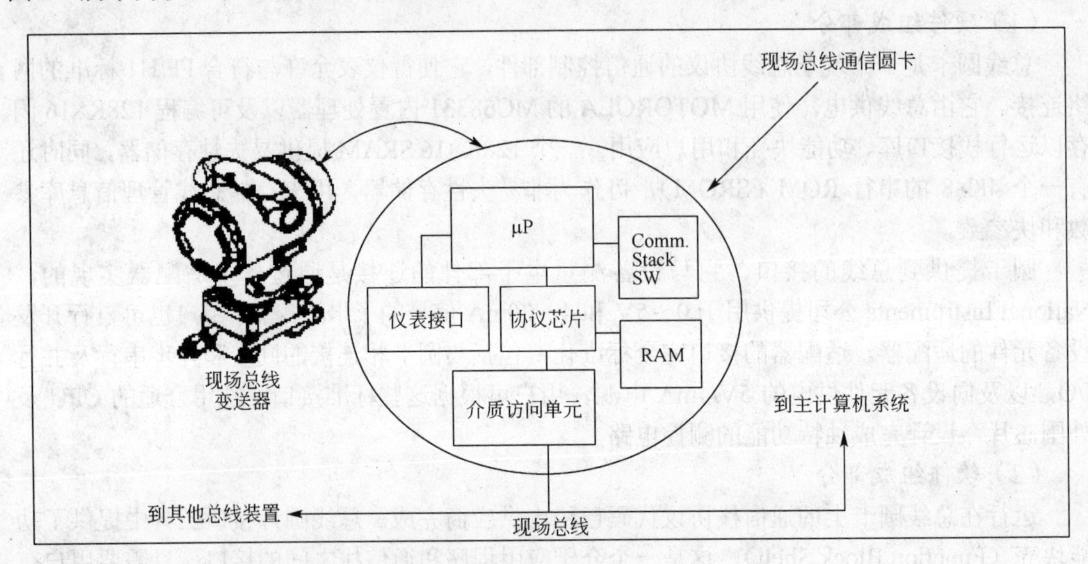

图 4.2 圆卡与仪表卡的连接

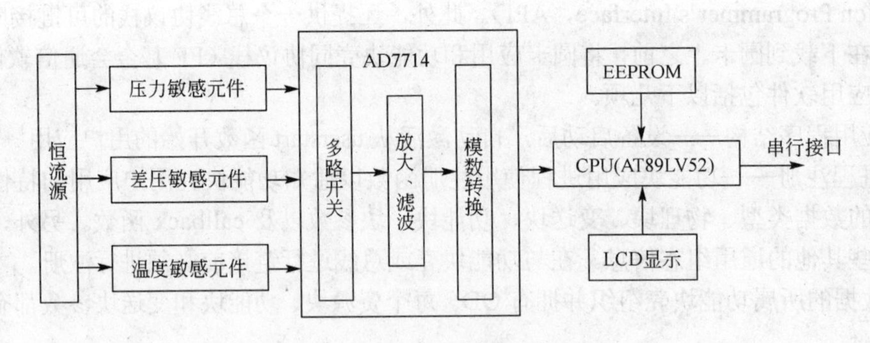

图 4.3 仪表卡的硬件整体结构图

敏感元件的选型及其激励方法是决定系统测量精度和功耗的主要因素。铂电阻具有高熔点、高稳定性、抗氧化等特点，被用来作为–100～+630℃范围的国际标准温度计，可选择铂电阻 Pt100 作为温度测量的敏感元件。对于压力和差压信号的测量，温度仪表采用瑞士 KELLER 公司的 PD-10 和 PAA-10 分别作为差压和压力的敏感元件。KELLER 公司的 10 系列压阻式压力敏感元件具有高稳定性和高分辨率。仪表采用恒流源作为敏感元件的激励源，以得到较高的测量精度。主要部件可按以下选择。

① ATMEL AT89LV52——ATMEL 公司 8 位 Flash 单片机系列的 AT89LV52 作为仪表卡的 CPU。

② AD7714 具有放大、滤波、A/D 转换功能，选择 AD 公司的 AD7714 芯片来实现。

③ 恒流源 REF200 是 BURR-BROWN 公司生产的，具有高精度、低功耗、低温漂和宽电压范围的恒流源。REF200 在一个单片集成电路上集成了三个电路内置块，包括两个 100mA 的电流源和一个电流镜像。

④ 液晶显示模块可选择北京青云的 LCM141。该液晶显示模块适用于流量、温度、压力等仪表，带 14 段条码，分两行显示，可以模拟显示瞬时量。

⑤ 看门狗电路芯片选用美国 Xicor 公司的 X25045 芯片。它将看门狗定时器、电源电压监视和串行 EEPROM 组合在单个封装内，降低了系统成本和对电路板空间的要求，并增强了可靠性。

(2) 仪表卡软件实现

仪表卡的软件将实现模/数转换、数据处理、液晶显示以及串行通信等功能。程序包括主程序、中断服务程序等子程序。

① 主程序 CPU 上电复位后，需要在主程序中进行初始化工作，其中包括 CPU 的初始化、AD7714 的初始化及液晶模块的初始化。主程序的流程框图如图 4.4 所示。

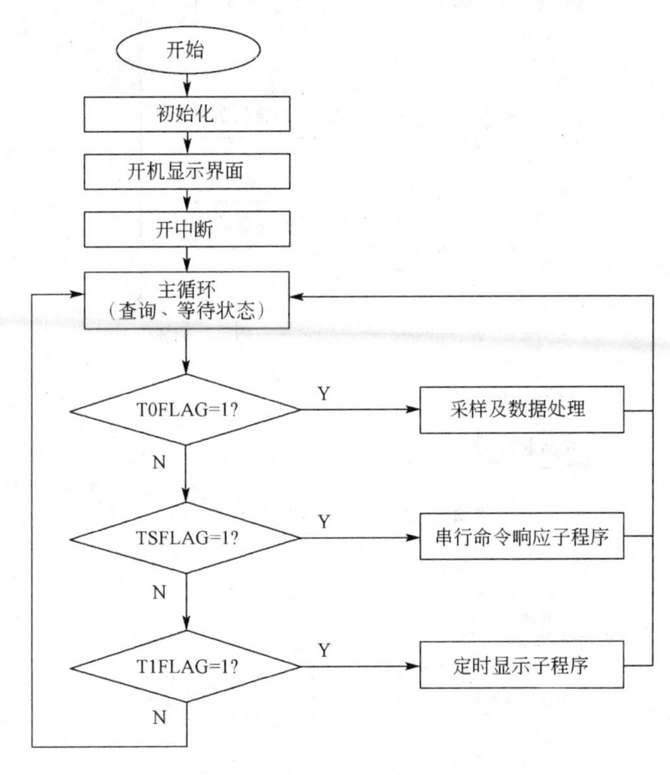

图 4.4 主程序流程框图

② 外部中断 0 服务程序 AT89LV52 的 P3.2（/INT0）引脚同 AD7714 的/DRDY 引脚相连。每当 AD7714 的数据寄存器中有新的转换字可供使用的时候，/DRDY 引脚变为逻辑低电平，/INT0 被触发，进入外部中断 0 服务程序。如图 4.5 为外部中断 0 服务程序的流程图。

③ 采样及数据处理子程序 采样及数据处理子程序主要完成以下任务：分别将温度通道、差压通道和压力通道的缓存中的转换字转移到各自的存储空间中，每个通道均分配到了 20 个字节的存储空间，可以存储 10 个最新数据：每次存满 10 个最新数据，就分别对每个通道的数据进行处理。处理完毕后，将存储空间的首地址指针和计数变量 COUNT 复位。如图 4.6 为读温度通道子程序的流程图。首先将 ADFLAG 清零，然后选择通道并初始化该通道，下一步就是把外部中断 0 打开，等待进入外部中断 0 服务程序。如果外部中断 0 服务程序采集该通道数据成功，则 ADFLAG 标识位被置 1，该子程序将 FLAG 置于 3，结束返回。

当各个通道分别采集够 10 个数据后，需要求出平均值，方法是去掉最大值和最小值，求其他 8 个数据的平均值。然后，还需对各个通道的平均值进行一些必要的数据处理，如非线性校正。最后，还需要对处理后的数据进行运算，把它们换算成为工程量，存在为之分配的存储单元中，等待定时显示子程序的调用或串行命令响应子程序的调用。以上工作是分别在各个通道的计算子程序中，调用平均值计算和非线性校正等子程序来完成的。

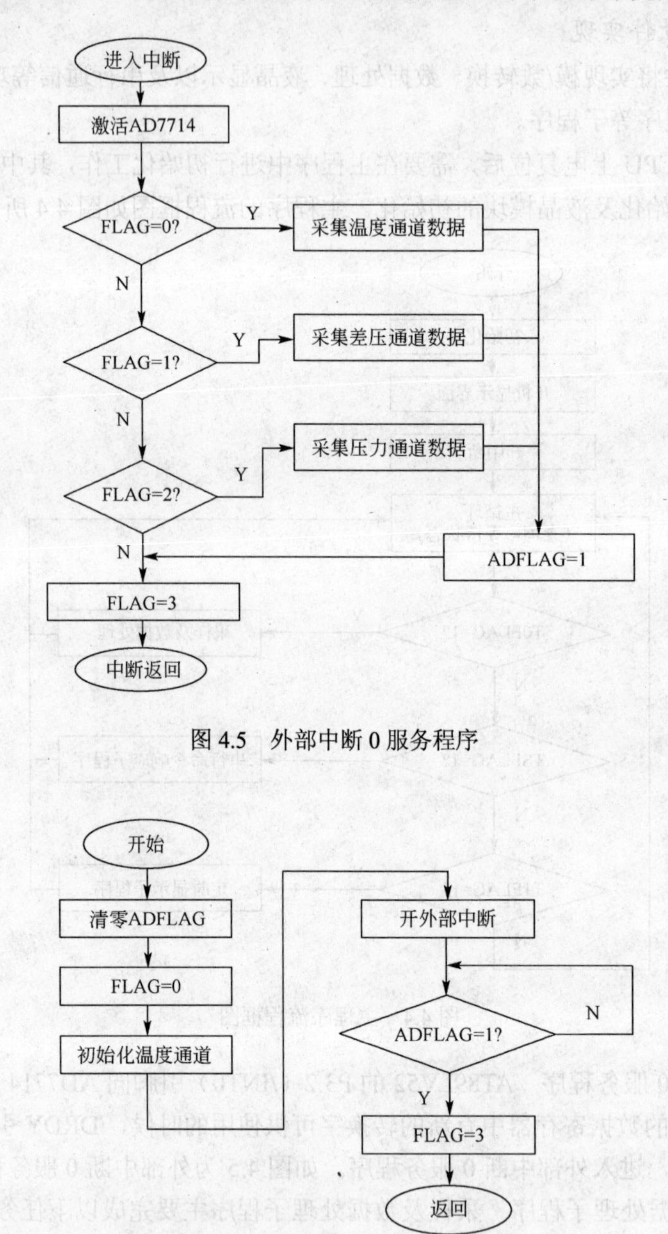

图 4.5 外部中断 0 服务程序

图 4.6 读温度通道子程序

4.1.2 现场总线压力测量仪表

4.1.2.1 现场总线压力变送器结构

现场总线压力变送器为了实现变送器的基本功能，如线性化处理、温度压力补偿、量程调整和数字通信等，单片机、A/D、D/A 和通信芯片是必需的。图 4.7 是 HART 协议压力变送器的原理框图，框图中注明了可选的单片机和主要芯片。传感器模拟量信号经 A/D 转换成数字量后送入单片机，单片机将处理后的数字通过 D/A 转换器，经 V/I 转换电路输出 4～20mA 的标准电流信号。

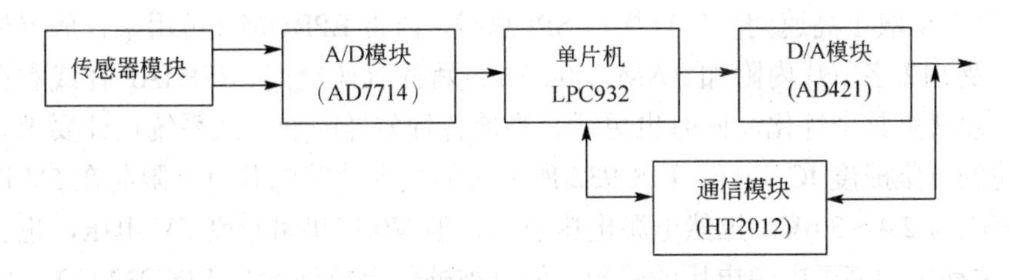

图 4.7　现场总线压力变送器系统框图

现场总线压力变送器是以智能仪表的硬件结构为基础的，例如抗干扰电路、传感器电路等，而它的优势所在就是引入了微处理器和数字通信，可以选择 Philips 单片机 LPC932，它的低功耗特性、运行速度快、片内 RAM、片内 EPROM 等一些新增的功能，大大减少了元件的数目，简化了硬件结构。为兼容 4～20mA 标准电流信号，HART 协议智能变送器必须可工作在 4～20mA 两线回路中，这就意味着可用来为变送器供电的电流不能超过 4mA。在实际应用中，为兼容数字和模拟两种信号，通常将数据频率信号通过 V/I 转换电路的调整，转换为幅度为±5mA 的频率信号，叠加在两线制的 4～20mA 电流环上，但环路上电流瞬时最大值 I=4.5mA，最小值 I=3.5mA，如果向变送器供电过多，超过 3.5mA，将导致数字信号负半周失真，再考虑到调节量所需的余量，因此要求给变送器的供电电流不超过 3.4mA。在供电方面，主要有两种方式：一种是直接将输入电压稳压成所需电压 5V 后向系统供电，这种方法总电流必须控制在 4mA 以内；另一种采用 DC-DC 供电方式，只要 DC-DC 变换器的效率足够高，在功耗控制上它比第一种方式要宽松得多，但同时又要考虑变换器的线性稳定性因素可能带来的负面影响。采用同一电压源供电，但由于 V/I 转换电路一般要求较高的电压，所以给 V/I 转换电路提供+24V 电压，其余电路都是+5V 电源供电，这样极大限度地抑止了电源干扰的影响，而且由于整个硬件电路设计中包含有模拟电路和数字电路两部分，单片机只处理数字信号，而传感器测量输出的信号是模拟信号，为了防止数字和模拟信号的相互影响，采用了隔离技术，将传感器和单片机系统模块分开，对于系统中存在的其他模拟和数字电路，则采用部分隔离技术，尽可能使模拟电路和数字电路相隔较远，而且线路互不交叉和覆盖。同时，在接地方面，采取数字电路接数字地，模拟电路接模拟地，最终通过一点把数字地和模拟地连接起来。

(1) 传感器模块

传感器是测量系统中的一种前置部件，它将输入变量转换成可供测量的信号。进入传感器的信号幅度通常是很小的，而且混杂有干扰信号和噪声。为了方便随后的处理过程，首先要将信号整形成具有最佳特性的波形，有时还需要将信号线性化。压力传感器采用半导体压阻传感器，为提高满量程输出，减少零点漂移和提高线性度，通常把力敏电阻（即感压电阻）连成惠斯登电桥，每个桥臂电阻都比较大，一般为 2kΩ。电桥一般采用恒流源供电，这种方式的优点是电桥的输出与桥臂电阻无关，同时采用的又是双电源供电，所以可以进一步减小传感器的非线性和温度对传感器输出灵敏度的影响。

(2) 单片机 LPC932 应用

LPC932 是 Philips 公司在成功推出 LPC700 系列单片机之后，又推出的一款 Flash 小引脚、高性能低功耗的 LPC900 系列中的典型代表，LPC932 单片机以先进的 CMOS 工艺制造，通过片内集成的丰富特性实现了非常高的性价比，其在速度上 6 倍于标准 80C51 单片机，扩充的捕获/比较单元（CCU）可实现捕捉/PWM 输出等功能、功能增强型 UART，支持 400K 的高速 PC 总线、全双工高速同步串行接口 SPI 总线，内带 EPROM（可用来存放器件序列码及设置参数）及 512 字节片内附加 RAM，8K Flash 程序代码空间、ISP/IAP 在线和在系统可编程功能等，使其更具个性化，同时也更适合当前各种各样的嵌入式系统设计要求。

和其他的高集成度 IC 一样，LPC932 所采用的技术使其电源电压限制在 5V 以下，标称工作电压范围为 2.4～3.6V，虽然电源电压较低，但 V0 口仍可承受 5V 电压，也就是说虽然 I/O 口不能主动驱动高于电源电压的输出，但可被外部上拉到 5V。LPC932 I/O 口的优异特性在于它不需要任何外部元件就可以运行，除电源和地之外的所有管脚都可作为 I/O 口，也就是说 28 引脚的 LPC932 最大 I/O 口数为 26 个，最少为 23 个，I/O 口均可通过 SFR 进行单独配置。LPC932 有 2 个 16 位的通用定时器/计数器，与标准 80C51 定时器 0 和定时器 1 兼容，两者均可配置为定时器或计数器，有五种工作模式，可通过编程选定，另外增加了定时器 0/1 溢出时 T0/T1 脚自动翻转功能选项。Philips 公司还为 LPC932 设计了 4 中断优先级结构，这为它的 15 个中断源的处理提供了极大的灵活性，任何一个中断源均可通过编程实现单独使能和禁能，同时还有一个全局使能位，可使能所有中断。同时，Flash 程序存储器也方便了系统的开发，它提供电路中的电擦除和编程，片内产生的擦除和写入时序为用户提供了良好的编程接口，通过使用 V_{DD} 电压即可进行编程和擦除算法。51 指令系统是专门用于 80C51 及其派生系列单片机的，是一个功能很强大的指令系统，它含有加、减、乘、除、比较、堆栈操作和多种位操作，LPC932 也沿用了该指令系统，以便于实际应用和开发。从以上的功能和特点可知，LPC932 是一款很适合智能仪表仪器的单片机。

（3）A/D 模块

为实现现场总线变送器的功能，需要一个增益可调的仪表放大器和一个分辨率至少在 16 位的 A/D 转换器来实现对传感器输出模拟信号的放大和模数转换，这样才能达到变送器的高精度、自动调节量程和大量程比的设计要求，而对差压变送器还需要对静压和温度进行采样，从而实现补偿，提高全范围的测量精度，这就需要一个多路转换器实现通道间的切换。整体考虑如果选用分立元件必然会有相当大的功耗引入，难以满足 HART 协议智能变送器功耗要求。Analog Device（AD）公司推出的 AD7714 是为兼容 4～20mA 的智能变送器而设计的专用 A/D 器件，将增益可调的仪表放大器、多路转换和 A/D 转换器集成在一个芯片上，功耗很低，为实现系统的功能提供了方便。

AD7714 芯片带自校准功能的Σ-Δ 转换技术，其内部具有完整的模拟前端，直接从传感器接受低电平信号并输出串行数据结果，输入信号加至专用增益可编程前端放大器，然后进入模拟调制器，调制器输出通过一个低通可编程滤波器进行处理，该滤波器通过片内控制寄存器可对此数字滤波器关断、输出速率和稳定时间进行调整。它采用三线串行口与单片机或 DSP 系统连接，其中串行接口包括 8 个片内寄存器组，在系统中用串行口通过软件编程可以实现通道选择、增益设置、信号极性、滤波器频率设置，同时具有自校准、系统校准和背景校准功能，可以消除零点误差、满量程误差及温度漂移的影响，对 AD7714 的任何一种操作，必须首先对通信寄存器写入相应代码，然后才能对其他寄存器读写。

（4）D/A 模块 AD421

为将数字频率信号转换为±0.5mA 的频率信号，叠加在两线的 4～20mA 电流环上，还需要附加耦合电路，这样必然会造成更大的功耗开销，而美国AD公司的产品AD421，是专门为HART协议智能仪表设计的，包括4～20mA电流环的16位D/A转换器，与HART协议兼容，其开关模块和滤波器功能块，可将HART电压信号转换为±0.5mA电流信号，为应用带来了方便。

AD421是一种单片低功耗、高精度AD器件，它由电源调整器、16位Σ-ΔDAC、电流放大器、数字接口和参考电压五部分组成。

电源调整器用于供电回路本身使用的电源，它由DRIVER引脚控制了一个耗尽型FET产生。供电回路的最高电压取决于外接调整管（FET）的耐压。16位Σ-ΔDAC将装到输入锁存的数字信息转换为电流信号，它由带有连续时间滤波器的二阶调制器组成。调制器位流控制一个转换电流源，该电流源由三个电阻-电容滤波器滤波，滤波器的电阻已在片集成，而电容需由C1、C2、C3引脚接入。DAC输出电流驱动由工作放大器和NPN型晶体管组成的电流放大器，在DAC输出和LOOP RTN引脚之间接一80kΩ的电阻，以设定流过LOOP RTN引脚的电流。BOOST引脚通常与V_{CC}引脚连在一起，使总回路电流变化范围为4～20mA。当电源调整器的FET管不能提供20mA的电流时，可以通过一个外接NPN型三极管直接从供电回路获得电流。数字接口由DATA、CLOCK、LATCH三根线组成，可直接与MCU串行口相接。参考电压部分可提供+1.25 V和+2.5 V精密参考输出电压，它的2.5V参考电压供自己和AD7714使用。

AD421有两种工作方式：4～20mA输出方式和3.5～24mA报警输出方式。

LPC932和AD421接口采用三线制串行接口，为了满足信号传输过程中对噪声、安全性和距离等方面的要求，在二者串行口之间加光电隔离器。

通过LPC932的P2.1、P2.7和P2.6连接到AD421的LATCH、CLOCK和DATA端，在CLOCK信号的上升沿数据由高位到低位被转载到AD421内部的输入移位寄存器，在LATCH信号的上升沿，该寄存器的数据传送到DAC锁存端。

（5）通信模块

SMAR公司生产的HT2012是实现智能变送器现场通信或控制室控制的核心芯片。HT2012是一款符合Bell202标准的单片COMS低功耗FSK调制解调器，HT2012芯片用来实现HART协议中通信信号的解调及调制过程，它是为设计过程控制仪器检测和其他低功耗装备中提供HART通信协议的专用芯片。

HT2012主要特性如下：

- 工作在Bell202标准下，传输速率是1200bps，半双工操作；
- 标准频率是1200Hz和2200Hz；
- 单一3～5V供电，低功耗，典型值为40μA；
- 需外部提供460.8kHz的时钟；
- CMOS和TTL的I/O兼容。

HT2012主要有四个功能模块：载体检测模块、时钟模块、调制和解调模块。时钟模块接受外部输入的460.8kHz时钟信号，用于建立内部时钟，正常使用时，内部时钟为19.2kHz，输出到插针2上，供外部电路使用。460.8kHz分别产生1200Hz（表示0）和2200Hz（表示1）的两种频率；从调制器模块的ITXD输入不归零制（NRZ）的数字信号，并将数据调制成1200Hz和2200Hz，从OTXA插针输出；从解调器模块的IRXA输入FSK调制方波的数字脉冲，解调后的数字信号从ORXD输出；载体检测的频率范围为1000～2575Hz，当IRXA上的信号频率在此范围内时，载体检测信号OCD必定为低。

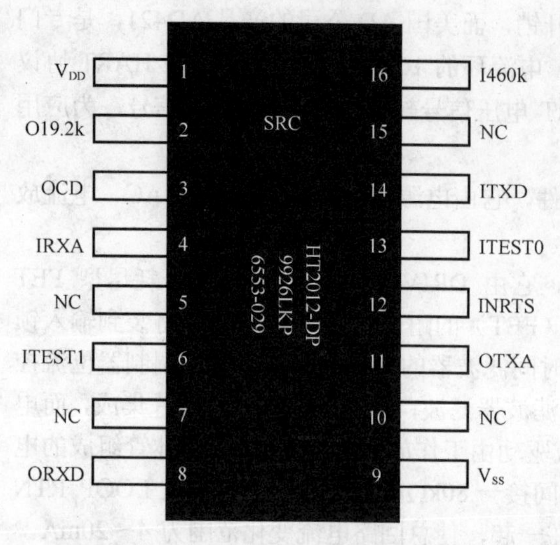

图 4.8 HT2012 和单片机及介质的接口

HT2012 HART 芯片用于外设到微处理器或微控制器的连接，使用中必须提供两个接口，一为到单片机的接口，另一为到介质（即外设）的接口，HT2012 接口如图 4.8 所示。下面分别叙述。

HT2012 调制解调器是半双工的，当一个运行时，调制器或解调器中的一个就会停止。单片机发出控制信号到 HT2012 的 INRTS 引脚，如果 INRTS 为逻辑 0，调制器使能，发送数据被调制，从 OTXA 引脚输出，此时解调器关闭，以节省电源功耗；同样，INRTS 为逻辑 1，解调器使能，从 IRXA 引脚来的数据被解调，输出到 ORXD 引脚上，此时，调制器关闭，以节省电源功耗。调制器激活时，有效载体存在，载体检测输出端 OCD 低电平有效，表示对通信芯片进行载波发送，单片机查询此线有效，则开始解调数据，这一点改进了通信的实时性和灵活性。

HT2012 和单片机的工作频率不同，采用 UART 传输方式，它有 4 种操作模式，选用模式 3，TXD 脚发送，RXD 脚接收，每个数据 11 位，符合 HART 协议帧的格式，LPC932 在标准 80C51 UART 基础上还增加了帧错误检测、间隔检测、自动地址识别、可选的双缓冲以及几个中断选项，因为 HT2012 接收和发送数据是在同一介质上进行，介质接口一般由两部分组成：一是调制输出要经过波形整形器，选用的是 74HC126（4 个三态输出缓冲器）将整形后的电压信号输入到 AD421 的开关电流源和滤波器功能块中，并可实现 HART 电压信号由±0.5mA 电流信号的转换；二是解调输入时要经过带通滤波器，在此选用的是 TLC27L2C，它由两个运算放大器及电阻、电容组成，它将 4～20mA 环路上的±0.5mA 电流信号转换为 HART 电压信号，经 HT2012 解调再送入到单片机的串行通信接口中，从而完成数据的接收任务。

4.1.2.2 现场总线压力仪表软件

智能变送器的系统软件不仅要处理来自通信接口、手持终端的命令，实现人机对话，更重要的是它具有实时处理能力，即根据被控过程（对象），实时申请中断，完成各种测量、控制功能。它的功能主要由中断服务程序来实现。智能变送器的软件系统按其功能分为三个模块：监控程序、测控程序和通信程序。其中监控主程序是核心部分，因为整个系统是在监控程序的控制下工作的，它直接影响系统的工作和运行，基本组成如图 4.9 所示。

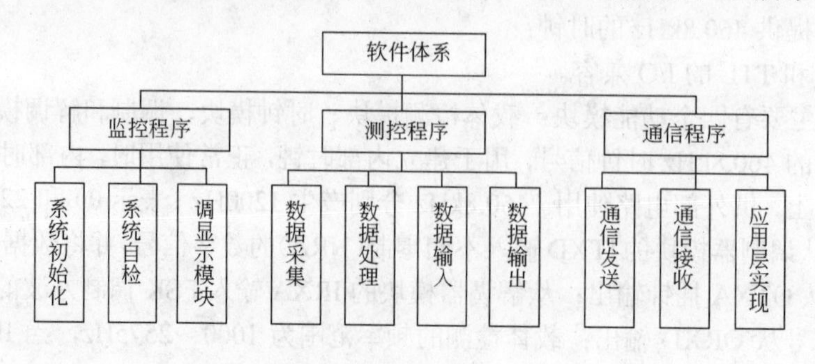

图 4.9 软件系统结构

（1）监控程序

监控程序是主程序，是整个仪器软件的核心，上电复位后仪器首先进入监控主程序。监控主程序一般都放在0号单元开始的内存中，它的任务是识别命令、解释命令，并获得完成该命令的相应模块的入口。监控主程序起着引导仪器进入正常工作状态，并协调各部分软硬件有条不紊地工作。

监控主程序通常包括对系统中可编程器件输入/输出口参数、定时器、异步串行通信口的初始化工作，以及实时中断和处理模块等功能，除初始化和自检外，监控主程序一般总是把其余部分联系起来构成一个循环，仪表的所有功能都在这一循环中周而复始有选择地执行。

不同的硬件、不同的系统采取的主监控方法也不相同。在这种监控系统中，首先进入初始化，再进行自检，自检后即等待键盘/外设中断，若有中断，首先区分是键盘中断还是外设。无论什么中断，执行完之后，都必须返回到主监控程序中，继续执行监控程序，监控编制程序可能产生的各种结果，防止出现死循环。

在智能变送器中，ROM、RAM 和 EPROM 是用于存放程序、常数和表格的载体。由于 ROM 是只读的，对其进行诊断只需判断从 ROM 中读出的资料是否正确即可。具体的诊断方法有多种，常见的是校验和（奇偶校验法）。RAM 主要用于存储一些参数和中间计算结果，它比 ROM 多了一些写入功能。因此对 RAM 而言，诊断时要看写入内存的资料和从内存中读出的资料是否正确。

（2）测控程序

测控程序主要包括数据采集程序（对温度/压力的 A/D 采样）、数据处理程序（数据融合技术、数字滤波等）和数据输出程序（阻尼量程和 D/A 转换）等功能。在测控程序中用到的许多参数都是可以通过网络由主机发送下来的。数据采集程序主要是对温度、压力信号采样，采用中断采样方式，由系统定时器触发采样，以此来保证采集的实时性和准确性。

硅压阻式压力传感器的两个输出信号如图 4.10 所示。系统采用的硅压阻压力传感器，它是由恒流源供电，电桥的 B、D 两端输出电压 U 为输入参量压力 p 的输出信号；A、C 两端输出电压为输入参量温度 t 的输出信号。在压力传感器的量程范围内确定 n 个压力标定点，在其工作的温度范围内确定 m 个温度标定点，对应各个标定点的输出 U 和 U_t，在 m 个不同温度状态对压力传感器进行静态标定，输入输出静态特性曲线如图 4.11 所示。

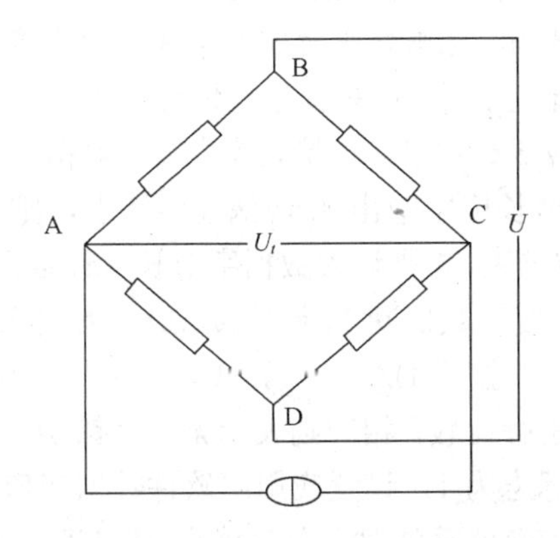

图 4.10　硅压阻式压力传感器的两个输出信号

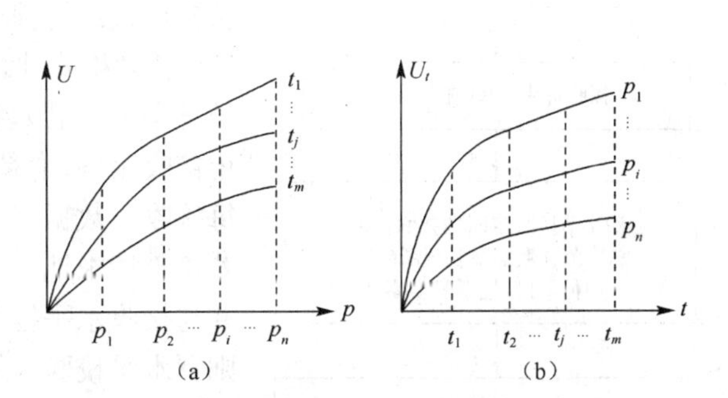

图 4.11　输入输出静态特性曲线

（3）通信程序

HART 通信软件亦即 HART 协议数据链路层和应用层的软件实现，是 HART 智能变送器模块设计的重点。HART 通信为主从方式，智能变送器作为从设备，除了处于突发模式外，只有在接收到主设备发来的命令后才作出应答，所以智能变送器的 HART 通信模块也是从设备的 HART 通信程序。

首先，在上电和看门狗复位后，主程序要对通信部分进行初始化，初始化主要包括串口工作方式设定、波特率设定、系统时钟设置、清通信缓冲区、清通信标志字和开中断等。初始化完成后，通信部分就处于等待接收状态，一旦上位机有命令发来程序就进入接收状态，第一步程序根据 HART 的链路层协议把主机发来的数据包放入通信缓冲区，并得出校验和与主机的校验字节进行比较，如果正确则进行下一步处理，否则进入通信错误处理程序；第二步如果接收无差错，则检查地址项，判断和变送器的地址是否相符合，如不符则不予处理，变送器将仍处于接收状态，反之变送器将禁止接收并准备回答主机的命令。在准备应答的过程中主要是完成对主机命令的解释，并根据此命令去执行相应的操作，最后把要回传到主机的内容放入通信缓冲区等待发送，应答完主机后从机进入接收状态，等待主机的下一条命令。

进入串口中断服务程序后，要先判断是发送请求还是接收请求。若发送请求标志为 1，则转向发送服务程序，若接收请求标志为 1，则转向接收服务程序。

首先看发送程序，发送操作是在程序运行过程中向上位机发送信息，要设置发送请求标志，将要发送的数据信息存入串口发送缓冲区，并计算水平校验，在此要发送的数据信息的格式为：前导码 2 个字节，定界符 1 个字节，地址码 1 或 5 个字节，命令号 1 个字节，字节长度 1 个字节，响应码 2 个字节，数据 0～25 个字节，校验和 1 个字节。发送时先要启动发送载波，初始化物理层，建立通信链路和另一对等通信实体通信，发送应答帧，发送结束后停止发送载波，终止物理层链路通信。发送服务首先发送前导码，每发送一个前导码计数器就减 1，然后发送 HART 协议的应答帧，发送结束就停止发送载波。

接收准备是将串口设置为接收状态，启动定时器，开串口中断，最大允许传送字节数 26H 送总字节计数器，每接收 1 个字节，该计数器减 1。

协议规定了两个相邻接收字节之间的间隔时间不得超过一个字节时间。由于线路噪声或干扰引起的通信错误可能出现 HART 帧的任一位置，协议还专门规定了相应的错误响应措施。

接收服务程序过程为：首先接收前导码，每接收一前导码，前导码计数器加 1，再接收定界符，若为有效的定界符且前导码计数器大于 1，则为 HART 帧的起始位置，根据定界符确定 HART 帧的类型，若为应答帧或阵发帧则终止接收服务，等待载波结束；若为请求帧，则确定帧格式，设置接收长帧格式或短帧格式地址计数值，短帧格式地址接收 1 个字节，长帧格式地址接收 5 个字节。再接收命令号、数据字节长度字节，若数据字节长度字节出现奇/偶校验错误，则终止接收服务，等待载波结束，否则设置数据字节长度计数器。每接收一数据字节，长度计数器减 1，最后接收水平校验和。若接收请求地址匹配，对接收 HART 帧异或求水平校验和，并与接收水平校验和进行比较，相同则表示无通信错误，否则置水平校验和错误标志为 1，设置应用层软件数据接口。接收服务在检测到通信链路载波时，首先确定 HART 帧的起始位置，协议规定两个连续字节“0×FF”及定界符表示 HART 帧有效起始位置，根据定界符确定帧的类型，由字节长度确定 HART 帧的结束位置。图 4.12～图 4.15 给出通信接收的流程图。

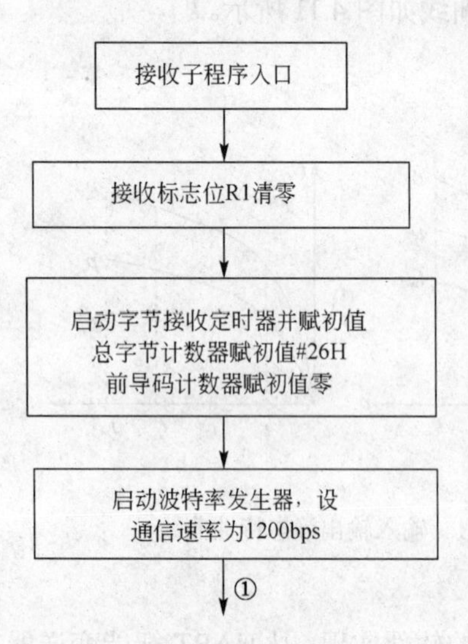

图 4.12　通信接收的流程图 1

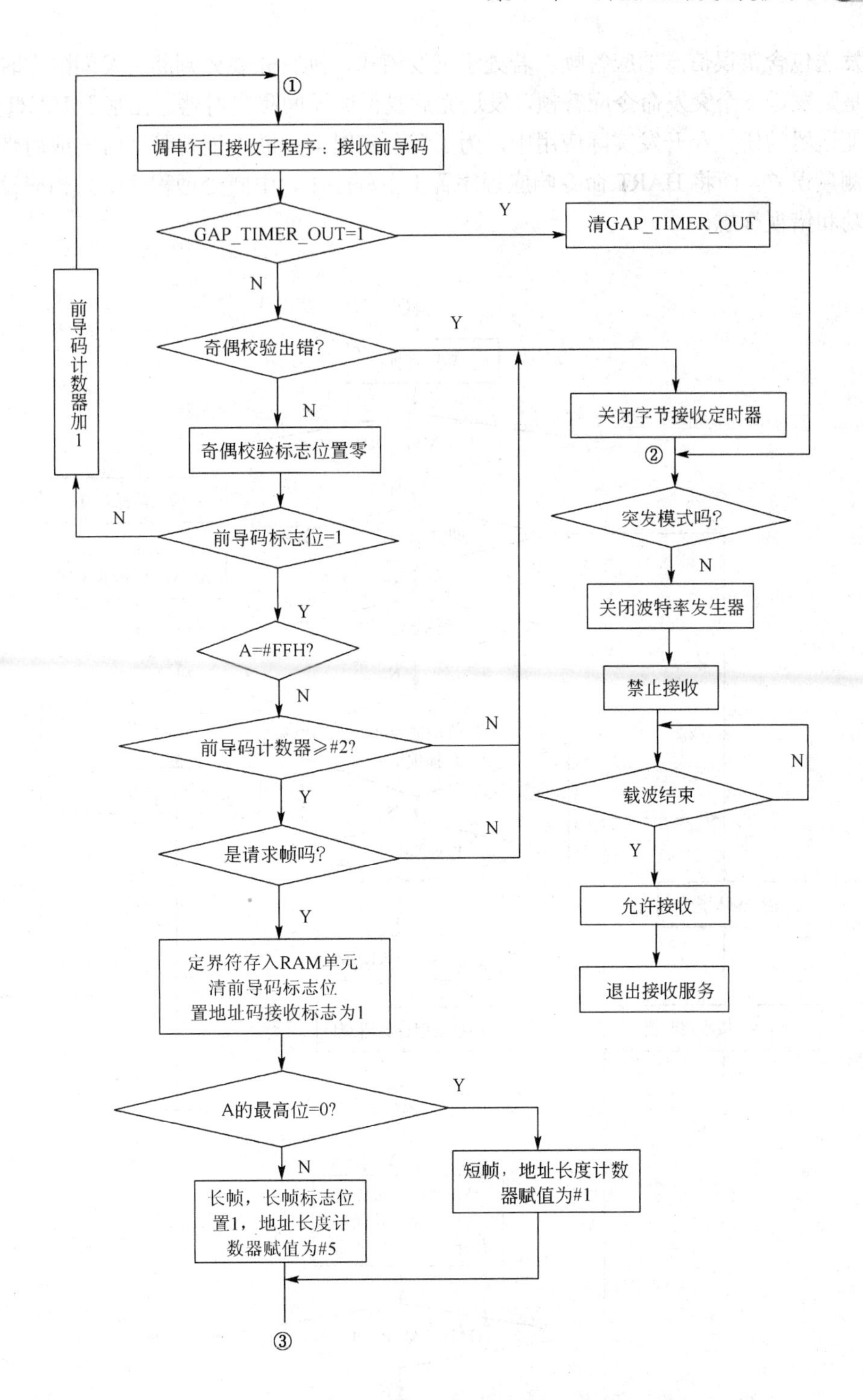

图 4.13　通信接收的流程图 2

应用层的软件实现也即实现 HART 协议的三类命令，具体流程为：当接收到信息帧时，HT2012 的载波检测口 OCD 变为低电平，触发中断，启动接收，接收完毕后，如果没有通信错误，则要根据命令号完成相应的命令功能，按照一定格式生成应答帧放入发送缓冲区，启动发送，发送完毕后关闭串口中断。而假若接收的过程中发生了通信错误或不符合命令的要求，则发送包含错误信息的应答帧。若处于突发模式，则首先要先判断突发间隔定时器是否到点，是则发送一个突发命令应答帧，发送完后复位突发间隔定时器。在基于 HART 协议智能压力变送器的研究和开发实际应用中，为了避免定时器中断不能得到即时响应而带来时间误差和测量误差，而将 HART 命令响应程序置于主程序中，中断处理程序中只相应设定命令接收成功和错误标志。

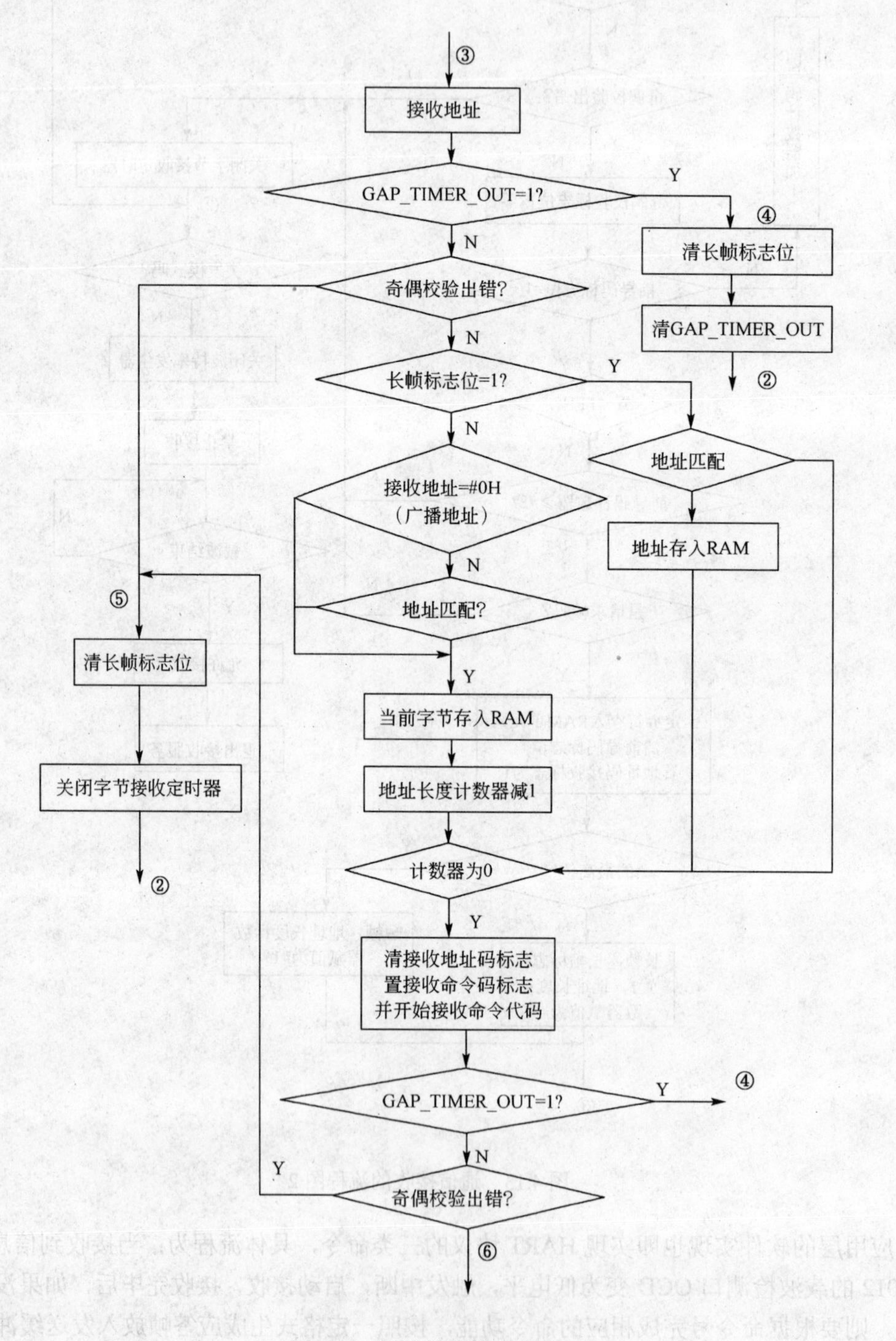

图 4.14 通信接收的流程图 3

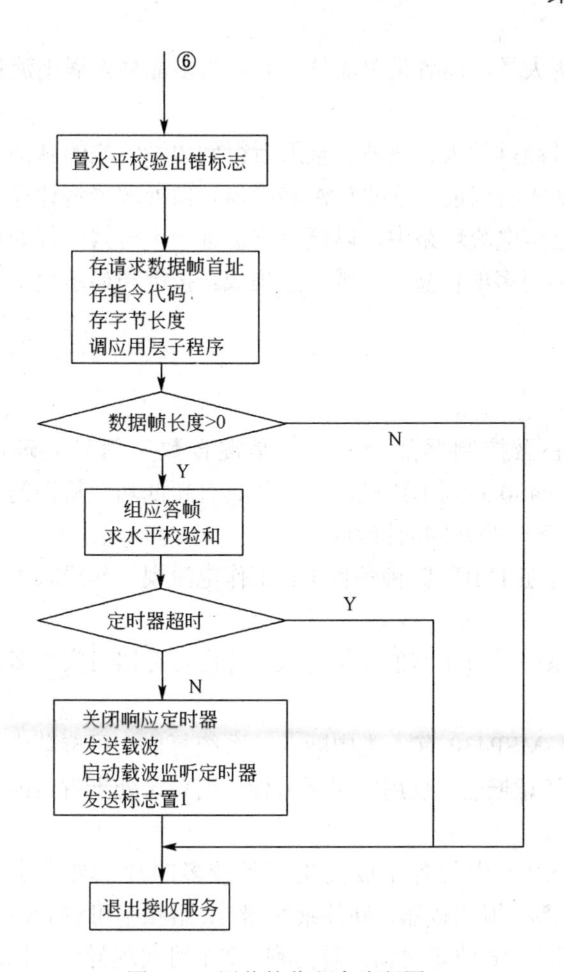

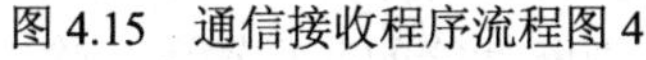
图 4.15　通信接收程序流程图 4

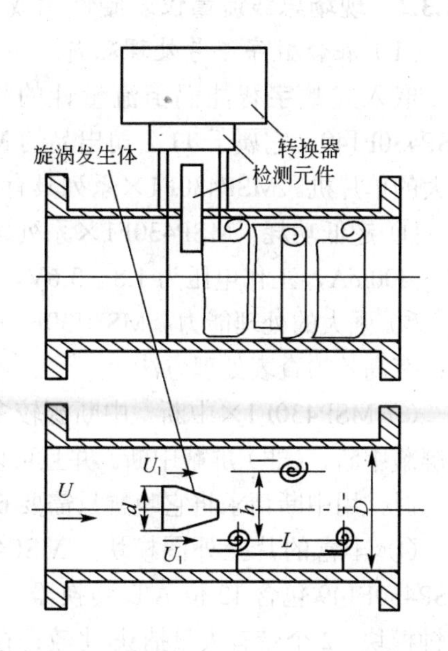

图 4.16　涡街流量计内部结构示意图

4.1.3　现场总线流量测量仪表

4.1.3.1　涡街流量计结构原理

涡街流量计由传感器和转换器两部分组成。传感器包括旋涡发生体（阻流体）、检测元件、仪表表体等；转换器包括前置放大器、滤波整形电路、D/A 转换电路、输出接口电路、端子、支架和防护罩等。涡街流量计内部结构如图 4.16 所示。

单旋涡发生体的基本形有圆柱、矩形柱和三角柱，其他形状皆为这些基本形的变形。三角柱形旋涡发生体是应用最广泛的一种。为提高涡街强度和稳定性，可采用多旋涡发生体。

在旋涡发生体后部安放压电传感器，检测旋涡列的产生频率。压电传感器的基本原理是利用压电材料的压电效应，即当有一力作用在压电材料上时，传感器就有电荷（或电压）输出，因此从它可测的基本参数来讲是一个力传感器，需要通过别的检测电路变换为所需要的信号。

由于外力作用在压电材料上产生的电荷只有在无泄漏的情况下才能保存，即需要测量电路回路具有无限大的输入阻抗。这实际上是不可能的，因此压电传感器不能用于静态测量。压电材料在交变力的作用下，电荷得以不断补充，可以供给测量回路以一定的电流，故适宜动态测量。卡门涡街产生的旋涡正好是交变脉动的，适合用压电传感器。

压电材料分为压电晶体与压电陶瓷两大类，前者是单晶体，后者为多晶体。涡街流量计中广泛采用的压电材料多为压电晶体。

转换器把压电传感器产生的电荷信号经过放大、滤波、整形后得到边缘陡峭的脉冲，微处理器对脉冲计数，以此为基础计算出流体的流量。通过D/A转换器，微处理器将计算出的瞬时体积流量变换成 4～20mA 电流输出至电流环路中，以便上位机进一步对其进行处理，通过HART总线接口，可以与上位机交换更多的信息，实现信息集成。按键和显示模块可实现就地参数修改和就地显示。

4.1.3.2 现场总线流量仪表硬件组成

（1）混合数字信号处理芯片

嵌入式数字智能涡街流量计的核心微控制器部分采用的是混合数字信号处理芯片MSP430F149，它属于TI公司出品的MSP430系列单片机，是一种具有超低功耗特性的功能强大的单片机。MSP430F1×系列具有以下一些共同的特点。

① 超低功耗 MSP430F1×系列运行在1MHz时钟条件下，工作电流视工作模式不同为0.1～400mA，工作电压为1.8～3.6V。

② 强大的处理能力 MSP430F1×系列具有丰富的寻址方式；片内寄存器可实现多种运算；有高效的查表处理方法。

③ MSP430F1×中断 中断源较多，MSP430有4类中断——系统复位、可屏蔽中断、非屏蔽中断、（非）屏蔽中断。并且可以任意嵌套，使用时灵活方便。当系统处于省电的备用状态时，用中断请求将它唤醒只需要6μs。

④ 丰富的片上外围模块 MSP430F1×中的各个成员集成了较多的片上外围资源。MSP430F149包含12位A/D转换器，精密模拟比较器，硬件乘法器，2组频率可达8MHz的时钟模块，2个带有大量捕获/比较寄存器的16位定时器，看门狗，2个可实现异步、同步及多址访问的串行通信口，数十个可实现方向设置及中断功能的并行输入、输出端口等。

⑤ 方便高效的开发方式 MSP430F1×具有Flash存储器，这一特点使得它的开发工具相当简便。利用JTAG接口或片内BOOT ROM，就可以在一台PC及一个结构小巧的JTAG控制器的帮助下实现程序的下载，完成程序调试。

⑥ 多种存储器形式 MSP430F1×的各个型号大多有性能相同而存储器不同的ROM型、OR型，以适应产品在设计、开发、生产的各个不同阶段的需要。

⑦ 适应工业级运行环境 MSP430F1×的运行环境温度范围为-40～+85℃，所设计的产品适合运行于工业环境下。

（2）模数转换器ADC12

ADC12是12位精度的A/D转换模块，具有高速、通用的特点。它具有五大功能模块，都可以独立配置，即带有采样/保持功能的ADC内核；可控制的转换存储；可控制的参考电平发生器；可控制和选择的时钟源；可控制的采样及转换时序电路。

① ADC12的采样/转换采样操作 当采样信号SAMPCON为高时，采样/保持电路对模拟信号采样，当SAMPCON出现下降沿时，转换即发生。当SAMPCON为低时，采样/保持电路保持信号值。转换需要13个时钟周期。为得到精确的转换，在采样期间，输入模拟信号应保持稳定有效。同时也希望在整个转换过程中，相邻的通道不出现数字活动，以保证电源毛刺、地电平波动、交互串扰等不会影响转换结果。

控制采样时序及转换开始的SAMPCON信号可以来自几种信号：ADC12SC，Timer A，

OUT1，Timer B，OUT0 和 Timer B，OUT1。以此信号的上升沿启动采样操作，同时启动采样定时器。此方式为脉冲采样模式。另外，还可以采用扩展采样模式，该模式的采样信号不经过采样定时器，直接用作 SAMPCON 信号的源，完全控制采样时序，而与 ADC12CLK 异步。

② ADC12 的采样/转换转换过程　A/D 转换从采样信号 SAMPCON 的下降沿开始。整个转换过程需要 13 个时钟周期。转换时间=13 X（ADC12DIV/DIX12CGK），其中 ADC12DIV 是 1～8 的整数。ADC12 的转换时钟（ADC12CLK）用于 AD 转换，并产生采样周期，可选自内部振荡器 ADC120SC 或 ACLK、MCLK、SMCLK，并可作 1～8 分频。内部振荡器产生约 5MHz 的 ADC120SC 信号。振荡频率会随芯片、电源电压、温度等因素改变。当需要精确的转换时序吋，应选择稳定的时钟源。

ADC12 用 5 个控制寄存器、16 个转换存储寄存器和 16 个转换存储控制寄存器来配置。16 个存储寄存器（ADC12MEM×）每个都配有各自的控制寄存器（ADC12MCTL×），来说明每次转换的采样通道和参考电平。其他的 ADC12 的工作条件，如转换模式、采样和转换控制信号、A/D 时钟、采样时序等，由控制寄存器 ADC12CTL0 和 ADC12CTL1 定义。另外 3 个控制寄存器 ADC12IFG、ADC12IE、ADC12IV 分别为中断标志寄存器、中断允许寄存器、中断向量寄存器。

需要采样的物理量有两个：流体温度及管道压力，经 A/D 转换后的数字量将用于热蒸汽流量检测的补偿计算，因此采用序列通道单次采样模式。用芯片的 2、3 引脚（ADC12 的输入通道 A3、A4）作为模拟信号的输入端。控制寄存器的设置如下：ADC12 CTL1 的 CONSEQ 设为 01，选择序列通道单次采样模式，CstartAdd 位设为 0，定义序列转换首地址的 ADC12 的转换存储寄存器 ADC12MEM0，由于每个转换寄存器有一个相应的转换存储控制寄存器，CstartAdd 同时也就定义了 ADC12 MCTL0。

ADC12MCTL0 的 EON 位为 0，ADC12MCTL1 的 EOS 位为 1。这样，序列转换从 ADC12MEM0 开始，到 ADC12MEM 1 结束。为了再次执行该序列转换，需将 ENC 位置位。

（3）HART 总线模块

HART 物理层采用基于 Be11202 通信标准的 FSK 技术，基本内容是：波特率 1200bps；逻辑 1 为 1200Hz；逻辑 0 为 2200Hz。由于正弦信号的平均值为 0，HART 通信信号不会影响 4～20mA 信号的平均值，这就使 HART 通信可以和 4～20mA 信号并存而不互相干扰，这是 HART 标准的重要优点之一。智能设备要检出 HART 通信的信号，要求它有 0.25V（峰-峰值）以上的电平，因而二线制智能设备与电源之间要满足一定的电阻，以免这一信号被电源的低内阻所短路。多数现有电缆都可以用于 HART 通信。限制信号传输距离的主要因素还是电阻、电感与分布电容对信号的衰减。单台设备使用距离达 3000m，多站结构也可达 1500m，这对于大多数用户是足够的。

数据链路层规定了通信数据的结构：每个字符由 11 位组成，其中包括 1 bit 起始位；8 bit 数据；1 bit 奇偶校验位；1 bit 停止位。不仅每个字节有奇偶校验，一个完整的 HART 数据也用一个字节进行纵向校验。HART 数据格式如图 4.17 所示。由于数据的有无与长短并不恒定，所以 HART 数据的长度也是不一样的，最长的可以包括 25 个字节。

HART 通信协议允许两种通信模式：第一种是“问答式”，即主设备向从设备发出命令，从设备予以回答，每秒钟可以交换两次数据；第二种是“成组模式”，即无需主设备发出请求而从设备自动地连续发出数据，传输率每秒提高到 3.7 次，但这只适用于“点对点”的连接方式，而不适用于多站连接方式。

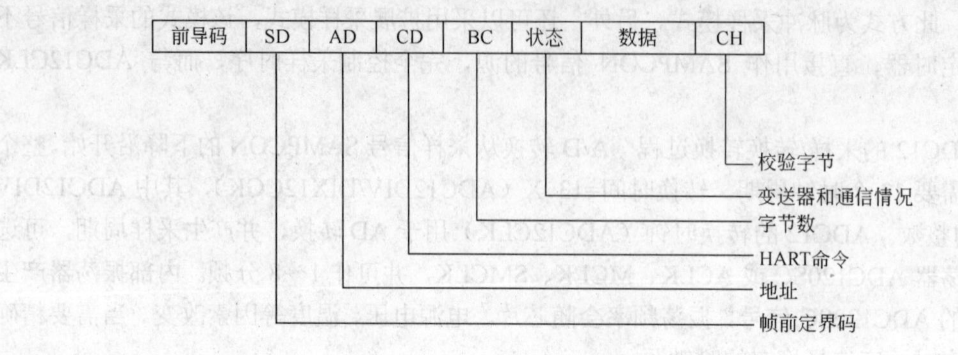

图 4.17 HART 数据格式

HART 模块主要由两个部分组成：一个是以 AD421 为核心的 D/A 模块，另外一个是以 HT2012 为核心的模块。AD421 模块实现 HART 电压信号向±0.5mA 电流信号的转换，同时为整个系统的核心微处理器模块、人机接口按键输入模块、人机接口液晶显示模块同时提供电源，而 HT2012 则是 HART 协议的通信芯片。

SMAR 公司的 HT2012 是工作在 Bell202 标准下采用 FSK 技术的 CMOS 低功耗调制解调器。HT2012 芯片用来实现 HART 协议中通信信号的解调及调制过程，它为过程控制仪表和其他低功耗设备提供 HART 通信能力。HT2012 是一种半双工的 MODEM，主要包含 4 个功能块：时钟、解调器、调制器和载波监听器。其传输速率为 1200bps。HT2012 的工作频率为 1200Hz（逻辑 1）和 2200Hz（逻辑 0）。这两个正弦信号以很小电流叠加到直流信号上，而且正弦信号的平均值为 0。这样就实现在一般 4～20mA 直流环路上同时传送模拟和数字信号，而且不管数字信号是否存在，不会在 4～20mA 直流信号上附加额外的直流成分。因此用一个低通滤波器能有效地滤除数字信号，使得在实现 HART 协议的一般 4～20mA 模拟信号测试系统能照常工作。一个单极点的 10Hz 低通滤波器能把数字信号减小到满量程信号的±0.01%。

HT2012 的解调过程：由带通滤波输入电路输出的脉冲信号从 IRXA 进入 HT2012 后，调制解调器将脉冲信号中的 1200Hz 解调为数字 1,2200Hz 解调为数字 0，解调后的数字信号由 HT2012 的 ORXD 端口输出，通过 CPU 的串口输入端 RXD 进入 CPU, CPU 对接收到的数据进行判断并执行相应的任务。

HT2012 的调制过程：CPU 向上位机或控制系统发送数字信号时，首先通过 CPU 的串口输出端 TAD，将数字信号送到 HT2012 的 ITXD 调制器输入信号端口，然后调制解调器将数字信号 1 或 0 调制为 1200Hz 或 2200Hz 的方波，从 HT2012 的 OTXA 调制器输出信号端口输出，最后送到整形输出电路上。

4.1.3.3 现场总线流量仪表软件组成

嵌入式智能数字涡街流量计系统软件采用主控程序循环扫描和计数/定时器中断的并行结构，使脉冲计数与信号处理并行进行。

在完成系统初次设定以后，系统每次上电首先完成各硬件模块的初始化工作，之后开定时中断和脉冲计数中断。程序主流程完成流量计算、电流信号输出、LCD 显示和按键扫描，脉冲计数则在中断服务程序中完成，以保证测量的实时性。程序主流程图见图 4.18 所示。

4.1.4　现场总线变量转换仪表

在实际工业应用系统中除了新建项目外，大多都有常规集散控制系统在运行，考虑常规仪表与现场总线系统的结合与过渡，常采用将传统模拟信号转换为现场总线数字信号的变换仪表，或将现场总线数字信号转换为模拟电流信号，以供控制系统使用。另外，还有现场总线各种协议转换仪表，例如 HART 转换为 FF 协议等。

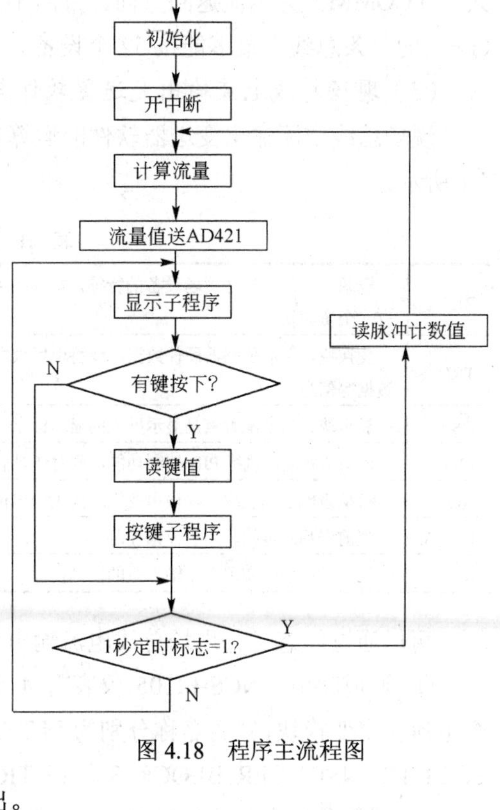

图 4.18　程序主流程图

4.1.4.1　现场总线电流输出变送器

（1）现场总线电流输出变送器特性

现场总线电流输出变送器，例如 FI105 仪表，是将现场总线信号转换到传统模拟量的设备，可以接收现场总线信号，并转换成四个通道的 4～20mA 模拟信号。可以与多个 FF 设备互连，既可实现一般的检测功能，也可以实现复杂的控制策略，用户可以根据要求和具体应用环境选取不同的功能块，以实现不同的功能。

（2）现场总线电流输出变送器结构原理

电流输出变送器将 FF 现场总线信号经运算处理后，转换成相应的电流信号（4～20mA）输出。

电流输出变送器主要由以下四部分构成。

底板——用于连接电流输出信号、FI 卡及圆卡。

FI 板卡——将圆卡输出的数字信号转换为电流信号。

圆卡——智能仪表的核心部件，提供 FF 现场总线的通信、控制、诊断及维护功能。

液晶显示卡——提供电流及其他功能块参数显示功能。

底板接线如图 4.19 所示。负载与仪表接线如图 4.20 所示。

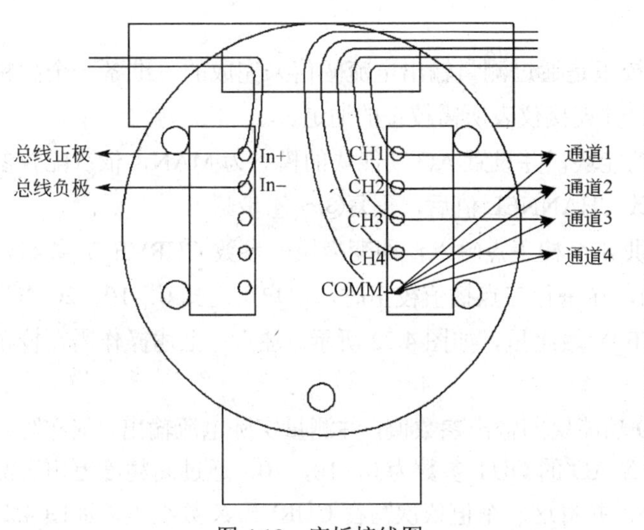

图 4.19　底板接线图

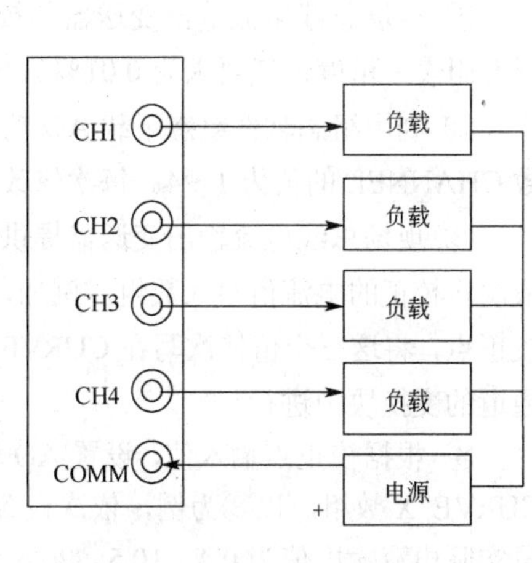

图 4.20　负载与仪表接线图

现场总线电流输出变送器采用回路供电方式。标注通道方向（CH）为电流流出方向，公共端（COMM）为电流返回方向，方向不可掉换。电流流出引线应尽量短。基金会现场总线（FF）的一条总线上最多能接 32 个设备。

（3）现场总线电流输出变送器软件与组态

现场总线电流输出变送器软件的运算功能是由软件功能块组态完成的。软件功能块如表 4.1 所示。

表 4.1　软件基本功能块

RES	资源块，用于描述现场设备的特征，如设备名、制造者、序列号。资源块没有输入或输出参数。一个设备通常只有一个资源块
TRD	变换块，读取传感器硬件数据，或将现场数据写入到相应硬件中。变换块包含有量程、传感器类型、线性化、I/O 数据等信息
DSP	显示块，用于配置液晶显示屏上的显示信息
PID	PID 功能块，执行 PID 控制功能，同时还具有设定点调整、过程参数（PV）滤波及报警、输出跟踪等功能
AO	模拟量输出功能块，向输出变换块提供输出值，并具有变化率限幅、刻度转换、故障状态机制等功能
LLAG	超前滞后功能块，用于前馈控制
RA	比例功能块，实现两个输入量的比例控制

可以通过组态进行现场总线电流输出变送器配置。

① 通道映射　NCS-FI105 仪表有 4 个通道，可同时输出 4 路电流信号。仪表内部有 4 个电流输出变换块，缺省名称分别为 FI TRANSDUCER BLOCK 1、FI TRANSDUCER BLOCK 2、FI TRANSDUCER BLOCK 3 和 FI TRANSDUCER BLOCK 4。变换块通过 AO（Analog Output）功能块参数（CHANNEL）与 4 个 AO 功能块匹配。例如，用户设置 AO 功能块的参数 CHANNEL 为 1，则表示该 AO 功能块与 FI TRANSDUCER BLOCK 1 匹配。

② 总线电流输出变送器校正　通过变换块的校正参数 CURVE_X 和 CURVE_Y，用户可以自行完成总线电流输出变送器校正工作。总线电流输出变送器校正需要在参数 CAL_METHOD 值为"Factory trim standard calibration"或者"Factory trim special calibration"下进行，如图 4.21 所示。

总线电流输出变送器校正步骤如下。

① 现场总线电流输出变送器的校正是通过测量输出电流幅值来完成的。准备一个高精度万用表（精度最低要求为 0.01%），并连接仪表所需校正的通道。

② 利用组态软件组态下载 AO 功能块，并设置 AO 功能块的模态为 MAN，依次配置参数 CHANNEL 的值为 1～4。每次修改 CHANNEL 值后，重复③～④步骤。

③ 现场总线电流输出变送器提供 8 个校正点输入，即变换块的参数 CURVE_Y 数组，依次将校正的电流值写入数组。例如，在进行三点插值校正时，用户可选择 0，10，20 作为校正点，将这三个值依次写在 CURVE_Y 数组里，如图 4.22 所示。注意：上述操作需在校正通道的变换块中进行。

④ 根据校正点输入值，设置 AO 功能块的输出参数值，并测量实际电流输出，依次写入 CURVE_X 数组。以③为例，依次设置 AO 的 OUT 参数为 0，10，20，通过高精度万用表测量实际电流输出值为 0.4，10.5，20.6，并将这三个值依次写在 CURVE_X 数组里，如图 4.23

所示。到此一个通道的校正工作结束。

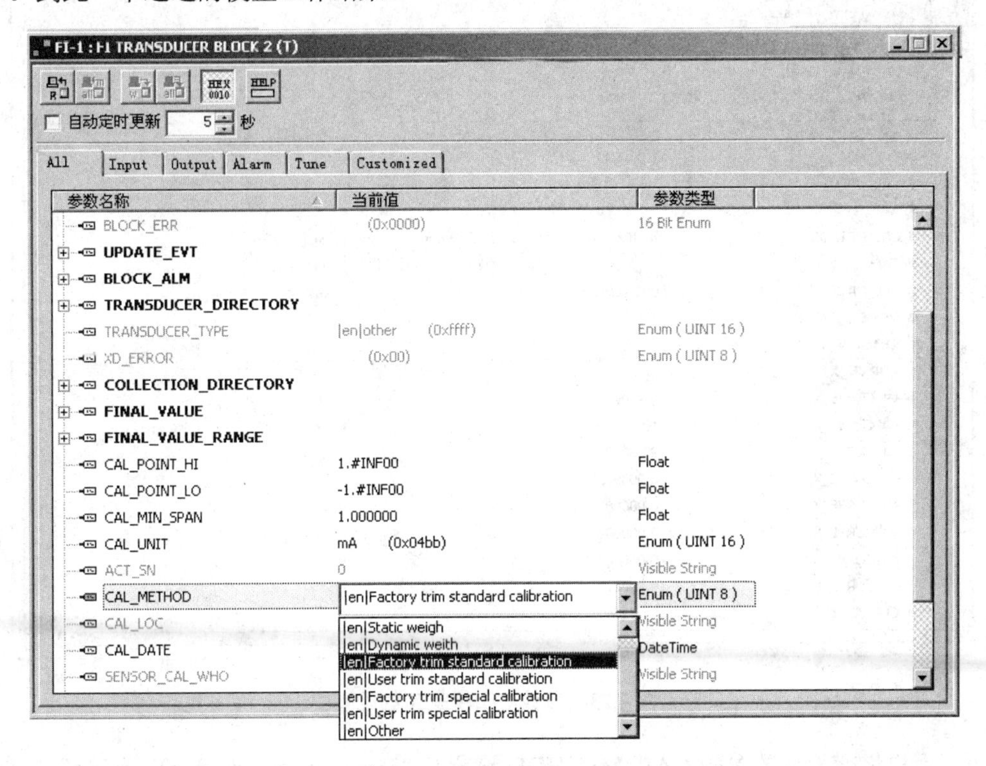

图 4.21　CAL_METHOD 的配置

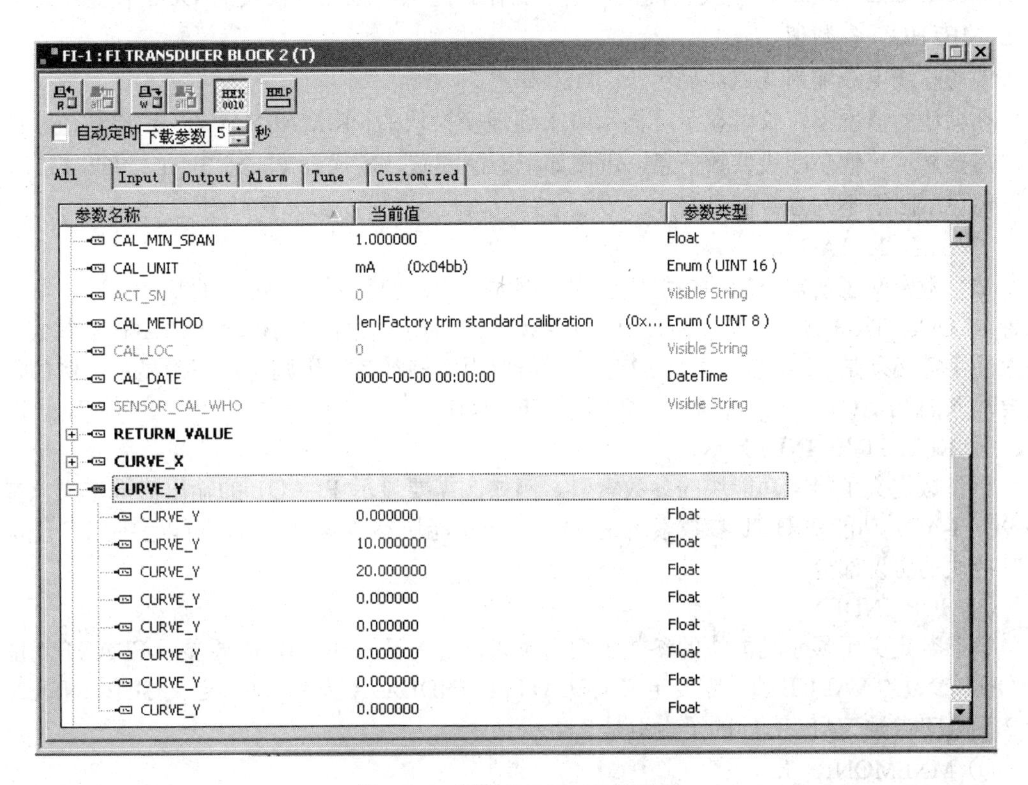

图 4.22　参数 CURVE_Y 的配置

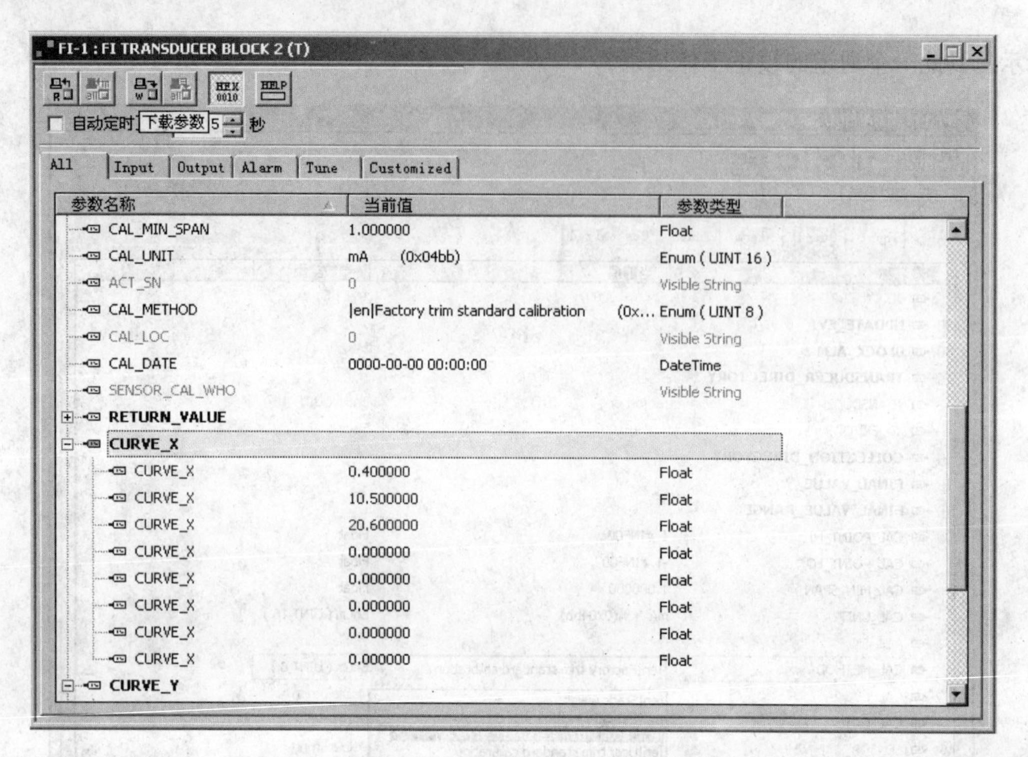

图 4.23 参数 CURVE_X 的配置

⑤ 用户将变换块的参数 CAL_METHOD 设置为“User trim standard calibration”或“User trim special calibration”，使仪表校正后正常工作。注意：应在变换块的 OOS 模态下，修改 CAL_METHOD 参数值。

现场总线电流输出变送器显示块的配置如下。

在默认的情况下，仪表显示屏显示第 1 通道变换块的 PRIMARY_VALUE 参数值。如果用户需要显示其他功能块参数信息，可按如下方法配置（X 代表 1、2、3、4。NCS-FI105 可以循环显示四组不同参数信息）。

① BLOCK_TAG_X

该参数定义了所需显示的功能块名称。例如，用户要显示 FI-AO1 的某个参数，首先要配置 BLOCK_TAG_X，定义该参数值为 FI-AO1，需要注意的是：BLOCK_TAG_X 参数要求输入的字符必须是 32 字节，不足 32 字节，需要用空格补齐，否则无法正确显示。例如，上面要输入的 FI-AO1，在组态软件中要写入“FI-AO1   ”。

② RELATIVE_INDEX_X

该参数定义了显示功能块的参数索引。例如，需要显示 FI-AO1 的输出值，定义该参数为 9（FI-AO1 功能块 OUT 参数索引是 9）。关于功能块参数索引，用户可以参阅 FF 现场总线功能块的协议部分。

③ SUB_INDEX_X

该参数定义了显示功能块的参数子索引（如果有的话）。例如，需要显示 FI-AO1 功能块中 OUT 参数的 VALUE 值，需要定义 RELATIVE_INDEX_X 为 9，并且定义 SUB_INDEX_X 为 2（OUT 参数 VALUE 项的子索引是 2）。

④ MNEMONIC_X

该参数为显示参数名称，可由用户随意输入，字符个数不超过 16。

⑤ DECI_PNT_NUMB_X

该参数定义了显示数值精度。例如，需要显示小数点后 3 位，定义该值为 3。

⑥ ACTIVE_X

该参数的值为 FALSE 或 TRUE，在其他的参数配置好后，将其写成 TRUE，只有这样才能激活该组所配的参数，才能在仪表显示屏上显示该组相应的参数信息。

显示块的参数配置如图 4.24 所示。

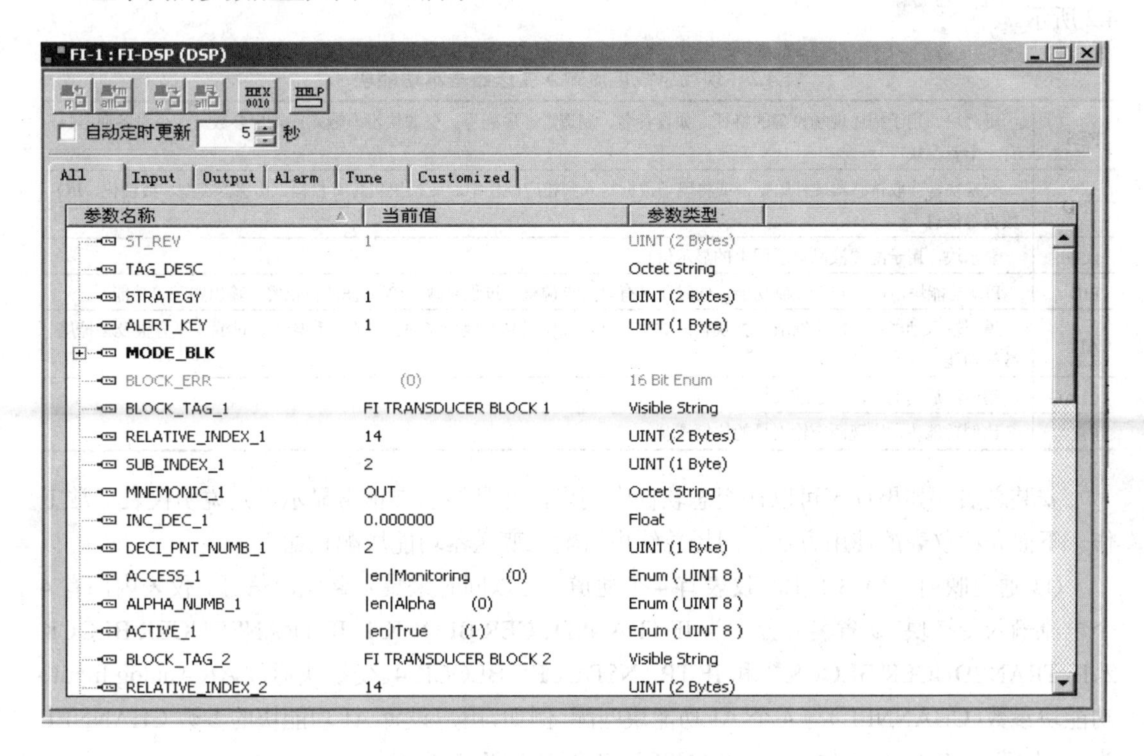

图 4.24　显示块的参数配置

4.1.4.2　现场总线电流输入变送器

（1）现场总线电流输入变送器特性

现场总线电流输入变送器，如 IF105，是将传统模拟量转换到 FF 现场总线的智能设备，可以接收四个通道 0～20mA 模拟信号，并转换成现场总线信号。符合 FF 现场总线协议的智能仪表，可以与多个 FF 设备互连。在现场总线电流输入变送器中，集成了丰富的功能模块，既可实现一般的检测功能，也可以实现复杂的控制策略，用户可以根据要求和具体应用环境选取不同的功能块，以实现不同的功能。

（2）现场总线电流输入变送器结构与工作原理

现场总线电流输入变送器将输入电流信号，经运算处理后转换为 FF 现场总线信号，实现电流采集功能。现场总线电流输入变送器仪表主要由四部分构成。

底板——用于连接电流输入信号、IF 卡及圆卡。

IF 卡——将输入电流信号转换成数字信号提供给圆卡。

圆卡——智能仪表的核心部件，提供 FF 现场总线的通信、控制、诊断及维护功能。

液晶显示板——提供电流及其他功能块参数显示功能。

在所有的因素中，对 NCS-IF105 精度影响最大的就是周围环境中的温度、湿度和振动。将 NCS-IF105 放在温度、湿度和振动变化范围小的地方会减小环境对其精度的影响。标注的通道方向（IN）为电流流入方向，公共端（COMM）为电流返回方向，方向不可掉换。输入的电流值不应超过 25mA，以免损坏仪表。

（3）现场总线电流输入变送器软件与组态

现场总线电流输入变送器软件的运算功能是由软件功能块组态完成的。软件功能块如表 4.2 所示。

表 4.2　现场总线电流输入变送器基本功能块

RES	资源块，用于描述现场设备的特征，如设备名、制造者、序列号。资源块没有输入或输出参数。一个设备通常只有一个资源块
TRD	变换块，读取传感器硬件数据，或将现场数据写入到相应硬件中。变换块包含有量程、传感器类型、线性化、I/O 数据等信息
DSP	显示块，用于配置液晶显示屏上的显示信息
PID	PID 功能块，执行 PID 控制功能，同时还具有设定点调整、过程参数（PV）滤波及报警、输出跟踪等功能
AI	模拟输入功能块，用于获取变换块输入数据，并可以传送到其他功能块，具有量程转换、过滤、平方根及去掉尾数等功能
LLAG	超前滞后功能块，用于前馈控制
RA	比例功能块，实现两个输入量的比例控制

安装之后，如果仪表可以在组态软件中列出，并且显示屏正常显示，则说明仪表正常工作。下面介绍仪表的使用方法。现场总线电流输入变送器功能块配置如下。

① 通道映射　NCS-IF105 仪表有 4 个通道，可以同时采集 4 路电流信号。仪表内部有 4 个电流输入变换块，缺省名称分别为 IF TRANSDUCER BLOCK 1、IF TRANSDUCER BLOCK 2、IF TRANSDUCER BLOCK 3 和 IF TRANSDUCER BLOCK 4。变换块通过 AI(Analog Input) 功能块参数(CHANNEL)与 4 个 AI 功能块匹配。例如，用户设置 AI 功能块的参数 CHANNEL 为 1，则表示该 AI 功能块与 IF TRANSDUCER BLOCK 1 匹配。

② 现场总线电流输入变送器校正　通过变换块的校正参数 CAL_POINT_X 和 CAL_POINT_Y，用户可以自行完成仪表校正工作。仪表校正需要在参数 SENSOR_CAL_METHOD 值为“Factory trim standard calibration”或者“Factory trim special calibration”下进行，如图 4.25 所示。注意：每个 NCS-IF105 仪表在出厂时都会进行出厂校准，通常无需另外配置。

现场总线电流输入变送器校正步骤如下。

① NCS-IF105 仪表的校正是通过采集标准电流源信号完成的。准备一个标准电流源，并连接仪表要校正的通道。

② NCS-IF105 仪表提供 8 个校正点输入，即变换块的参数 CAL_POINT_Y 数组，用户依次将要校正的电流值写入数组，例如在进行三点插值校正时，用户可选择 0，10，20 作为校正点，将这三个值依次写在 CAL_POINT_Y 数组里，如图 4.26 所示。注意：上述操作需在校正通道的变换块中进行。

③ 通过标准电流源输入标准的电流，并在组态软件上打开相应的变换块，读取参数 INPUT_VALUE_FROM_AD 的值，将该值写在 CAL_POINT_X 数组里，如图 4.27 所示。至此一个通道的校正工作结束。

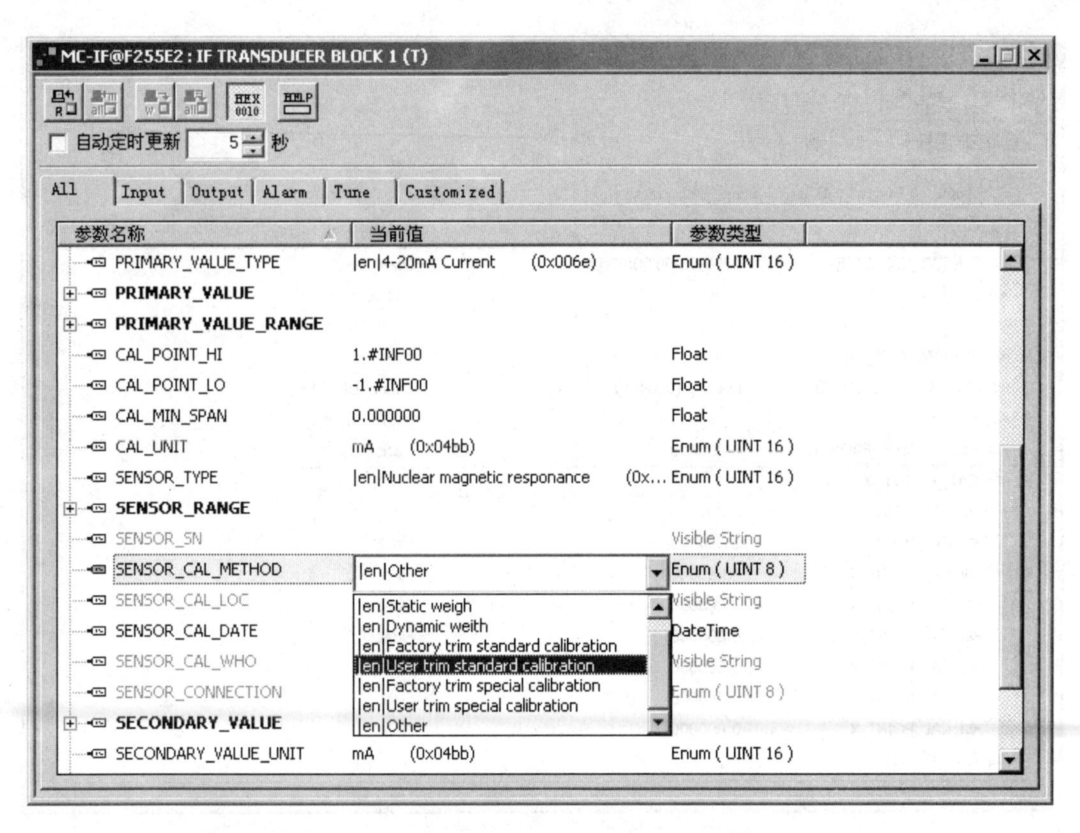

图 4.25　参数 SENSOR_CAL_METHOD 的配置

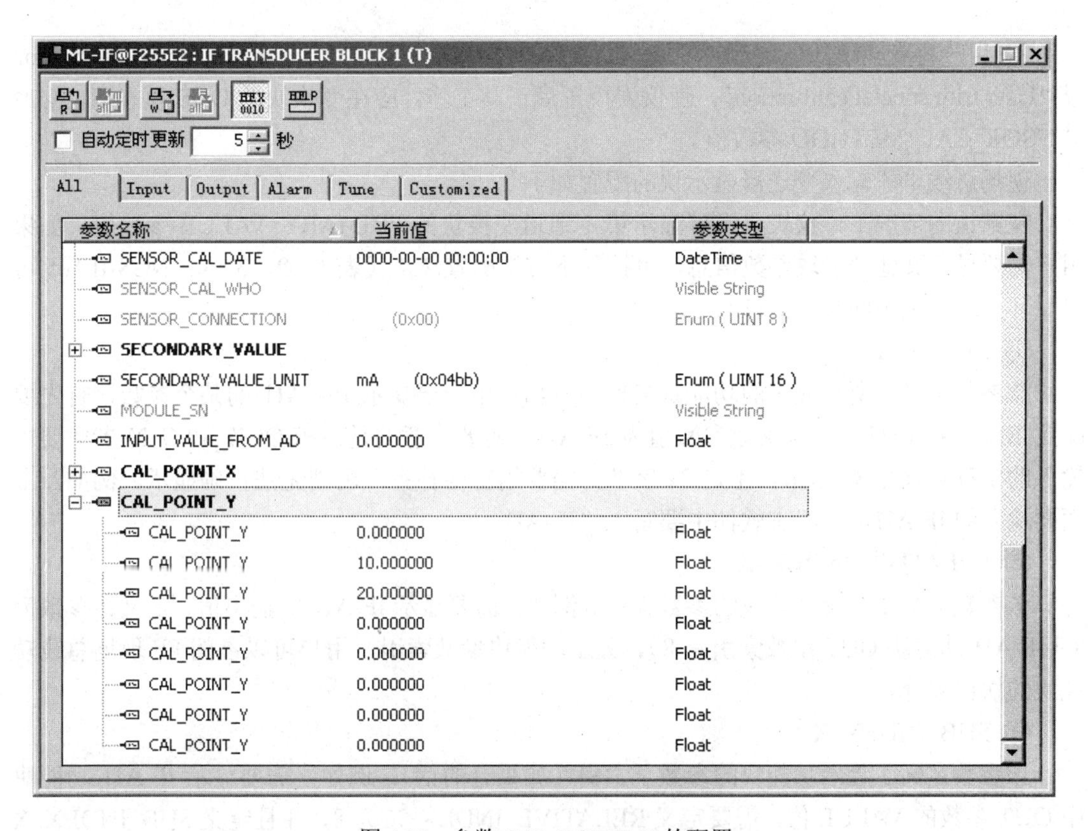

图 4.26　参数 CAL_POINT_Y 的配置

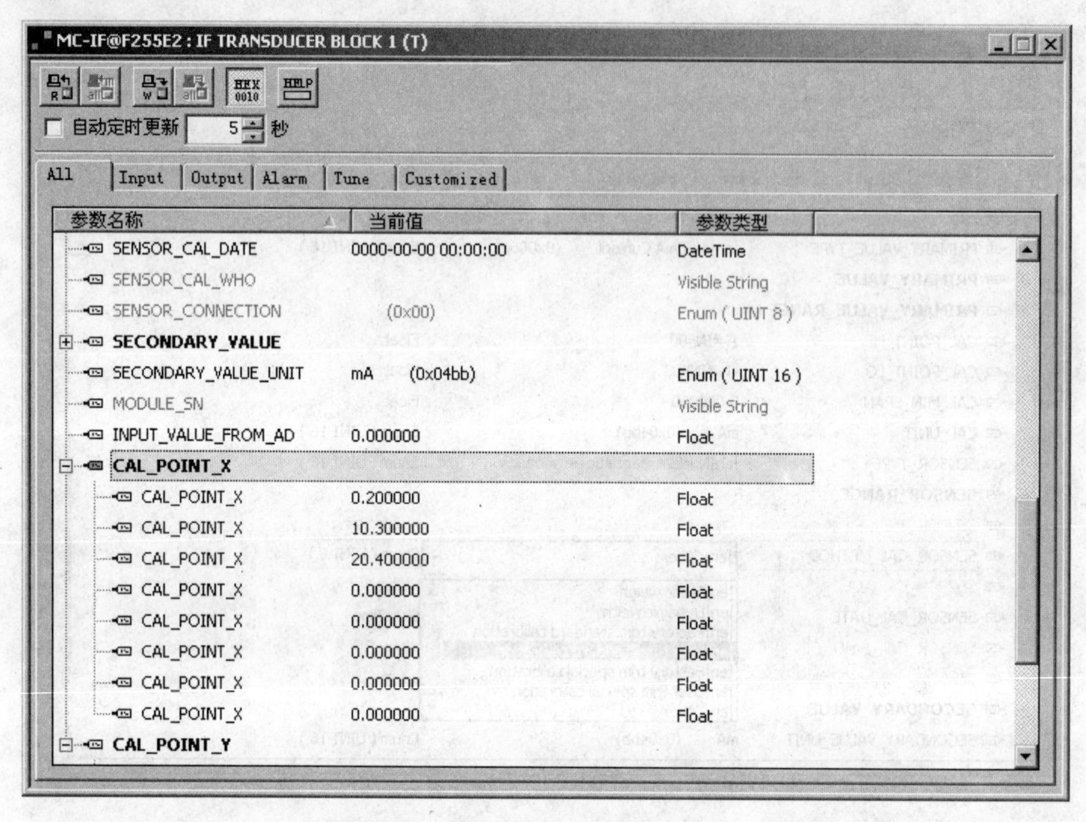

图 4.27 参数 CAL_POINT_X 的配置

④ 用户将变换块的参数 SENSOR_CAL_METHOD 设置为“User trim standard calibration 或“User trim special calibration”，使仪表校正后正常工作。应在变换块的 OOS 模态下，修改 SENSOR_CAL_METHOD 参数值。

现场总线电流输入变送器显示块的配置如下。

在默认的情况下，仪表显示屏显示第 1 通道变换块的 PRIMARY_VALUE 参数值。如果用户需要显示其他功能块参数信息，可按如下方法配置（X 代表 1、2、3、4。NCS-IF105 可以循环显示四组不同参数信息）。

① BLOCK_TAG_X

该参数定义了所需显示的功能块名称。例如，用户要显示 IF- AI1 的某个参数，首先要配置 BLOCK_TAG_X，定义该参数值为 IF-AI1，需要注意的是：BLOCK_TAG_X 参数要求输入的字符必须是 32 字节，不足 32 字节，需要用空格补齐，否则无法正确显示。例如，上面要输入的 IF-AI1，在组态软件中要写入“IF-AI1 ”。

② RELATIVE_INDEX_X

该参数定义了显示功能块的参数索引。例如，需要显示 IF-AI1 的输出值，定义该参数为 8（IF-AI1 功能块 OUT 参数索引是 8）。关于功能块参数索引，用户可以参阅 FF 现场总线功能块的协议部分。

③ SUB_INDEX_X

该参数定义了显示功能块的参数子索引（如果有的话）。例如，需要显示 IF-AI1 功能块中 OUT 参数的 VALUE 值，需要定义 RELATIVE_INDEX_X 为 8，并且定义 SUB_INDEX_X

为 2（OUT 参数 VALUE 项的子索引是 2）。

④ MNEMONIC_X

该参数为显示参数名称，可由用户随意输入，字符个数不超过 16。

⑤ DECI_PNT_NUMB_X

该参数定义了显示数值精度。例如，需要显示小数点后 3 位，定义该值为 3。

⑥ ACTIVE_X

该参数的值为 FALSE 或 TRUE，在其他的参数配置好后，将其写成 TRUE，只有这样才能激活该组所配的参数，才能在仪表显示屏上显示该组相应的参数信息。

显示块的参数配置如图 4.28 所示。

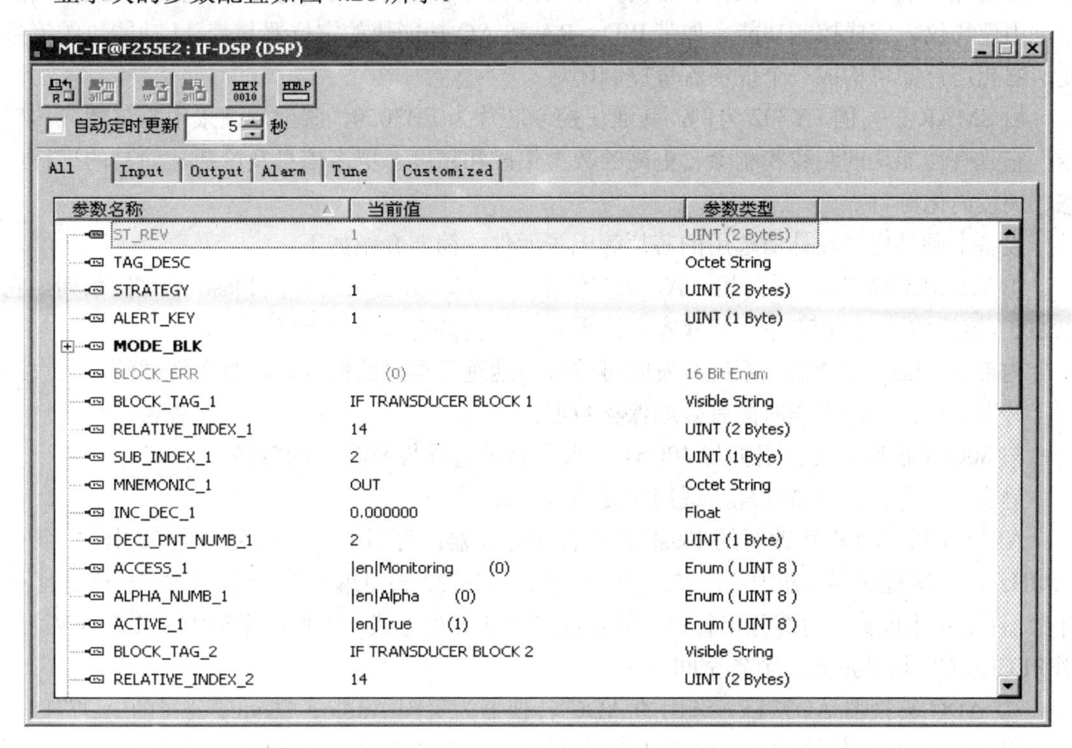

图 4.28　显示块的参数配置

4.2　运动控制现场总线仪表

4.2.1　位置测量与控制仪表和设备

以下介绍现场总线执行器与定位器。

阀门定位器是控制阀的主要部件之一。它接收调节器的输出信号，以其输出信号去控制气动调节阀。调节阀动作后，阀杆的位移又通过阀门位置反馈到阀门定位器。因此，阀门定位器与控制阀构成一个控制闭环，使阀门位置控制更加精确。

（1）现场总线阀门定位器的结构原理

一些在工业自动化领域的大公司，如西门子、费希尔、罗斯蒙特和 SMAR 等，相继研制成功了智能型两线制，或者配置有 HART 总线、FF 总线等现场总线接口的智能电气阀门定位器。并且有的公司已推出了为阀门或执行器开发设计的现场总线控制系统。

FF 总线电气阀门定位器由仪表卡和圆卡构成。圆卡又称为仪表用通信接口卡，是 FF 阀门定位器区别于其他总线定位器的关键之处。它主要由 FF 通信控制芯片、CPU 以及外围电路构成，可完成圆卡与总线、与仪表卡的数据通信及部分控制算法。

FF 通信控制芯片符合总线物理层标准，能够驱动/接收总线信号，串、并行转换数据，编码和解码，打包和解包，帧校验等。目前已经有如日本的横河公司、富士公司，美国的 SHIPSTAR 公司，巴西的 SMAR 公司等在生产 FF 通信控制芯片。

功能块（FB）是 FF 的特色，它使工业过程常用的功能模块化，通过标准的输入/输出参数，方便地实现仪表间的互操作和互换。通过仪表间不同功能块的连接，可直接构成控制回路，由现场仪表完成控制功能。如带 PID、RA 和 AO 功能块的定位器与带 AI 功能块的流量变送器相连，即可构成一个现场流量控制闭环。

以 SMAR 公司的 FY302 为例，其通信控制芯片为 FB3050，阀位反馈采用霍尔效应传感器。它具有功能块的装载和删除、更高的数据集成和精度、更多信息及诊断、简易的远程组态、调校简化等特点。

设备卡硬件电路设计所选用的芯片等电子元件，简要介绍如下。

① AT89LV52 Flash 单片机　AT89LV52 属于 ATMEL 公司的 8 位 Flash 单片机系列。它以 8031 核构成，与 8051 系列相兼容。该系列单片机具有以下显著优点。

内部含 Flash 存储器。系统开发时可较容易地进行程序的修改，反复系统试验，大大缩短了开发周期；系统工作时能有效地保存数据。

与 80C51 插座兼容。引脚与 80C51 一致，容易进行与 80C51 的替换。

静态时钟方式。节省功耗，适用于便携式产品。

AT89LV52 有 8K 可改写的 Flash 内部程序存储器，可写/擦 1000 次；全静态操作（0～12MHz）；三级程序存储器加密；256 字节内部 RAM；32 根可编程 I/O 线；3 个 16 位定时器/计数器；8 个中断源；可编程串行口；低功耗空闲和掉电方式；工作电压范围为 2.7～6V。选用 PLCC/LCC 封装形式，节省空间。

② ADC 转换器 AD7715　选用的 ADC 转换器为美国 Anolog Device 公司的 AD7715。它使用 Sigma-Delta 转换技术实现多达 16 位的转换。它可由单一电源供电（+3V 或+5V），可处理的单极性输入范围为 0～+20mV、0～+80mV、0～+1.25V、0～+2.5V；双极性输入范围为±20mV、±80mV、±1.25V、±2.5V。

AD7715 的串行口可设置为三线操作。通过输入串行口，可在软件中设置增益、信号极性以及刷新速率。CMOS 结构保证了极低的功耗，而且 PowerDown 模式将后备电源功耗降低到 50μW（典型值）。

③ DAC 转换器 AD420　阀门定位器的处理器输出 IN/OUT 脉冲，经过脉冲驱动电路的电压提升后，分别控制进气/出气压电陶瓷阀门，从而控制气动阀门气室的压力，达到控制阀门开度的目的。但考虑到实验室测试条件的限制，以及定位器外接电气转换器的情况，设计中加入 D/A 转换电路，使控制信号输出形式为 4～20mA。选用的完成此功能的芯片为 Analog Device 公司的 AD420。AD420 采用串行 16 位输入，输出可定义为 4～20mA、0～20mA 或 0～24mA，或为电压输出。其电源范围为 12～32V，偏移量为 10.5%，输出误差为±0.15%。AD420 采用 Sigma-Delta（SD）结构进行数模转换。

AD420 的串行接口由 DATAIN、CLOCK 和 LATCH 组成，输入可选 SPI 或 MICROWIRE

兼容输入。仪表采用同步 SPI 通信。

④ LCD 显示　LCD 显示电路选用中国香港精电公司字符型液晶显示模块 MDLS 系列的 MDLS 16265。该系列是目前世界上品种最全的字符 LCM 系列。它的基本特点为：具有符发生器 ROM，可显示 192 种字符，双排显示；具有 64 个字节 RAM，可自定义 8 个 5×8 点阵。具有 80 个字节的 RAM，单+5V 电源供电，低功耗，长寿命，高可靠性。

⑤ 电陶瓷阀驱动电路和驱动电平　驱动电路将来自微控制器的幅度为 3.3V 的驱动控制信号（连续）转换成幅值为 24V 的驱动脉冲来推动压电陶瓷阀动作。这里只进行了单作用阀门定位器的驱动设计，对于双作用定位器，其道理是相同的。

在不加电状态下，压电陶瓷进气阀关闭，排气阀打开。因此在控制时，按如下规则进行：在进气状态时，应使 IN 端和 OUT 端均输出高（24V），从而使进气阀打开，排气阀关闭；在排气状态时，应使 IN 端和 OUT 端均输出低（0V），从而使进气阀关闭，排气阀打开；在阀位保持状态时，应在 IN 端输出低，OUT 端输出高，从而使进气阀和排气阀均关闭。

⑥ 看门狗电路芯片 X25045　看门狗定时器是微控制器的保护系统。电路选用美国 Xicor 公司的 X25045 芯片。它将看门狗定时器、电源电压监视和串行 EEPROM 组合在单个封装内，降低了系统成本，减少了对电路板空间的要求，并增加了可靠性。

使用看门狗定时器和电压监控功能。看门狗定时器周期可以从三个预置的值（200ms、600ms、1.4s）中选择。利用器件的低 V_{CC} 检测电路，可以保护用户系统使之免受低电压状况的影响。X25045 的存储部分是 CMOS 的 4096bit 串行 EEPROM，它在内部以 512×8 来组织。设计选用带 EEPROM 的看门狗定时器芯片，一方面是预备系统扩展之用，因此串行数据移入/出的引脚 SI/SO 也均与 80C51 的引脚连接。

（2）现场总线阀门定位器软件功能

智能定位器设备卡系统软件的主要任务是实现人机交互接口如 LCD 显示和键盘、菜单选择参数等，实现自我配置功能，实现各种功能的计算和修正，以及基本控制算法和脉冲转换等。软件功能主要可分为按键扫描、LCD 显示、按键控制、AD 数据处理、DA 数据处理、看门狗电路、压电阀控制、系统整定以及与圆卡通信等功能模块。

- AD 数据处理（FB-CQ）　主要完成系统工作在停止、手动及自动模式下时，对反馈信号的采样和归一化处理。其中调用 AD7715 对反馈信号进行采样，采样周期为 10ms，由定时器 1 中断控制。
- 按键扫描和处理模块（KEYPRESS）　系统只有三个按键，但同样需要进行繁琐的扫描和处理。此模块完成按键检测、去抖动等功能，并在特定事件时（如键按下、放开、按键重复事件等）调用按键功能函数进行处理。
- LCD 显示模块（DISPLAY）　将显示缓冲区的内容显示在 LCD 上，除正常显示外，还应可以完成诸如闪烁显示、交替显示参数菜单等功能。
- 看门狗电路（INTI DOG）　初始化看门狗芯片，设置看门狗复位时间。
- 系统整定模块（CONF）　系统进入整定模式时，完成系统的自整定功能。该模块通过按键和 LCD 显示，使系统获取阀位控制的必要信息，如作用方向 SDIR、密闭功能 FCLS 等的参数。
- 通信模块（RECEIVE、SEND）　设备卡执行控制算法的设定值由总线提供。圆卡接收总线信号，将设定值送往设备卡。发送前建立联系的呼叫信号采用中断接收，随后的发送内容采用查询方式接收。当总线需要设备卡采集的反馈信号大小以及其他信号时，由圆卡发出请求，设备卡接收到后，调用 SEND 发送信息。

① 系统初始化和主程序 CPU 上电复位后，系统进行必要的初始化工作，将各外部接口和内存变量复位到已知初始状态；初始化中断；最后进入到主程序中。流程见图 4.29。

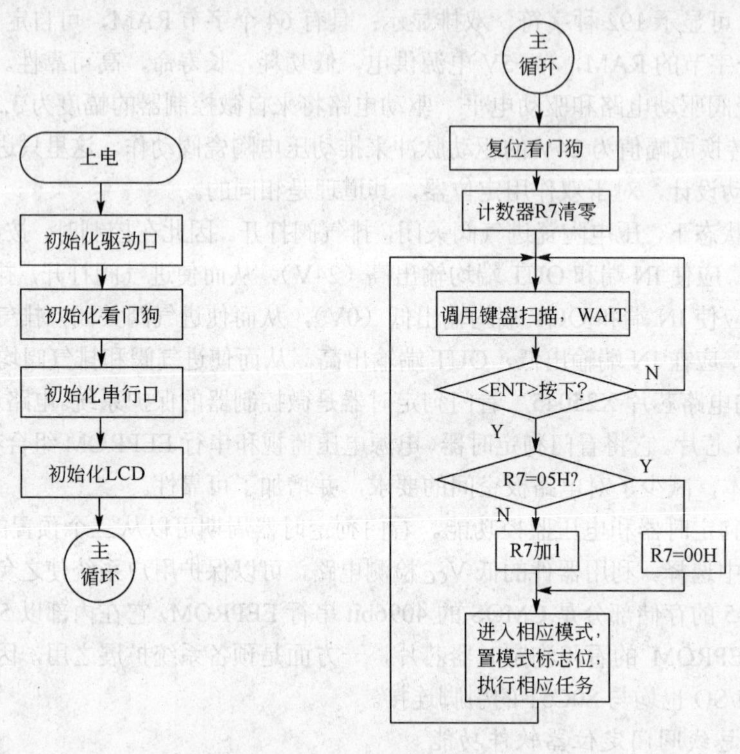

图 4.29 主程序流程图

初始化外部接口包括看门狗电路 X25045，LCD 显示，以及输出驱动口。初始化中断包括定时器 0 中断以及串行通信中断。在主循环中，通过按键进行各模式之间的相互转换。由 R7 寄存器作为按键计数器，根据 R7 的不同值，程序跳转到不同的模式，执行相应的动作和控制策略。

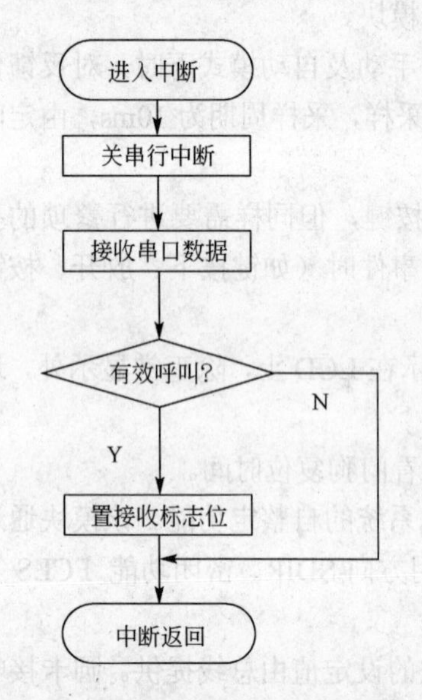

图 4.30 串行通信中断处理程序流程

通信采用接收中断，在主程序中使能串行中断。串口接收到信号时，转入中断。中断中如判断为有效呼叫，则置位接收标志位，否则返回。主程序判断接收标志位，进行接收子程序，或顺序执行。中断处理程序流程见图 4.30。

② LCD 显示 LCD 显示模块利用数码段式 LCD 显示两行简单的字母，来向用户呈现必要的信息。LCD 第一行显示模式名称；第二行在停止和手动模式下，显示参数名“POSITION”，及反馈阀位值；在整定模式下，显示各参数值及对应参数值；在自动工作方式中，不需进行 LCD 显示。

为了满足程序中的需要，设置了 COM 和 DAT 两个存储单元。其中 COM 存储对 LCD 的命令字，DAT 存储 LCD 要显示的内容。为了编程方便，先将各数字或字母制成段码表，需要时直接查表。在程序实现上，根据实际算法，得出查表的入口地址，查表后，将显示值送DAT单元进行显示。

③ 系统自整定模块　如前所述，系统自整定包含五个相对独立的步骤，其最终目的是获得一些重要的系统参数。主要是动作方向、行程两端点的反馈值（绝对百分比）、两个方向上定位脉冲宽度、两个方向上的短步区域大小等。各步骤要完成的工作前面已有叙述，在这里不再重复。

④ 数据采样、处理和闭环控制　这部分是AD数据采样、处理和控制的核心，它根据系统所处的不同工作方式进行不同的处理。在停止或手动方式下，其功能与设定信号无关，只是取得反馈值并转换到显示缓冲区中供LCD显示；在配置方式下不做任何工作；在自动方式下，它对设定信号和反馈信号分别进行采样和处理，进行误差运算，并最后通过五接点开关控制器完成阀位控制。

⑤ 浮点运算　程序在数据处理方面，由于要涉及设定值和反馈值的归一化，采用整数型无法实现，因而采用浮点运算。内容包括将16位整数的设定值和反馈值转化为3字节的浮点数，将满量程（即16位的全"1"）转化为3字节的浮点数，调用FSDT；浮点数相除得归一化值，调用FDIV；浮点数的存储，调用FSTR。另外还调用FMUL等函数。

4.2.2 速度测量与控制仪表和设备

4.2.2.1 现场总线电机软启动器

（1）电机软启动器原理

随着电力电子技术的发展，应用交流调压调速技术的软启动器大都采用工作在"交流开关"状态的晶闸管，就是在恒定交流电源与负载之间接入晶闸管作为一交流电压控制器。

对于软启动器的启动方式，目前主要有以下几种。

① 限流启动　这种启动方式限制电机的启动电流，主要是用在轻载启动。电机启动时，其输出电压从零迅速增加，直至输出电流达到设定的电流限幅值I_m，然后保证输出电流在不大于该值的情况下，电压逐渐升高，电机逐渐加速，完成启动过程。

② 斜坡电压启动　这种启动方式的电压由小到大斜坡线性上升，将传统的降压启动从有级变成了无级，主要用在重载启动。当电机启动时，软启动器的输出电压迅速上升到整定值，然后按设定的速率逐渐增加，直至达到电网电压后，接触器吸合，启动过程完成。

③ 转矩控制启动　主要用在重载启动，将电机的启动转矩由小到大线性上升。其优点是启动平滑，柔性好，对拖动系统有更好的保护，同时降低电机启动时对电网的冲击，是最优的重载启动方式；其缺点是启动时间较长。

④ 转矩加突跳控制启动　与转矩控制启动相仿，这种启动方式也是用在重载启动，不同的是在启动的瞬间用突跳转矩克服电机静转矩，然后转矩平滑上升，缩短启动时间。但是，突跳会给电网发送尖脉冲，干扰其他负荷，应用时要特别注意。

⑤ 电压控制启动　主要用在轻载启动的场合，在保证启动压降下发挥电机的最大启动转矩，尽可能地缩短启动时间，是最优的轻载软启动方式。

（2）现场总线电机软启动器结构

根据系统需求，采用ATMEL的AT89C52作为控制器，89C52含有8K的存储空间，可以实现较复杂的软启动输出算法。周边硬件电路主要包括移相电路、键盘控制和显示、掉电数据存储、D/A转换、光电隔离和断相检测等模块，整个硬件框图如图4.31所示。用户由键盘设定启动方式和启动参数（同时存储设置参数），在发出启动命令后，单片机便进行有关计算，确定移相触发模块的控制电压的数字值，经 D/A 和隔离后输出到移相触发器，移相触发器发出脉冲来触发双向晶闸管。可以理解，只要给定不同的控制电压，双向晶闸管就可以得到不同的导通角，加载在电机负载上的电压也就不同。

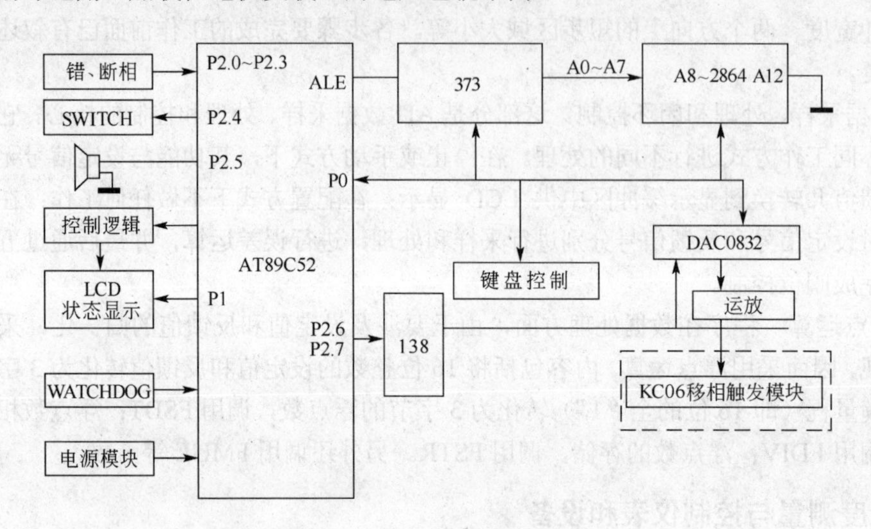

图 4.31 系统硬件框图

双向晶闸管的触发方式有主电路正、负电压和门极正、负脉冲两两组合共四种，系统采用在主电路电压正负半波都给出一个负脉冲，因为负脉冲触发所需要的门极电压和电流较小，所以可保证有足够大的触发功率。这里移相触发器采用了经济适用的 KC06 芯片，该触发器能由交流电网直接供电，无需外加同步、输出脉冲变压器和外接直流工作电源，并且能直接用于晶闸管控制及耦合触发。具有锯齿波线性好，移相范围宽，输出电流大等优点。

① 掉电数据保护　用户启动电机时设定了启动参数，总是希望再次运行时恢复上一次掉电前的状态（即掉电保护）。系统采用了 EEPROM 2864 作为掉电保护芯片，存储用户设置的启动电流、启动转矩和启动时间等参数。2864 擦写时间不超过 10ms，而读取时间只有 150ns，擦写次数达 10 万次，满足系统参数存储的要求。当每次设定结束后，就将设定值存入 2864 中，下次开机时系统自动读取，这样就减少了用户每次开机都要重新设定的麻烦。由于需要存储的参数空间要求比较少，2864 的高位地址 A8～A12 直接接地，节省了端口资源。

② 键盘控制和 LCD 显示　键盘作为用户操作的主要工具，实现各类启动参数的设置、电机的启动和停止。键盘接口 8279 对 4×4 的键盘进行自动扫描，接收键盘上的输入信息存入内部的 FIFO 缓冲器，并在有键输入时自动向 CPU 请求中断。而液晶显示采用的是 GDM0801B，这是一块 5×8 点阵的单行液晶模块，内置控制器 KS0066U，单+5V 供电和标准的接口特性，其与 CPU 连线如图 4.32 所示。在 EN 引脚的控制上比较复杂，当程序对 LCD 读取与写入数据时，CPU 的读写信号与译码器出来的片选信号配合产生使能信号送到 LCD 的 EN 端，如果直接将片选信号经反相器接往 EN 引脚，则无法正确控制 LCD 电路工作。

③ D/A 转换电路和光电隔离　CPU 根据设置的启动参数计算出移相电路需要的控制电压是数字量，需要经过数模转换电路才能得到模拟电压。D/A 芯片采用的是最常见的 DAC0832，片内带数据锁存器，电流输出，输出电流稳定时间仅为 1μs。

电机软启动器是用于工业现场的控制设备，单片机为核心的数字电路部分很容易收到来自交流电气信号的干扰，从而导致系统程序跑飞。同时也出于安全性的考虑，D/A 转换和移相模块之间必须光电隔离，将弱电控制电路和三相交流强电部分在电气上完全绝缘。

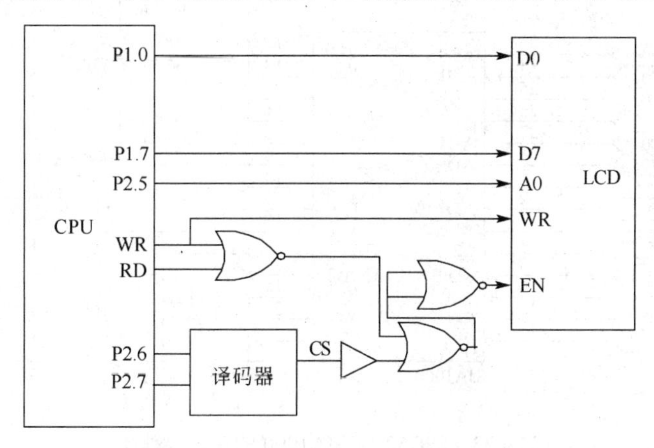

图 4.32　LCD 显示模块与 CPU 连接

这里采用的是 TLP521 光电耦合器，它由 GaAs 红外发光二极管和硅光敏三极管组成隔离器。输出、输入间隔离电压高达 2500V，响应速度在饱和使用时超过 10Kbps。

④ 看门狗电路　因为软启动器是工作在工业现场，有时候突然强烈地干扰会使程序跑飞，系统"死机"，所以必须引入看门狗电路才能保证系统可靠地工作。这里采用了 MAX706 监控电路，它是一种性能优良的低功耗 CMOS 监控电路芯片，其内部电路由上电复位、可重触发"看门狗"定时器及电压比较器等组成。MAX706 只要定时检测到有高低电平跳变，其定时器会清零并重新开始计时，否则定时器会溢出并触发复位电路，使整个系统复位。所以在程序的定时中断里面加入了"喂狗"指令，就是一个取反指令，使 MAX706 的检测信号脚定时发生高低电平跳变。

⑤ CAN 总线通信接口　完整的 CAN 总线通信接口的硬件部分应包括 CAN 收发器、电气隔离器件、CAN 控制器等，其主要功能是：CAN 收发器集成了 CAN 协议物理层的部分功能，主要完成电信号的转换（TTL 电平与差分电平的转换）、总线的"线与"能力、电气保护等功能。电气隔离器件将本地系统与总线从电气上隔离开来，增强系统的可靠性，减少系统与系统之间的相互影响。通常采用光电耦合器件。CAN 控制器集成了 CAN 协议的物理层和数据链路层功能，可完成对通信数据的成帧处理，包括位填充、数据块编码、循环冗余检验、优先级判别等项工作。

• CAN 收发器选用的是 Philips 公司的 PCA82C250，该收发器是 CAN 控制器和物理总线的接口。

• 单片机与 CAN 控制器的接口设计。CAN 控制器采用 SJA1000，SJA1000 是一种独立控制器，用于汽车和通用工业环境中的区域网络控制（CAN）。它是 Philips 公司 CAN 控制器——PCA82C200（BasicCAN）的替代产品，而且，它增加了一种新的工作模式——PeliCAN，这种模式支持具有很多新特性的 CAN 2.0B 协议。

在 SJA1000 中，主要包括接口管理逻辑（IML）、发送缓冲器（TXB）、接收缓冲器（RXB、RXFIFO）、接收过滤器（ACF）、位流处理器（BSP）、位时序逻辑（BTL）、错误管理逻辑（EML）等模块。

89C52 与 SJA1000 的接口原理如图 4.33 所示。

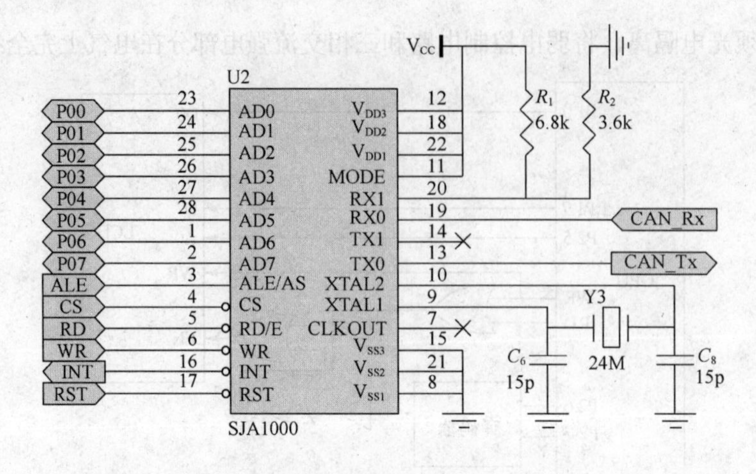

图 4.33 89C52 与 SJA1000 的接口原理图

⑥ 基于 CAN 总线的 89C52 系统硬件结构 该系统主要包括 CAN 控制器及总线接口电路、RS-232 电平转换电路等。主要功能是在 CAN 数据和 RS-232 数据之间进行转换。其原理框图如图 4.34 所示。

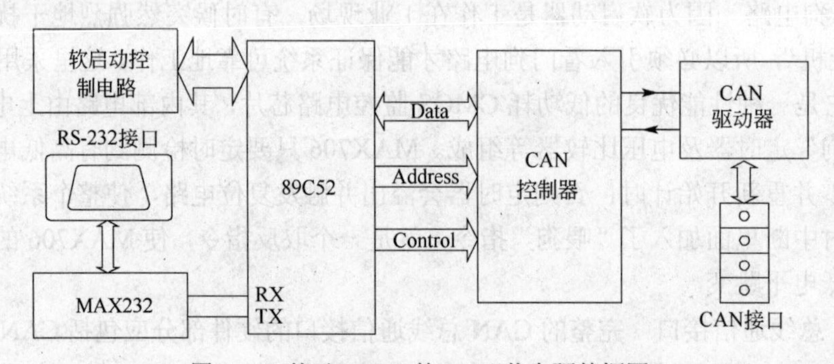

图 4.34 基于 89C52 的 CAN 节点硬件框图

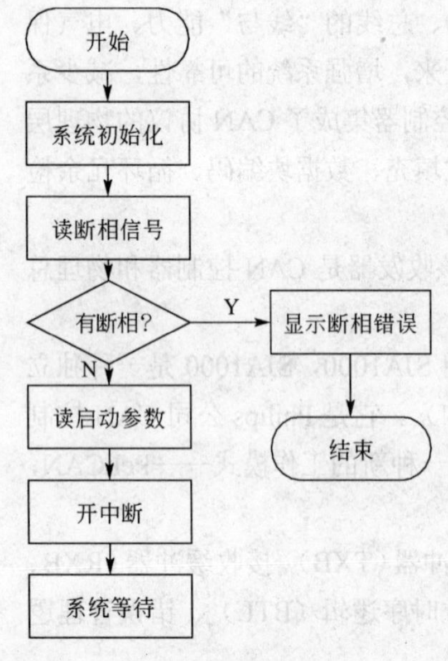

图 4.35 主程序流程

（3）现场总线电机软启动器软件组成

① 现场总线电机软启动器主程序 系统软件部分采用模块化结构，主要有三部分：键盘扫描、软启动子程序和显示程序。其中键盘扫描和显示程序采用 51 单片机汇编语言编程，主程序和软启动子程序用 C 语言编写。系统的主程序流程如图 4.35 所示，先做一些初始化的工作（LCD、8279 和断相检测），然后读取存储芯片里面的设置参数，作为系统上电的默认设置，接着显示系统待机，进入空闲状态，等待键盘中断。

② 键盘响应程序 整个软件系统中比较关键的部分是怎样响应用户各种键盘操作，这也是整个功能实现的核心部分，下面是该部分的主要代码。

```
Int1() interrupt 2{ //response to user's keyboard input
    uchar  key,i;
    key= SCANKEY();
```

```
switch（key）
{
  case KEY_START:
            //execute command after current settings
            Print（"QD"）；　//提示启动开始
            execute（var_sel[0][1],var_sel[1][1],var_sel[2][1]）；
            clr_lcd();DelayMs（20）；
            Print（"QDJS"）；　//启动结束
            break;
  case KEY_STOP:
            Print（"RTZ"）；　//提示软停止
            exestop（var_sel[0][1],var_sel[1][1],var_sel[2][1]）；
            DelayMs（10000）;clr_lcd(); DelayMs（20）；
            Print（"TS213"）；
            break;
  case KEY_ENTER:
            EA = 0；
            Write2864Addr（var_sel[exe_mode][2]）；
            Write2864（var_sel[exe_mode][1]）；//存储参数
            break;
  case KEY_INC:
            if（var_sel[exe_mode][1]<var_sel[exe_mode][0]-1）
                var_sel[exe_mode][1]++;
            else
                var_sel[exe_mode][1]=0;
            print_int（val_set[exe_mode][var_sel[exe_mode][1]]）；
            break;
  case KEY_DEC:
            if（var_sel[exe_mode][1]>0）{
            var_sel[exe_mode][1]--;
            print_int（val_set[exe_mode][var_sel[exe_mode][1]]）；
            }
            break;
  case KEY_MODE:
            //change the set mode （round robin）
            ……
            break;
  default:
            //unavailable keyboard input
            ……
```

```
    }
}
```

③ 软启动子程序　根据软启动器的设计要求，电机电压需要有一定的加速爬坡时间，以保证所施加的电压逐渐上升。软启动子程序就是通过程序运算确定输出控制电压大小的过程。首先要保证电机启动，必须要克服其负载转矩；其次要满足一定的启动电流，两个因素综合就是要给定的初始电压。电压上升斜率的大小则是由启动时间来决定的，然后就是按照时间间隔 T_i 来循环送出渐进的控制电压，直至最后启动结束，送出全额电压，供电机正常运转。

程序流程如图 4.36 所示。

④ CAN 总线通信系统的软件　89C52 系统的主要功能是：CAN 总线收发功能、RS-232 收发功能、CAN 数据帧与 RS-232 数据帧之间的转换三种功能。

主程序主要完成单片机的初始化、系统参数初始化、CAN 控制器（SJA1000）初始化以及主流程控制等功能。其主要流程图如图 4.37 所示。

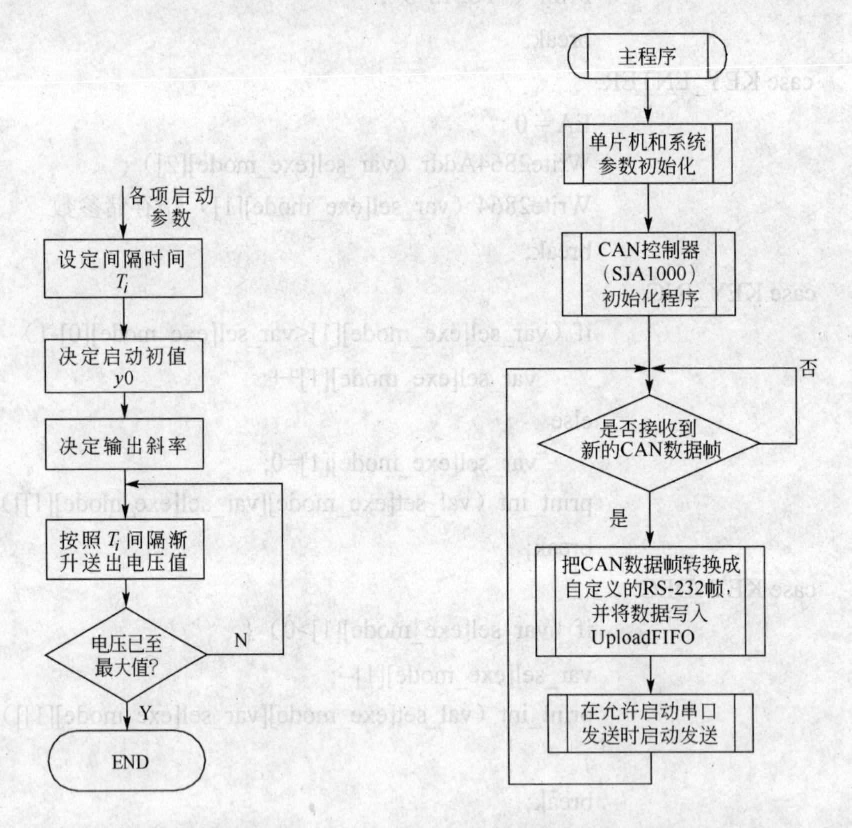

图 4.36　软启动子程序流程　　　图 4.37　89C52 系统 CAN 总线相关软件主程序流程图

CAN 数据发送程序通过判断 SJA1000 是否允许立即发送数据，来决定是否要将数据写入先进先出缓存。其主要流程图如图 4.38 所示。

CAN 中断服务程序（CAN_ISR）响应 SJA1000 的中断请求，主要处理四种中断类型：数据过载中断（Data Overload Interrupt）、错误警告中断（Error Warning Interrupt）、接收中断（Receive Interrupt）、发送中断（Transmit Interrupt）。其主要流程图如图 4.39 所示。

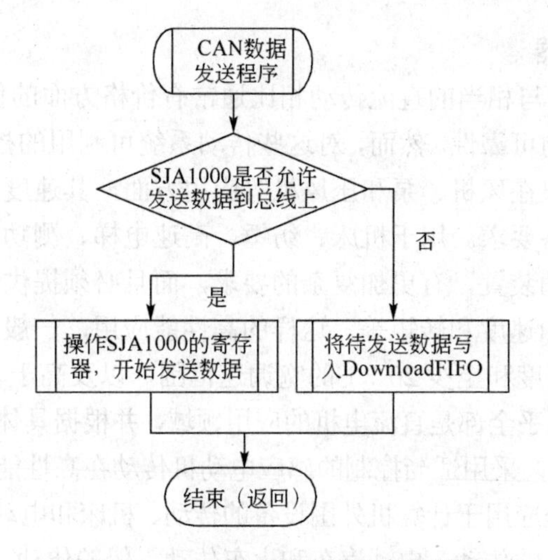

图 4.38 CAN 发送数据子程序流程图

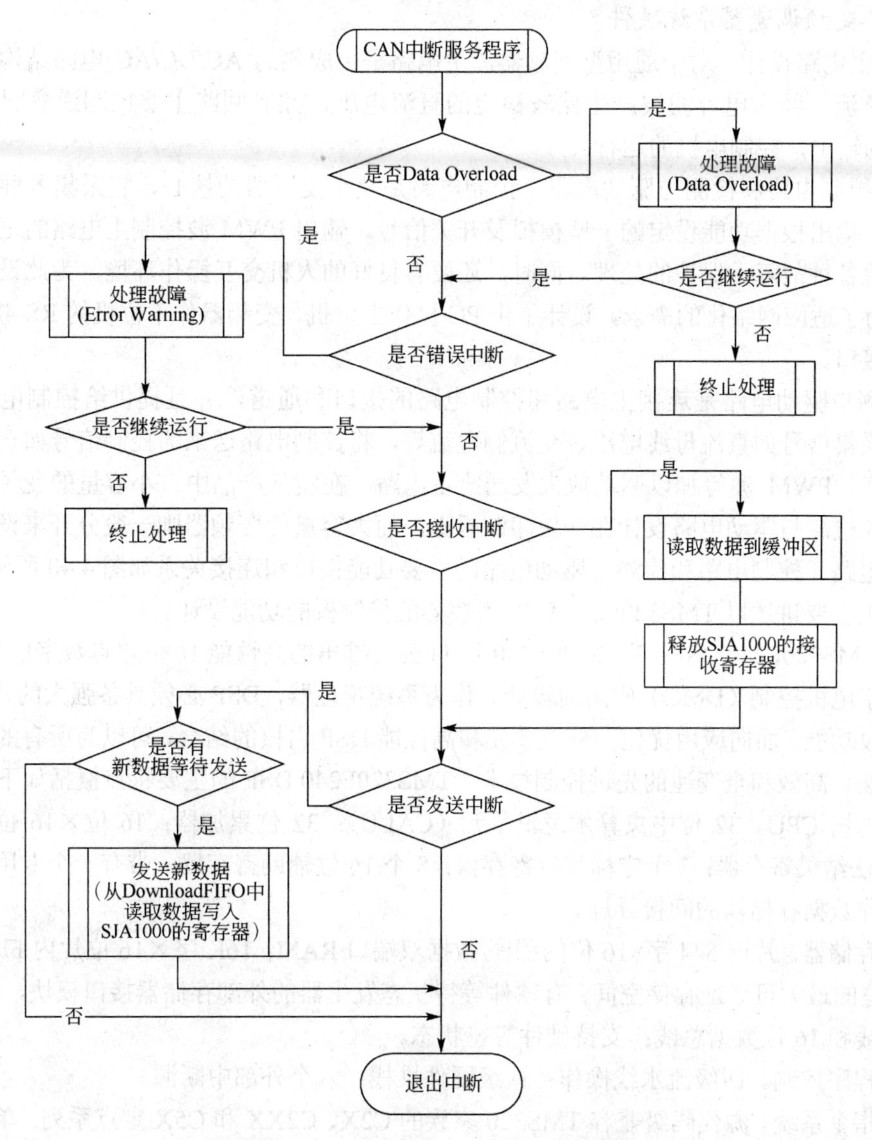

图 4.39 SJA1000 的中断服务程序流程图

4.2.2.2 现场总线变频器

一般来说，交流传动与相当的直流传动相比通常有价格方面的优势，而且具有较少维护、较小的电机尺寸和更高的可靠性。然而，对这些传动系统可利用的控制灵活性是非常有限的，而且它们的应用主要局限在风机、泵和压风机等应用方面，其速度只需要粗略调节而对暂态响应和低速特性没有严格要求。用于机床、纺锤、高速电梯、测功器、矿井提升机、轧机、玻璃浮法生产线等的传动装置，有更加复杂的要求，而且必须提供允许调节多个变量的灵活性，例如速度、位置、加速度和转矩等。这样的高性能应用，一般在速度闭环下要求高速段保持高于0.596的调速精度和至少20∶1的宽调速范围，以及高于50rad/s的快速暂态响应。以前，这样的传动装置几乎全部是直流电机的应用领域，并根据具体应用的需要配置各种结构的AC-DC变换器。然而，采用适当控制的感应电动机传动在高性能应用上已胜过直流传动，并且交流传动更加广泛地应用于计算机外围设备的传动、机床和电动工具、机器人和自动装置的传动、纺织厂和造纸厂的传动、电动汽车和火车传动、船舶传动、水泥窑和轧钢机传动等。

（1）变频调速器系统硬件

① 主电路设计　对于通用型变频器，主电路采用成熟的AC/DC/AC电路结构，输入采用不控整流，经大电容滤波产生比较稳定的直流电压，控制回路主要控制逆变回路，产生VVVF的输出，控制电机的运行。

② 控制电路和检测与驱动电路　控制电路是整个变频器的核心，它采集各种输入和检测信号，输出根据功能设定的一些模拟及开关信号，输出PWM波控制主电路的正常运行，并且实现各种故障、保护的处理。同时，还要有良好的人机交互操作环境，为此设计有操作面板。为了适应网络化的需求，设计了由PC机作上位机、变频器作下位机的RS-485远程控制通信接口。

检测与驱动电路是连接主电路和控制电路的接口和通道，并且提供给控制电路工作电源。它采集信号如直流母线电压、交流侧电流等，将控制电路送来的控制信号如直流母线继电器动作、PWM波等加以驱动放大发送给主电路。在实际产品中，小容量的变频器一般将主电路和检测与驱动电路设计在一块印制板上，而大容量的变频器则一般分开来设计。

主电路、控制电路和检测与驱动电路的主要功能接口和连接关系如图4.40所示。

这里主要讲述以TMS320F240 DSP为核心的控制板的功能设计。

③ TMS320F240 DSP　TMS320F240是TI公司推出的高性能16位定点数字信号处理器，专为数字电机控制（DMC）应用而设计。作为系统管理器，DSP必须具备强大的片内I/O和其他外设功能。面向应用优化的外设单元和高性能DSP内核的结合，可以为所有的电机类型提供高速、高效和全变速的先进控制技术。TMS320F240 DSP的主要特点概括如下。

• 内核CPU。32位中央算术逻辑单元（CALU）；32位累加器；16位×16位乘法器和32位乘法结果寄存器；3个定标移位寄存器；8个16位辅助寄存器，带有一个专用的算术单元，用作数据存储器的间接寻址。

• 存储器。片内544字×16位的程序/数据双端口RAM；16K字×16位片内Flash；224K字×16位的最大可寻址存储空间；有软件等待状态发生器的外部存储器接口模块，具有16位地址总线和16位数据总线；支持硬件等待状态。

• 程序控制。四级流水线操作；八级硬件堆栈；六个外部中断源。

• 指令系统。源代码级兼容TMS320家族的C2X、C2XX和C5X定点系列；单指令重复操作；单周期的乘/加法指令；程序/数据管理的存储器块移动指令；变址寻址能力。

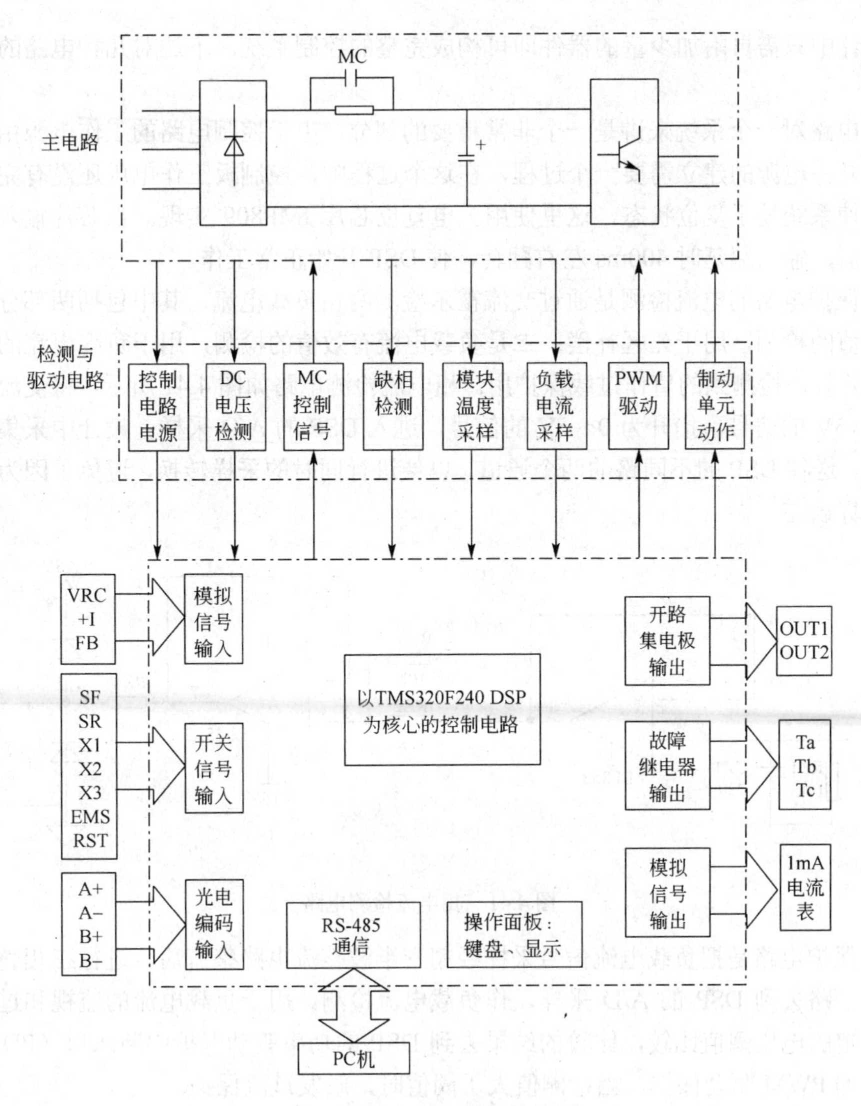

图 4.40　功能接口和连接关系

- 功率。静态 CMOS 技术，功耗低；四种用于减少功耗的省电方式；仿真符合 IEEE1149.1 标准的测试访问口，可以连接片内的基于扫描的仿真逻辑。
- 速度。50ns 的指令周期（20 MIPS），且多数指令为单周期。
- 事件管理器。12 路比较/PWM 通道，其中 9 路为独立；3 个 16 位通用定时器，有 6 种工作模式；3 个有死区功能的全比较单元；3 个单比较单元；4 个捕获单元，其中两个具有直接连接正交编码器脉冲的能力。
- 双 10 位 A/D 转换器。
- 28 个独立可编程的多路复用 I/O 引脚。
- 基于锁相环的时钟模块。
- 带实时中断（RTI）的看门狗（WD）定时器模块。
- 串行通信接口（SCI）。
- 串行外设接口（SPI）。

④ 以 TMS320F240 DSP 为核心的控制系统　由于 TMS320 F240 DSP 强大的功能，使得

在系统设计中只需再附加少量的器件即可构成完整的控制系统。下边对几种电路的设计加以说明。

复位电路对一个系统来讲是一个非常重要的部分，由于控制电路的工作电源由开关电源提供，而开关电源的建立需要一个过程，在这个过程中，控制板工作电压还没有完全建立，此时需要使系统处于复位状态，这里使用上电复位芯片 IMP809 实现。当芯片输入电压达到阈值电压后，输出端延时 400ms 左右翻转，使 DSP 开始正常工作。

过流保护电路的电流检测是通过交流霍尔检测两相负载电流，其中包括两部分：一是相电流瞬时值的检测，用于死区补偿；二是负载电流有效值的检测，用于负载电流的监视和过流保护，并且用检测到的值作过载保护用。相电流检测电路如图 4.41 所示，将交流霍尔检测到的–5～+5V 的信号，抬升为 0～5V 的信号，进入 DSP 的 A/D 采样。设计中采集 U、V 两相的电流，送往 DSP 的不同路的两个通道，以便进行同时的采样转换，避免了因为时间不同造成的计算误差。

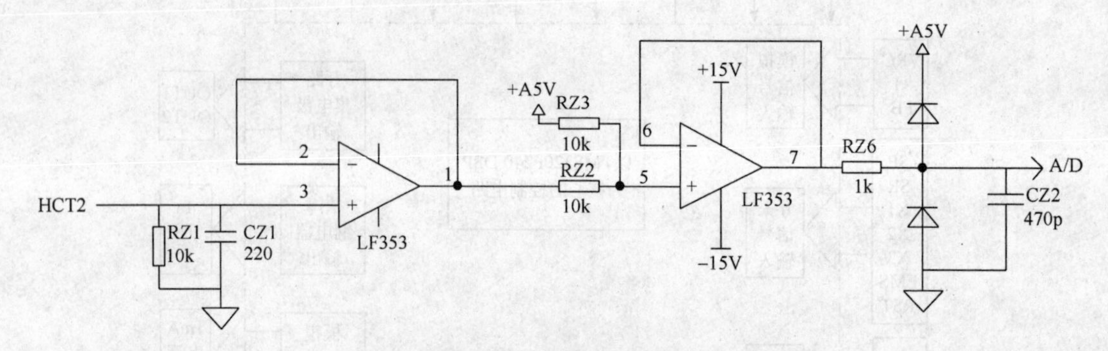

图 4.41 相电流检测电路

过流保护电路是把负载电流信号采样经精密半波整流电路整流后，进行三相叠加，叠加后的结果一路去到 DSP 的 A/D 采样，作负载电流检测，用于负载电流的监视和过载保护；一路与一定的电压阈值比较，比较的结果去到 DSP 的功率驱动保护中断入口（PDPINT）和控制板上的 PWM 驱动保护，当检测值大于阈值时，触发过流保护。

温度检测电路所有的电力电子器件在运行中都会有导通功率损耗和开关功率损耗发生。这些功耗通常表现为热，必须采用散热器把这些热量从功率芯片传导到外部环境。但是，当负载过重、开关频率高或者散热故障等原因引起温度上升，当电力电子器件结温 T 超过允许的最大值 T，会造成器件的损坏。因此，温度检测也是变频器能正常运行的保障之一。一般通过检测热敏电阻的阻值来判断温度。有些小功率模块，模块内部带有热敏电阻，可以直接利用，有些模块内部没有，采用在靠近模块的散热器上安装热敏电阻的方法。温度检测的方法：热敏电阻不同的阻值对应不同的温度，而对于 CPU 来讲，只能采集电压信号。这里设计了两种方案。

使用电阻分压：为了保证测量的范围，用一个 10kΩ的电阻与热敏电阻分压。

这种方法结构简单，但是采用电阻分压，会使误差增大，再加上热敏电阻本身非线性的影响，误差会很大。

使用一个电流源 I_s，使其流过热敏电阻，则每一个电压对应一个阻值，也就是对应一个温度值。

这种方法电路复杂一些，但由于电压和温度是一一对应的关系，没有其他的误差引入，测量精度高。图 4.42 是变频器逆变单元电路与输出波形。

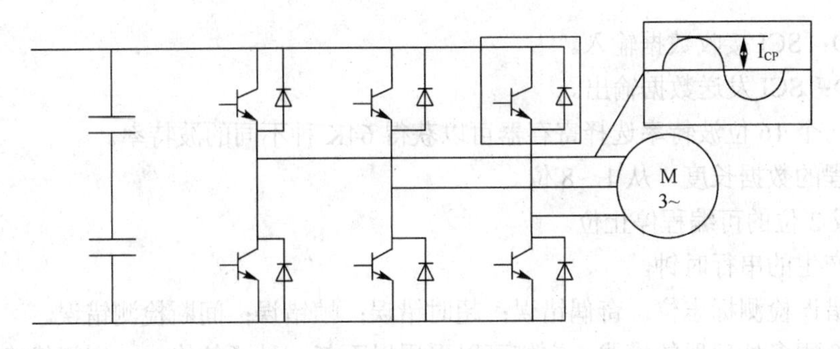

图 4.42　变频器逆变单元电路与输出波形

每一个 IGBT 通态功耗为

$$P_{SS}=I_{CP}U_{CE(sat)}\frac{1}{2\pi}\int_0^{\pi}\sin^2 x\frac{1+\sin(x+\theta)D}{2}\mathrm{d}x$$
$$=I_{CP}U_{CE(sat)}\left(\frac{1}{8}+\frac{D}{3\pi}\cos\theta\right)$$

脉冲接口电路变频器的功能设计有测速环节和脉冲频率设定方式，为此设计有脉冲接口电路。而对于编码器（PG）来讲，又有多种方式：差动输出和集电极开路输出，可以使用它的单相脉冲或正交脉冲；对于脉冲频率设定一般是单相的差动或集电极开路脉冲信号。

电路标准是针对于 24V 脉冲编码器，经光耦转换为 5V 电平进入 CPU。用开关切换差动输入和集电极开路输入。当使用单相脉冲时，单独使用 A 相接口电路即可。

信号的采集：对于两相正交脉冲信号输入，使用 DSP 的 WEP 单元，用 M 法测速；对于单相脉冲信号，使用 DSP 的 CAP 单元和外部计数模式相切换，CAP 单元用 T 法，外部计数用 M 法，即 T 法和 M 法相切换。这样是为了保证脉冲计数的精度。试验证明，使用该电路和测速方法运行可靠，测速精度高。

开关信号输入输出接口电路对于变频器有一些开关量输入，如转向信号、多段速外部端子信号等，有一些开关量输出，如集电极开路输出、接触器开关信号、风扇控信号等。一般使用光耦使控制板与外部开关信号隔离。另外，DSP 的 SPI、SCI 单元相对独立，且都是串行通信模块。

（2）DSP 通信模块在变频器中的应用

随着微机控制技术的发展以及工业控制过程自动化程度不断提高，通信技术越来越受到人们的重视，网络化也是变频器技术发展的方向之一。TMS320F240 DSP 具有强大的通信模块：异步串行通信接口（SCI）和同步串行通信接口（SPI）。这两个模块的应用给变频调速器中通信功能的设计带来了极大的便利：SCI 模块可以用于与上位机进行通信，实现实时远程监控，或者多台变频器由主机控制协调工作；SPI 可以实现变频调速器的 LED 显示和键盘扫描功能。实践表明，采用该设计方案具有较好的实用价值。

① 基于 SCI 模块的通信功能的设计　设计使用 SCI 模块实现与上位机的异步串行通信，采用 RS-485 通信接口，实现上位机的实时远程监控，并且可以很方便地构成网络，由一台主机来控制多台变频器协调工作。

可编程的 SCI 模块支持 CPU 和其他采用 NRZ（不返回零）格式的异步外设间的数字通信。SCI 的接收器和发送器都是双缓冲的，每一个都有自己的使能和中断位。它们可以单独工作或同时工作于全双工模式。

SCI 模块的主要特征如下。

- 两个 I/O 引脚。

SCIRXD：SCI 接收数据输入。

SCITXD：SCI 发送数据输出。

- 通过一个 16 位波特率选择寄存器可以获得 64K 种不同的波特率。
- 可编程的数据长度，从 1～8 位。
- 1 位或 2 位的可编程停止位。
- 内部产生的串行时钟。
- 四个错误检测标志位：奇偶错误；超时错误；帧错误；间断检测错误。
- 两种唤醒多处理器的模式，它们可以采用以下任一种通信格式：空闲线唤醒；地址位唤醒。
- 半双工或全双工操作。
- 双级缓冲接收和发送功能。
- 可以采用中断或查询方式来执行发送和接收操作。
- 分别用于发送器和接收器中断的使能位。
- NRZ（不返回零）格式。

② RS-485 通信接口　现在变频器产品中较为流行的是 RS-485 通信接口，这种通信接口与原先较为流行的 RS-232 通信接口相比具有如下一些优点：支持较高的数据传输率，支持较远的传输距离，通过提供平衡电路改进接口电气特性。对于 RS-485 来说，由于其定义了差分平衡电气接口，这种差分电路从地线的干扰中拾取有效信号，由于差分接收器可以分辨 0.20V 以上的电位差，因此可避免或大大减弱地线干扰和电磁干扰的影响。RS-485 驱动器的共模输出电压为–7～+12V，RS-485 接收器的共模输入电压为–12～+12V，接收器输入阻抗的最小值为 12kΩ。RS-485 允许在同一根输入线上有 32 个发送器、32 个接收器。满足 RS-485 要求的器件，片内装有争用保护电路，即如在同一时刻两个发送器均接通，也能防止器件损坏。

变频器利用 SCI 接口扩展 MAX485 芯片构成了 RS-485 通信接口。上位机为 PC 机，PC 机的串行通信接口为 RS-232 接口，这里使用了一个 RS-232/RS-485 转换接口模块，将 RS-232 接口转换为 RS-485 接口，与下位机（变频器）连接，进行通信。

为了组网方便，变频器使用了西门子的 PROFIBUS 现场总线。为了能够适用 PROFIBUS 现场总线适配器，变频器的网络通信协议也采用了西门子的通信协议——USS 通信协议。USS 协议是西门子所有传动产品通用的通信协议。这个协议是个主从结构，从站变频器只是对主站发来的报文作出回应并发送报文。另有一种广播方式，一个报文可以同时发送给所有的变频器。这种 USS 总线通过串行接口最多可连接 30 台变频器，然后可用一个主站对变频器进行完全的控制，包括启/停、频率设定和参数设置等。总线上的每一台变频器都有一个从站号（在参数中设定），主站依靠它识别每个变频器。

③ SCI 通信程序　DSP 通信程序包括两个部分：接收数据和发送数据及接收数据处理。接收数据采用中断方式，发送数据采用查询方式，半双工工作模式。在程序中开辟了两块区域，一块接收数据缓冲区，一块发送数据缓冲区。

接收数据中断服务程序完成的任务比较简单：将上位机发来的数据放入接收缓冲区，最重要的是接收报文头的判断和处理。发送数据处理比较复杂：验证接收数据是否正确，是否本机地址或广播，接收到的控制字节和设定数值的处理以及返回数据的整理和发送等。由于 MAX485 芯片工作于半双工模式，接收数据和发送数据的时间分配一定要划分清楚。

④ SPI 模块在变频器中的应用　现在的变频器产品中，与控制面板（包括键盘和显示）

的连接有数字、模拟混合方式和全数字方式等。其中混合方式使用的是I/O口和A/D口，I/O口模拟时序与控制面板显示电路进行通信，键盘部分使用电阻分压A/D采样判断键值。模拟时序需要自己作时序配合，复杂而又容易出错；键值A/D采样误差较大，尤其是当把控制面板连接线拉长后，由于延长线上压降增大，使得A/D采样误差变大，产生误键，变频器不能正常运行。为此，系统设计使用了基于SPI模块的全数字方案，试验证明该方法设计合理，运行可靠，又节约了DSP的资源，程序设计简单。

SPI（串行外设接口）是高速的同步串行 I/O 口，它能使可编程长度的串行位流（1～8位）以可编程的位传输率输入和输出器件。SPI模块的组成主要包括以下。

• 四个I/O口

SPISIMO：SPI从输入，主输出。

SPISOMI：SPI主输入，从输出。

SPICLK：SPI时钟。

SPISTE：选通信号。

• 主模式和从模式操作

SPI串行输入缓冲寄存器（SPIBUF）；

SPI串行数据寄存器（SPIDAT）；

SPICLK相位和极性控制；

状态控制逻辑；

存储器映射控制和状态寄存器。

⑤ 基于SPI模块的控制面板　混合方式为使用I/O口和A/D口与面板连接。显示驱动使用74HC595；键盘采样为电阻分压。很明显，该方式的键盘采样，电路结构简单，但由于V_{CC}才由控制板供给，当把连接线延长，线路压降增大，所有的A/D采样电压都会改变，使键值判断错误，变频器不能正确运行。

• SPI用于LED显示　混合方式LED显示的设计用I/O口模拟时序，发数据给74HC595，驱动LED。这种做法复杂而且时序配合容易出问题。设计采用SPI实现，SPI配置如下：设置为主模式，查询方式发送，8位数据，最大传输速率为2.5MHz。工作过程：SPI模块通过SPICLK为74HC595提供时钟信号，SPISIMO在时钟下降沿向74HC595发送数据，74HC595在时钟上升沿接收数据，SPISTE设置为I/O引脚，用于触发74HC595锁存数据。所发送数据的高8位用于片选LED，低8位是显示的数据。

• SPI用于键盘采样　模拟采样的方式容易产生误差，于是改用数字方式。采用74HC165并行/串行转换芯片，完成键盘采样。工作过程如下：SPI模块设置为主模式，查询方式接收，8位数据通过SPICLK向74HC165提供时钟信号，最大传输率为2.5MHz。74HC165在时钟上升沿发送数据，SPISOMI 在时钟上升沿接收数据，为了保证时序上的配合，到74HC165的时钟需先反相，相当于提前半个时钟周期。I/O引脚用于触发74HC165锁存数据。

（3）变频器的系统软件

① 主程序　主程序是整个程序的骨架和核心，它通过执行和协调各个模块的关系，完成变频器的绝大部分功能。流程如图4.43所示，DSP初始化包括：CPUCLK、SYSCLK的配置；I/O端口的初始化；SPI、SCI模块的初始化；事件管理器的配置；定时计数器的初始化等。直流母线电压的检测是主循环的起始，它决定了变频器上电和掉电时的工作状态。输入信号检测主要包括：模拟信号的输入，直流母线电压检测，温度检测，外部+5V电压与20mA电流模拟频率输入信号的检测，面板电位器模拟频率输入信号，负载电流检测信号等；开关信号的输入；转向信号、多功能端子等。工作方式选择主要是根据功能码的设定（面板控制、

外部控制、升降控制、多段速可编程控制等）决定当前的工作状态，即决定了频率设定来源、启停控制方式、加减速时间选择和转向判别方式。V/F 的计算则根据输出频率和所设定 V/F 曲线来计算所输出的电压大小。

② PWM 中断服务程序 PWM 中断服务程序主要完成的工作是：采集两相负载电流，作旋转变换，确定各相电流的方向；空间电压矢量旋转角度的计算，并根据此角度计算各相的脉冲宽度；根据各相的电流方向进行死区补偿等。PWM 中断服务程序流程如图 4.44 所示。

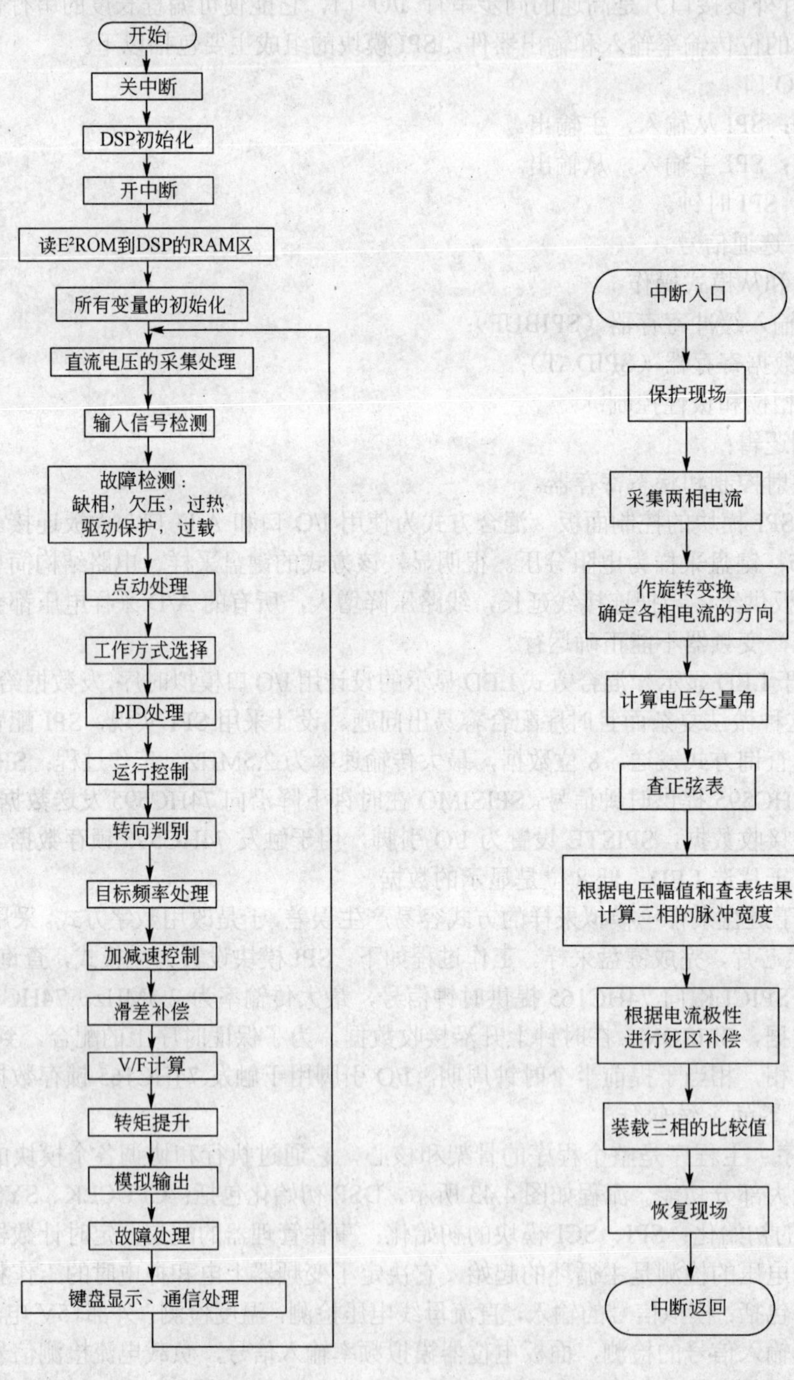

图 4.43 主程序流程　　图 4.44 PWM 中断服务程序流程

下面给出空间电压矢量的 SVPWM 计算方法。如图 4.45 所示空间电压矢量图，合成矢量为 U_S，合成矢量旋转角度为θ（与横轴的夹角）。

设现在合成矢量 U_S 在第 0 扇区，则由 U_1 和 U_2 合成 U_S，其各自的作用时间为

$$\begin{cases} T_1 = 2\times \mathrm{T\_CY}\times \dfrac{U_{\mathrm{OUT}}}{380\mathrm{V}}\times \sin(60°-\theta) \\ T_2 = 2\times \mathrm{T\_CY}\times \dfrac{U_{\mathrm{OUT}}}{380\mathrm{V}}\times \sin\theta \end{cases}$$

零矢量的总作用时间为

$$T_0=2\times \mathrm{T\_CY}-T_1-T_2$$

式中，T_CY 为采用对称 PWM 方式下，所使用的计数器的周期值。

三相比较输出的波形如图 4.46 所示。

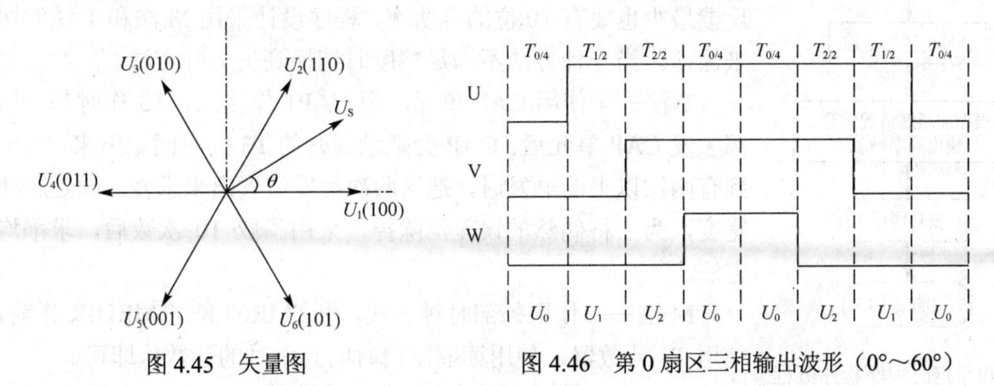

图 4.45 矢量图　　图 4.46 第 0 扇区三相输出波形（0°～60°）

各扇区三相比较输出波形如图 4.47 所示。

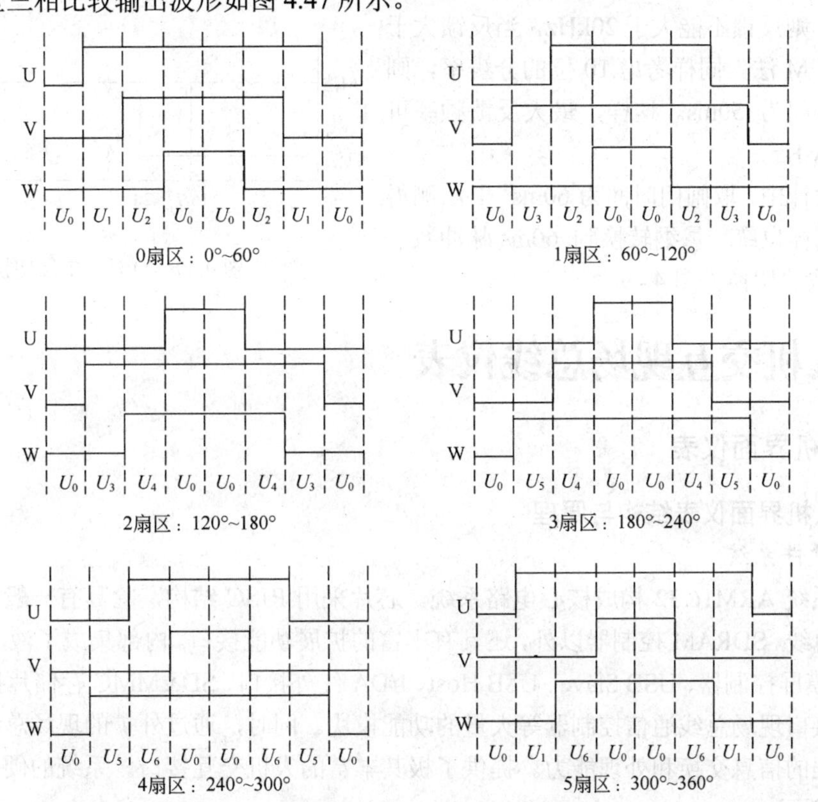

图 4.47 各扇区的三相输出波形

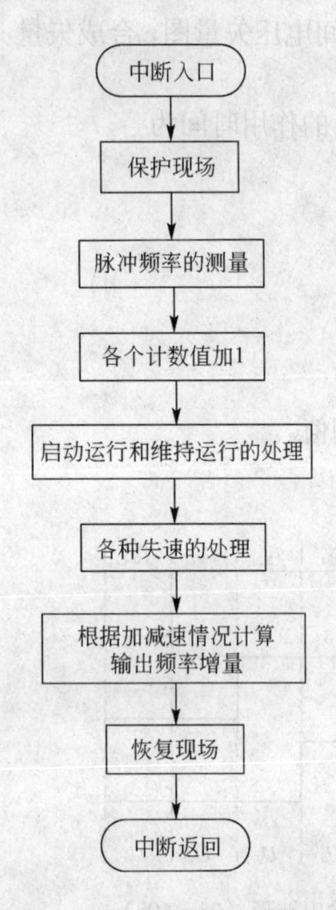

图 4.48 定时中断程序流程

③ 定时中断服务程序 变频器程序的时间性要求很强，很多功能需要计时，因此定时中断程序必不可少，它为整个程序的运行提供时基。程序设定 1ms 定时中断。在每次 1ms 定时中断中，除对各时间计数值加 1 外，还有测速环节、失速的判断等。定时中断程序流程如图 4.48 所示。

关于中断服务程序中的测速环节，系统硬件已经提及了计量脉冲频率的电路及方法。对于正交脉冲输入，只有使用 M 法一种方法，这里主要是针对单相脉冲输入。对于 F240 来说，其模拟采样即 A/D 接口是 10 位的分辨率。当程序使用 PID 环节，反馈取脉冲反馈时，为了保证不会由于测速不准带来的控制不稳定，必须保证反馈最少也要有 10 位的分辨率，程序设计采用 M 法和 T 法的切换来保证。当一种方法不满足精度时切换到另一种方法。

T 法——使用 CAP 单元，用 CAP1 作输入，T3 作时基。当外部触发 CAP 单元后，CAP 会把触发时的 T3 的时间记下来，当检测到有两次以上的触发时，把这两次触发值读出来求差，即是脉冲的宽度，为了将偶然的误差消除掉，采用了取 10 次数后，求平均的方法。

M 法——使用外部时钟方式，用 TMRCLK、TMRDIR 作输入，使用 T3 计数器。使用读取闸门时间到来时的计数值即可。

用 T 法测速时，由于 240 的最小计数周期为 50ns，为了能计到 1000 个数，则反馈不能大于 20kHz。当反馈大于 20kHz 时用 M 法。同样考虑 10 位的分辨率，则最小闸门时间为 50ms。这样，最大反馈频率可以计到 1.2MHz。

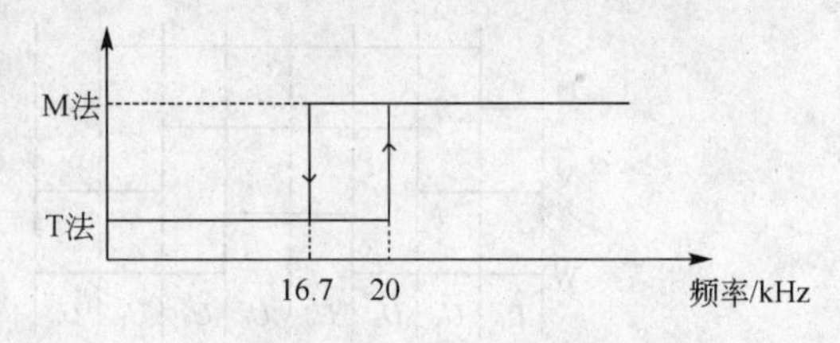

图 4.49 M 法、T 法切换

实际设计中，取闸门时间为 60ms。T 法测得的脉冲数同样也统一量纲转换到 60ms 脉冲数。M 法和 T 法的切换见图 4.49。

4.3 人机交互现场总线仪表

4.3.1 人机界面仪表

4.3.1.1 人机界面仪表结构与原理

（1）硬件系统

硬件系统 ARM16/32 构成核心电路系统。芯片采用 RISC 结构，除具有一般嵌入式芯片所具有的总线、SDRAM 控制器以外，还具有丰富的扩展功能接口。内部集成了液晶 TFT/STN LCD 和触摸屏控制器、USB Slave、USB Host、IrDA 红外接口、SD&MMC 存储片接口、AC97 数字音频接口现场总线通信控制器等大量的功能模块。同时，通过外扩的现场总线，使得系统具有很强的信息交换和处理能力。提供了极其丰富的人机交互接口。系统的硬件结构框图如图 4.50 所示。

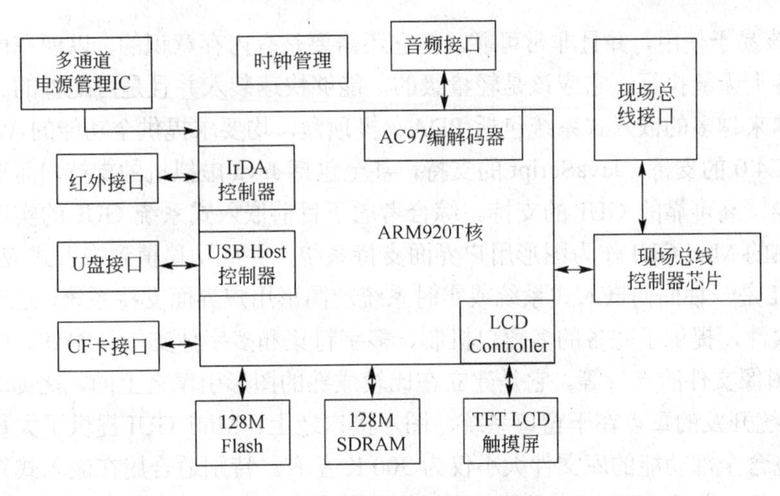

图 4.50 系统的硬件结构框图

由于一般微处理器芯片内部没有实现现场总线控制器。为了使系统与现场仪表具有更强的通信能力，通过外围的现场总线控制器芯片实现现场总线的扩展。例如采用满足 DeviceNet 协议芯片。在 33 MHz 的总线时钟频率下，其峰值传输速度可达 133 MB/s。完全可以满足数据传输的要求。

为了满足现场系统的人机交互和快捷方便的操作要求，可采用高亮度彩色 TFT LCD 触摸屏。用户与上层图形处理软件的交互直接通过触摸屏方式实现，提供了良好的人机接口。

（2）软件系统

软件系统由 Windows 或 uCLinux 操作系统、嵌入式图形用户界面支持系统 Mini GUI 构成。操作系统包括引导装载程序、嵌入式系统内核、必要的设备驱动程序、文件系统等。具有高度模块化、易于定制、可移植性好等优点。

引导装载程序是系统加电后运行的第一段软件代码。通过这段小程序，可以初始化硬件设备、建立内存空间的映射图，从而将系统的软硬件环境带到一个合适的状态，以便为最终调用操作系统内核准备好的环境。每种不同的 CPU 体系结构都有不同的 Boot Loader。Boot Loader 是依赖于硬件而实现的。系统可采用基于 ARM920T 核的 Boot Loader。目前根据系统硬件设备的实际配置修改了 Boot Loader 的源程序，使它能够运行到当前的系统上。所设计的系统提供了最大 128 M 可选的 SDRAM 和最大 128 M 可选的 Flash 存储器。系统可运行小型的、经过裁剪的 Linux 微内核。微内核由内存管理、进程管理和事务处理构成，包括了所有核心的操作系统功能在内。

uCLinux 操作系统本身的微内核体系结构相当简单。系统要求的网络协议和文件系统以模块形式置于微内核的上层。驱动程序和其他部件可在运行时作为可加载模块编译或是添加到内核。这为构造定制的可嵌入系统提供了高度模块化的构件方法。用户可以结合定制的驱动程序和应用程序来实现自己的附加功能，大大减小了内核的体积，便于维护和移植。其中采用 JFFS2 日志闪存文件系统管理非易失性存储中的结构化文件数据。JFFS2 是专为闪存芯片那样的嵌入式设备创建的，所以它的整个设计提供了更好的闪存管理，为掉电或系统崩溃等突发事件提供了很好的数据保护机制。

作为图形系统的设计，嵌入式图形用户界面支持系统 GUI 和上层的网络图形处理软件就显得很重要，直接关系到系统的易用性和友好的人机界面。用户通过 GUI 与系统进行交互，所以GUI应该易于使用，并且非常可靠。但它还需要是有内存意识的，以便在内存受限的微型嵌入式设备上无缝执行。它应该是轻量级的，能够快速装入并且是可配置的。近来的市场需求显示，越来越多的嵌入式系统包括PDA、机顶盒，均要求提供全功能的Web浏览器。这包括HTML4.0的支持，JavaScript的支持，甚至包括Java虚拟机的支持，而这一切均要求有一个高性能、高可靠的GUI的支持。综合考虑了目前嵌入式系统GUI的实现方法，系统采用比较成熟的Mini GUI作为图形用户界面支持系统，并成功移植到嵌入式应用系统之上。

Mini GUI是一种面向嵌入式系统或实时系统的图形用户界面支持系统，是遵循LGPL条款的纯自由软件，提供了完备的多窗口机制、多字符集和多字体支持，BMP、GIF、JPEG、PCX、TGA图像文件的支持等。它是建立在比较成熟的图形引擎之上的，比如SV GALib和Lib GGI。系统开发的重点在于窗口系统、图形接口之上。Mini GUI提供了大量的图形应用编程接口，包含全部功能的库文件大小仅为300 K左右。特别适合用在嵌入式系统上开发控制台图形用户界面的应用程序。同时，由于图形抽象层（GAL）和输入抽象层（IAL）概念的引入，将底层图形硬件和上层的图形操作和输入处理分离，大大提高了Mini GUI的可移植性。利用GAL和IAL，Mini GUI可以在许多图形引擎上运行，可以很方便地移植到基于ARM920T核的S3C2440系统上。视频支持AVI格式，个人信息管理程序提供备忘录、记事本、名片夹等多种功能，无线网络服务提供全功能的Web浏览器。用户通过触摸屏与应用软件进行交互，提供了友好的人机界面。图4.51为该系统的架构图。

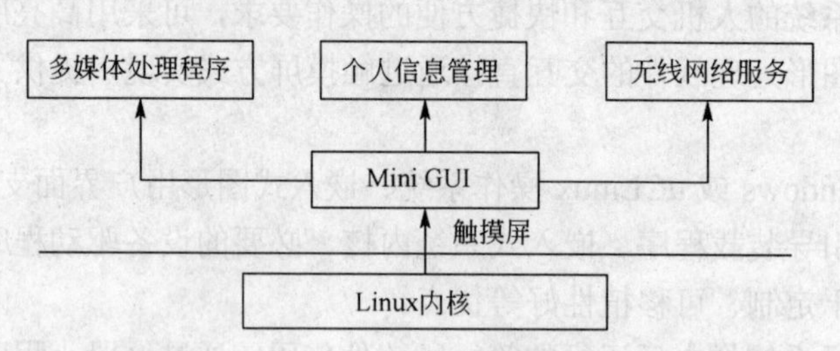

图4.51 基于Mini GUI的图形处理软件架构

该系统中的所有应用程序都以JFFS2进程的形式执行。Mini GUI提供应用程序管理功能，所有的应用程序都运行在同一个地址空间，这样大大提高了程序之间的通信效率。当应用程序之间需要通信时，可以通过Mini GUI提供的request/response接口实现。

使用消息驱动作为应用程序的创建构架。触摸屏的按击由Mini GUI系统支持，窗口管理器收集，将其以事先约定的格式翻译为特定消息。每一个图形处理应用程序都包含有自己的消息队列，支持系统将消息发送到应用程序的消息队列中，应用程序建立一个消息循环，在这个循环中读取消息。应用程序同时提供一个处理消息的标准函数。在消息循环中，系统调用此函数。在此函数中处理相应的消息，完成用户的请求。图4.52是基于消息驱动的应用程序的简单框架。

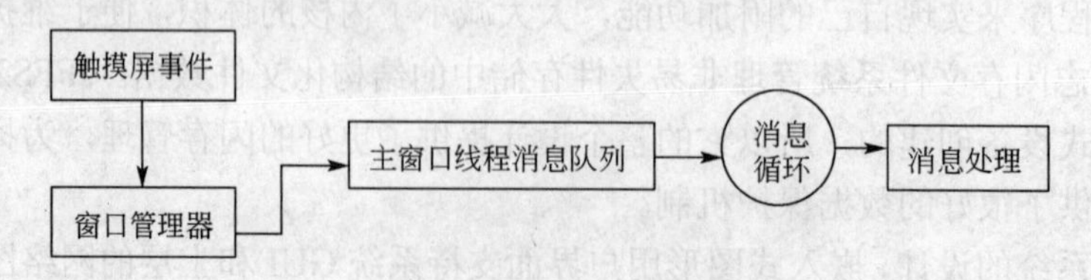

图4.52 基于消息驱动的应用程序框架

系统能够完成目前市场上MP3、移动存储盘、无线传输设备的大部分功能。满足人们对图形应用终端的需求。

4.3.1.2 PanelView 人机界面终端

美国 Allen-Bradley 公司的 PanelView 标准型操作员界面凭借其优越的性能在全球自动化控制领域享有较高的声誉。在全球不同领域的应用中都可以发现它们的应用，包括汽车制造、食品/饮料加工、造纸、水处理以及石化工业。每一台 PanelView 标准型均符合 UL、CUL/CSA 及 CE 认证，同时它们还符合 NEMA 4X（IP54、IP65）标准，支持在 Class 1、2、3 分区 2（仅限于平板显示屏 PanelView）中的应用。这些操作员界面以其可扩展性、高可靠性和兼容性，为用户实现了较低的拥有成本，并有力地促进了生产力的提高。

PanelView 提供完整的高性能操作员界面解决方案，以适应恶劣环境的工业应用。无论是用于独立运行还是基于网络的系统，PanelView 标准型都是最佳的选择。

（1）PanelView 1000

提供彩色显示器键盘型-触摸屏型和灰度显示器键盘型-触摸屏型。

① 彩色版本：10.4in[❶]有源阵列 TFT 彩色液晶显示器；分辨率为 VGA 640×480。

② 灰度版本：10.4in 电子冷光源（EL）显示器；分辨率为 VGA 640×480。

③ 键盘版本：提供 16 个可换标签的功能键、1 个数字输入键盘和 1 个十字控制键盘。

④ 触摸屏版本：384 个触摸单元。

⑤ 3.5in（90mm）安装深度。

⑥ 85～264V 交流或 18～32V 直流供电。

PanelView 1000 是罗克韦尔自动化最早涉足“中型、彩色、平板”操作员界面的产品。它采用了彩色或灰度显示器，安装深度适中，操作员输入能力强，报警功能丰富并提供多种通信方式供选择。因此，在日益增长的操作员界面市场中，它曾一度被广泛使用。

（2）PanelView 1400

PanelView 1400 提供键盘型和触摸屏型。

① 14in CRT 彩色显示器。

② 分辨率为 SVGA 800×600。

③ 键盘版本：提供 21 个可换标签的功能键、1 个数字输入键盘和 1 个十字控制键盘。

④ 触摸屏版本：384 个触摸单元。

⑤ 14.7in（370mm）安装深度。

⑥ 85～264V 交流供电。

PanelView 1400 是罗克韦尔自动化最大的彩色操作员界面。它能够提供最大的显示视角、多种操作员输入方式、丰富的报警功能和多种可供选择的通信方式，从而使得它能够在不同的工业控制项目中得到广泛应用。

（3）PanelView 的 DeviceNet 通信

DeviceNet PanelView 人机界面通信口 RS-232 口使用连接器将 PanelView 人机界面连接到一个 DeviceNet 网络上。可选择电缆长度为 50m（164ft）DeviceNet 电缆、100m（328ft）DeviceNet 电缆或 150m（492ft）DeviceNet 电缆。在 24V 终端接口上典型的 DeviceNet 电流是 90 mA。典型的 DeviceNet 如图 4.53 所示。

---

❶ 1in=25.4mm，余同。

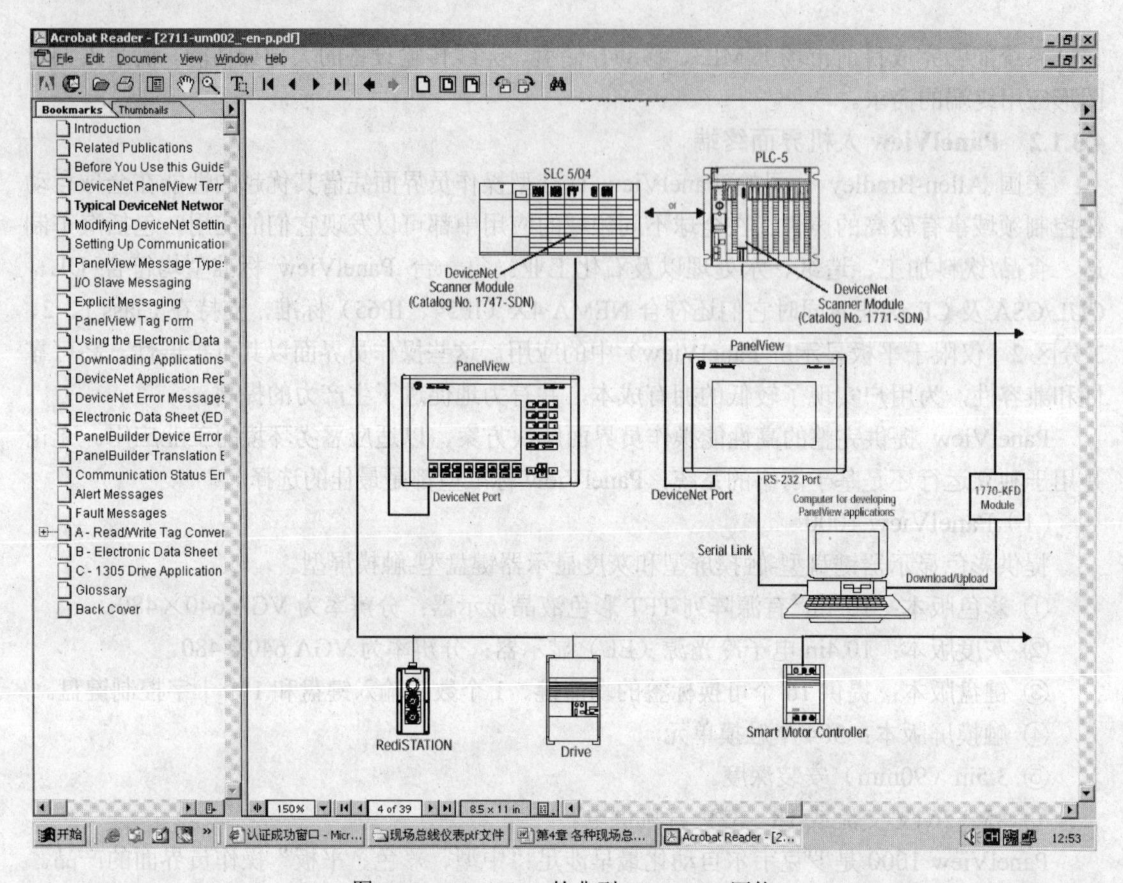

图 4.53 PanelView 的典型 DeviceNet 网络

可以由 PanelView 人机界面直接修改 DeviceNet 设置。由人机界面的组态的模式菜单，选择通信设置项修改 DeviceNet 设置。

重新启动终端键[F1]复位人机界面终端。新的节点地址[F2]打开便签本的数值入口。输入 PanelView 终端在 DeviceNet 连接器的节点地址（0～63），并按 Enter 键（对触摸屏终端，按便签本的 Enter 键）。改变节点对复位有效。有效的节点地址显示 PanelView 终端的现行网络运行地址，缺省是 63。新波特键[F3]进入波特率选择：125k（default）、250k、500k。所选的波特率立即有效。

有效的波特显示了现行的 PanelView 终端波特率。在上电时新的波特率被设置。有效的波特率是 PanelView 的波特率，而不是网络的波特率。PanelView 不自动设置网络波特率。总线离线中断[F4]确定了在 DeviceNet 网络上发生的 CAN 总线终端事件。

复位保持确定 PanelView 保持并等待通信复位或终端复位。PanelView 在复位保持选择和总线中断时不允许访问网络。复位和继续通信重置 DeviceNet 通信并力图重建通信链接。

内扫描延时[F5]提供给在显客户标签扫描之间的延时。在便签本的数值入口输入一个 0～65535 之间的微秒值，这个时间延时在现行屏幕文本中的每一个显客户标签之间插入。这个值在下载应用程序时被初始设置，但不能被操作员修改。当改变时，新值立即生效。输入规格显示由 PanelView 在一个 I/O 信息传送中的数字（0～64）。0 是缺省值，表示扫描器没有输入数据交换。这个值在下载应用时置位。输出规格显示由 PanelView 在一个 I/O 信息接收的数字（0～64）。0 是缺省值，表示扫描器没有输出数据交换。这个值也是在下载应用时置位。

通信设置退出[F10]或[F16]返回到组态模式菜单。

根据应用要求，设置 DeviceNet 通信。

创建应用时选择 DeiceNet 终端，通过 DeiceNet 连接终端组态通信参数，组态 DeviceNet 通信。DeviceNet 通信参数可通过终端设置对话框访问。为打开终端设置对话框，选择 Application>Terminal Setup。

① 点击 Comms。由终端启动对话框启动按钮。

② 通过人机界面编辑下列参数：设定节点地址、波特率。

选择 DeviceNet 连接器的 PanelView 地址（0～63）。选择 DeviceNet 连接器的波特率。可用 DeviceNet 的波特率是 125 Kbps、250 Kbps、500 Kbps。

③ 利用 I/O 扫描器，编辑下列参数，确定输入规模、输出规模。

确定字数（0～64），将 PanelView 的每一个 I/O 信息传送到扫描器。0 是约定值，表示在应用中没有 I/O 数据存在。规模必须与主设备的组态匹配。确定由扫描器发送、PanelView 接收的信息字数（0～64）。0 是约定值，表明应用中没有 I/O 数据存在。规模也必须与主设备的组态匹配。

④ 编辑下列参数，确定内扫描延时。

为了提供在显客户标签的扫描延时，输入一个范围由 0～65535ms 的值。约定值为 500ms。这个延时被插入在当前屏幕文档的每一个完整扫描之间。注意：小于 500ms 的延时应当小心考虑，因为在这个间隙显客户模式将产生低优先权网络信息。确定总线终端在网络上发生的事件。复位保持 PanelView，并等待通信复位；复位连续通信重置 DeviceNet 通信并力图重建通信链接（如果可能）。

⑤ 点击 OK 退出并返回终端设置对话框。

（4）PanelView 消息类型

当一个应用被开发时，所有的 PanelBuilder 屏幕控制或显示对象被设置为一个标签。标签定义了地址、数据类型、初值和其他为对象设置的参数。标签编辑器有三个对话框，针对 DeviceNet 对象，依赖于所选的信息类型：I/O 从显服务器，显客户机。所有三种信息类型都可存在并立即运行在单独的 PanelBuilder 应用内。

① I/O 从消息　I/O 从消息连接使用预定义主/从连接集。交换数据成组汇编使用 PanelBuiler 标签编辑器创建。第一个输入和第一个输出的例子使用 DviceNet I/O 从消息创建。PanelView 支持最大 64 字的输入输出。交换字的字数由 PanelBuilder 通信设置对话框和主（扫描器）装置的 DeviceNet 组态决定。PanelView 标签地址的数据能影射到任何 DeviceNet 扫描器中的位置，但必须是 1～64 输入或输出字的连续模块。支持改变模式的状态、周期和 I/O。支持状态的改变，循环和轮询 I/O 模式。当 DeviceNet 扫描器被组态时 PanelView 不支持滚动 I/O 信息播放。DeviceNet PanelView 终端支持下列类型的 I/O 信息。轮询 DeviceNet 扫描器利用发送轮询请求，初始化与 PanelView 终端的通信。PanelView 对请求响应提供请求数据。数据由 PanelView 在梯形逻辑程序决定的间隙内传送，并/或在扫描器扫描延时内传送（不设置 PanelView 扫描延时）。

② 状态的改变（COS）　DeviceNet 扫描器建立与 PanelView 终端的连接。数据的交换是非同步的。仅在数据改变时，来自扫描器的输出数据才被传送给 PanelView。当数据改变时，PanelView 终端送输入数据返回给扫描器。可使用应答/非模式。周期性数据在 PanelView 终

端与扫描器之间以主频率进行交换。主频率使用 DeviceNet 管理工具设置，例如 DeviceNet 的 RSNetwork 在网络启动时设置。

③ I/O 从数据交换　图 4.54 表示数据如何被交换，使用 I/O 信息发送。PanelView 终端确定的 I/O 规格（“组态 DeviceNet 通信”）必须与 DeviceNet 扫描器期待的 I/O 规格匹配。状态的改变 COS、轮询和周期在扫描器组态期间被选择，不可以组态 PanelView 来接收 COS、轮询和周期性信息。应答和非应答的状态改变/周期模式被允许。推荐使用应答 COS 模式，因为装置传送信息绝不知道何时不应答的 COS 数据被使用。如果应答模式被使用，没有数据在应答中返回。轮询+COS 项不但允许轮询响应数据，而且允许来自相同组合的 COS 数据。对于大多数有效的操作，不使用轮询+COS 项。大力推荐 COS 或周期 I/O 连接的使用，当轮询 I/O 的 I/O 规格超过 32 字（为了极小化网络交通），I/O 信息比显信息具有更高的优先权。

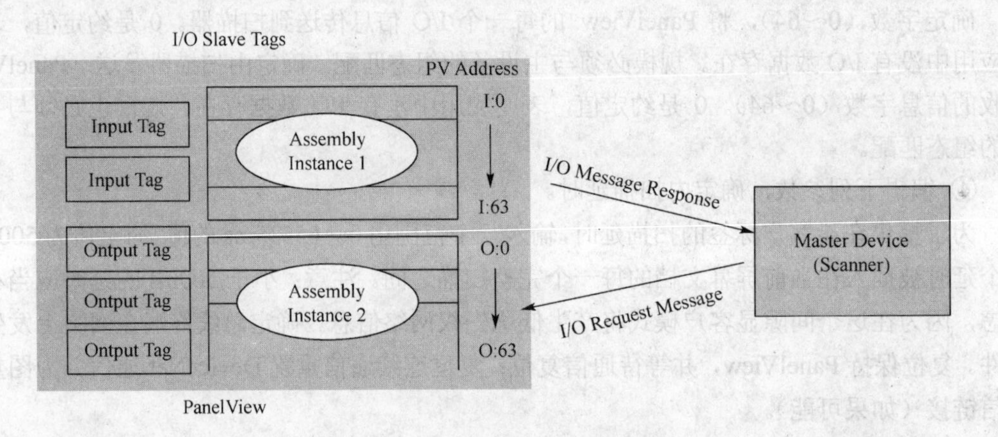

图 4.54　I/O 信息发送数据交换

④ 显式信息发送　具有 DeviceNet 的 PanelView 能够与其他无连接管理（UCMM）能力的 DeviceNet 单元进行通信。PanelView 有如下功能。

客户——PanelView 初始化与服务器信息交换的对象。

服务器——PanelView 响应来自客户的数据请求。

UCMM 数据传送既可称为显客户传送又可称为显服务器传送，并在 PanelView 标签型对话框中组态。对专用 DeviceNet 指令和功能，请与开放 DeviceNet 用户协会（ODVA）联系。具有显服务器信息发送的服务器，PanelView 终端（服务器）控制数据并等待客户装置请求或传送数据。

4.3.2 编程器与组态设备

4.3.2.1 组态通信器

通信器（Communicator）是自动化仪表的辅助单元。它的主要用途是仪表组态，用于功能与参数的确定。配合使用实现程序调整和系统切换。也可在调节器出故障时或系统投运时，利用它对调节器的负载进行手动遥控。它的工作原理是利用现场总线的通信能力在生产现场连接仪表，组态构造系统功能。例如罗斯蒙特 375 型通信器，该通信器可以与任何 HART 或 FF 相容的设备在 4～20mA 回路的任何点接入，但在通信器的接入端子和电源之间必须提供最小负载为 250Ω电阻。375 型通信器可使用 Bell 202 移频键（FSK）高频数字传输信号技术，叠加在标准的4～20mA电流传送回路，从而实现回路的通信。因为加在回路上总的高频信号电平为零，所以通信信号不会干扰测量4～20mA信号。图4.55为HART通信器。

（1）组态通信器的结构

375型组态通信器的微处理器为80 MHz Hitachi SH3；内置闪存32M；系统卡为128M或更高的安全数字卡；随机存储器32M；扩展模块为32M或更高的安全数字卡；可充电电池，电池使用时间可根据使用情况，最多可用10h，电池充电方式为85~240V50/60Hz输入电压；显示为1/4VGA（240×320像素）9.6cm触摸屏，单色，自动调光显示，抗反光涂层；键盘为25个键，包括操作键、字母键、程序功能键、开关键和箭头键；HART和现场总线接口为3个4mm的香蕉插孔（HART与基金会现场总线共用其中一个插孔）；数据接口为红外数据接口，速度达到每秒115Kbps，与中心线的角度为±15°，建议最长距离约为30cm。

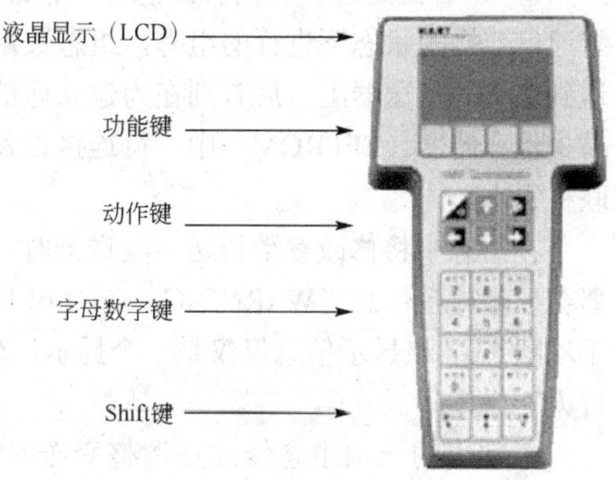

图4.55 HART通信器

SH-DSP系列中的处理器（SH7616、SH7622和SH7065），将一个32位RISCCPU和一个16位整数型DSP单元组合成一个芯核。16位整数型DSP单元执行单周期16×16整数乘法，并对其运算实施多任务处理。日立公司的SH7616是一个CMOS单芯片微控制器，它集成有由两个2KBFIFO存储器支持的10/100Mbps以太网控制器和一个多通道DMA控制器，拟应用在以太网设备中，如网络视频设备/打印机、网络终端和管理处理器。SH7065集成有容量为256KB的片上闪存。

SH3-DSP系列中的处理器（SH7727和SH7729R）将一个32位RISCCPU和16位整数型DSP单元集成为一个采用4总线结构的多任务处理芯核，可供Web/Smartphone、手持式个人电脑、因特网终端/IP传真、数码相机以及保密终端等使用。SH3-DSP器件包括容量为16KB的X/YRAM、容量为16KB的超高速缓存器（第2和3路可以锁定）、用于无胶合SRAM的总线状态控制器，以及片上JTAG和实时指令跟踪调试模块。SH7729R包括数据保护和虚拟存储器。

寻址方式——这些器件支持直接和间接寄存器寻址、递减前或递增后间接寄存器寻址、带位移的间接寄存器寻址、间接变址寄存器寻址、偏移式间接全局基址寄存器寻址、间接变址全局基址寄存器寻址、偏移式间接程序计数器寻址以及与程序计数器相关的立即寻址。

特别指令或集成化外设功能——SH-DSP和SH3-DSP使用一个16位和32位指令集，该指令集支持单周期乘法/加法、与操作数无关的并行传送、DSP数据通路指令的有条件执行、微控制器指令中的多精度算术，以及单周期指数检测（DSP运算都采用32位指令）。SH7622SH-DSP芯核器件包括高速片上USB。SH3-DSP器件包括一个存储器管理单元、一个计时器、一个实时时钟、一个中断控制器和一个串行通信接口。SH7727包括支持总线主控器功能的USB主机控制器和LCD控制器。SH7729R包括红外通信、模/数变换器、数/模变换器和电源管理单元等。

开发支持——为日立公司和第三方提供评估工具、仿真程序、姐妹芯片、参考设计平台、软件板支持、RTOS、中间件和应用软件包。日立公司为应用于包括G.729、G.725和G.723在内的电话设备的SH-DSP和SH3-DSP提供中间件。

（2）组态通信器功能

① 通信器组态　有两种组态方式：联机组态和脱机组态。前者是在通信器和变送器建立通信连接的状态下进行的组态，组态数据输入到375通信器的工作寄存器中，然后直接传送到连接的变送器上。后者则在为建立通信连接的状态下，将组态数据存入375通信器的非易失性存储器（EEPROM）中，待连接设备时可以将这些数据传送至变送器。常用的组态是联机组态。

在组态中将修改参数传送至变送器时，为避免修改参数组态对控制回路带来影响，通信器会显示提示信息“WARNING—Control loop should be in manual”（警告：控制回路应置于手动状态），该显示信息仅仅是一个提示，不能将控制回路自动切换至手动，必须在控制室进行人工操作。

最常用的一项组态修改是调整变送器的零位和量程值。对变送器有三种调整的方法：①使用通信器直接输入量程的上下限的值；②使用通信器和压力输入源调校；③使用变送器上的零位和量程按钮与压力输入源。其中②和③调校的效果一样。通过键盘输入改变量程时，4mA点和20mA点的设定互不影响，即改变两点的设定值都会引起量程的变化。而使用压力源调校时，调整4mA点不会影响表的量程值。例如，一变送器原设置为4mA=0kPa，20mA=100kPa，如果通过通信器键盘输入新的4mA=50kPa，此时20mA仍保持为100kPa，则变送器的量程变为50kPa。如果此时再通过压力源进行调校，将4mA设置为0kPa，则此时20mA变为50kPa，表的量程保持50kPa不变。

当采用压力源调整量程时，4mA和20mA的设定值是根据操作者提供的输入压力值进行转换的，有时用户按本厂的标准值加压力，变送器读到的值可能有差别。这时尽管表的工作正常，但用工程单位表示的变送器的数字输出会反映这个差别，在通信器的主菜单画面的PV（Process Variable过程变量）项会显示出来，即通信器的压力读数与压力输入源的值不同。这种差别最有可能是由于制造厂家和用户使用的标准测量压力的差别以及输入压力的环境条件不同造成的。这种差别可以通过组态中的微调项进行消除。

② 传感器数字微调（Sensor Trim）　智能变送器与普通模拟变送器工作的不同之处最主要是在于智能变送器是被特性化（Characterize）了的。进行特性化程序时，将变送器传感器的输出值与输入压力值进行比较，并将比较数据存入变送器的EEPROM中，变送器在工作时，则利用这些数据，根据输入的压力产生一种标有工程单位的变量输出值。数字微调功能就是让操作人员能够改变其特性曲线，不要将这种微调与量程的调整相混淆。虽然通过量程的调校也可以使某个输入压力值对应于4mA或20mA点，但这种调整不影响变送器其他各点压力输出值与输入压力的变换关系，对于智能变送器，利用传感器的数字微调功能可以修改变送器的数字读数与输入压力之间的变换关系。此外，还可以利用4～20mA数字微调（Trim Analog Output）功能，改变表的4～20mA模拟输出值与数字读数之间的变换关系。

为了变送器更好地工作，可以修改表的特性化，有两种方式：对变送器重新进行特性化；进行数字微调。一般变送器在出厂时已经被特性化了，用户只要修改表的特性曲线来适应自己的标准压力信号，最简便的方法是进行数字微调。

数字微调分两个步骤进行：第一步为传感器微调，调整变送器输出的数字读数与输入压力相一致；第二步为4～20mA数字微调，对输出级电子部件进行调整。为取得最佳效果，应在稳定的环境下使用高精密仪器进行调校。避免出现对变送器的超量调整，变送器能接收的微调值不超过原来特性化曲线的5%。

- 传感器微调有两种方法：全量程微调和零点微调，两者的复杂程度不一样，究竟该使用哪种方法取决于现场的应用情况。

- 全量程微调包括传感器下限微调（Lower Sensor Trim）和传感器上限微调（Upper Sensor Trim）。即需要调整测量范围的两个端点值，使得两点间的各输出值呈线性化。要想得到好的精度，所选的上限和下限值应分别等于或略大于 4mA 和 20mA 点。
- 如果没有精密的压力源，可以采用零点微调。零点微调（Zero Trim）为一点调整，调整时变送器必须处于未迁移状态，即偏离真正的零压不超过 3%。这种方法在消除由于变送器安装位置带来的影响或补偿差压变送器由于静压引起的零点漂移时很有用。但这种调整保持原有的特性化曲线的斜率。
- 调整时，需要压力源的精度至少 3 倍于变送器，应用时一定要让压力稳定保持 10s 后才进行调整。
- 微处理器在处理了传感器的信号之后，输出一个数字量，经过模数转换（A/D）线路把该数字量转换为 4～20mA 的模拟信号送往信号线。变送器在使用一段时间后或进行了特性化后，可能需要对 D/A 转换线路进行检查和微调。HART 通信器提供了两种 D/A 微调方式：Digital-to-Analog Trim 数/模微调和 Scaled D/A Trim 定标数/模微调。两者是有区别的，前者是调整变送器的 4mA 和 20mA 点的模拟输出电流值，使得这两点的模拟输出等于 4.00mA 和 20.00mA。后者是调整 4mA 和 20mA 点与用户可选择的参考标尺相对应，而不是与 4mA 和 20mA 对应。例如，通过一个 250Ω的负载测量，则为 1～5V；如果通过 DCS 测量，则为 0～100%。

4.3.2.2　虚拟现场总线仪表

虚拟仪表（virtual instrument）是基于计算机和现场总线技术的模块化系统。现场总线 Field Bus 是用于现场仪表，控制系统和控制室之间的一种全分散、全数字化的双向、多变量、多点、多站的通信系统。基于现场总线的虚拟仪表，具有经济、高效的特点。虚拟仪表利用可视化编程环境，建立通用的图形化软件面板，实现了测量仪表的自动化、智能化。在现场总线技术得到广泛应用的今天，基于现场总线的虚拟仪表具有十分广阔的应用前景。

虚拟仪表是基于计算机和准总线技术的模块化系统，通常由通用个人计算机、模块化功能硬件和控制软件所组成。操作人员通过友好的图形用户界面以及图形化编程语言来控制仪表的运行，以完成对被测试量的采集、分析、判断、显示、存储以及数据生成。虚拟仪表通过软件将计算机硬件资源与仪表硬件有机地融合为一体，从而把计算机强大的数据处理能力和仪表硬件的测量、控制能力结合在一起，大大减小了仪表硬件的成本和体积，并通过软件实现数据的显示、存储以及分析处理。它说明软件是虚拟仪表的核心。

随着工业控制领域日新月异的发展，现场总线得到了越来越广泛的应用。基于现场总线虚拟仪表的硬件基础是具有现场总线通信功能的计算机插卡和计算机的硬件资源，它的软件基础是仪表驱动程序及虚拟仪表界面。可以把虚拟仪表从结构划分为几大部分，如图 4.56 所示，并从这几部分入手归纳出总线虚拟仪表的设计思想。

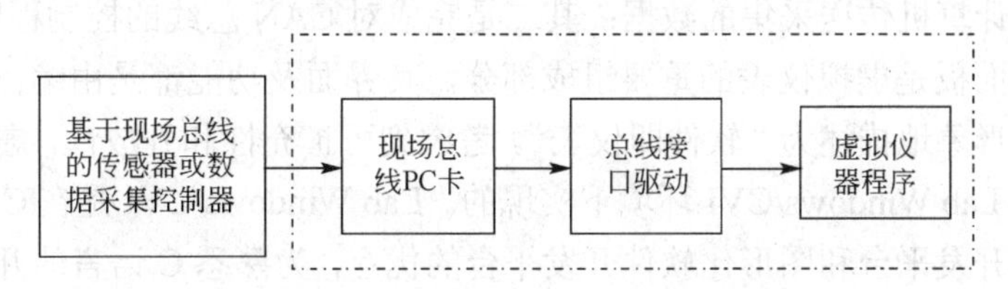

图 4.56　基于现场总线虚拟仪表结构图

（1）基于 CAN 现场总线硬件系统

在所有的各类型的总线中，Bosch 公司的 CAN 局域网现场总线是一种比较典型的现场总线。CAN（Controller Area Network）总线一般采用典型的串行总线拓扑结构进行总线通信，这种方式的位速率低于环形结构，但结构简单，成本低，而且通信可靠。CAN总线在20世纪90年代初开始受到重视。它的数据长度最多为8个字节，可满足通常工控领域中的控制命令、工作状态及测试数据的一般要求，并且CAN总线是基于发送报文的编码，而不是对CAN控制节点进行编码，故其扩展性非常好，增加或删除CAN控制节点不会对系统造成太大影响。CAN总线因传输时间短，受干扰的概率低，保证了通信的实时性。另外CAN总线能对错误的来源进行正确的定位，将永久的硬件错误从软件错误中独立出来，其协议采用CRC检验并可提供相应的错误处理能力，同时保证了数据通信的可靠性。CAN通信网络部分采用Philips公司的集成CAN控制芯片1个SJA1000（CAN总线控制器）和1个PCA82C250（CAN总线收发器）。CAN总线有两种协议，即CAN 2.0A和CAN2.0B协议，SJA1000可全面支持CAN2.0B协议，使其CAN节点的ID标志符长度扩展为29位。它具有Basis CAN和Peli CAN两种工作模式，Basis CAN模式下，SJA1000与PCA80C200兼容，工作于CAN 2.0A协议。Peli CAN模式工作于CAN 2.0A协议。在设计中考虑到CAN节点不多，因而采用了Basis CAN模式。在这个采样系统中，设置CAN总线的最大传输量为500Kbps，则根据CAN协议技术指标，CAN总线系统任意两个节点之间的最大距离为150m。开发基于CAN现场总线技术的虚拟仪表系统的关键之一是应用CAN现场总线标准，开发出符合CAN现场总线技术的硬件接口，其基本原理框图如图4.57所示。

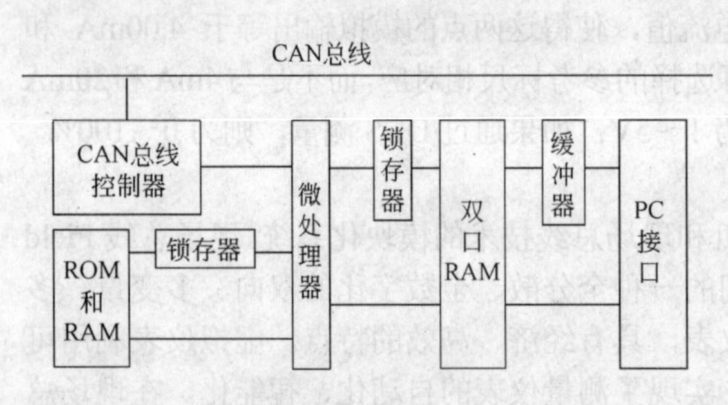

图4.57 CAN现场总线技术的硬件接口图

当89C52与CAN总线通信时，通常需要较大的数据缓冲区，因此该系统中扩展了8KB的片外RAM来满足通信的需要。双口RAM是一种性能优越的快速通信器件，它能提供两个完全独立的端口，每个端口都有完整的地址、数据和控制线。对于器件两边的使用者CPU而言，它与一般的RAM无多大区别，只有在两边同时读写同一地址单元时，才会出现竞争现象。在CAN通信适配器中，通常利用双口RAM IDT7130来建立双向数据交换通道，以实现PC机和CAN控制器之间的数据传送。

（2）虚拟仪表的软件实现

基于现场总线的虚拟仪表的软件设计主要由两部分组成：运用CAN总线通信规约完成对数据的采集；编写具有较好人机交互的虚拟仪表软面板。其中在编写根据CAN总线通信规约进行数据的采集程序时，其软件设计也包括两部分：其一是PC机端的应用程序，用于负责完成向个人计算机传送采集的数据；其二是完成对CAN总线的控制程序。

虚拟仪表软面板是虚拟仪表的重要组成部分，其界面及功能都是由编程语言来实现的，因此虚拟仪表被形象地描述为“软件即仪表”。考虑到可扩充性和开放性，虚拟仪表的图形化界面及功能基于Lab Windows/CVI环境下实现的。Lab Windows/CVI是在C语言的基础上综合了标准化软件开发平台和图形化软件开发平台的优点，为熟悉C语言的开发人员提供的一个功能强大的软件开发环境，多用于组建大型测试系统或复杂的虚拟仪表。

虚拟仪表软面板上设有相应的虚拟按钮，点击后计算机会作相应处理；能根据使用者的要求保存数据，并能随时调取数据进行分析；可以根据需要对数据的显示进行调整，以方便使用者；可以通过打印机打印输出波形。

第5章 Chapter 5

集散控制系统应用案例

受工业和民用市场需求的推动，基础自动化领域的实际工程需要使用大量的设备（如变送器、执行器等）。即使工程采用不同的厂商的产品，现在也要求符合现场总线的标准。设备必须具有互操作性，并确保上层系统可对这些设备进行监控和管理。由于应用领域的不同，要求现场总线的功能也不同，近十多年来市场上出现多种现场总线网络 DCS 系统，其开放性、网络容量、硬件/软件的可用性和标准支持，都有很大的差异。

5.1 集散控制系统在钢铁工业中的应用

5.1.1 集散控制在系统干熄焦系统中的应用

（1）生产工艺

从焦炉炭化室中推出的 950～1050℃的红焦经过拦焦机的导焦栅落入运载车上的焦罐内，运载车由电机牵引至干熄焦装置提升井架底部，提升机将焦罐提升至井架顶部，再平移到干熄炉炉顶，通过炉顶装入装置将焦炭装入干熄炉。在干熄炉中，焦炭与惰性气体直接进行热交换，冷却至 250℃以下。冷却后的焦炭经排焦装置卸到胶带输送机上，送到筛焦系统。干熄焦装置的主要设备如图 5.1 所示。

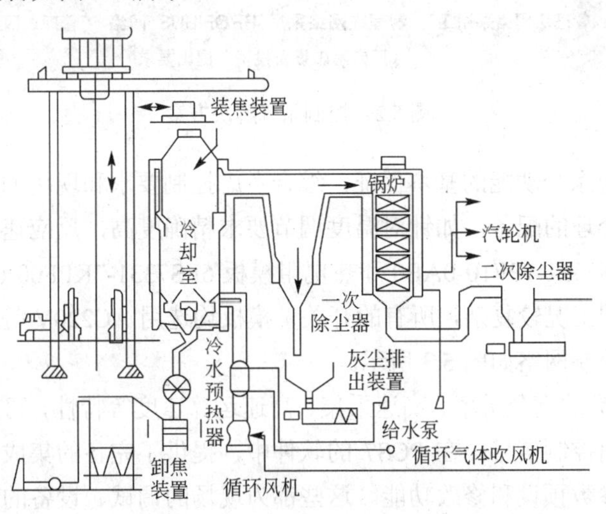

图 5.1 干熄焦装置的主要设备

180℃以下的冷惰性气体由循环风机通过干熄炉底的供气装置鼓入炉内，与红焦炭进行热交换，出炉的惰性气体温度约为 850℃左右。热惰性气体夹带大量的焦粉经一次除尘器进行尘降，进入废热锅炉换热，在这里惰性气体温度降至200℃以下。冷惰性气体由锅炉出来，经二次除尘器由循环风机送入干熄炉循环使用。锅炉产生的蒸汽或并入厂内蒸汽管网或送去发电。

干熄焦装置的主要设备包括电机车、焦罐及其运载车、提升机、装入装置、排出装置、干熄炉、鼓风装置、循环风机、废热锅炉、一次除尘器、二次除尘器等。其中，电机车、焦罐及其运载车、提升机、装入装置、排出装置负责焦炉产出红焦的运输、装炉及冷却的红焦排出任务；干熄炉、鼓风装置、循环风机、废热锅炉作为系统的关键设备负责红焦的冷却及余热回收工作，从焦炉炭化室推出的 950～1050℃的红焦，在干熄炉中与惰性气体直接进行热交换，冷却至 250℃以下，从而完成干熄焦系统的核心生产任务；一次除尘器、二次除尘器将运焦及干熄焦产生的粉尘进行回收，达到环保的目的。

（2）控制系统

干熄焦控制系统分为干熄焦 DCS 控制系统、出焦和干熄焦除尘 PLC 控制系统、运焦 PLC 控制系统三个部分。干熄焦 DCS 控制系统作为系统的核心部分，要求系统具有稳定、连续的生产能力，为满足该要求，系统采用 S7-400H 系列的产品，充分利用该产品性能稳定、运算速度快、具有在线热备冗余等优秀的性能；出焦和干熄焦除尘 PLC 系统，采用 S7-300 的 PLC；运焦 PLC 系统采用 S7-400 系列的 PLC。控制系统解决方案如图 5.2 所示。

	干熄焦 DCS 控制系统	出焦和干熄焦除尘 PLC 控制系统	运焦 PLC 控制系统
过程控制级	中央控制器采用 CPU417-4H；I/O 系统采用 ET200M，并具备带电插拔功能；过程网络采用 PROFIBUS-DP	中央控制器采用 CPU315-2DP；I/O 系统采用 ET200M，并具备带电插拔功能；过程网络采用 PROFIBUS-DP	中央控制器采用 CPU414-3；I/O 系统采用 ET200M，并具备带电插拔功能；过程网络采用 PROFIBUS-DP
操作管理级	HMI 包括 1 台工程师站（ES），2 台操作员站（OS）；配备 2 台编程器；管理级网络采用工业以太网	HMI 包括 1 台工程师站（ES），1 台操作员站（OS）；配备 1 台编程器；管理级网络采用 PROFIBUS 网络（厂方考虑设备投资，提出要求）	HMI 包括 1 台工程师站（ES），1 台操作员站（OS）；配备 1 台编程器；管理级网络采用工业以太网

图 5.2 控制系统解决方案

系统硬件是实现系统功能的基本保证，综合考虑控制要求和现场的工况，在设备的选型过程中，充分进行合理的配备，如针对温度调节要求精确度高，反应速度快的要求，选用专用的热电偶模板 6ES7331-7PF10-0AB0 和热电阻模板 6ES7331-7KPF00-0AB0，进行温度信号的采集；因为现场的工况较复杂，所有的开关量模板均选用 AC220V 等级，以提高系统的抗干扰能力。干熄焦控制网络如图 5.3 所示。

西门子 PLC 产品的高分辨率、高速采集、高速运算速度等特性，可以很好地跟随现场信号的变化，尽快发出控制信号；在 PCS7 的软件中，提供了完备的集成功能块，方便调用，并且提供了强大的参数预设和修改功能。这些都为现场的调试、设备的运行和维护提供了强有力的保证和轻松方便的途径。干熄焦系统监视画面如图 5.4 所示。

采用现场总线集散控制系统后，焦化厂 1×100t/h 干熄焦控制系统运行稳定，效果良好，为企业带提高了产品质量，带来了良好的效益。

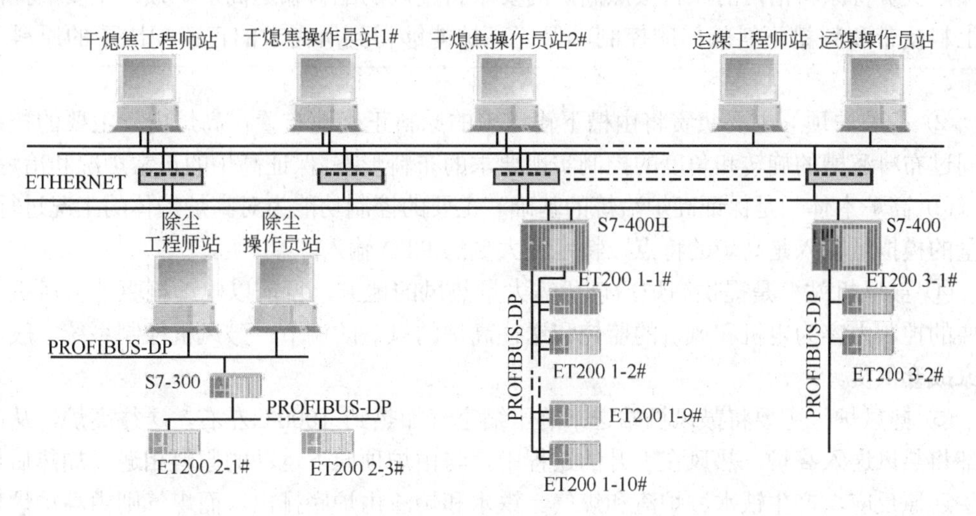

图 5.3 干熄焦控制网络

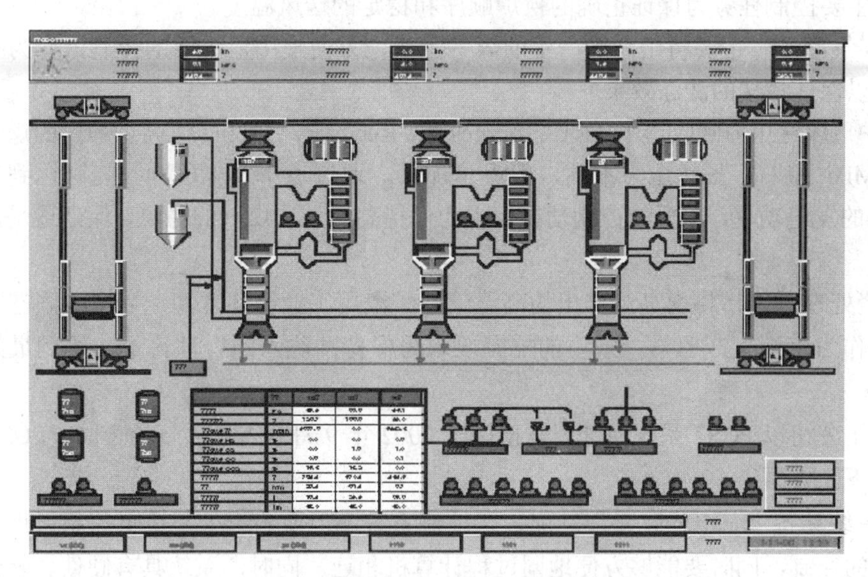

图 5.4 干熄焦装置的主要监控界面

5.1.2 钢铁集团公司高炉集散控制系统

2200m^3 高炉是某钢铁企业的第 6 座高炉，是目前最大的也是唯一一座容积大于 2000m^3 的高炉。它于 2002 年初动工，2003 年 12 月正式投产，经过将近一年的运行，目前生产稳定，运行平稳，日产铁水约 5000 t，完全达到了预期的设计要求和目标。

高炉是钢铁企业的主要工艺设备之一，主要用于钢铁企业生产的最主要的初级产品铁水的生产。其基本原理就是将铁矿石和焦炭混合后在高炉内加热，发生还原反应，生成铁水、炉渣和高炉煤气。高炉生产能力的大小主要由高炉的容积决定，目前新建的高炉大都在 1800m^3 以上。高炉项目是一个十分复杂的工艺系统，主要可以分为以下主要部分。

① 原料准备系统　通常称作槽上和槽下，槽上是指原料槽的上游，负责将原料运输到原料槽内，主要的控制内容为皮带运输机和受料小车的监控；槽下是指原料槽的下游到高炉

炉顶，负责将原料槽内的原料按照高炉的要求将正确的配料输送高炉炉顶，主要的控制内容为上料皮带和料槽下料阀门的控制，保证高炉能够得到所需求的正确配比了的原料和给料数量。

② 高炉炉顶　主要负责将由槽下输送来的原料正确地布置在高炉内，主要的控制内容为同过布料溜槽的旋转和角度的控制实现要求的布料形态，保证高炉的正常炉况和冶炼强度。

③ 高炉本体　是保证高炉冶炼的基础。主要的控制功能为对高炉炉体的工况进行监视，大量的模拟量输入是高炉的特点，特别是大量的RTD输入。

④ 鼓风机站　是提供高炉冶炼所需大量热风的地方，目前以电动机驱动鼓风机为主，主要的控制内容为电机和风机的监控和送往高炉的风量的调节，鼓风机控制系统一般由风机厂家成套供货。

⑤ 热风炉　主要将鼓风机站送来的压缩空气加热到1000℃左右，送往高炉，从高炉的底部将热风送入高炉，热风在上升的过程中，与由炉顶向下运动的原料相遇，加热后使原料发生还原反应，产生铁水、炉渣和煤气。铁水和炉渣由炉底排出，而煤气则由高炉炉顶经除尘后进入煤气管网。大型高炉一般有3～4座热风炉，交叉循环工作，保证平稳向高炉送风。热风炉的主要控制任务为保证正确的换炉顺序和稳定的送风温度。

⑥ 煤气清洗　主要将由高炉产生的煤气除尘，方便使用，主要的控制内容为控制洗涤水的流量以保证最佳的洗涤效果。

⑦ 炉顶煤气压力回收透平TRT（Toppressure Recovery Turbine）高炉炉内的煤气压力大约为0.2MPa左右，虽然压力不高，但流量加大，通过透平发电机回收能够达到10000～30000kW的发电功率，主要的控制功能要求为保持高炉炉顶煤气的稳定，保证透平发电机工作稳定。

⑧ 渣处理系统　将由高炉排出的高温液态炉渣用工业循环水冲洗后变成固态颗粒。除去水分后作为水泥生产原料。主要的控制要求为保持冲洗水的合理流量，达到最好的造渣效果。

西门子公司以PCS7系统通过公开招标于2002年9月获得该项目的合同。PCS7主要优势在于以下几方面。

① 系统具备“三电一体化”功能，即控制系统不但要善于处理逻辑控制，也要善于完成模拟量的控制，同时要能够方便地同过程计算机相连。同时，系统具有硬件、软件平台一致性，不应是多种控制系统、多个系列产品的直接并列、网络连接，而是有机地统一即全集成系统。

② 系统具有高度的开放性，无论是系统的工作平台（Windows）、系统的骨干网络（工业以太网）以及现场总线系统（PROFIBUS），都是目前的市场主流和发展方向。

③ 系统能够支持客户机-服务器结构，特别是多服务器结构，这是目前MES、ERP等高级管理系统对基础自动化系统的基本要求。

④ 系统能够支持工艺系统的分布实施，由于在高炉项目建设中，部分子项的投入运行是其他子项实施的前提，在系统的应用软件设计中必须切实考虑，在客户机-服务器结构中必须具备项目的分解与合并功能。

⑤ 系统具备冗余功能，无论是控制系统的操作站（OS）、控制器（AS）、骨干通信网络还是现场总线都应具备冗余功能，这是高炉连续工作和高可靠性要求所决定的。

根据高炉工艺的特点，西门子公司推荐采用 PCS7 过程控制系统，经过与业主和总包方的技术交流，最后确定的系统配置如图 5.5 所示。

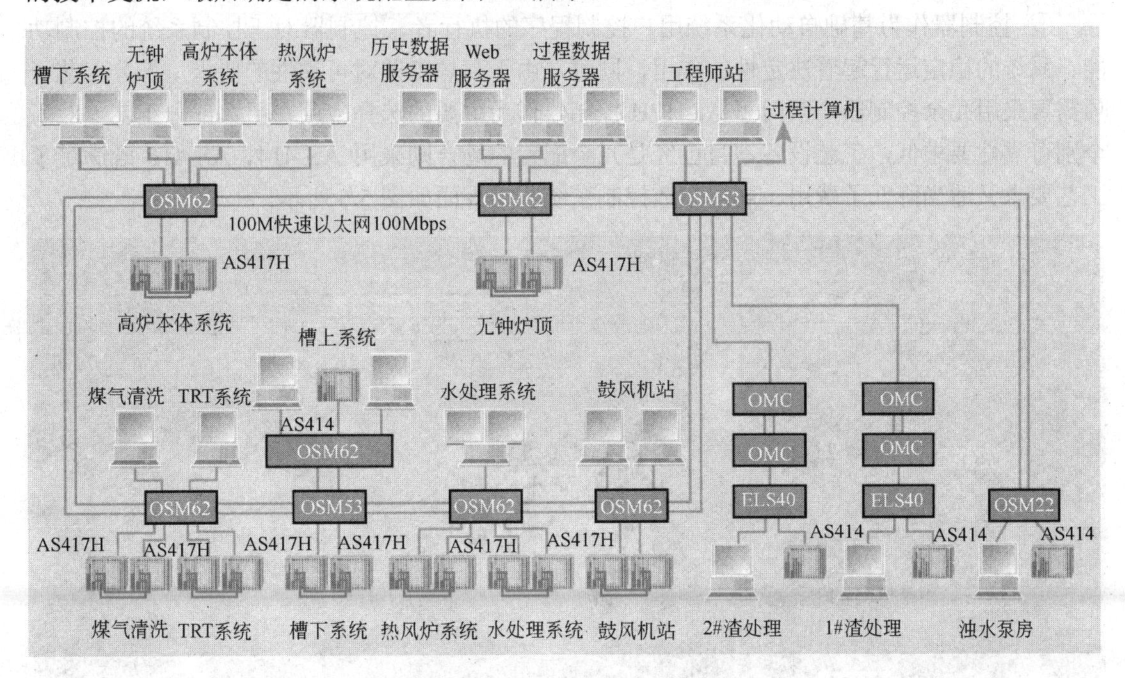

图 5.5　高炉现场总线控制系统网络

系统的主要组成部分、功能及安装位置如下。

① 系统共设置工程师站 2 台，负责整个项目的编程与组态，项目完成后在工程师室设置一台工程师站用于系统的维护，硬件采用西门子工业控制计算机 PC840。工程师室在高炉主控制室的隔壁。

② 采用两对冗余多功能服务器，由于服务器功能强大，可以采用不同的方式分配服务器的功能，目前实际运行的分配方式为以工艺子项分配为主，即每对服务器分别主要负责一部分工艺子项的数据、通信和数据归档，但提供给过程计算机的数据两对服务器都可以提供。服务器硬件采用西门子工业控制计算机 PC840，服务器也安装在工程师室内。

③ 操作站为 PCS7 操作站客户机，部分操作站采用了分屏显示功能，由于采用了服务器结构，任意一台操作站都可以实现整个高炉项目的监控，对于相对集中的控制室如高炉主控制室，操作站主机已经满足配置要求，但为了方便操作人员的监视，通过分屏显示的方法既满足了要求又降低了费用。目前的运行实践为高炉主控制室的 7 台 CRT，由操作人员根据具体情况任意设置所监控的工艺对象。操作站硬件采用西门子工业控制计算机 PC840。

④ 设备骨干网络，设备骨干网络是指 AS 站之间、AS 与服务器之间、服务器与客户机之间的通信网络。采用具有交换机技术的 100Mbps 的高速环状以太网，该以太网为全双工介质冗余结构，保证了整个项目的通信系统高速可靠。同时由于将控制器与控制器、控制器与服务器、服务器与客户机的网络合为一个环，节省了设备投资、安装工作量和维护工作量。网络介质采用西门子公司工业以太网网络元件 OSM、CP1613、CP443-1 等。由于采用客户机-服务器结构，作为客户机的操作站的网络接口采用了普通的商用以太网网卡。经过将近一年的运行，拥有三十多个 DTE 的网络通信稳定，无论是基础自动化系统内部还是基础自动化与

过程计算机的数据交换都保持良好的状态，充分证明了工业以太网技术作为大型自动控制系统设备骨干网的优越性。

⑤ 控制器作为基础自动化系统用户控制程序的执行者，控制器对于控制系统的控制功能、系统的稳定运行起着决定性的作用，同时，由于高炉工艺对可靠性的要求，部分工艺子项需要采用冗余控制器，西门子 AS417H 控制器作为主要的选择应用在了大部分工艺，对于个别可靠性要求低，工艺设备本身已经是冗余配置的场合则采用 AS-414、AS-416 既满足了工艺要求又适当降低了费用。高炉集散控制系统监控界面如图 5.6 所示。

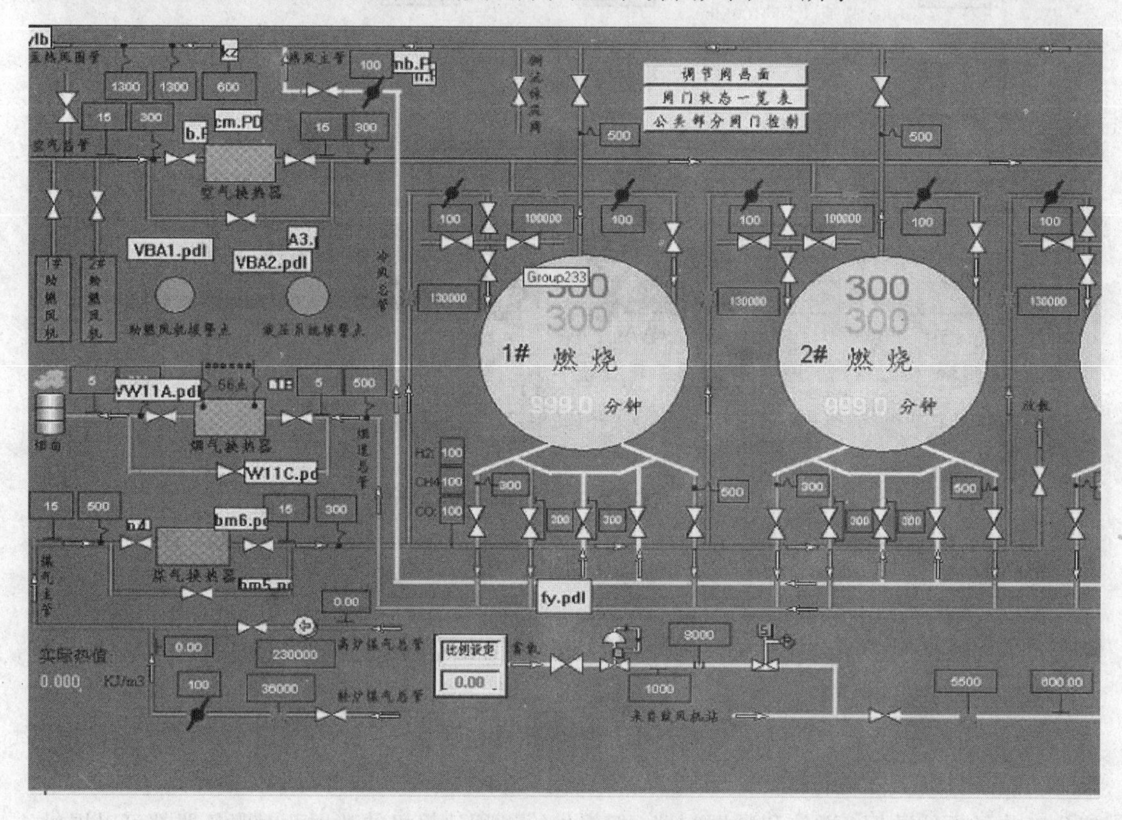

图 5.6 高炉集散控制系统监控界面

5.1.3 集散控制系统在热轧机上的应用

热连轧带钢生产工艺流程包括：连铸坯来料－加热炉加热到轧制温度－除鳞（喷高压水除去加热后钢坯表面的氧化铁皮）－板坯在粗轧机开坯轧制和减厚－切头（把粗轧机轧制和减厚了的钢坯不规则的头部切去）－精轧（连续经 5～7 架精轧机轧制和减厚成 1～3mm 厚热轧带钢）－喷水冷却－卷取机卷成钢卷－卸卷－冷却－取样检查－入库。热连轧带钢生产工艺流程如图 5.7 所示。

该项目于 2001 年底立项，2003 年 11 月投运，2004 年 3 月初通过功能考核。此项目的热轧试验机组的规模和采用技术的先进程度在国内都是一流的，其目的是用小坯料按照宽厚板项目的工艺进行轧制和冷却，试验所得的参数为宽厚板项目提供参考。热轧试验机组的主要工序包括：从加热炉开始，经高压水除鳞、轧制、控制冷却、（台架冷却、切割、矫直、热处理）、剪切、模拟卷取等，热轧机组工艺控制参数如图 5.8 所示。

连铸板坯
定宽压力机
R1粗轧机
R2粗轧机
转鼓式切头飞剪
F1～F7精轧机
带钢层流冷却系统
地下卷取机（3台）
供分卷机组用
供冷轧厂用
冷轧板卷
供横切机组用
横切板
热轧商品卷

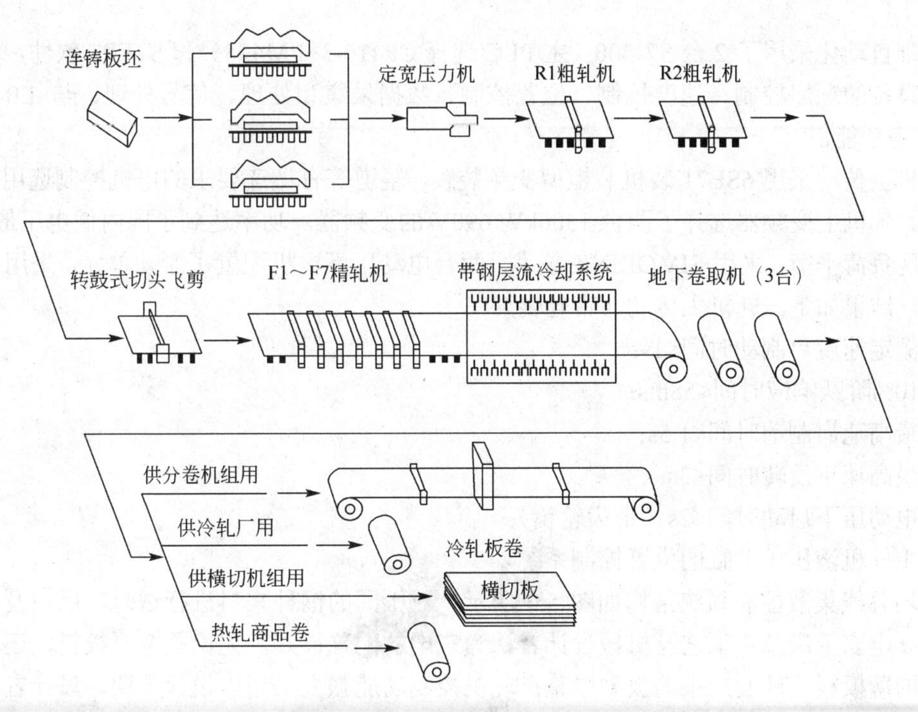

图 5.7　热连轧带钢生产工艺流程

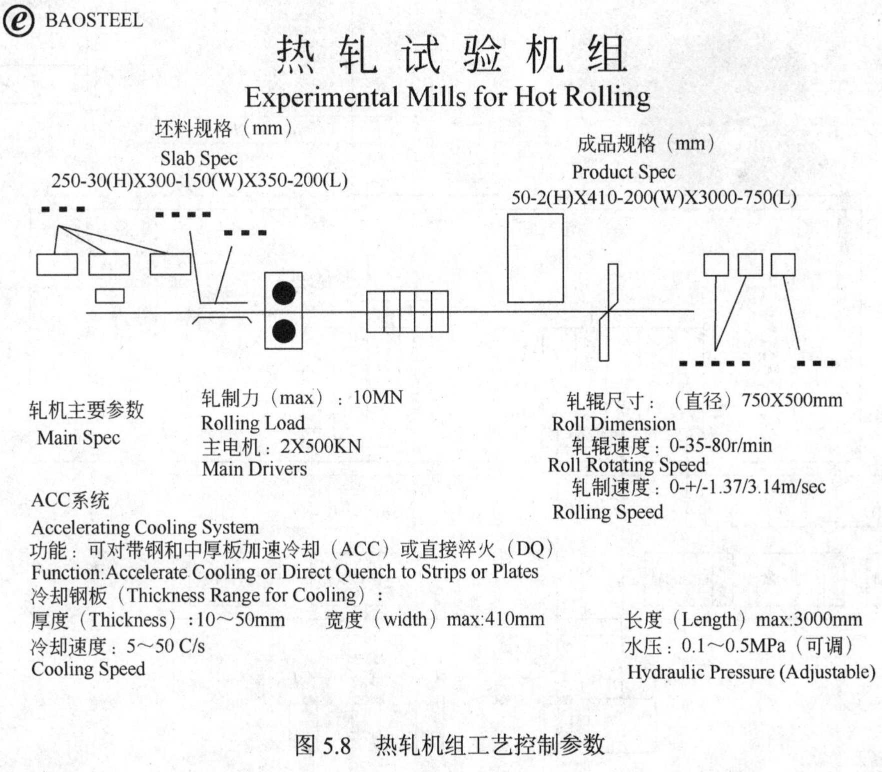

BAOSTEEL
热 轧 试 验 机 组
Experimental Mills for Hot Rolling
坯料规格（mm）
Slab Spec
250-30(H)X300-150(W)X350-200(L)
成品规格（mm）
Product Spec
50-2(H)X410-200(W)X3000-750(L)
轧机主要参数
Main Spec
轧制力（max）：10MN
Rolling Load
主电机：2X500KN
Main Drivers
轧辊尺寸：（直径）750X500mm
Roll Dimension
轧辊速度：0-35-80r/min
Roll Rotating Speed
轧制速度：0-+/-1.37/3.14m/sec
Rolling Speed
ACC系统
Accelerating Cooling System
功能：可对带钢和中厚板加速冷却（ACC）或直接淬火（DQ）
Function:Accelerate Cooling or Direct Quench to Strips or Plates
冷却钢板（Thickness Range for Cooling）：
厚度（Thickness）：10～50mm
宽度（width）max:410mm
长度（Length）max:3000mm
冷却速度：5～50 C/s
Cooling Speed
水压：0.1～0.5MPa（可调）
Hydraulic Pressure (Adjustable)

图 5.8　热轧机组工艺控制参数

L1 和 L2 共用两台操作员站（OS 采用 SIEMENS 的 IPC）、一台工程师站（EWS），应用工业监控软件 WinCC 作为开发工具，实现监视、操作、报警和记录等功能；并通过 PROFIBUS 现场总线及以太网实现与现场设备（L0）和过程机（L2）的通信。

基础自动化采用了 2 台 S7-400（主 PLC 选择 CP416-3+FM458）和 STEP7 软件，实现了对现场设备的顺序控制、速度控制、位置控制、数据采集和处理、信号处理、与 L0、L1、L2 通信等功能。

轧机主传动采用 6SE71 装机装柜型变频装置，辊道等有调速要求的电机控制选用 6SE70 变频器。轧机主变频器选择了两台 1300kW 690V 的变频器，功率达到了国内低电压最大值；为了实现负荷平衡，采用 SIMOLINK 技术。两台电动压下电机配置了制动单元，采用同步方式控制，结果如下。轧机主传动（带轧辊）：

- 额定速度启制动时间≤1s；
- 10%阶跃响应时间≤58ms；
- 最高速启制动时间≤1.5s；
- 最高速正反转时间≤3s；
- 电动压下启动时间≤2s（带齿轮箱）；
- 主轧机液压压下缸的位置控制系统。

现场总线集散控制系统结构如图 5.9 所示。对不同的钢种来料进行试验，用户及相关单位均对三电表示满意。工艺及机械设计者认为三电的配置很好，无论是宽厚板料，还是像肥皂大小的薄板料，轧制出来的板型平整；轧机控制功能强大，超出设计预期，设计者认为可

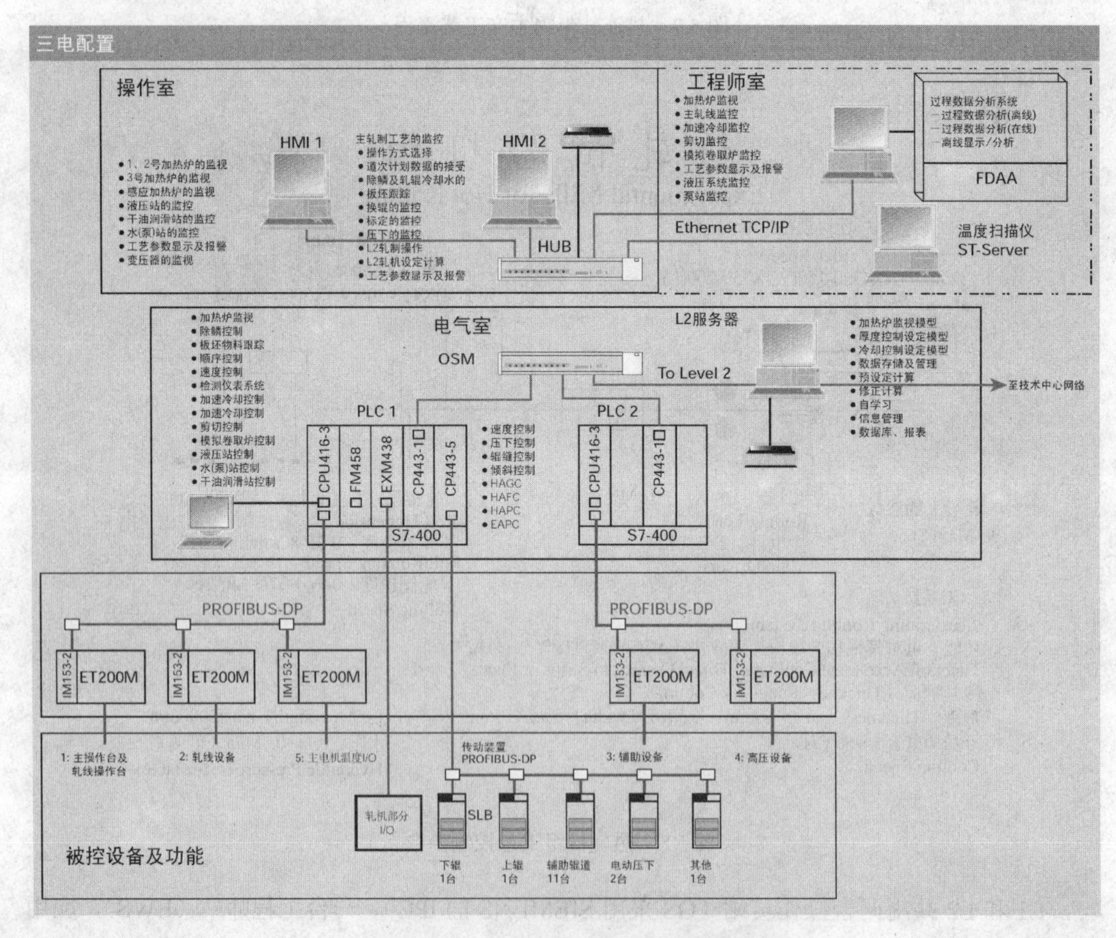

图 5.9 现场总线集散控制系统结构

突破原设计，进一步做更多功能试验；用户认为热轧试验机组基本满足了科研的需要，热轧试验机组也成为一个示范点。

5.1.4　钢铁企业中板厂集散控制系统

（1）工艺系统描述

中板厂钢板精轧机改造区域内，从粗轧机送出的钢板由精轧机按轧制程序往返轧制多道次后轧制为成品钢板，由辊道运输，穿过水冷却段，将钢板运送到十一辊精轧机。一般钢板一次可矫直，在很少情况下，需要往返矫三次。如果轧制的钢板长度大于15m，则矫直后的钢板，由辊道运输到链式过钢台架，将钢板移到链式过钢台架的输出辊道上。辊道将钢板运输到剪机，由靠尺装置进行靠边，在前后激光对位装置的配合下，剪机将钢板分切成两段，再由辊道运输到盘式冷床前的上料机构上，移上冷床；如果钢板的长度小于15m，则钢板不需要分段，矫直的钢板矫直后回到矫直机前工作辊道上，直接从矫直机前工作辊道上由上料机构移送上冷床，进行冷却；根据现场生产情况，也可由辊道运输经过链式过钢台架、剪机前辊道、分段剪（空过）、剪机后辊道、冷床上料辊道，由上料机构移上冷床，进行冷却。如果矫直后需要下架进行堆冷的钢板，可由矫直机后垛板机下架冷却。若轧制的钢板不需要矫直，则可在穿过水冷段送到矫直机前工作辊道后，直接由上料机构移上冷床进行冷却。工艺操作包括：人工操作（操作室）、计算机设定的设备联锁自动控制。部分主要工艺设备见表5.1。

表5.1　部分主要工艺设备

序号	设备名称	设备数量	单位	电机型号，工况	电机数量	电机单机容量/kW	电机总容量/kW
1	精轧机前后导尺液压站	1	套	Y160L-4, n=1460r/min	5	15	75
2	精轧机前工作辊道	1	组		7		
3	精轧机后工作辊道（一）	1	组		7		
4	精轧机后工作辊道（二）	1	组		8		
5	精轧机后延伸辊道	1	组		11		
6	矫直机前延伸工作辊道	1	组	DM132M4, S5, 40%，150次/h，正反转，调速	12	5.5	66
7	矫直机前工作辊道（一）	1	组	同上	11	5.5	60.5
8	矫直机前工作辊道（二）	1	组	同上	18	5.5	99
9	十一辊矫直机	1	套	成套			
10	矫直机后工作辊道（一）	1	台	DM132M4, S5, 40%，150次/h，正反转，调速	13	5.5	71.5
11	垛板机	1	台	YZR208S,S5, 40%，150次/h，正反转	1	33	33
12	矫直机后工作辊道（二）	1	组	DM132M4, S5, 40%, 150次/h，正反转，调速	16	5.5	88

（2）主要设备控制要求

精轧机各组辊道的功能是将前面辊道送来的钢板运送到后部工序，每次运送一块钢板。在操作室内根据生产流程控制辊道的开启、速度、方向及停止进行操作控制。精轧机前后导尺（液压驱动）的驱动要求导尺的初始位置在油缸完全返回的位置。导尺的推进动作过程为：操作室发出推进动作信号，导尺油缸动作，油缸推进到位后压力继电器发出卸荷信号，油缸自动停止。导尺返回动作过程为：操作室发出返回信号，导尺油缸返回，光电码盘发出到位信号，油缸停止。喷淋冷却系统要求在正常生产时，根据产品规格开启一段或全段（共三段）。垛板机的控制过程为：当生产需进行堆冷的钢板时，钢板碰到升降挡板后，操作室发出垛板信号，垛板机电机正转，带动垛板机的主传动轴旋转，主传动轴上的齿轮与传动滑道上的齿条相啮合，拖动传动滑道及空转滑道在一带弧形的轨道上移动，使传动滑道及空转滑道升出辊面并倾斜，钢板被抬起并下滑至垛板台架上。然后电机反转，传动滑道及空转滑道恢复至原位；垛板机行程由主令控制器控制。

十一辊矫直机的控制系统要求矫直速度应与矫直机前后轨道的运行速度相匹配，并由矫直机发出轨道匹配速度要求信号。为控制钢板的矫直质量，要求轨道的速度应约高于相应的矫直速度。升降挡板的控制要求：当生产需进行热处理的钢板时，由操作室发出信号，升降挡板进入工作状态；液压缸动作使升降挡板升起，到位后液压缸自动停止；当不生产需进行热处理的钢板时，液压缸返回，升降挡板下降到位后，升降挡板恢复为初始状态（低位）；液压缸的行程由液压缸的油缸长度决定。链式过钢台架传动控制要求台架的初始状态满足，当传动装置不运转时，升降装置和台架的摆动梁处于最低位置，升降装置的液压缸处于卸荷状态。

分段标记装置小车控制要求：在生产需剪切的钢板（长度大于15m）时，根据产品定尺要求确定小车的位置后，由操作室发出信号，小车启动，行进到位后，由操作室发出信号，小车停止；当需要剪切的钢板（长度大于15m）进入剪切位置时，钢板由辊道输送到位（由人工配合分段标记装置发出激光确定），靠尺进入工作状态，液压缸动作，将钢板推至与固定侧挡板靠齐，其极限位置由压力继电器决定。此时，其液压缸开始返回(同时剪机开始工作)，液压缸返回的极限位置由油缸的行程决定（即活塞杆完全退回）。这时，液压缸回到其初始位置，靠尺完成一个工作循环，并等待下一个工作过程的开始。靠尺共有四个油缸，每次工作时，只能离剪机最近的或最远的两个液压缸工作。

（3）控制系统配置与组态

由于每天生产产品规格较多，生产工艺对产品轧制的道次、矫直次数、矫直速度、剪切规格以及钢板的冷却时间均根据产品规格的不同而不同，且产品要求精度高。而厂方操作工人对生产工艺熟悉，操作熟练，因此厂方要求本次改造采用不仅自动控制系统先进、可靠，还能实现人工干预操作的自动控制方式。

矫直机前后区域采用一套相对独立的控制系统，手动控制与局部集中自动控制相结合。由于矫直机本体矫直钢板控制较复杂，控制精度要求高，矫直机的控制采用一套相对独立的控制系统，就地手动、上位机点操和集中自动控制三种控制方法相结合，两套系统间相互通信，传递相关联锁控制信息。由于矫直机区域生产节奏较快，但生产过程中有人工操作干预，对系统的实时响应要求不是很高。所需数字量控制点数为500点左右，模拟量控制点数为48点，且具有如变频调速装置等众多现场控制设备，需控制的设备较分散。

从控制规模来看，重钢中板厂钢板精轧机属中型控制系统。控制方式采用基于现场总线的集散控制系统。西门子S7系列PLC中，S7-300是西门子公司针对中小型系统开发的产品，它适用于控制点数在100～1000点之间，主要针对工艺系统实时性要求不是很高，软件容量不是非常大的控制系统。S7-400型PLC具有很强的通信能力，集成的通信功能强大，CPU的处理速度非常高，但价格较S7-300贵一些。

根据西门子PLC的上述主要特点以及本工程的工艺要求，本着系统性能价格比最优的原则，工程采用S7-300系列PLC进行组态：控制系统由一个主站、三个远程站以及若干现场控制设备组成，且主站和远程站以及现场设备间通过 DP 总线进行通信。现场总线系统网络配置如图 5.10 所示。

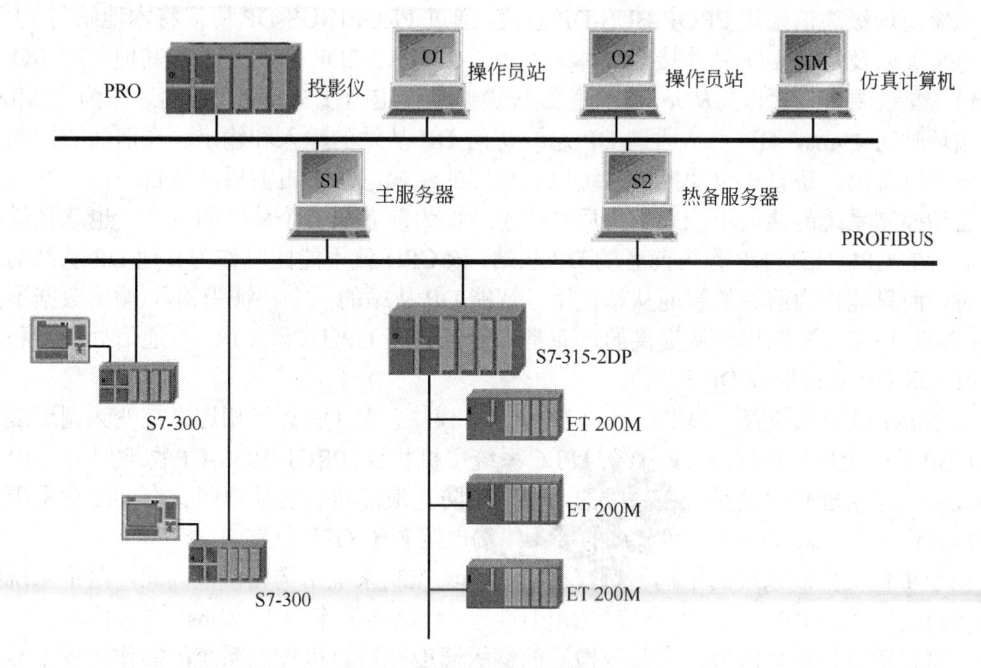

图 5.10　现场总线系统网络配置

主机采用一台 S7-315-2 DP，该主机集成有 DP 通信接口，具有大容量程序存储器（内存 48K 字节，相当于 16K 语句），适用于既包含集中式外围设备又包含分布式外围设备的复杂配置。

在每个站均采用一块 PS307 5A 的电源模块，分别为各站供电。选择电源模块容量的原则为其容量大于或等于站内所有配置模块耗电量的总和。为防止系统中控制电源故障，在每个站均采用一台西门子 UPS 电源（SITOP 电源 20A）为 PLC 设备供电。

自动控制系统可通过 MPI、PROFIBUS 和工业以太网实现数据通信。在数据通信时是否采用多点接口（MPI）、PROFIBUS 或工业以太网，很大程度上取决于需要，如网络的大小、数据量、节点数和扩展能力等。网络的基本通信功能能满足应用上的相容性，功能贯穿整个网络。网络为数据通信提供以下的通信功能服务。

PG/OP 通信。该功能是集成的通信功能，它能在 SIMATIC 自动化系统和任何 HMI 单元（TD/OP）以及 SIMATIC PG 编程器（STEP 7）之间进行数据通信，所有网络均支持 PG/OP 通信。

S7 基本通信。该功能是 SIMATIC S7 / M7 / C7 CPU 中集成的通信功能集（SFC）。它由用户调用，其优点是不需要用户存储器。每个作业的最大用户数据量可达到 76 字节（小数据量）。S7 基本通信由 MPI 实现。S7 通信是扩充的集成通信功能（SFB）。在 SIMATIC S7/M7/C7 中，它已经最优化。S7 通信功能允许用户连接 PC 和工作站。每个作业的最大用户数据量可到 64K 字节。S7 通信提供简明、强有力的通信服务和所有网络提供不依赖于网络的软件接口。

S5 兼容的通信（SEND/RECEIVE）使 SIMATIC S7 / M7 / C7 能和已有的系统通信，主要是 SIMATIC S5，但也包括使用 PROFIBUS 和工业以太网的 PC。通过工业以太网提供读取和写入数据服务，因此由 SIMATIC S5（自动化系统，HMI）建立的软件可继续使用并不需要修改。

系统现场级通信采用 PROFIBUS-DP 总线，通过 PROFIBUS-DP 协议将本地站与 13 套变频调速装置以及远程 I/O 站连接为一体。其中，CPU315-2DP 作为主站，其他远程 I/O（ET 200M）、变频调速装置作为从站。DP 总线传输速率设定为 1.5Mbps，最高速率为 12Mbps，设定循环时间 19ms，DP 主站通过 DP 总线访问 DP 从站的输入和输出。在前面的控制系统框图中可以看出，矫直机自动控制系统也是相似的结构，矫直机前后区域自动控制系统与矫直机自动控制系统的通信不能采用将后者的主站作为前者的一个从站的方式。也就是说，如果将后者的 CPU315-2 DP 作为前者的 DP 从站，该 CPU 就不能同时作为其他 DP 从站的主站来组态，而只能作为前者的智能从站使用。智能 DP 从站的一个特征为输入/输出数据不是由 DP 主站的实际输入/输出直接提供的，而是来自预处理 CPU（该 CPU 与通信处理器和集成 PROFIBUS-DP 接口形成 DP 从站）。

远程 I/O 机架上设置一块 IM 153-I DP 接 Ca 模块，与 DP 总线相连；在变频调速装置上采用CBP通信接口模块通过DP总线与PLC系统主机相连。PROFIBUS-DP物理层采用RS-485传输技术，采用屏蔽双绞线，在总线的两端为了防止浪涌接有终端电阻。在实际使用中，必须注意将位于 DP 总线网络中间节点的接头终端电阻置于 OFF 位置。

由于矫直机控制系统的结构与矫直机前后区域控制系统结构相似，因此，两个系统间的通信可通过集成在 CPU 上的多点接口(MPI)进行，数据传输率为 12Mbps。通过两个系统间的连接，可将矫直机前后区域控制系统检测的钢板温度在矫直机控制系统的操作面板上显示，并实现矫直机与前后辊道间的矫直速度匹配。

（4）运行软件编制

STEP7 是用于组态与编程 SIMATIC S7-300/S7-400 和 M7-300/M7-400 可编程控制器（PLC）与 SIMATIC C7 自动控制计算机的软件。关于编程和组态，一个 C7 可编程控制器的性能与 SIMATIC S7-300 一样。STEP7 由在 Windows95 或 Windows NT 下运行的标准软件与软件包组成。

控制软件编制过程中，要对硬件组态和分配参数。创建 DP 主站的步骤如下。从 STEP7 中的“硬件目录”窗口选择 6SE7 315-2AF03-OABO 作为 DP 主站模块。将模块拖动到基本合适的行中。对话框“属性-PROFIBUS 节点”被打开，可创建一个新的 PROFIBUS 子网；为 PROFIBUS 子网设置属性（如传送速率 1.5Mbps 等）；为 DP 主站设置 PROFIBUS 地址。用“确认”键确认设置，出现 DP 系统中从站的连接器符号。

选择并安排 DP 从站的类型为：小型从站（带有集成的数字/模拟输入和输出的模块）、标准从站（带有被分配的 S5 或 S7 模块的接口模块）、“智能”从站（带有支持“智能从站”功能模块的 S7-300 站）等。在此工程中仅使用标准型从站。分别从“硬件目录”窗口选择三个 6SE7 153-1AA03-0XB0 模块，将其拖动到 DP 主站系统符号中，并设置以下属性：为 PROFIBUS 子网设置属性，为 DP 从站设置 PROFIBUS 地址。用“确定”键确认设置。为使网络功能正确，子网中的每一个节点必须具有不同的节点地址。CPU 带有缺省地址 2，且只能在一个子网中使用此地址一次，必须为矫直机 CPU 改变其缺省地址。

通过网络将组态下载到可编程控制器。配置完成后，且当网络中所有的模块具有不同的节点地址，配置的实际结构与软件中的组态匹配时，可通过网络（PROFIBUS-DP 或 MPI）将组态下载到可编程控制器中。具体步骤为：将编程器连接到网络 MPI；将需下载组态的可编程控制器开关钮置于 STOP 模式；选择菜单命令 PLC 下载，STEP7 软件将指导使用对话框进行操作，并完成下载。编制用户程序过程如下。

控制系统不仅涉及控制逻辑还用到数值计算和模拟量采集，因此编程选择梯形图与语句表相结合的编程语言。在用梯形图编程过程中，要在程序中加入一定的中间继电器线圈，为防止编程时造成编号混乱特规定过钢台架液压站中间继电器线圈编号从 200.1 开始，调速设备用中间继电器线圈编号从 300.1 开始。为方便调试和今后的维护，将应用程序按工艺流程功能分为五个功能块（FC1-1-FC5）进行编制。FC1 为过钢台架（包括过钢台架主传动以及过钢台架液压升降装置）的控制，采用梯形图编程，见框图 5.11。该设备为逻辑控制，编程较为简单。FC2 为垛板机、分段标记装置以及水冷段电动蝶阀的控制，采用梯形图编程。该部分设备动作简单，联锁较少，程序量小，控制框图略。FC3 为冷床主传动及辊道的运行逻辑控制，采用梯形图编程，框图如图 5.12 所示。

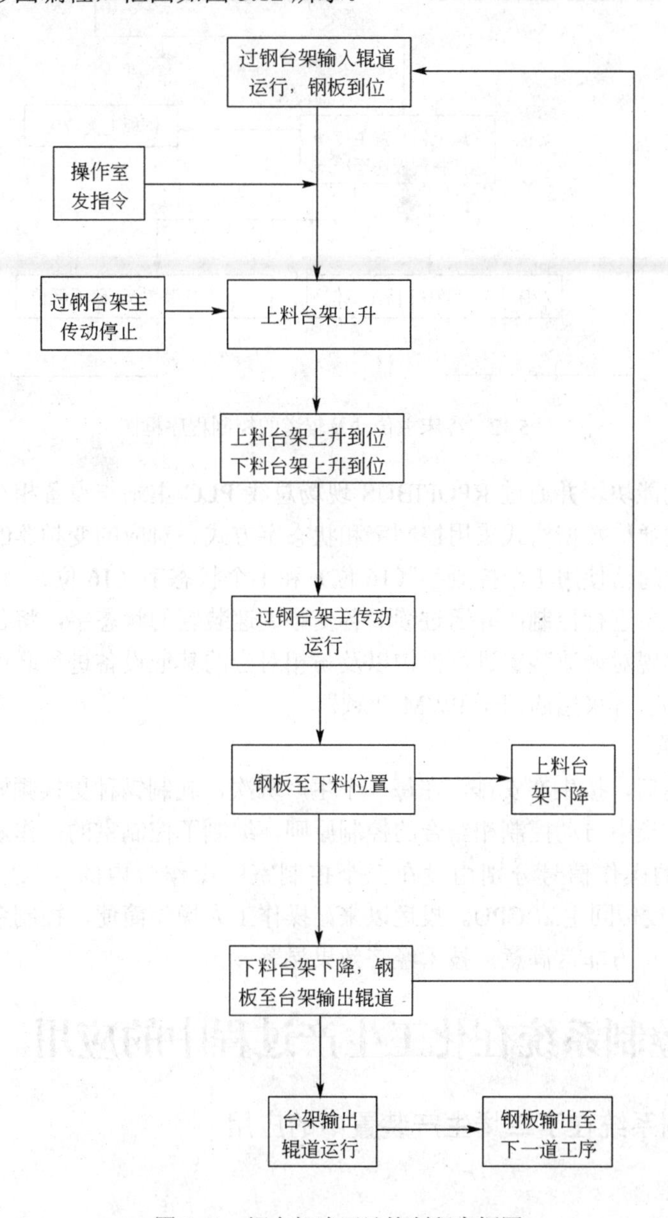

图 5.11　钢台架液压站控制程序框图

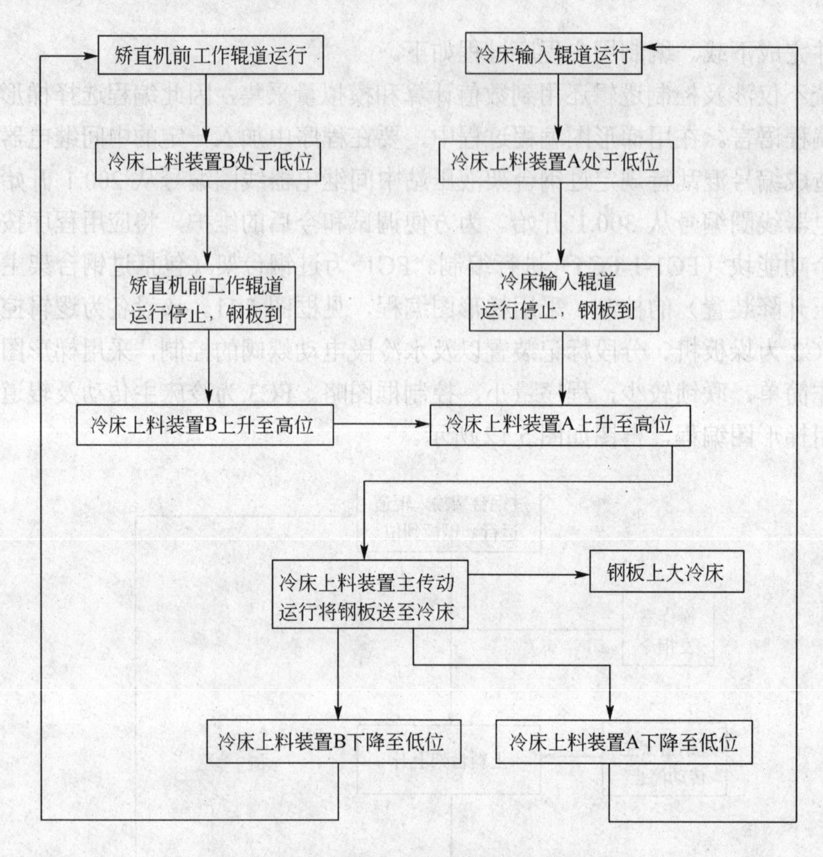

图 5.12 冷床主传动及辊道的控制程序框图

计算机运行功能块，并通过 RPOFIBUS 现场总线 PLC 主站与设备相对应的变频调速装置通信。变频器的通信数据格式采用控制字和状态字方式。对应的变频器的控制字、状态字分别有两个，系统通信使用 1 个控制字（16 位）和 1 个状态字（16 位）。将控制字下传至变频调速装置，对设备进行控制；并通过读取各变频调速装置的状态字，将各变频调速装置的运行状态调用，实现对调速装置进行保护以及与相对应的其他设备进行联锁控制的功能。工程的变频调速控制装置采用西门子 PWM 变频器。

（5）运行结果

系统正式投运后，按生产安排，在每一个生产班次，轧制钢种更换频繁，轧制节奏快。按手动控制与局部集中自动控制相结合的控制原则，编制了控制室的操作规程。

三个控制室的操作信号分别由设在三个控制室中操作台内的 PLC 从站采集，通过 PROFIBUS-DP 总线传回主站 CPU。投运以来，操作工人操作简便，控制系统运行正常，其灵活可靠的性能令厂方非常满意，技术经济效果显著。

5.2 集散控制系统在化工生产过程中的应用

5.2.1 集散控制系统在丁二烯生产装置中的应用

（1）工艺流程

丁二烯是制造橡胶的单体，在石油化工生产中占有重要地位。某石化丁二烯生产装置采用的GPB工艺如图5.13所示，系日本瑞翁公司专利技术，以二甲基甲酰胺（DMF）作溶剂，从裂解碳四（C_4）馏分中提取高纯度丁二烯。该生产装置GPB工艺法采用两段萃取精馏和两段普通精馏的流程。在溶剂DMF中与丁二烯相比，相对挥发度大于1的组分（即比丁二烯难溶于DMF的组分）在第一萃取精馏部分脱除，而相对挥发度小的组分（即比丁二烯易溶于DMF的组分）在第二萃取精馏部分中脱除。在原料中只有那些与丁二烯的沸点相差较大的杂质，才能在普通精馏部分脱除。新增的2#丁二烯生产装置部分仪表回路采用了FF现场总线技术，在实际运行中取得了良好效果。

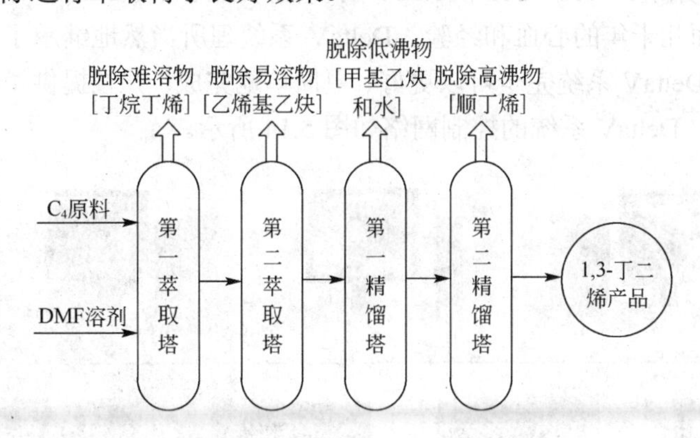

图5.13　丁二烯生产装置流程图

（2）现场总线控制系统设计

系统控制方案的选择如下：在该生产装置中，系统总回路数为836个，其中复杂控制回路28个，包括模糊逻辑控制、均匀控制、前馈控制、比值控制、分程控制、选择控制、顺控和串级控制等。FF现场总线部分共有7个控制回路和22个检测回路。

系统设备和现场智能仪表的选择：系统硬件配置主要由4对冗余M5控制器，7台DELL公司的PC机[1台作为工程师站（Plus），另6台作为操作员站（Operator Station）]，1台OPC应用站等组成。现场智能仪表主要有Rosemount公司的3051f压力变送器和FF3244MV温度变送器及Fisher公司的DVC5010f阀门定位器，共计36台。这些设备通过分支电缆连接在6条主干上，再通过H1卡与系统连接。每块H1卡有2个Port，每个Port可接1条H1现场总线，每条H1现场总线最多可带16台现场总线设备。H1总线的传输速率为31.25 Kbps。

系统开发组态软件的选择如下：装置仪表控制系统采用美国艾默生（Emerson）过程管理公司的现场总线控制系统——DeltaV。系统软件版本为5.3.2。系统I/O点共1183个，控制点为737个。DeltaV是Emerson过程管理公司开发的全数字化的过程控制系统，它是一种规模可变的控制系统，也是唯一结合了智能型现场设备和数字化通信的过程控制系统。系统采用FF规定的拓扑结构即工业以太网，工作站和控制器构成控制网络的节点；其控制器、电源I/O卡件和通信均可实现冗余配置，而I/O子系统支持FF现场总线、离散量总线、HART、串行通信及传统I/O等多种输入输出类型，并对传统I/O和HART类型的I/O提供本安支持。系统能够自动识别卡件类型，自动分配地址，所有卡件均可进行带电热插拔。

建立在Windows NT平台上的DeltaV系统软件除了安全、可靠性高以外，使用起来也极为灵活方便，如系统组态采用FF规定的IEC 61131标准，用标准功能块连接的方式完成，不需要再填表格，而在线仿真可以使组态的正确性立即得到验证；通过Fix软件的各种功能，能方便地生成流程图，完成各种动态链接，报警设置等；而系统的诊断功能则可以帮助维护人员迅速判断故障所在及类型。

（3）DeltaV 系统

艾默生过程管理公司于 1996 年推出的 DeltaV 系统应该算是现场总线系统中最为成功的一套总线系统。到目前，该系统在全球已经签订了 4500 多套供应合同，在业界受到广泛的欢迎，获得十几个国际奖项。艾默生过程管理公司的 DeltaV 系统完全以 FF 标准进行设计，所以 DeltaV 系统一经推出，就迅速获得业界的广泛赞誉和普及。艾默生过程管理公司在此之前有两套著名的 DCS 系统：PROVOX 和 RS3。所以在开发新系统 DeltaV 系统时，注入了该公司在 DCS 系统方面几十年的心血和经验。DeltaV 系统理所当然地继承了 PROVOX 和 RS3 系统的优势，所以 DeltaV 系统完全可以更好、更简单地完成，并且提供了最简单地向现场总线过渡的解决方案。DeltaV 系统的控制网络如图 5.14 所示。

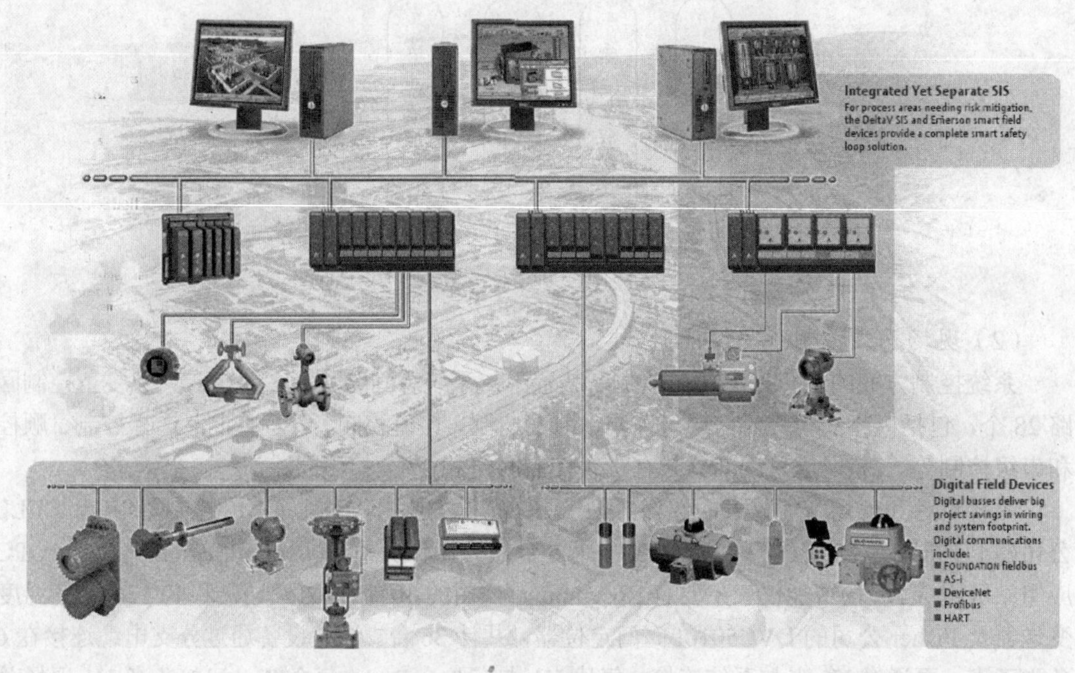

图 5.14 DeltaV 系统的控制网络

DeltaV 系统的控制网络采用工业以太网。DeltaV 系统采用 FF 规定拓扑结构即工业以太网，工作站和控制器构成控制网络的节点，DeltaV 系统的任何两个节点之间都是对等的，信息直接交流，而且所支持的数据格式相同，即 DeltaV 系统的控制器直接支持 TCWIP 数据，数据传输速率为 100Mbps，所以目前 DeltaV 系统的控制网络传输速率为 100Mbps，远高于其他 DCS 系统。DeltaV 系统的控制网络结构决定了 DeltaV 系统的结构简单、安装方便、组态容易、可靠性高，任何一个节点离线，不会对系统运行造成影响。

控制器卡件的智能化：即插即用，带电热插拔。控制器和 I/O 卡件全部采用模块化、智能化设计，一经上电，系统自动识别其类型，自动分配地址。系统采用标准的 I/O 背板，所有卡件可以混合进行使用，没有位置等的限制；任何卡件都可以进行带电热插拔，不会对系统运行造成任何影响。另外，卡件每个通道与现场之间都采用了光电隔离技术。卡件的集成度更高，体积更小，标准的接线端子直接与 I/O 卡件一起插在 I/O 背板上，方便了接线，大大节约了安装空间，减少了中间故障环节。

DeltaV 系统具有规模可变的特点，搭积木式的系统组成使得系统的扩展非常容易，同时系统支持任意的光缆扩展连接，使系统的扩展更加随意。DeltaV 系统的在线升级可以使用户在不停车的情况下，在线完成系统的升级换代，而不影响生产的正常进行。2005 年 5 月，在法国的 Elf Atofina 公司，成功进行了一次 DeltaV 系统的在线升级，由 V4.2 升级到 V5.3。Delta V 系统的软件在 Windows NT410 平台上生成。系统具有图形化的人机操作界面。通过操作员接口，可以观察所有测点的实时测量数据及其对应关系判断。系统的当前状态是否与要求的工况相符，各测点的工作是否正常。通过系统的趋势显示窗口，可以观察任意测点的数据变化趋势，以监视试验工况的稳定性。系统能自动检索接入现场总线的每台仪表，自动分配设备的地址，实现即插即用的功能，组态和调试简便，并可以通过诊断窗口随时了解仪表的当前状态和故障，根据性能的需要，系统提供 OPC（OLE for Process Control，过程控制中的对象链接和嵌入）通信技术。OPC 是一个开放的接口标准，一个技术规范，它为应用程序间的信息集成和交互提供了强有力的手段。现场信号→OPC→系统监控软件表示了现场总线与计算机之间的信息传递通道。有了 OPC 作为通用接口，就可把现场信号与上位监控、人机界面软件方便地链接起来，还可把它们与 PC 机的某些通用开发和应用软件平台链接起来。OPC 技术接口实现了对 FF 总线仪表、HART 总线设备的远程诊断等功能。因此，可以通过 OPC 在任何地点、任何时间实现对智能设备的管理。用户利用 OPC 通信技术开发自己的应用软件，可以对实时数据进行集中显示、处理和记录，也可以将不在现场总线系统中仪表测量数据（如电功率等）加入系统，并按设定的时间间隔进行平均计算、仪表修正、大气压和高差修正。控制系统流程管理软件如图 5.15 所示。

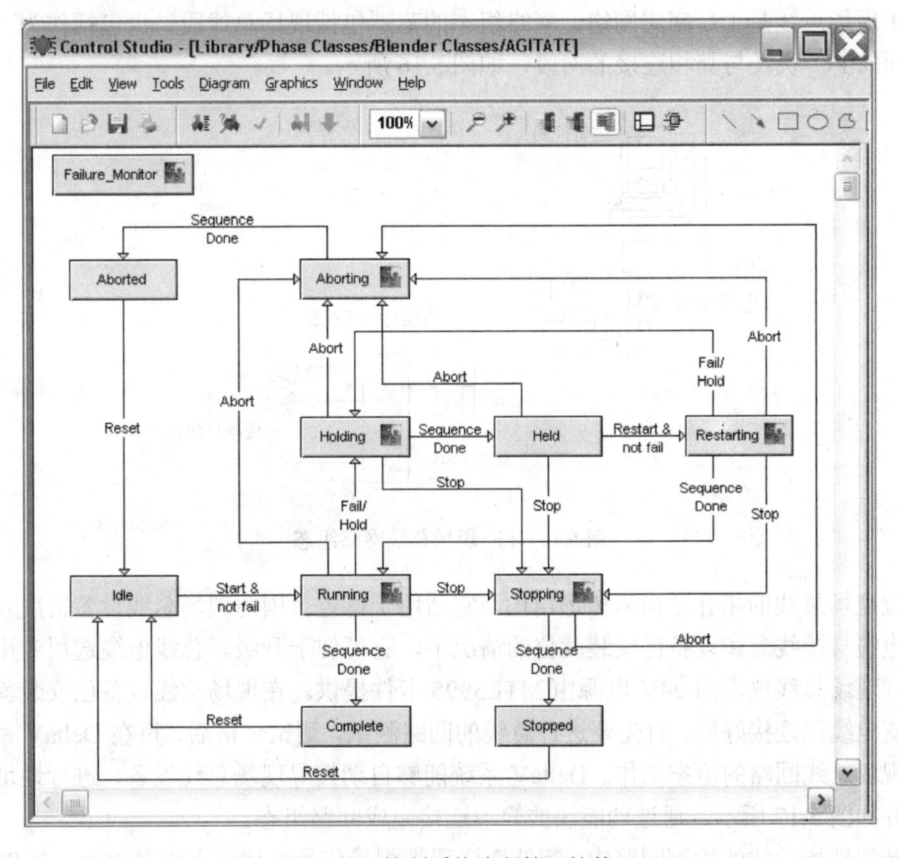

图 5.15　控制系统流程管理软件

先进的单元管理许可给用户提供建立单元类和阶段运行逻辑的功能，产生单元比较的设备控制策略。当正在检测和控制过程时，这些许可能够在线升级。先进的单元管理控制软件除了所有 DeltaV 的监控、离散、顺序和模拟控制功能外，还提供基于类和多状态阶段的控制。使用标准的 SFCs，每个状态（如运行、保持和退出）被组态，并且状态间的分类是完全自动的。另外，可以将标准的 DeltaV 参数路径的别名或动态参考写到每个状态内的逻辑段。运行别名的处理是根据正在运行时期的模块进行的。动态参考也在运行期处理，并且当逻辑段被组态不能使用时，可以使用动态参考。逻辑段和单元模块被完全集成，采用批处理方案自动控制，方案参数传送和历史数据跟踪。用户不必映射寄存器或写常规的逻辑。操作员接口和警报管理被作为标准特性提供，先进的单元管理控制软件包括能力显示、趋势、报警、收集历史数据值。这些数据是从子系统控制器的 I/O 采集的，通信使用分类的 I/O、HART、Foundation Fieldbus、PROFIBUS-DP、AS- i bus、DeviceNet 和串行接口卡。单元和逻辑段被集成到标准的 DeltaV Explorer 资源管理器中可用来组织控制模块和仪器设备模块，建立系统数据库。DeltaV 还可根据需要采用不同的先进控制策略，如自校正、预测控制、模糊控制、神经网络。

考虑到用户不会一步到位完全采用现场总线，所以 DeltaV 系统保留了对常规 DCS 信号的处理功能，所有传统 DCS 具备的功能，DeltaV 系统都提供了相应的常规 I/O 卡件进行处理，用户可以随时方便地过渡到现场总线。整个系统运行可进行系统优化，DeltaV 是真正为过程控制设计的现场总线控制系统。

（4）系统 FF 现场总线的网络组态

由于现场总线是工厂底层网络，网络组态的范围包括现场总线段，也包括作为人机接口操作界面的 PC 机及与其相连接的网段，如图 5.16 所示。

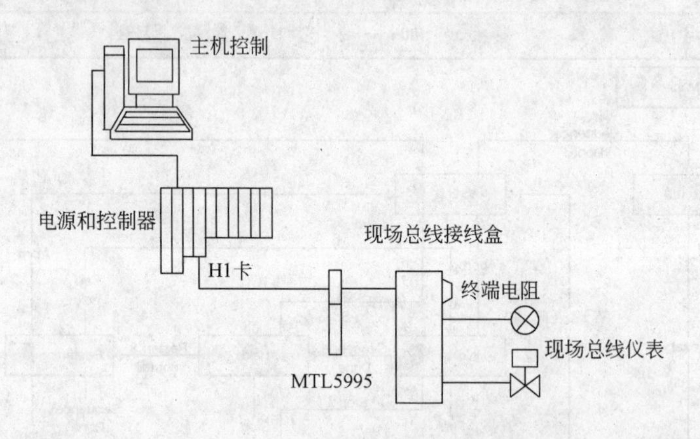

图 5.16 FF 现场总线网络组态

装置现场总线的拓扑结构为树形结构，它适用于特定范围内现场总线设备密度较高的情况。在电缆与接线盒和设备已安装就位的情况下，它可便于升级。总线电缆选用专用的屏蔽双绞线。现场总线仪表的 24V 电源由 MTL5995 卡件提供。在现场总线设备已安装就位，主干及分支电缆已连接好后，首先要进行总线的回路测试，测试合格后，可在 DeltaV 系统上快速完成现场总线回路的组态工作。DeltaV 系统能够自动搜寻现场总线设备，进行地址分配和授权，并如图 5.17 所示，通过功能块的简单连接完成回路组态。

在装置现场总线的控制回路中，智能变送器把测量信号直接送至调节单元，而 PID 功能块的运算是在智能阀门定位器图（Fisher DVC5010f）中完成，运算结果在定位器中转化成气压信号输出至阀门。

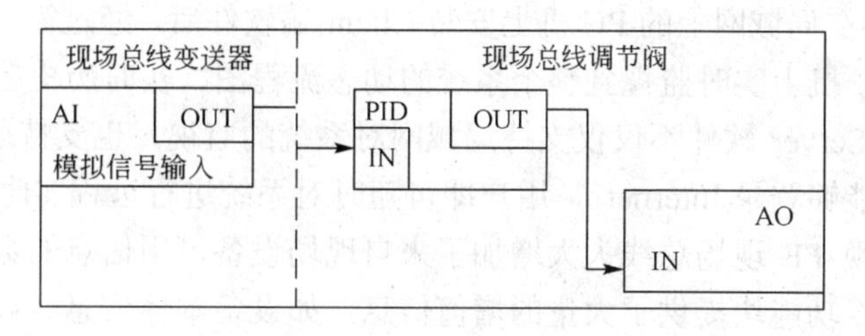

图 5.17 FF 回路功能块组态

FF 现场总线变送器通常含有多个传感器，在标定时要注意选择合适的 AI 功能块；上、下限的设定和零位校正在 Plus 站上用 DeltaV Explorer 中的 Calibrate 命令实现。FF 阀门定位器的标定由 DeltaV Explorer 中的 Setup Wizard 命令或 Fisher 公司的 ValveLink 软件完成。

（5）PlantWeb 工厂管控网

PlantWeb 工厂管控网是改变过程自动化经济效益的基于现场的革命性经济体系，它能够建立优化工厂的解决方案。FF 基金会现场总线实用化的关键在于工厂内的智能现场设备进行局部控制及高速数字通信的能力。FF 基金会现场总线的技术是 PlantWeb 基于现场的体系结构的基石。PlantWeb 基于现场的结构使用户能够通过对智能现场设备、规模可变的平台与增值软件形成网络来实现开放式过程管理方案。由于充分利用了现场智能设备，过程管理已不仅仅意味着过程控制，而且还是设备管理：从各种设备（智能变送器、调节阀、分析仪等）处收集和使用大量的新信息。它包括工厂全部记录数据的组态、标定、监控、性能诊断和维护，所有这些操作和生产过程同时进行。

在丁二烯生产装置系统中，使用的 PlantWeb 工厂管控网系统是美国 Emerson 过程管理公司开发的具有 FF 现场总线技术、OPC 技术、AMS 管理技术的新一代控制和管理系统，主要由 DeltaV 系统和 AMS 软件构成，DeltaV 系统负责过程控制，AMS 设备管理软件负责现场仪表的管理，OPC 负责与 LAN 网相连，将生产过程的数据传输到工厂网，从而形成管控一体化的网络，如图 5.18 所示。

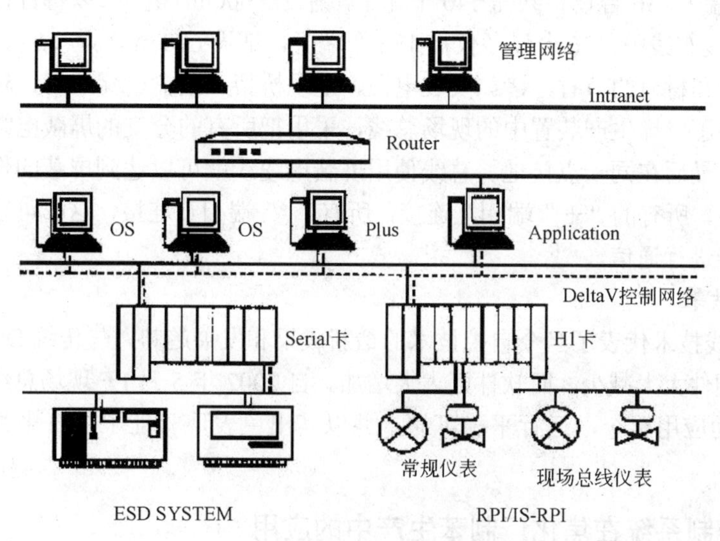

图 5.18 丁二烯生产管控网系统

丁二烯生产装置仪表DCS改造完成后，将DeltaV系统的控制网络通过路由器/交换机连接到工厂管理网络（TCP/ IP），即 Intranet 网络。在应用站上安装一套基于 OPC 标准的WebServer软件，再在局域网上的PC机上安装Client端软件后，经过简单组态，即可在管理网络上的任一台 PC 机上实时监视到整个系统的动态流程图、实时历史趋势、报警信息等。DeltaV 系统的 WebServer 软件不仅仅支持局域网对系统的监视，也支持通过 Internet 对系统的访问功能。只要能够登录Internet ，用户即可随时对系统进行远程实时监视（需要权限）。

通过使用，发现 FF 现场总线大大增加了来自现场设备可用信息的数量和质量。除了简单地传输过程变量，功能块提供了大量的增值信息，如设备本体信息、详细的诊断、质量状态和各类仪表参数（环境温度、模式修改、阀位实际指示反馈、阀门行程累计等）。FF 的设备描述（DD）使所有的信息对其他设备、主机系统和应用程序都能适用。配合 DeltaV 系统自带的设备管理系统软件（AMS），用户在控制室内即可对符合基金会现场总线标准和HART协议的现场设备进行组态、标定和远程故障诊断，既缩短了常规维护时间，又提高了工作的准确性。DeltaV 系统在设计上就使得 FF 现场总线的实施更加容易。其特点包括预先工程化的控制策略资料库，采用DeltaV Explorer的拖和放操作功能，在设备安装后的自动检测功能，以及单一的用户界面，适用于HART、现场总线、传统I/O和其他通信协议。

本地控制：FF现场总线提供了执行基本和调节控制、开关控制或顺序控制所需的所有功能块。常规PID控制运算在现场智能仪表中即可完成，不需经过控制器。即使操作站和控制器之间的通信连接中断，也不影响现场总线回路的运行。所以能提高系统的可靠性，而控制器则可以处理一些复杂的先进控制。

现场总线的数字信号比4～20 mA 模拟信号的精度提高10 倍，因此，可以排除在A/D转换中产生的误差。降低系统的费用。减少 I/O 卡件的用量。本装置 36 台现场总线仪表平均分配连接在3块H1卡上（1块H1卡最多可带16台现场总线仪表），若用常规DCS控制，最少需要4块AI卡和1块AO卡。如系统完全选用现场总线仪表，则可以减少1/2～2/3的I/O卡件和I/O系统柜。节省接线。在传统DCS布线中，变送器和阀门先连到现场接线箱，再分别连到转接柜，最后接到系统柜的I/O卡的端子排上。如选用带屏蔽的双绞线，则每台设备需要15个端子，36台设备共需540个端子，铺设3 600 m 电缆（以每台设备100 m计）。而在FF现场总线布线中，36台设备仅需136个端子，铺设600 m电缆（6根主干）。接线的节省综合了人力和材料的节省，诸如安装电缆、电缆桥架、槽盒、穿线管、转接柜、端子排和安全栅等。在丁二烯生产装置中的现场总线，采用把所有的分支的屏蔽电缆线与主干的屏蔽线连接起来，最后在同一点接地。总线使用屏蔽电缆线就可以达到屏蔽的作用。对于现场总线信号的极性，所有的“+”端相互连接，所有“–”端相互连接，这样可以避免信号极性的反置，而不能进行通信。

（6）运行结果

FF现场总线技术代表了当今自控技术的最新成果和发展趋势，与传统DCS相比，FF现场总线系统的硬件大大减少，而软件则大大增加。自2002年5月FF现场总线技术在该石化丁二烯装置成功应用至今，运行平稳可靠，并以其出色表现验证了在石化领域应用的广阔前景。

5.2.2 集散控制系统在焦化厂制苯生产中的应用

某钢铁公司煤气焦化厂是公司重要的生产过程。原有煤气焦化厂化产车间仪表系统参数检测和控制采用的全部是模拟仪表，有些甚至为老式的Ⅱ型仪表，存在着精度低、干扰影响大的缺点，整个系统的控制品质非常差。随着生产的发展，原系统已不能更好地满足生产需要，厂方越来越迫切地需要对控制系统实现计算机控制，对整个生产系统进行一个统一的科学管理。现场总线系统在该公司煤气焦化厂控制系统的改造工程，采用目前世界自控领域最先进的基金会现场总线技术，在不影响原系统各种性能的前提下对老系统进行改造，提高企业的控制和管理水平，促进现场总线技术在我国的发展。

（1）制苯工艺过程控制

焦化粗苯工序设计为蒸汽法脱苯工艺，这套系统在实际生产中受多种因素的影响和制约。焦化苯精制中重要的工艺环节是蒸馏，如何提高蒸馏效率一直是设计和生产的一个课题。传统的苯蒸馏塔以板式塔为主，板式塔采用逐级接触逆流操作，气相通过塔板时，穿越板上的液层进行传质，在20世纪70年代以前，板式塔因其适应性强、易于放大等特点得到广泛应用。但由于板式塔存在效率低、通量小、压降较高、持液量较大等缺点，将逐步被规整填料取代。

根据现场工艺和原有系统的状况，实际监控系统工程进行的改造工作如下。

- 粗苯工段和精苯工段控制室各上一套微机及控制柜完成监控功能。
- 精苯工段通过FF现场总线的HSE网段采集现场数据。
- 粗苯工段通过FF现场总线的H1网段采集现场数据，并通过网关与监控计算机通信。
- 粗苯工段和精苯工段监控微机通过以太网联网，实现数据共享，并留有与厂内局域网联网接口。
- 各工段I/O点数：精苯工段——AI 42点；粗苯工段——AI 36点，AO 6点。

AI输入进行改造见图5.19。信号变送器将原系统4～20mA输入信号分为两路：一路用于原数显仪表显示，一路进远程I/O的AI输入端子。

电流输入采用NCS-IF105电流信号到现场总线信号转换仪表，它将传统模拟量转换到FF现场总线的智能设备，可以接收四个通道0～20mA模拟信号，并转换成现场总线信号。

粗苯工段AO输出6点改造如图5.20所示。远程I/O的AO输出4～20mA信号与原系统控制输出经过一转换开关切换，相当于两系统并行运行，任一系统出现问题时，可以切换到另一系统。

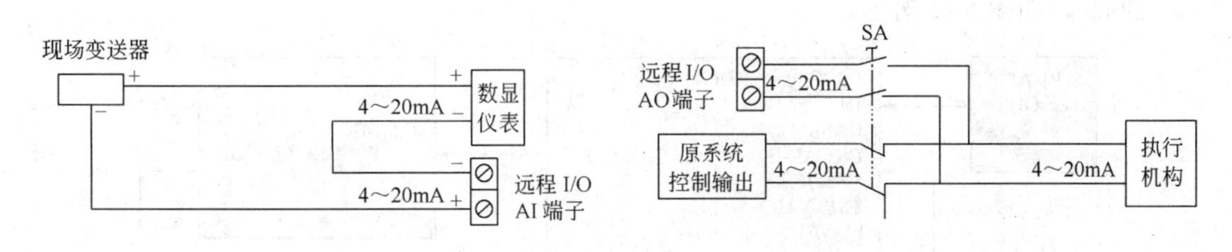

图5.19 AI输入改造

图5.20 AO输出改造

NCS-FI105仪表将FF现场总线信号经运算处理后，转换成相应的电流信号（4～20mA）输出。采用NCS-IF105仪表和NCS-FI105仪表，就实现了粗苯、精苯和脱苯工段的电流信号和现场总线信号的转换。

（2）管式炉系统油温控制

管式炉系统工艺结构如图5.21所示。管式炉温度是个非常重要的工艺参数，将温度控制

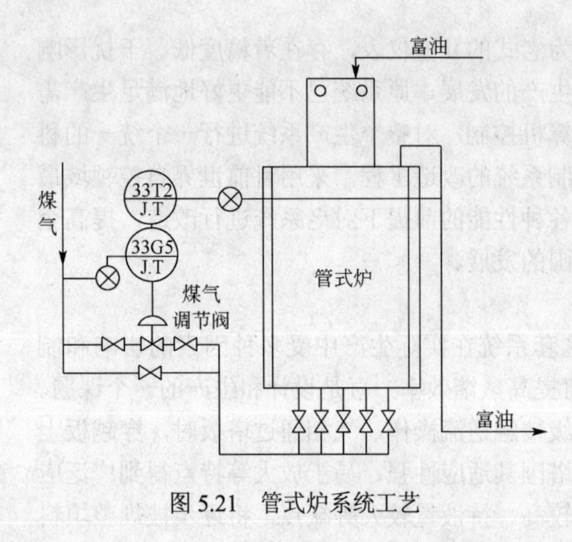

图 5.21 管式炉系统工艺

好，一方面可以延长炉子寿命，防止炉管烧坏；另一方面可以保证后面脱苯的质量。

由于它本身热滞后时间很长，时间常数约15min，反应缓慢，而煤气压力经常波动，造成流量波动很大，因此简单地用PID控制达不到工艺精度。系统控制框图如图5.22所示。

串级调节系统以煤气流量作为副环，富油温度作为主环，克服了煤气流量波动造成的干扰，副环调整要具有先调、粗调、快调的特点，主环要具有后调、细调、慢调的特点，主副环相互配合、相互补充，共同完成控制功能，提高控制质量。

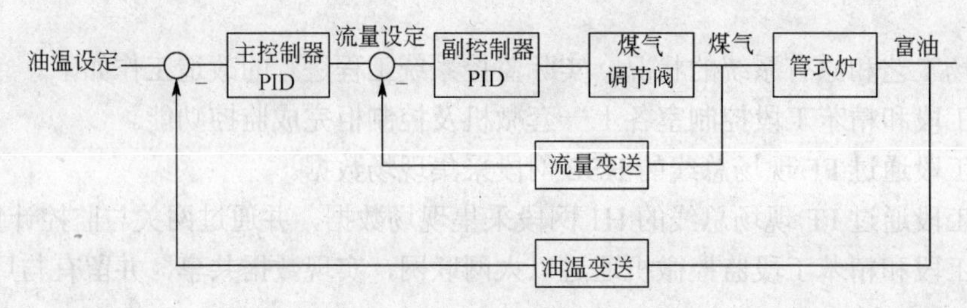

图 5.22 系统控制框图

利用控制主站实现管式炉温度控制。运行系统的FF组态软件的HSE接口程序。弹出FF HSE Init窗口，在此窗口的“选择网段”项上选择设备类型，用户根据所连接的实际物理设备类型选择（HSE/H1），再按下启动按钮，接口程序自动检测现场设备。在应用视图窗口中配置组态策略。应用视图可包含有若干个功能块对象及其连接线对象。这些对象集合在一起就形成了一组控制策略。应用视图中的功能块可以从工程窗口的设备节点列表中直接拖曳到应用视图中。从工程窗口的设备中选择FI的AO功能块、PT的AI功能块和PT的PID功能块拖曳到应用视图中连接配置成一个PID控制回路（注：一个功能块只能被使用一次）。PID控制回路如图5.23所示。

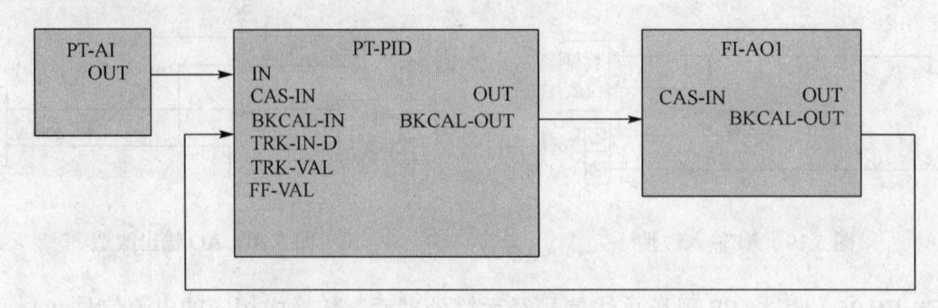

图 5.23 PID控制回路

将功能块连接，建立功能块之间的联系，使功能块之间能够进行参数值的传递。在工具栏上选择连接工具建立功能块的连接关系。注意组态连接必须是从输出参数到输入参数。如图5.24所示在应用窗口中配置组态策略。

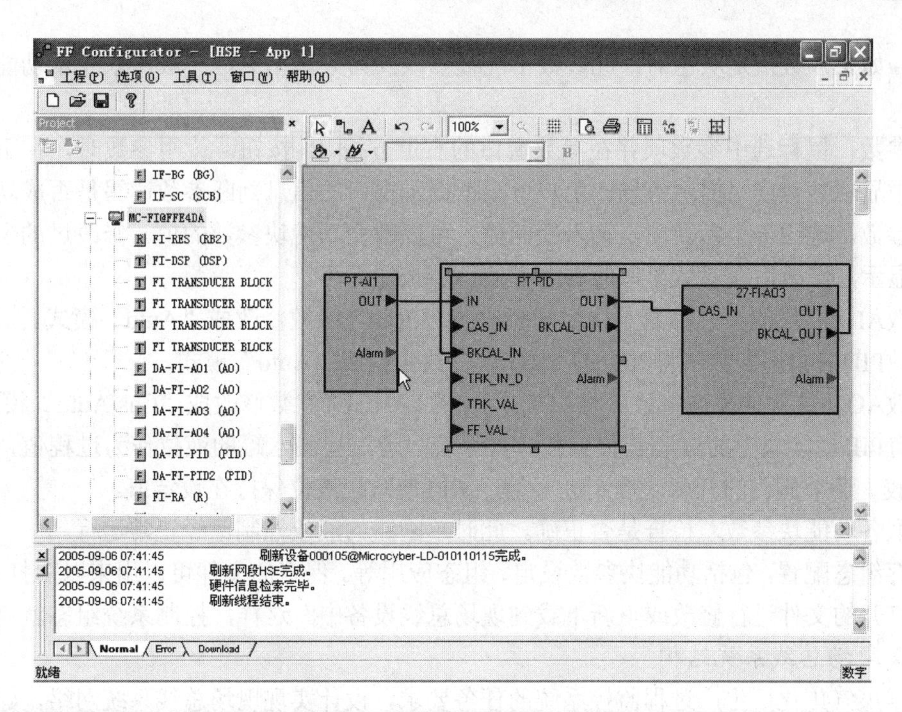

图 5.24 组态软件功能块连接

在工程窗口中的“网段（HSE）”节点单击右键弹出菜单，选择下载组态信息项，弹出下载对话框，在应用列表中选择应用，点击下载按钮。

修改功能参数值和功能块状态值如图 5.25 所示。组态已经下载到现场设备，修改功能块的参数值才能使控制回路正确运行。在工程视图窗口中，找到指定设备的功能块双击该功能块，打开块的参数窗口。

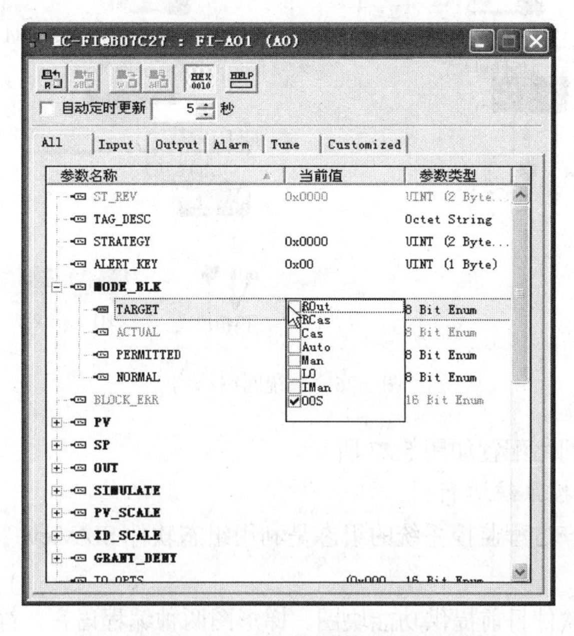

图 5.25 修改功能参数值和功能块状态值

在功能块参数窗口中，可以修改参数，对参数进行读写操作。用鼠标指针选择想改变的参数值。如果参数值是灰色的，此参数不能被修改（为只读型），一般用来表示功能块的各种状态。

读参数。鼠标选中参数项并在参数窗口的右上方按 R 按钮。读写参数时，在下方的提示窗口中显示参数读写提示信息。用户可根据提示窗口的信息判断参数读写是否成功。

写参数。选中一个参数项，输入新的值，可以改变功能块参数的值。修改过的参数项将以蓝色显示，修改后在参数窗口的右上方按 W 按钮即可。

修改AI功能块的模态参数。将AI功能块的TARGET参数修改成“Auto”模式。

修改PID的模态参数。将PID的TARGET参数修改成“Auto”模式。

修改AO功能块的模态参数。将AO功能块的TARGET参数修改成“Cas/Auto”模式。

配置PID功能块中的SP和其他参数。如系统可通过检测水罐的液位作为过程值，与设定值SP比较，调节阀门的开度，控制进水量，从而使系统液位保持在设定值。

读取各功能块参数，检查是否正确。此时单回路的液位控制已经正常运行。

保存组态配置，包括功能块参数设定、组态应用等。保存的文件可以用来以后打开使用，可以对打开的文件进行修改或重新下载到现场总线设备中。这样，控制系统组态就完成了。

（3）现场总线系统结构

根据煤气焦化厂生产过程监控系统的任务要求，设计实现现场总线系统网络。建立的基于基金会现场总线系统的网络结构如图 5.26 所示。

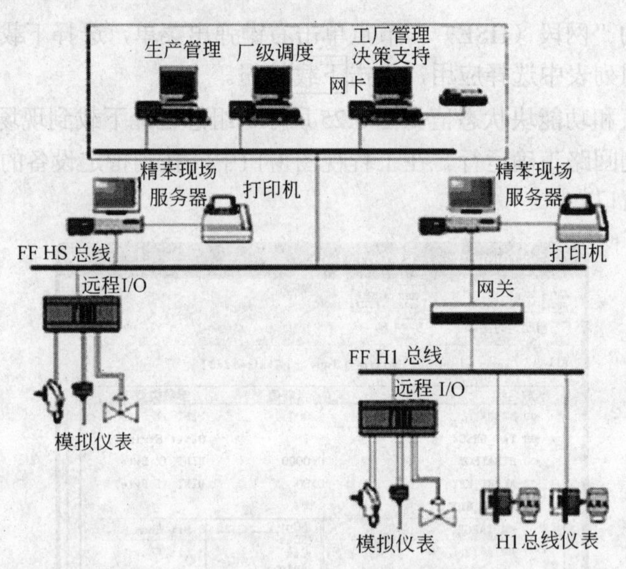

图 5.26　系统网络结构

现场总线系统的网络配置如图 5.27 所示。

（4）现场总线监控系统运行

该煤气焦化厂生产过程监控系统的组态是利用组态软件 SIAView 实现的。系统软件结构如图 5.28 所示。

组态软件：组态软件目前提供功能块图、梯形图两种编程语言，符合 IEC61131-3 标准，其中功能块图编程方法与基金会现场总线（FF）功能块组态方法兼容。

实时数据库及其配置程序：实时数据库由多个分布式 I/O 服务器软件组成，I/O 服务器提供标准的OPC DA接口；实时数据库配置程序管理现场I/O数据的通信。对于现场I/O连接数量较多时，提供I/O读写平衡分配功能，并提供I/O服务器冗余配置功能。

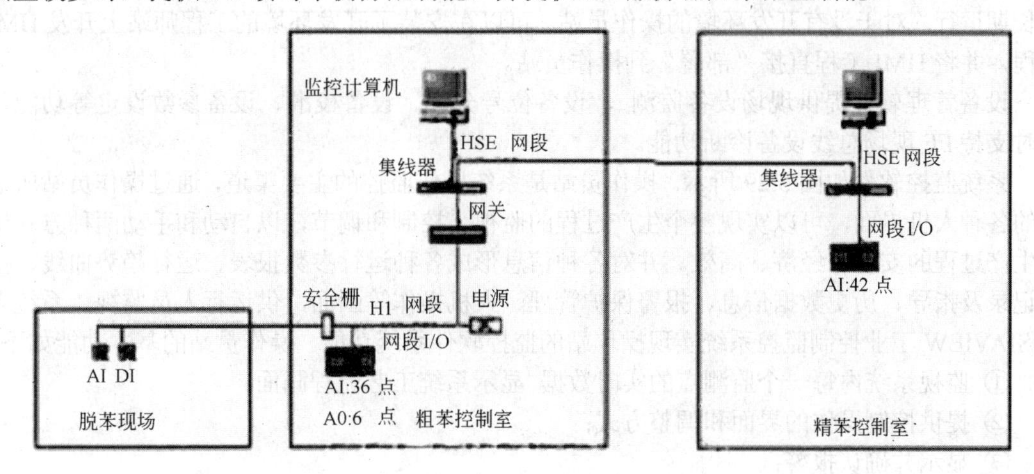

图5.27 FF现场总线配置图

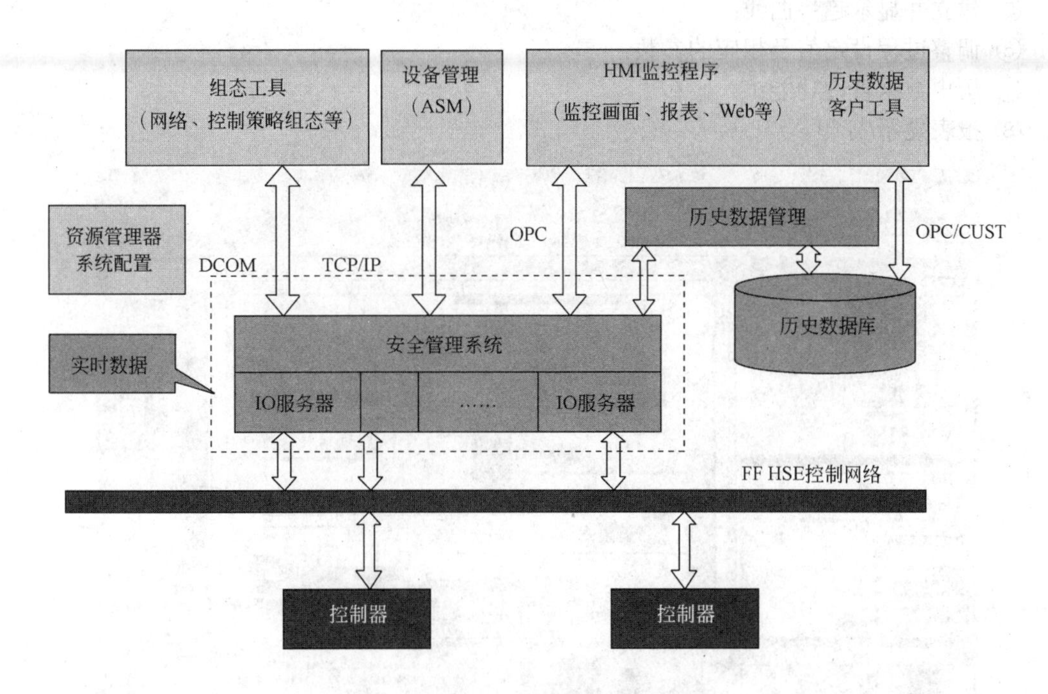

图5.28 系统软件结构

历史数据管理及其配置程序：历史数据配置程序可以完成历史数据项的定义、配置以及历史数据库管理等工作，可以完成定制历史数据库中的各种参数、存储方式、归档间隔、备份方式等功能。历史数据管理系统包括管理配置工具、记录程序、历史数据库以及客户工具。

安全系统管理工具：NCS4000安全系统管理工具可定义组、用户，可设置相关权限。组、用户对系统的权限主要有如下几大类，每类中有若干分项：管理类（用户管理、系统升级等）；配置类（组态、下载、诊断、校准等）；操作类（HMI浏览、历史数据浏览等）；浏览类。

HMI开发环境：HMI软件大体上分两部分，即开发环境和运行系统。

开发环境以可视化的方式供用户开发系统监控画面，生成HMI工程（由一组画面文件及配置文件组成）。

运行系统可以“打开”开发环境生成的 HMI 工程，根据配置连接实时数据，更新画面，并长期运行。对于没有开发环境的操作员站，可以在安装了开发环境的工程师站上开发 HMI 工程，并将 HMI 工程直接“部署”到操作员站。

设备管理软件提供现场设备监测 、设备位号分配、设备校准、设备参数设定等功能，同时支持 FF 现场总线设备诊断功能。

系统监控软件如图 5.29 所示。操作员站是系统操作监控的主要渠道，通过操作员站所显示的各种人机界面，可以实现整个生产过程的监视、控制和调节，以自动和手动两种方式确保生产过程的安全、经济、高效。并对各种信息形成各种运行参数报表、运行趋势曲线、操作记录及指导、历史数据信息、报警保护管理、人机操作等画面，供运行人员监视。系统采用 SIAVIEW 工业控制监控系统实现操作站的监控软件系统功能。操作员站的基本功能如下：

① 监视系统内每一个监测点的实时数据 显示系统工艺流程画面；

② 提供控制操作的界面和调整方式；

③ 显示并确认报警；

④ 运行（手动/自动）方式的切换；

⑤ 建立并显示趋势曲线；

⑥ 调整过程设定值及相应的参数；

⑦ 历史数据查询功能；

⑧ 报表显示/打印。

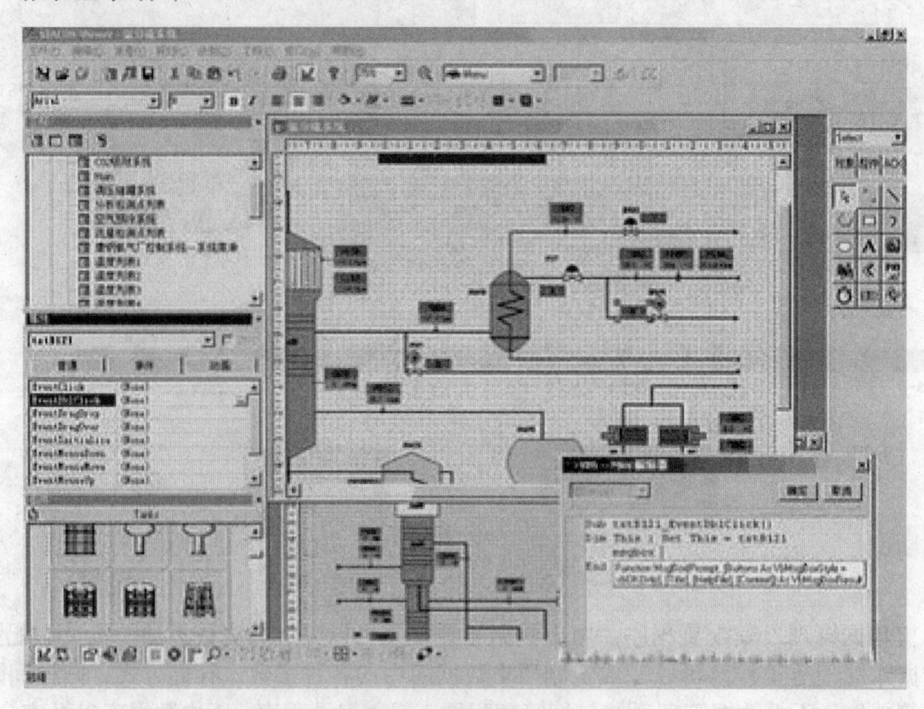

图 5.29 系统监控软件

5.2.3 集散控制系统在锅炉过程控制中的应用

5.2.3.1 锅炉对象的系统描述

EFPT 过程控制装置的某型产品由控制对象和控制操作台两大部分组成，控制对象以热水锅炉为核心，配有循环水泵、高位水箱、水槽组成的供排水系统和手动切换阀组等，对象中安装了各类检测变送仪表和执行机构，因此它是一个常用的生产过程装置。而且通过手动阀组的切换可以把整套对象分解组合成多种被调对象。现场总线系统控制系统锅炉对象见图5.30。

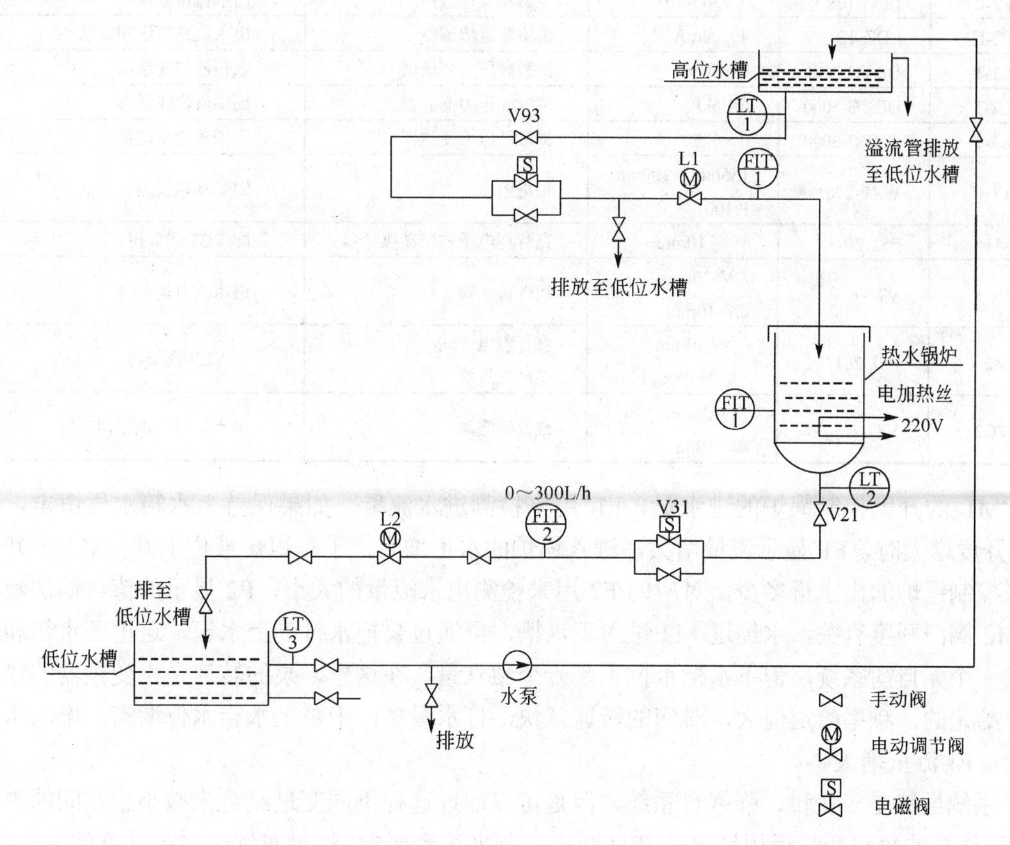

图5.30　热水锅炉系统

控制对象安装在2000×800×2700（mm）的大框架内，由工艺设备和现场仪表、电气负载两部分有机地组成，工艺设备包括以下几方面。

① 装6kW三相星形电热丝，高440mm，21L的热水锅炉。

② 300mm，38L的高位溢流水箱。

③ 高350mm，35L的液位水槽和105（175）L的计量水槽。

④ 配三相电机的循环水泵。

⑤ 2只电磁阀和12只手动阀（球阀）

对象系统含有5个检测量、4个控制量，其中有1个检测量是温度检测和1个控制量为温度控制，剩下的检测量和控制量都是为了实现锅炉水位控制，所以整个系统属于多变量、强耦合对象系统。因为对象中含有3个盛水容器，所以有2个是独立的，属于双容对象控制，于是只要控制两个水位即可，控制系统选择了上水箱水位和锅炉液位作为控制对象，M1、M2两个电动阀和变频器频率给定为控制量，通过三个回路PID算法来实现控制。表5.2所示为锅炉系统现场仪表。

表 5.2 锅炉系统现场仪表

图位号	型号	规格	名称	用途
F1-E	LDG-10S	0～300L/h	电磁流量传感器	进水流量检测
F1-IT	LDZ-4B	4～20mA	电磁流量传感器	进水流量变送和显示
F2-E	LDG-10S	0～300L/h	电磁流量传感器	出水流量检测
F2-IT	LDZ-4B	4～20mA	电磁流量传感器	出水流量变送和显示
L1-T	DBYG-3000	0～6kPa	扩散硅压力变送器	水箱液位变送器
L2-T	DBYG-3000	0～6kPa	扩散硅压力变送器	锅炉液位变送器
L3-T	DBYG-3000	0～6kPa	扩散硅压力变送器	水槽液位变送器
T1-E	WZP-270	155mm×100mm Pt100	铂电阻	锅炉水温检测
M1	PSL 201	行程 10mm	直行程电子式电动执行器	配 VC1 调节阀
VC1	VT-16	*DN*=20mm *dN*=10mm	线性铸钢阀	进水流量调节阀
M2	PSL 201	行程 10mm （德国 PS 公司）	直行程电子式电动执行器	配 VC2 调节阀
VC2	VT-16	*DN*=20mm *dN*=10mm	线性铸钢阀	出水流量、水压调节阀

M1 的开度控制锅炉的进水量，F1 用来检测进水流量，如果保持上水箱水位恒定，当 M1 开度增大时，F1 显示流量增大，进入锅炉的水也增多，于是锅炉液位上升；M2 的开度用来控制锅炉的出水量多少，对应的 F2 用来检测出水流量的大小，F2 显示的值与锅炉液位和 M2 阀门开度有关，水经过 M2 进入下水槽，再通过泵把水打到上水箱，这里下水箱和泵构成一个无自衡系统，但下水槽水位不是一个独立量。在这里，泵的转速是由变频器的输出频率给定的，频率给定值大，对应的转速就快，打水量多，于是上水箱水位增高，出水压力增大，F1 流量增大。

系统虽然是多变量、强耦合系统，但是可以通过选择不同变量组合来减小相互间的耦合程度，选择的每组变量运用经典的 PID 回路控制来达到要求，经过对锅炉系统认真的分析后，选择了四组简单 PID 回路控制，其中一组控制温度，另外三组控制液位。

5.2.3.2 DeviceNet 控制设备描述

（1）控制器 SLC 500

SLC 500 是一个不断充实的小型可编程控制器，该控制器有两种硬件结构：固定式控制器和模块式控制器。固定式将电源、输入与输出与该控制器集中在一个单元，固定式控制器还提供 2 槽的扩展框架以增加其灵活性。

模块式控制器使用户在组态系统时具有额外的灵活性，它具有更强的处理能力，以及 I/O 容量，通过选择合适的模块式框架、电源、控制器离散量模块或特殊 I/O 模块，使得用户能够按应用的需要专门地设计和建立控制器系统，在这两种硬件结构中，编程工具和大多数 I/O 模块都是兼容的，因此用户就可以用低成本的办法来解决大范围的应用。

系统控制采用模块式 SLC 5/05 可编程控制器，该控制器可为标准化的分散可编程控制器系统提供高带宽网络连接，它们把流行的 SLC 500 控制器系列带进了 10Mbps 以太网连接方法。AB 公司支持在以太网上广泛应用 TCP/IP（传输控制协议/互联网协议）通信协议。通过支持以太网上 TCP/IP 通信的 SLC 5/05 可编程控制器将控制系统和监视及信息管理系统集成在一起，SLC 5/05 控制器可以在 7 通道以上通过以太网进行数据采集、监控、编程管理、质量控制统计、维修管理、产品计划、物流跟踪等应用中的工厂底层数据通信等。控制器概况如下。

- 内置 10Base-T 以太网通道；
- 可应用普遍提供的以太网设备和电缆；
- 支持用 RSLogix 500 编程软件在以太网上进行在线编程；
- 支持以 SNMP（简单网络管理协议）作为网络管理；
- 通过 SLC 500 信息指令达到可编程控制器之间高速点对点通信；
- 1ms 可选定时中断（STI）；
- 0.5ms 离散输入中断（DII）；
- 先进的数学运算功能——三角、PID、指数、浮点运算以及各种计算指令；

SLC 5/05 模块式控制器还提供第二个通道（通道 0）作为 RS-232 通信，它允许：

- 对远程监控和编号的拨号连接；
- 在 SCADA 系统主/从 RTU 应用中以调制解调器进行网络连接；
- 作为操作员界面的一个替代性连接方法而不需要网络上的点对点连接；
- 通过一整组 ASCII 梯形图指令和 ASCII 设备诸如条形码解码器、串行打印机等进行通信以简化编程；
- 直接和个人计算机相连。

通道 0 也支持 DH-485 协议通信，DH-485 通信网络是一个具有多主功能的令牌传递网络协议，可支持最多 32 个设备（节点）。该协议允许：

- 检测数据及控制器状态，自某一节点上下载或上载网络上任意设备的程序；
- SLC 控制器间的数据传递（对等通信）；
- 在网络上的操作员接口可获取网络上任意 SLC 控制器的数据。

SLC 5/05 控制器同时支持各种输入输出模块，包括离散的、模拟的和特殊模块。最多支持 4096 输入和输出。这些 I/O 可以是任何本地 I/O、远程 I/O 或 DeviceNet 网络的 I/O 等的任何混合，也允许与灵活 I/O 相连接。

（2）1747-SDN 设备网扫描器

在典型配置中，1747-SDN DeviceNet 扫描器的作用是作为一个在 DeviceNet 设备和 SLC 控制器之间的一个接口，设备网扫描器通过在机架背板上的离散量和 M1、M2 文件传输，与 SLC 控制器进行通信以进行：

- 从一个设备读输入；
- 向一个设备写输出；
- 下载组态数据；
- 监视某设备的运行情况。

扫描器与 SLC 500 模块式控制器通信以交换 I/O 数据，所交换的信息包括：

- 设备 I/O 数据；
- 状态信息；
- 组态数据。

（3）1794 Flex I/O 适配器

Flex I/O（灵巧型 I/O）是一个灵活而紧凑的 I/O 系统，它可节省工程安装和查错时间。Flex I/O 包含了可由用户根据其需要而选择的可选部件。各零件可容易地组装在一起，从而为用户的 SLC 控制器组建一个紧凑的 I/O 系统，由于将 I/O 模块和端子块结合在一个单元上，而不必额外的硬件和接线。Flex I/O 在 DeviceNet 应用中的特点如下：

- 支持 I/O 选通、轮询、轮转、状态变化及对等报文发送；
- 一台设备网适配器可挂接多达 8 个 Flex I/O 模块；
- 每个适配器至设备网络，可以有多达 128 个离散 I/O 点或 64 个模拟量通道；
- 带有网络和 I/O 诊断状态指示器；
- 当与网络连接时，适配器可自动设定至合适的通信速率（自动波特率功能）；
- 适配器可提供 I/O 模块的失效或删除的诊断信息。

（4）1203-GK5 通信模块

1203-GK5 是一种功能强大的智能通信模块，它能够将多种 SCANport 设备与 DeviceNet 相连，实验中通过 1203-GK5 把 1305 变频器接入 DeviceNet。

（5）1305 AC Drive

1305 AC Drive 是一种微控制器控制的交流变频器，在三相电机控制中产生三相 PWM 信号、调节输出频率和电压控制电机的转速和转矩，在任何负载下都能调节输出使电机处于最佳运行状态，控制接线简单，启动平滑，冲击小，提升转矩大，能实现强大的保护功能及特定状态和故障报告。

（6）1770-KFD

通过 1770-KFD 模块把计算机直接连接到 DeviceNet 的网络节点，从而可以对 DeviceNet 的设备进行配置。

5.2.3.3 系统硬件与功能配置

（1）连接线路

锅炉多变量系统的结构如图 5.31 所示。

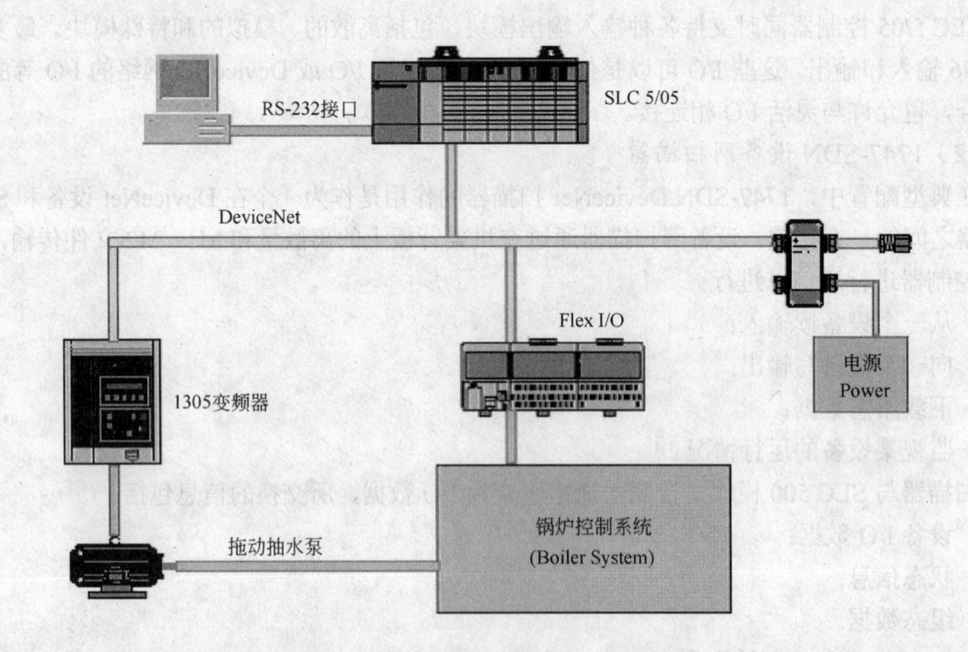

图 5.31 锅炉多变量系统连接线路

控制网络采用先进的 DeviceNet 结构，现场模拟量信号从对象采集上来，不是直接送到控制器，而是送到连接在 DeviceNet 现场总线上的 Flex I/O 模块，这种将布线集中在现场的方法，可以避免集中控制所带来的繁琐的布线和潜在的危险。Flex I/O 通过设备网扫描器的扫描，把数据送往控制器处理。1747-SDN 扫描器作为 SLC 5/05 与 DeviceNet 之间的接口，它实现了控制器接入 DeviceNet，同时它能扫描挂在 DeviceNet 上的设备，进行数据交换。1305 变频器通过 1203-GK5 通信模块也接到 DeviceNet 上，它们之间用 ScanPort 1202 Cable 连接。这样，控制器的数据可以通过 DeviceNet 到各种通信模块，再到现场设备，现场设备的数据信号也可以通过总线转送给控制器。

SLC 5/05 模块式控制器的通道 0 可作为 RS-232 通信，用一根 RS-232 的数据线就可以把控制器与计算机直接相连，此时，计算机可以用于程序下载和程序运行监控。

如果要进行网络配置，需选用 RS-232 个人计算机接口模块，模块由一根 RS-232 线、1770-KFD 和一根 Probe Cable 构成，RS-232 接计算机一端，Probe Cable 接到 PLUG10R（1747-SDN DeviceNet 端口），如图 5.32 所示。

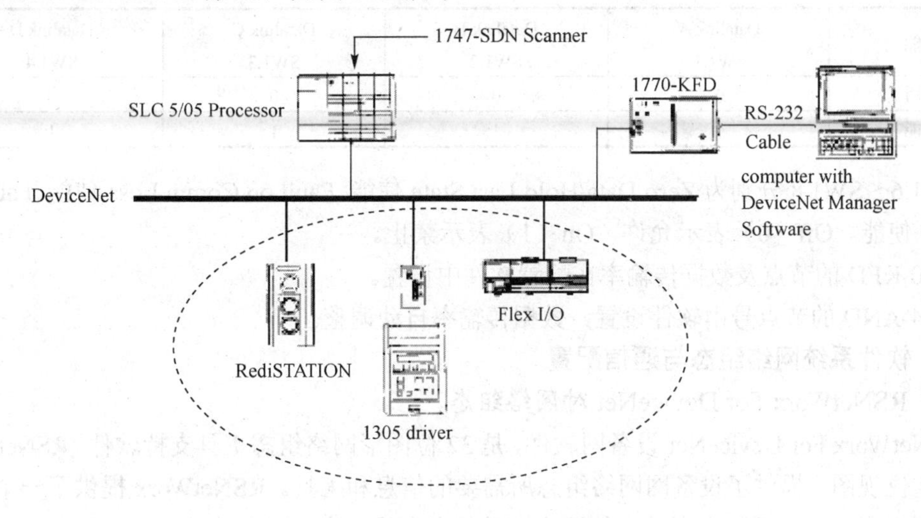

图 5.32　控制网络配置

RS-232 个人计算机接口模块在 DeviceNet 中的特点如下。

- 可作为网络上的一个固定节点，或可连同 PC 作为网络与网络间诊断与维护的便携式设备；
- 支持下载组态信息的点对点通信方式——一台主机可进行设备参数或节点的组态；
- 与 AB WinDNet16 协议工具兼容；
- 如果需要，可为一对一方式下的设备提供电源（12V DC，100mA）。

（2）网络节点及传输设置

连线连好以后，需要对网络上的节点配置节点号和数据传输率。

DeviceNet 长度与数据传输率见表 5.3。

表 5.3　长度与数据传输率

网络长度	波特率
100m	500k 波特
200m	250k 波特
500m	125k 波特

1203-GK5 的节点号和数据传输率可以通过拨动底部的 DIP 开关设置，它有两组 DIP 开关。SW2.1～SW2.6 用于设定节点地址从 0～63，节点地址的设定不应与其他设备重复。SW2.7，SW2.8 用于设定通信波特率，具体设定如表 5.4 所示。

表 5.4 通信波特率设置

数据速率	Switch 2.7	Switch 2.8
125k	0	0
250k	1	0
500k	0	1
模块使用节点地址和内部编程数据	1	1

SW1.1～SW1.4 是数据链接通道 A、B、C、D 的使能设置，设置为 On（1）为允许数据通信，Off（0）为禁止数据链路进行通信，见表 5.5。

表 5.5 数据链接通道设置

功能	Datalink A SW1.1	Datalink B SW1.2	Datalink C SW1.3	Datalink D SW1.4
禁用	0	0	0	0
使能	1	1	1	1

SW1.6～SW1.8 分别为 Zero Data/Hold Last State 使能、Fault on Comm Loss 使能、Fault On Pgm/Idle 使能。Off（0）表示允许，On（1）表示禁止。

1770-KFD 的节点及数据传输率在配置软件中设置。

1794-AND 的节点号由软件设置，数据传输率自动调整。

5.2.3.4 软件系统网络组态与通信配置

（1）RSNetWorx For DeviceNet 对网络组态

RSNetWorx For DeviceNet 设备网软件，是 32 位图形网络组态工具支持软件。RSNetWorx 的网络定位视图，提供了设备网网络组态所需要的信息和工具。RSNetWorx 提供了一个图形化的网络视图，改善了带宽利用率的调度，并具有在线和离线组态的功能。

利用 RSNetWorx 对设备网进行组态，如图 5.33 所示。

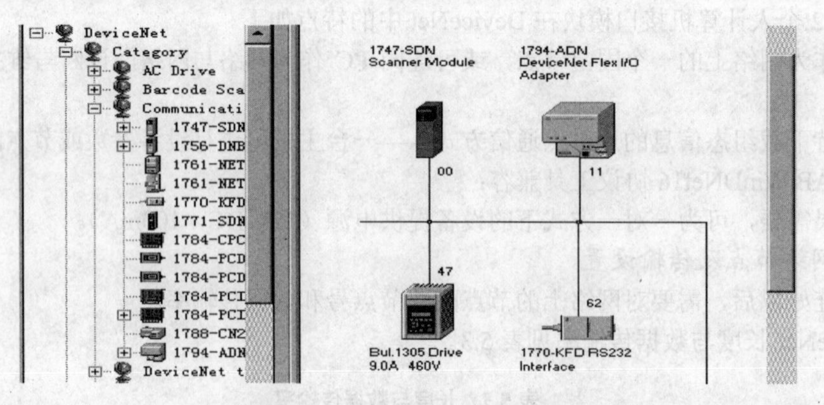

图 5.33 RSNetWorx 对设备网进行组态

双击总线上的每一个设备，就可以对其进行配置。如图 5.34 是配置好的 1794-ADN Flex I/O 适配器。

变频器的参数设置，如图 5.35 所示，（设计中使用默认参数）。

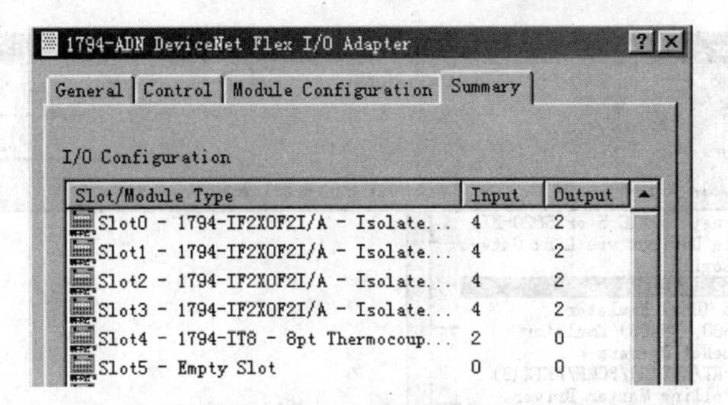

图 5.34　配置 1794-ADN Flex I/O 适配器

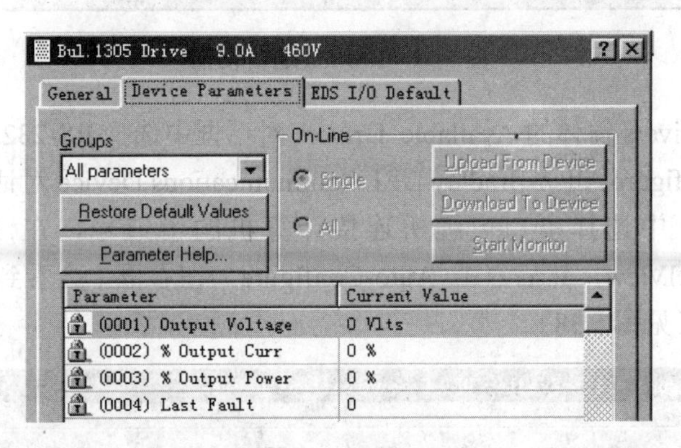

图 5.35　配置变频器

扫描器的 I/O 设置如图 5.36 所示。

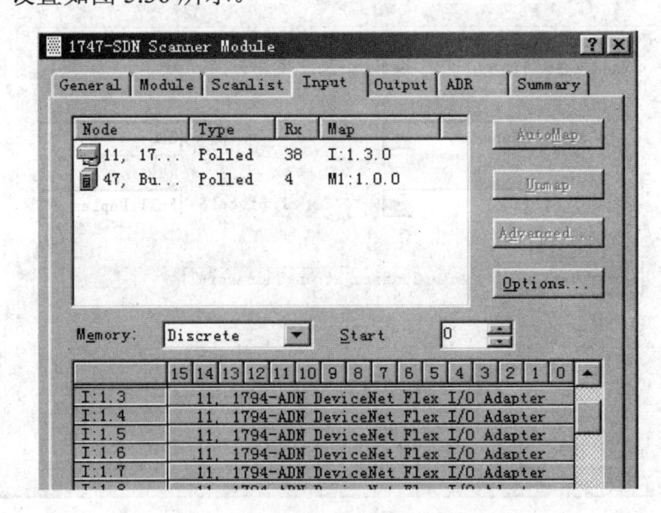

图 5.36　配置扫描器的 I/O

在硬件连接建立起来以后，需要对应用软件进行设置，使它们之间能够建立起正常的通信，首先应该配置的是 RSLinx，因为它作为软件结构的底层，直接与控制设备交换数据。

（2）RSLinx 通信设置

运行 RSLinx 软件。在 RSLinx 软件窗体菜单条中选择 Communications 中的 Configure

Drivers（见图 5.37）。

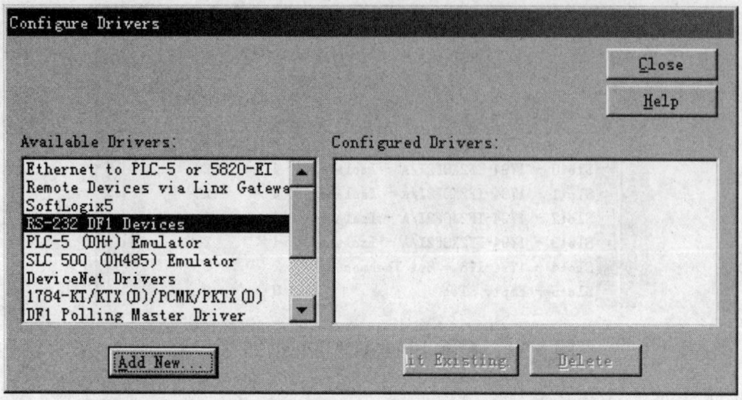

图 5.37 RSLinx 通信设置

在 Configure Drivers 窗体的 Available Drivers 对话框中选择 RS-232 DF1 Devices→点击 Add New→进入 Configure Allen-Bradley DF1 Communications Device 对话框。

在 Comm Port 中选择串口电缆所连接计算机的串口号，在 Device 中必须选择 SLC-CH0/Micro/PanelView，然后点击 Auto-Configure，在右框中会看到 Auto Configuration Successful!点击 Ok（见图 5.38）。

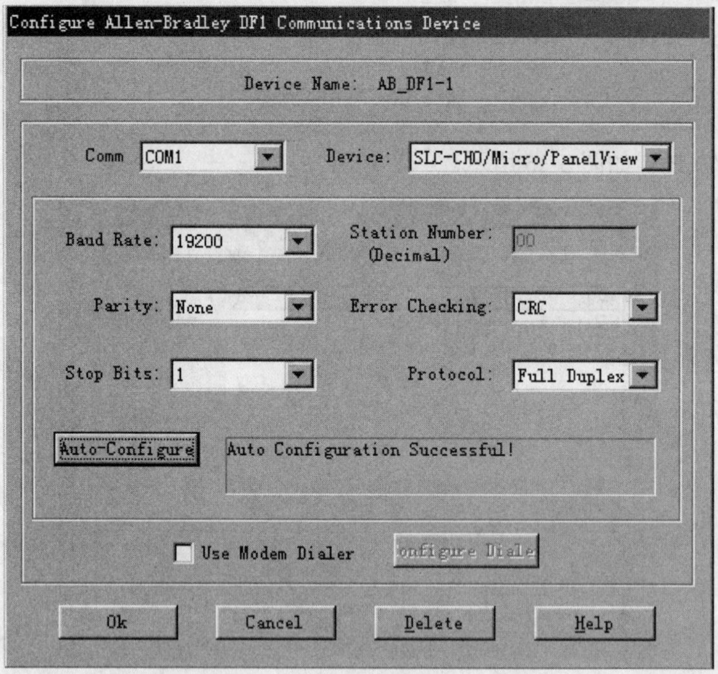

图 5.38 RS-232 DF1 Devices 设置

回到 Configure Drivers 窗体，在 Configured Drivers 对话框中看到 AB_DF1-1 DH485 sta:0 com1: RUNNING，点击 Close。

如果为了配置网络来建立计算机与 SLC 之间的通信，在 Configured Drivers 对话框里就要选择 DeviceNet Drivers，在弹出的对话框中选择 Allen-Bradley 1770-KFDAvailable DeviceNet

Drivers，然后选择 Select，出现 Configuration 对话框（见图 5.39），在 Comm Port 中选择串口电缆所连接计算机的串口号，Node Address 可任意选择，Data Rate 设置为 125，最后选择 OK。

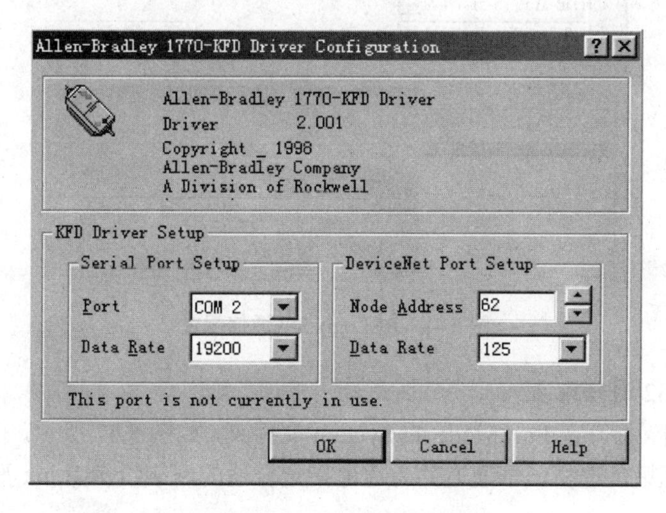

图 5.39　1770-KFDAvailable DeviceNet Drivers 设置

配置好的 RSLinx 不关闭，置于后台运行，如图 5.40 所示。

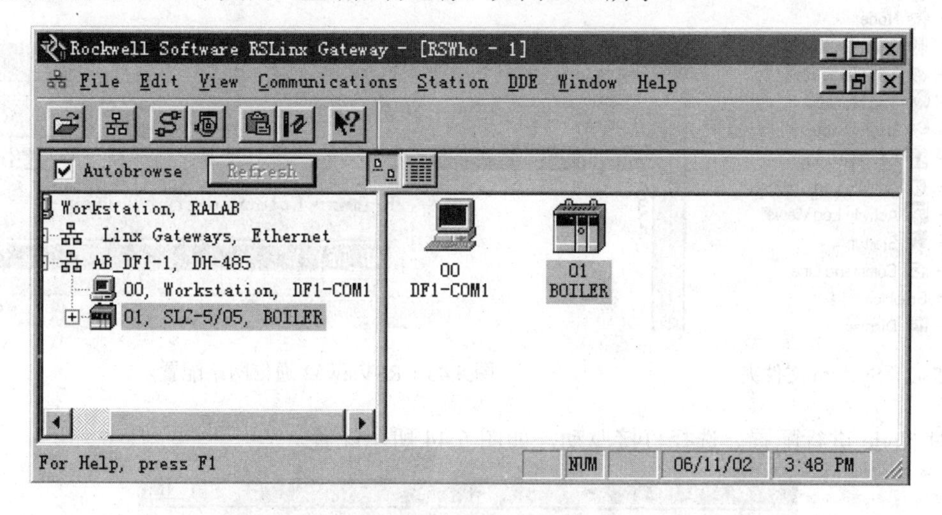

图 5.40　RSLinx 网关

（3）RSLogix500 通信配置

① 建立新文件　运行 RSLogix500 软件，在菜单条上选择 File 中的 New，弹出 Select Processor Type 对话框，在 Processor Name 框中填写用户想要的控制器名，选择所使用的控制器的类型，在 Communication Settings Driver 框中选择网络的通信协议，选择 OK，进入 RSLogix500 软件的编程窗体。

② 配置控制器　在编程窗体中选择 Controller Properties，进入 Controller Properties 对话框，可重新选控制器的名称、型号、网络协议等。

③ 配置 I/O 模块　选择 I/O Configuration，进入 I/O Configuration 窗体（见图 5.41），在 Racks 框中选择用户所使用的框架，在 Current Cards Available 中选择框架中的 I/O 模块，在

PowerSupply 中选择框架电源，或选择 Read IO Config.在线自动读取。

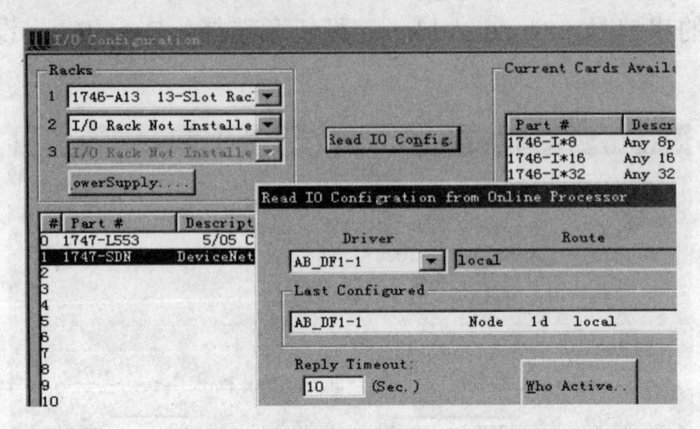

图 5.41 RSLogix500 通信配置

（4）RSView32 通信配置

创建一个项目，打开在 Edit Mode 的 Syetem 文件夹，如图 5.42 所示，首先配置 Channel，在 Channel 编辑框里，选择一个通道并为通道指定合适的网络给 RSLinx 驱动器，如图 5.43 所示。

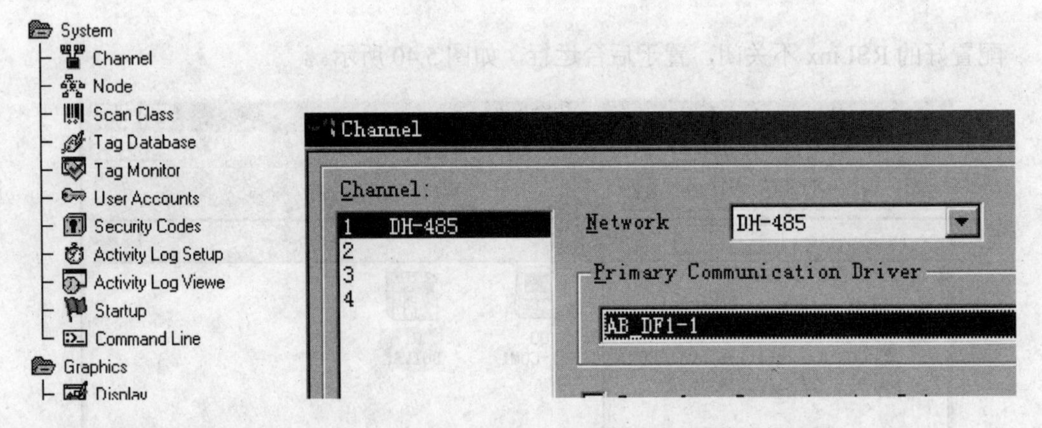

图 5.42 Syetem 文件夹　　　　图 5.43 RSView32 通信网络配置

对 Node 进行配置。选择直接驱动，如图 5.44 所示配置。

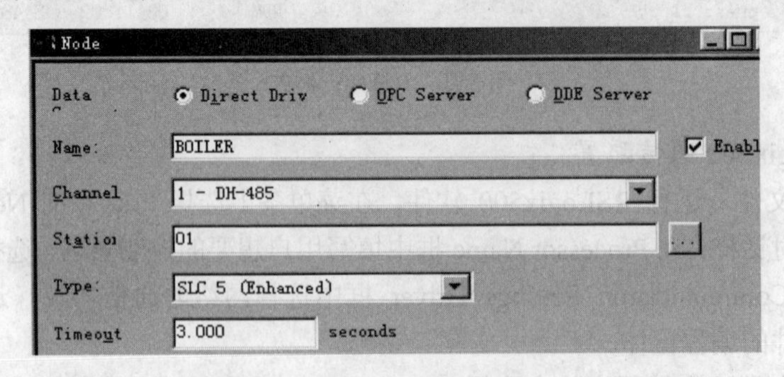

图 5.44 RSView32 网络节点配置

5.2.3.5 系统控制算法设计与程序结构

完成了硬件连接和软件的通信配置后，开始对锅炉对象进行编程，实验中使用

RSLogix500 进行梯形图编程，编辑好的程序被下载到 SLC 5/05 控制器运行。

（1）控制器文件结构

控制器通过用户创建的程序（也叫控制器文件）进行控制。控制器文件包括程序文件和数据文件，控制器就是通过细分的各个文件来管理程序和数据的。

程序文件包括控制器信息、梯形图主程序、中断子程序以及其他一些子程序，可以从项目窗口中找到这些文件。其中，系统文件为文件 0，文件 1 保留，这两个文件用户是不能占用的。文件 2 为梯形图主程序，它包括定义控制器如何操作的用户编程指令。文件 3～255 为梯形图子程序，这些子程序由用户创建并根据驻留在梯形图主程序内的调用子程序指令而被访问。表 5.6 列出了锅炉系统的梯形图程序文件结构。

表 5.6　梯形图程序文件结构

文件号	文 件 类 型	功　能
文件 0	系统程序	包括不同系统的相关信息以及用户的编程信息，如控制器号、I/O 组态、控制器文件名以及口令
文件 1	保留	保留
文件 2	梯形图主程序	定义控制器进行跳转
文件 3	梯形图子程序	数值转换及初始化计算
文件 4	梯形图子程序	上水箱水位回路 PID 控制
文件 5	梯形图子程序	M2 阀回路 PID 控制
文件 6	梯形图子程序	锅炉水位回路 PID 控制
文件 7	梯形图子程序	锅炉温度 PID 控制

数据文件包括与外部 I/O 及所有梯形图主程序，子程序使用的与指令相关的状态信息，另外，还存储了涉及控制器操作的信息。数据文件的类型有输出、输入、状态、位、计时器、计数器、控制、整数、浮点。另外还有 M0、M1 数据文件，它们不同于上面介绍的两类文件，因为在控制器内存里没有它们的映像，M0 和 M1 文件只驻留在特殊 I/O 模块内，在梯形图程序内可对 M0 和 M1 文件寻址，M0 和 M1 文件也可以通过特殊 I/O 模块起作用而独立于控制器扫描，表 5.7 列出了锅炉系统的数据文件结构。

表 5.7　数据文件结构

文 件 号	文 件 类 型	功　能
文件 0	输出	存储控制器输出端状态
文件 1	输入	存储控制器输入端状态
文件 2	状态	存储控制器的操作信息并用于控制器的故障调试及程序操作
文件 3	位	用于内部继电器逻辑的存储
文件 4	计时器	存储计时器累加值和预置值以及状态位
文件 5	计数器	存储计数器累加值和预置值以及状态位
文件 6	控制	存储诸如移位寄存器和顺序发生器等专用指令的长度、指针位置以及状态位
文件 7	整数	存储数值或位信息
文件 8	浮点	存储单精度非扩展 32 位数字
文件 9～255	整数	存储数值或位信息

输入输出文件的地址格式如表 5.8 所示。

表 5.8　文件的地址格式

格　式	说　明		
O:E.S/B I:E.S/B	O	输出	
	I	输入	
	:	元素分隔符	
	E	槽号（十进制）	0 号槽，即第一个框架中靠近电源的槽，用于控制器模块（CPU）。接下来的是 I/O 槽，槽号从 1～30
	.	字分隔符	
	S	字号	如果某槽的输入或输出点数超过 16 时需要使用字号，范围为 0～255
	/	位分隔符	
	B	端子号	输入：0～15 输出：0～15

输入输出地址映射如表 5.9 所示。

表 5.9　输入输出地址映射

映射地址	I/O 模块对应位	代 表 信 号	工程量范围
O:1.0		Flex I/O 使能位（00****01）	
O:1.1		第一模块使能位（11100**0）	
O:1.2	第一块 Channel 2 输出	M1 的输入信号	（0，32767）
O:1.3	第一块 Channel 3 输出	M2 的输入信号	（0，32767）
O:1.4		第二模块使能位（11100**0）	
O:1.7		第三模块使能位（11100**0）	
O:1.10		第四模块使能位（11100**0）	
O:1.11	第四块 Channel 2 输出	空缺	
O:1.12	第四块 Channel 3 输出	热电阻控制信号	
I:1.0		保留字（000***01）	
I:1.1		（111*****）	
I:1.2	第一块 Channel 0 输入	M1 的位置信号	（0，32767）
I:1.3	第一块 Channel 1 输入	M2 的位置信号	（0，32767）
I:1.6	第二块 Channel 0 输入	电磁流量计 F1 的输入信号	（0，12528）
I:1.7	第二块 Channel 1 输入	电磁流量计 F2 的输入信号	（0，12528）
I:1.10	第三块 Channel 0 输入	水箱液位变送器 L1 的输入信号	（0，22938）
I:1.11	第三块 Channel 1 输入	锅炉液位变送器 L2 的输入信号	（0，32768）
I:1.14	第四块 Channel 0 输入	水槽液位变送器 L3 的输入信号	（0，32768）
I:1.18	第五块 Channel 0 输入	温度变送器信号	
M1:1.0	特殊功能模块输入文件，字 0	1305 变频器状态字信号	
M1:1.1	特殊功能模块输入文件，字 1	1305 变频器频率返回信号	（0，32767）
M0:1.0	特殊功能模块输出文件，字 0	1305 控制字	位 1 置位
M0:1.1	特殊功能模块输出文件，字 1	1305 频率设置字	（15837，32767）

（2）梯形图 PID 指令模块

在 RSLogix 500 中，有专门的 PID 指令，用以实现 PID 运算，可以对 PID 模块的每个参数进行设置，在这里有必要说明一下 RSLogix 500 中 PID 模块的功能。PID 指令使用下列算法：

$$输出=K_c[(E)+1/T_i\int(E)dt+T_d\times d(PV)/dt]+bias$$

在程序设计时，在梯级上放置一条 PID 指令后，要输入控制块、过程变量和控制变量的地址。

控制块（Control Block）是一个文件，它存储指令操作必需的数据，文件长度固定为23个字，应该输入的是整数文件的地址；

过程变量（Process Variable）PV是存储过程输入值的单元地址；

控制变量（Control Variable）CV是存储PID指令输出单元的地址，输出范围从0～16383（二进制表示的14位），用16383作为100%通态值，可以整定PID输出范围到应用程序需要的特殊的模拟量范围；

对于SLC500 PID指令，过程变量（PV）和控制变量（CV）两者的量度范围为0～16383。在使用工程单位输入时，例如4～20mA或角度，必须首先把用户的模拟量I/O范围整定在0～16383数字量度范围之内，为了实现这个目的，需要在PID指令之前使用数值整定指令（SCP指令）首先进行整定。整定原理如图5.45所示。

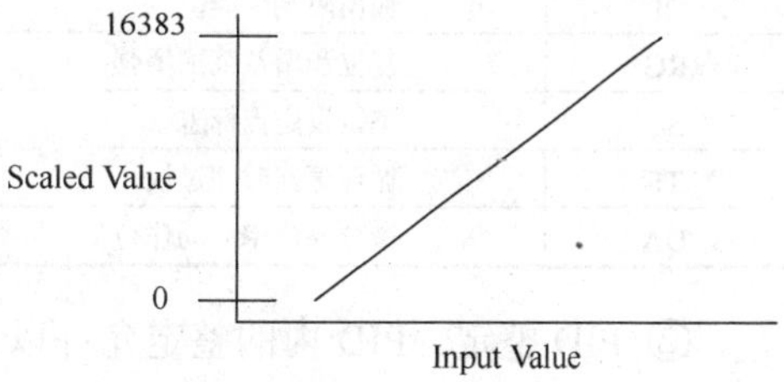

16383
Scaled Value
0
Input Value

图5.45 SCP指令整定原理

scaled value = (input value×slope) + offset

整定值=（输入×斜坡）+偏移量

slope = (scaled max–scaled min) / (input max–input min)

斜坡=（最大刻度–最小刻度）/（最大输入–最小输入）

offset = scaled min–(input min×slope)

偏移量=最小刻度–（最小输入×斜坡）

一旦用户已经整定了进/出PID指令的模拟量I/O范围，用户就能输入适用于自己应用的最小和最大的工程单位。这样过程变量、偏差、设定点和死区将在PID数据监视屏上以工程单位显示。PID模块在线参数设定与标志位见图5.46。标志说明见表5.10。

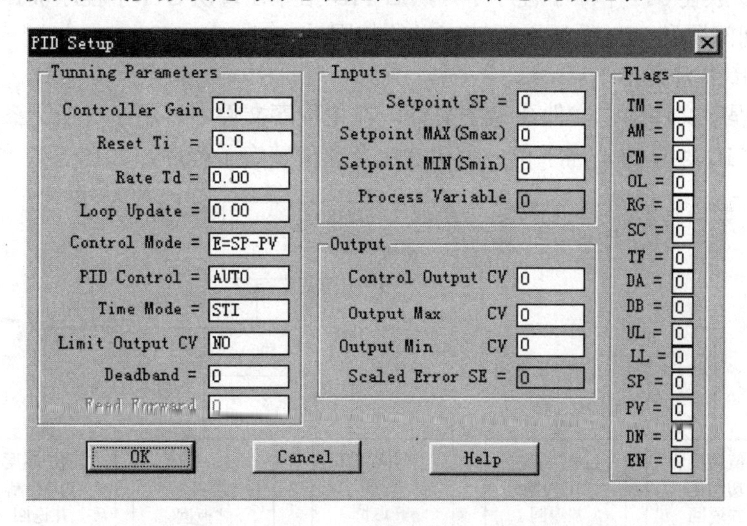

图5.46 PID模块在线参数设定与标志位

（3）模块应用的几点讨论

① 输入输出范围　测量过程变量（PV）的输入模块必须具有二进制范围为0～16383的全量程。如果该值小于0（位15被置位），则PV取零值且“过程变量超出范围”位被置位

（控制块字 0 的位 12）。如果过程变量>16383（位 14 被置位），则 PV 取值 16383，且“过程变量超出范围”位被置位。

表 5.10 标志说明

Flags	说 明	Flags	说 明
TM	指定 PID 方式	DB	偏差在 DB 内置位
AM	自动/手动切换位	UL	输出报警上限
CM	控制方式	LL	输出报警下限
OL	输出限制使能位	SP	设定点超出范围
RG	复位和增益范围增强	PV	过程变量超出范围
SC	整定设定点标志	DN	PID 完成
TF	循环更新时间过快	EN	PID 使能
DA	微分（比率）动作位		

② PID 整定　PID 内的整定允许以工程单位输入设定点和过零点死区值，并以相同的工程单位显示过程变量和偏差值。

③ 输出限幅　可以对输出设置输出限幅（输出的百分比），当指令检测到输出已经超过任一限幅值时，它置位 PID 控制块字 0 中的报警位（位 10 为下限，位 9 为上限），并防止输出超出限幅值，当输出达到限幅值时，PID 模块提供了抑制积分饱和的功能，通过停止计算积分和来防止积分项过大。

④ CV 的输出偏置　实验中需要偏置加到 CV 的输出以预防干扰，该偏置可以用控制器通过向控制块文件（字 6）的前馈偏置单元写入数值来完成。

⑤ 对于加热的应用控制变量模拟量的输出通常被转换为时间比输出

⑥ 时间比输出　PID 指令可在定时方式或 STI 方式下操作，定时方式下指令按选择的速率周期性地更新它的输出，凭经验输入的循环更新时间应比负载的自然周期块 5～10 倍。STI 方式中，指令要放在 STI 中断子程序中，然后 PID 指令在每次 STI 子程序被扫描时更新它的输出，STI 时间间隔和 PID 循环更新速率必须相同。

（4）梯形图程序结构

在梯形图程序文件中，文件 2 为主文件，在主程序文件中，用了 5 条无条件跳转指令，分别转向四个 PID 运算的子程序和一个初始化及数值整定子程序，如图 5.47 所示。

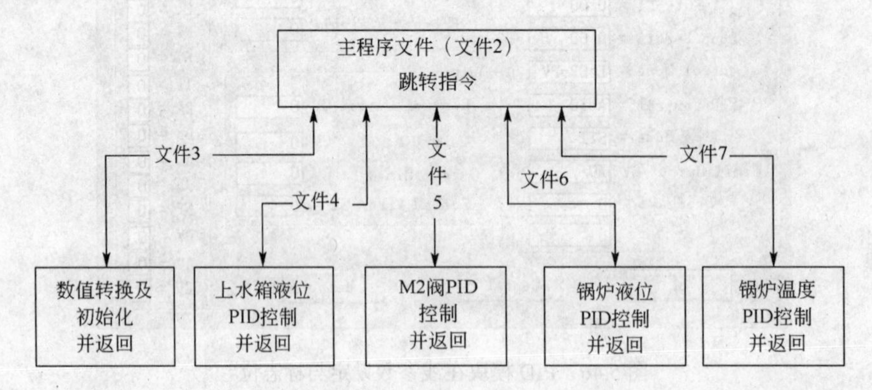

图 5.47 PID 运算的子程序流程

每个具有 PID 运算的子程序流程如下：

- 程序刷新，信号由外设读入输入文件；

- 数据由输入文件读入；
- 输入数值整定；
- PID 运算模块；
- 输出数值整定；
- 数据写入输出文件；
- 程序刷新，数据写到外设；
- 返回主程序。

（5）梯形图子程序

在文件 4 中的子程序，主要根据上水箱水位信号采样经过 PID 调节器调节控制 1305 变频器的频率输入，进而控制泵的转速，而且考虑到泵在往上打水的同时，上水箱也在往外排水，所以电动阀 M1 所在的通道对上水箱来说属于一个可预测干扰，可以通过流量计 F1 的信号来估计干扰的大小，把 F1 作为前馈信号加到系统回路中，从而抵消其对对象造成的干扰，系统结构和控制算法框图如图 5.48 和图 5.49 所示。

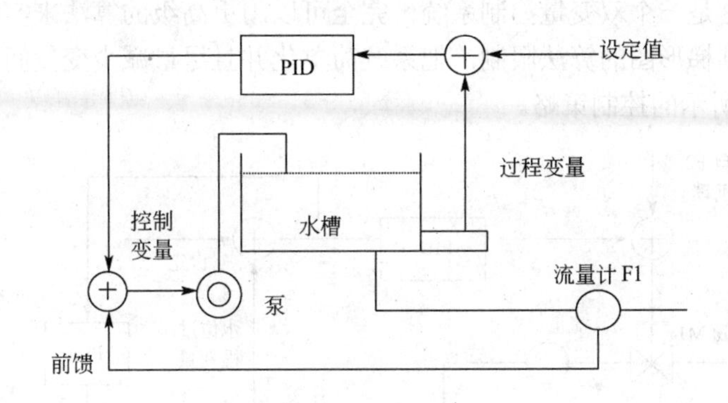

图 5.48　控制系统结构

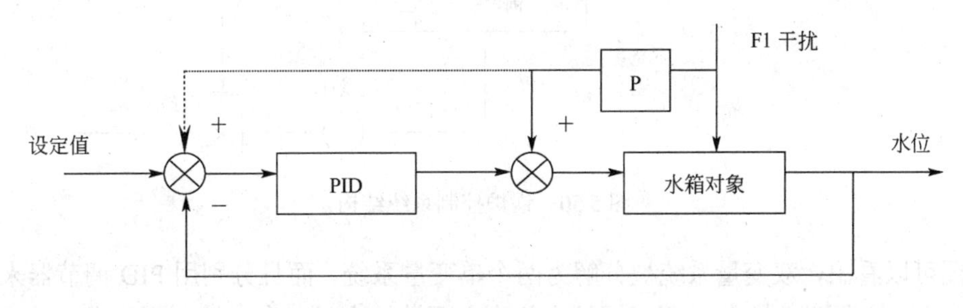

图 5.49　控制算法框图

抑制干扰的其中一种方案是把 F1 信号和水位反馈信号在反馈回路 PID（主调节器）之前进行综合（如图 5.49 虚线部分），使之成为被控制量，因此可被视为一简单系统，其整定过程与简单控制系统无异，但在实际中可能会发现该方案的调节品质可能很差，尤其是当 F1 流量波动比价大时，造成被调参数的实际值与其整定值之间相差很大。为此，重新改变方案，使 F1 信号加到系统调节器之后（如图中实线部分），这样以来，系统变为一个具有前馈调节的双闭环串级反馈控制系统。这里，可以选用 P 调节来作为副调节器。

在上面系统中，主调节器可置为 PI 或 PID 控制，而副调节器（P 调节）不仅迅速克服了作用于副回路的流量干扰，而且对作用于主回路的各种干扰也加快了调节进程，起到了先调、快调、粗调的作用。

除了实现算法上的考虑以外，在控制量输出到变频器时选用了特殊功能模块的 M0 和 M1 文件，在把频率写到输出文件 M0 之前，要把对 1305 变频器的控制字预先写到变频器。

表 5.11 为 PID 模块参数设定。

表 5.11 PID 模块参数设定

Gain	Ti	Td	Loop Update	Control Mode	PID Control
10	1	0	0.5	E＝SP－PV	AUTO
Time Mode	Limit Output CV	Deadband	Feed Forward	Setpoint	Setpoint Max
TIMED	是	0	只能观测	0～16383	16383
Setpoint Min	Process Variable	Control Output	Output Max	Output Min	Scaled Error
0	只能观测	0～100	100	0	只能观测

在文件 5 和文件 6 的子程序中，主要的控制对象为锅炉水位，过程变量（也就是检测量）有锅炉水位信号、F1 和 F2 两个通道的流量信号。控制量（输出信号）为 M1 和 M2 两个电动阀。也就是说这是一个双变量控制系统，完全可以用更高级的算法来实现双变量控制，但是在这里，考虑到梯形图的算法限制，把系统简单化并且尽量减少变量间的耦合干扰，于是采用了如图 5.50 所示的控制策略。

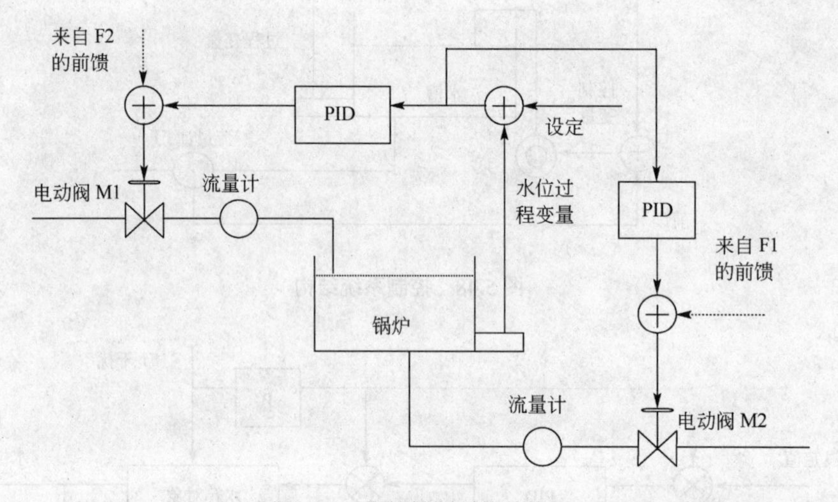

图 5.50 锅炉控制系统结构

由图可以看出，双变量系统被分解为两个单变量系统，而且分别用 PID 调节器来实现控制，在两个 PID 回路中，都选用了锅炉水位为主要被控变量，在主控制回路中，可以分别插入来自流量计的流量信号为前馈信号，从而减少进水通道和出水通道相互之间的干扰，如果实际系统有很高要求，可能要采取更高级的算法实现，这在梯形图程序里是很难实现的，需要借助其他应用软件来实现。

文件 3 的子程序主要是为 RSView 提供服务的，初始化是为了对各个设定值在梯形图开始运行时赋一个初始值，否则存储单元将把一个随机数赋给各个设定值，这样将产生不可预知的后果。程序中除了初始化以外，就是进行数值整定，这里的数值整定是为了在 RSView 中显示用的，因为这里的整定值范围很小，所以整定值不适合于运算，只适合于显示。

文件 7 是锅炉温度 PID 控制子程序，这里需要考虑的是输出变量的形式，因为电加热只有接通和断开两种状态，所以控制变量模拟量输出通常被转换为时间比输出，借助一个计时器是可以实现这样的功能的。

5.2.3.6　人机界面设计与实现

（1）建立引用标签

把 RSLogix500 中编辑的梯形图程序下载到 SLC 5/05 控制器后，锅炉系统就可以按照程序执行控制了，可以通过 RSLogix500 监视过程变量和控制变量的变化情况，也可以看梯形图的执行情况，但可能觉得还不够，原因有两个：其一是认为界面不够友好，对于使用者来说，根本不知道 I:1.10，O:1.3 是什么意思，更不知道它们对应的是什么量；其二是仅仅用 RSLogix500 也很难再在算法上有所突破，于是可以选择 Rockwell Software 的人机界面软件 RSView32 来满足前面的两个要求，对于这个软件的部分特点在前面关于 Rockwell Software 介绍中已经有所说明，下面来看它在锅炉系统中的具体运用。

在 RSView 里首先要为每个变量起个逻辑名，它被叫作标签，图形动画调用的就是这些标签，标签由标签数据库来管理，标签可以代表外部设备中的变量，或者是 RSView 内部存储区变量。代表外部设备变量的标签的当前值，能够按要求从外设立即更新，并存储在计算机内被称作变量值表的一段存储区内，这样 RSView 就能快速地从这段区域读写数据了。

对于锅炉对象系统，建立了 18 个标签值来监控，它们都对应着梯形图程序中的某个地址存储区，对于每个标签，需要指定它的类型为模拟量或者开关量，然后设定它的最大值和最小值，这里的最大和最小值就是梯形图程序中为了显示而整定的整定最大值和整定最小值。最后指明数据来源、节点名和变量在梯形图中的存储地址，如图 5.51 所示。

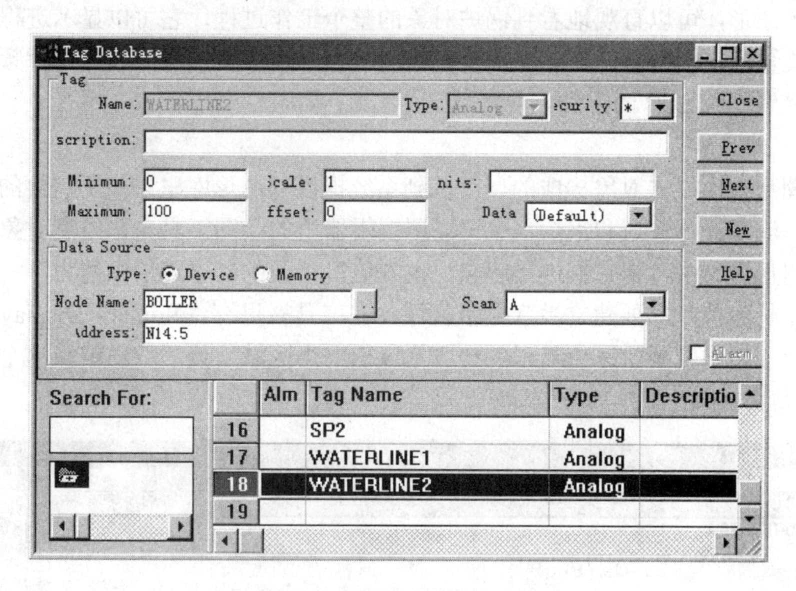

图 5.51　建立引用标签界面

标签的建立可以在开始的时候一起建好，也可以在项目过程中根据需要，选择标签编辑来建立标签，因为在 RSView 中的任何标签编辑器，都可以连接到标签数据库。当然还有一种方法不用自己输入，而从控制器 SLC 的数据库直接导入。

（2）人机界面

在所需要的标签都建立好以后，就要进入图形界面的编辑了。如图 5.52 所示就是建立好的锅炉系统人机界面。

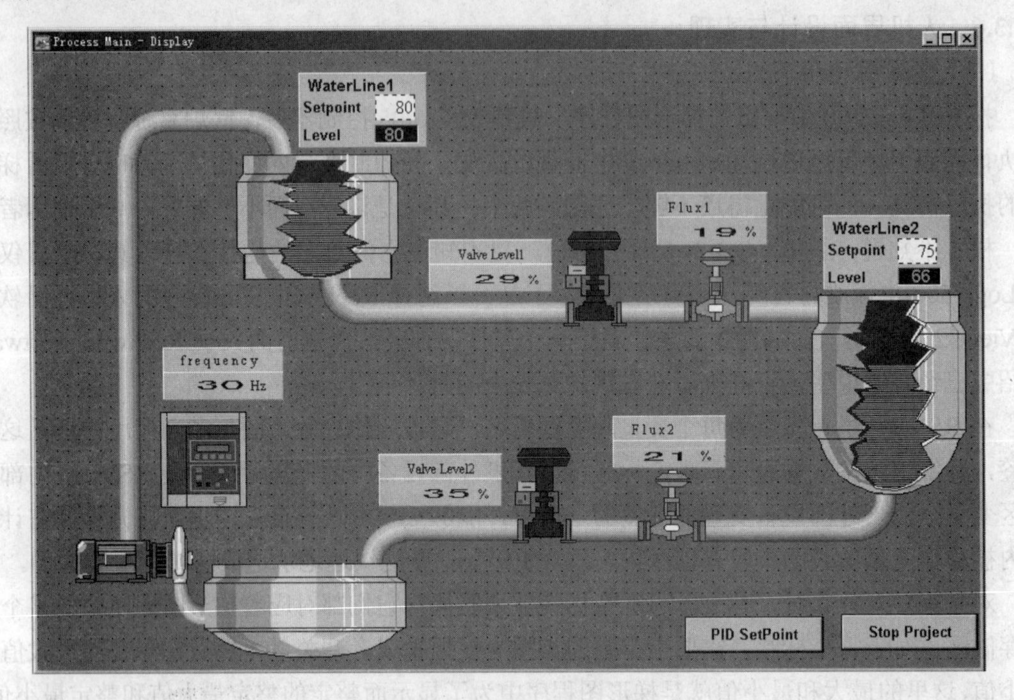

图 5.52 锅炉系统人机界面

通过这个图形，可以直观地看到锅炉对象的整个工作过程，它可以显示进程的数据，如当前的管道流量值、阀门的开度、锅炉及水箱的水位，还有变频器的当前运行频率。同时还提供了将设定值写入 SLC 的方法。

（3）建立图形

创建的图形是由很多对象构成的，可以到系统提供的图形库里去找所需要的图形对象，如各种阀门、流量计、管道和锅炉，也可以用编辑器里的绘图工具自己绘制对象，把选中的对象拖放到图形窗口中，把它们连接起来，也许这里需要的是一点绘图能力。

为了显示标签值，需要建立数字显示区域，在工具栏里有“Numeric Display 1.1”按钮，用鼠标在图形窗口中需要状态值显示的地方拖放出一个区域，然后双击编辑这个区域，如图 5.53 所示。

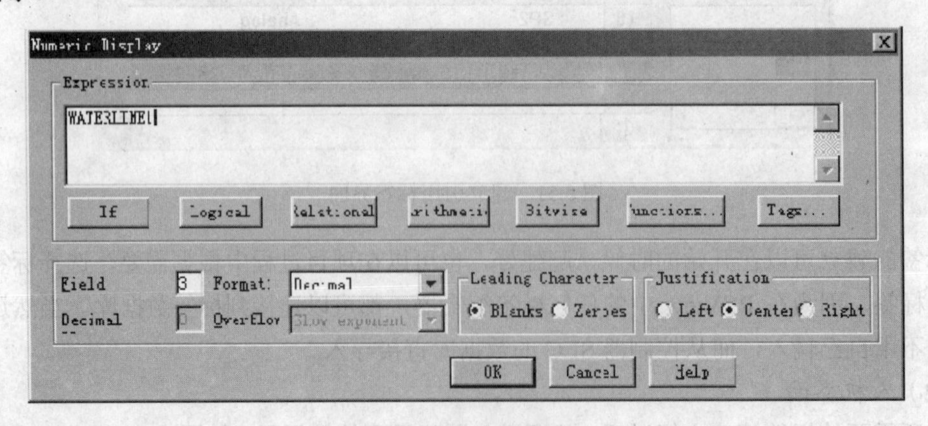

图 5.53 创建的图形界面

可以直接把标签值显示出来，也可以用表达式通过逻辑和算术运算把结果显示在数字显示区域中。

为了在图形界面上能够进行值的设定，还需要建立数字输入区域，在工具栏里有“Numeric Input 1.1”按钮，用鼠标在图形窗口中需要输入设定值的地方拖放出一个区域，然后双击编辑这个区域，如图 5.54 所示。

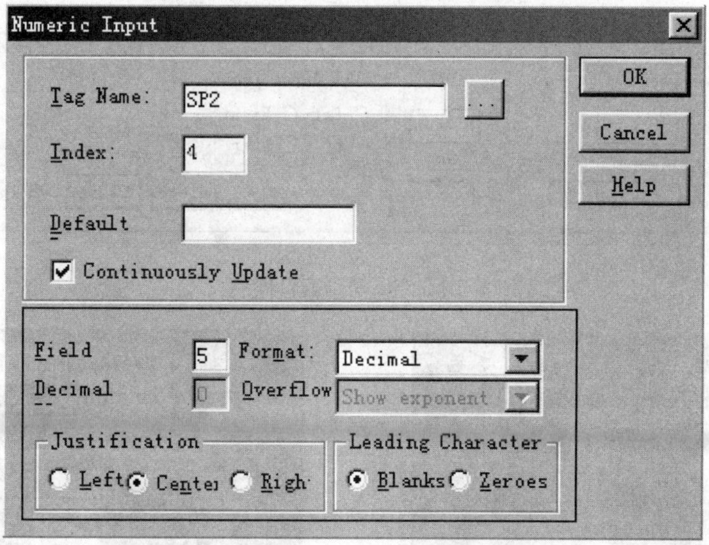

图 5.54　建立数字输入区域

在图形程序运行的过程中，用户能够利用这些区域把设定值数据从变量值表重新读回或者把设定值传给变量值表，随后这些值将被写入控制器中。在图 5.54 中如果选中了“Continuously Update”，图形中的输入区域的外表将随着其所处的状态不同而改变，当区域用于显示控制器中的值时，输入区域的边框将为虚线框；当设定值被用户输入区域内，但还未下载时，输入区域边框为实线框；当输入区域准备好接收用户的输入数据实，输入区域周围呈现高亮度。用户可以使用“Enter”或“Ctrl-PgDn”来下载数据到变量值表，使用“Ctrl-PgUp”从变量值表中重新获取数据。在这里需要注意的是，和输入设定值相连的标签所对应的控制器中的梯形图文件不能为输出文件（O 文件）。

（4）动画

如果要在对象上附加动画，如反映水位的上升与下降，就要指定一个或多个标签来控制对象的外观，并指定对象的外观将如何随标签值的变化而变化。对某个对象进行动画编辑，选择对象的某种特性与标签值联系起来，对象的特性有可见、颜色、长宽、填充等，如图 5.55 的动画编辑框所示。

这里是对上水箱水位进行动画编辑，标签值“WaterLine1”代表的是实际系统中的水位信号，把它与上水箱反映水位的区域联系起来，使图形上表现出来的水位随着实际系统的水位变化而变化。图 5.55 中“Fill”选项下面表达式一栏可以直接填入标签值，也可以用表达式通过逻辑和算术运算把结果表示成填充效果。然后选择填充的百分比和填充的方向。制作好的动画效果如图 5.56 所示。

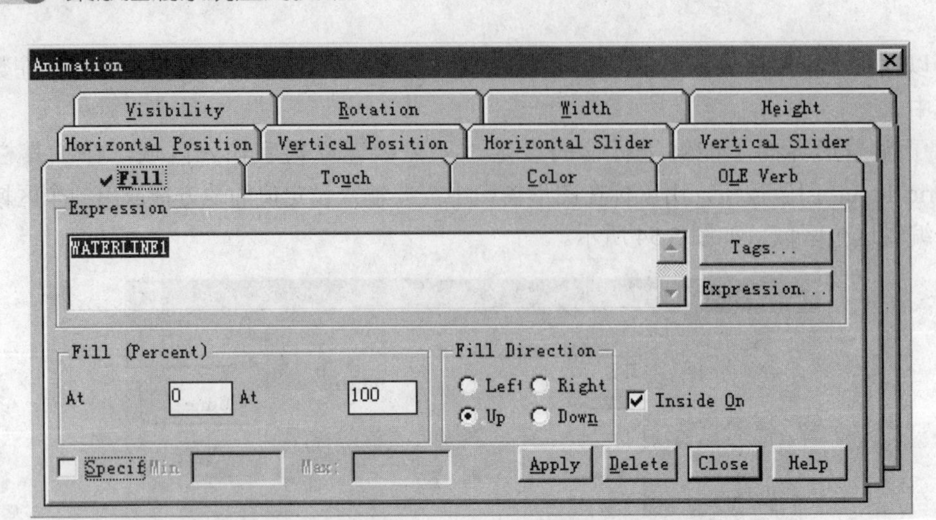

图 5.55 动画编辑框

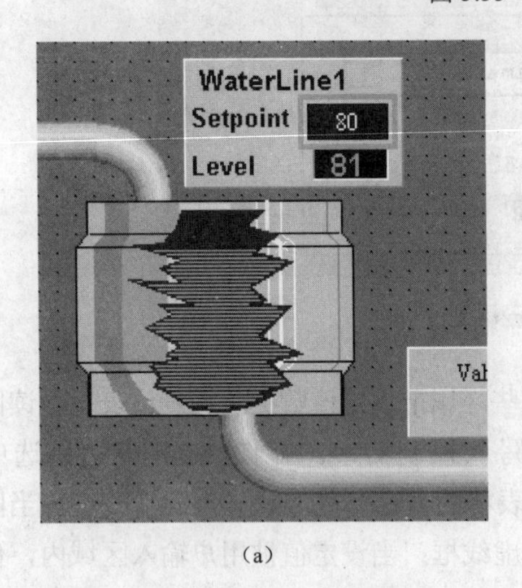

(a)

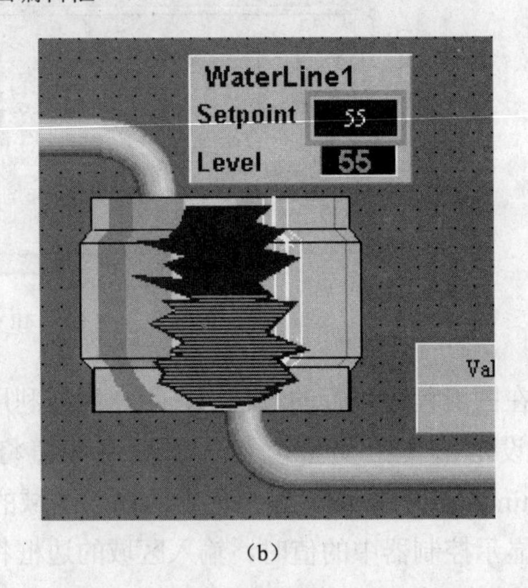

(b)

图 5.56 动画效果

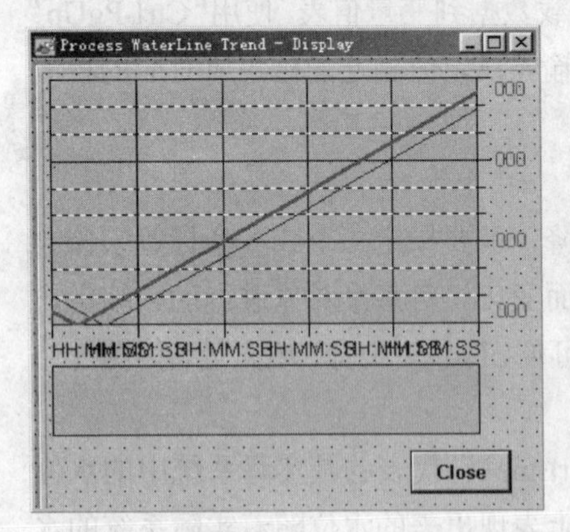

图 5.57 趋势图

（5）趋势图

如果要考察系统的动态性能，就需要用被控变量的上升曲线来分析，RSView32 提供了绘制趋势图的工具，趋势以视图方式表示实时或历史记录的标签数值。

重新建立一个图形显示窗口，并为它起一个名字，以备其他窗口调用的时候用，选中工具栏的趋势图工具，在窗口中拖出一个适合需要大小的趋势图，如图 5.57 所示。

双击趋势图，对趋势图进行编辑，如图 5.58 所示。趋势图建立好以后，现场设备的变量值就体现在图形上了。获取数据的方法有：实时数据、历史数据和基于文件的数据。实时数据来自变量值表，其他两种数据来自历史日志文件。它们之间的区别是数据有没有被保存下来。

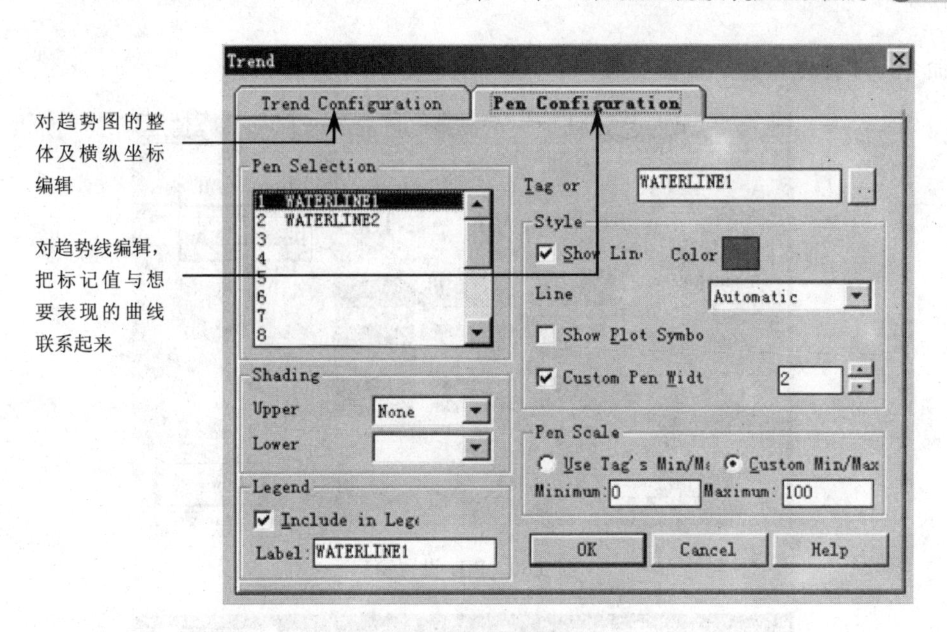

图 5.58 趋势图编辑

在主图中可以把趋势图调出来，这又要使用到对象的动画了，选中要反映变化曲线的对象，打开动画编辑框，选择“Touch”选项，如图 5.59 所示。

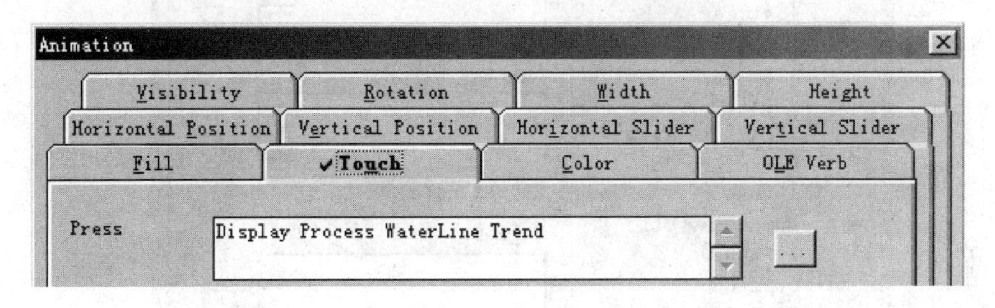

图 5.59 动画编辑框

在“Press”一栏中填入命令“Display Process WaterLine Trend”，即显示上面编辑好的趋势窗口。然后退出。在运行状态下，当鼠标移到对象上时，对象周围显示高亮度框，点击，便可调出趋势图形窗口。

（6）PID 设置窗口

对于一个 PID 控制系统，还应该加入对 PID 参数的设置。通过在主窗口中增加一个按钮来调出 PID 参数设置窗口。

这里先要编辑一个能输入 PID 参数的窗口，新建一个窗口，同样为它起一个名字，在窗口中，用“Numeric Input”工具作出 PID 参数输入区域，如图 5.60 所示。

“Upload All”按钮关联到“Upload All”命令，该命令把输入的所有数据一次性下载到变量值表中。在线整定 PID 参数，可以根据实际情况调整系统的动态性能，达到最优。

用工具栏里找到的按钮工具，在主图中拖放出一个合适大小的按钮，双击按钮，进入编辑窗口，如图 5.61 所示。

在“General”里设置按钮的外形，“Action”里设置按钮的动作，这里为显示一个窗口，“Up Appearance”是按钮上的提示信息。按钮做好后，通过按下按钮，就可以运行按钮里设置的命令，即弹出设置 PID 参数窗口。

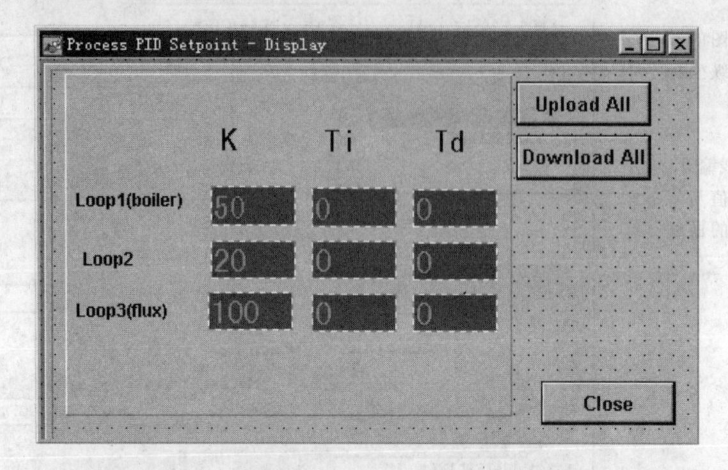

图 5.60　PID 设置窗口

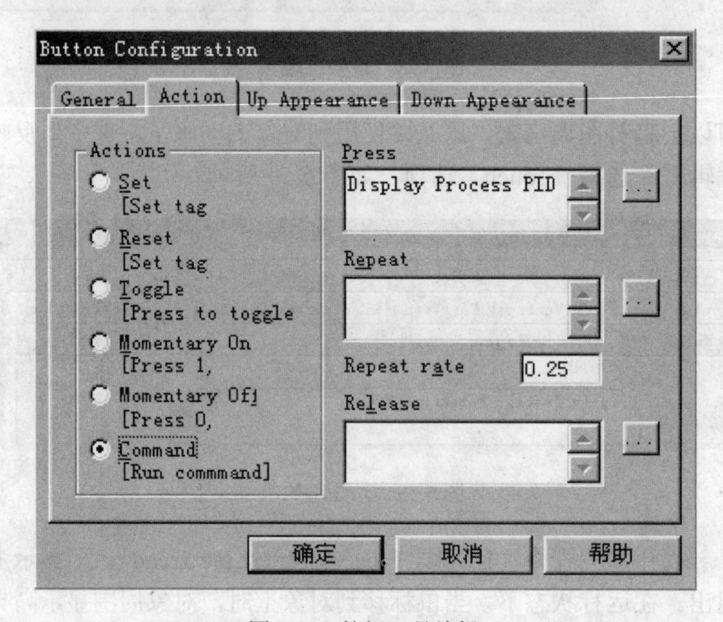

图 5.61　按钮工具编辑

5.2.3.7　现场总线锅炉控制应用结果

（1）DDE 通信设置

在前面提出过怎么样才能对系统进行复杂算法的控制，在这里可以把 RSView 作为 DDE Server 来把数据传送给专业计算软件，通过复杂算法的计算后，再把数据写到设备，其实 Rockwell Software 还有一些软件可以作为 DDE Server 来提供数据，只是用 RSView 觉得更直观。这里不准备讨论复杂算法，只是想提供一条 DDE 通信的通道，以备日后用到。

要把 RSView 设置成 Server，首先在项目管理窗口中的“System”目录下打开“Startup”编辑器，如图 5.62 选中“OPC/DDE Server”。

在图形程序运行的同时，要打开 DDE Server，这里设计了一个按钮来完成打开这项任务。在主图窗口中设置一个按钮，编辑按钮，在命令浏览中，选择 DDEServerOn，如图 5.63 所示。

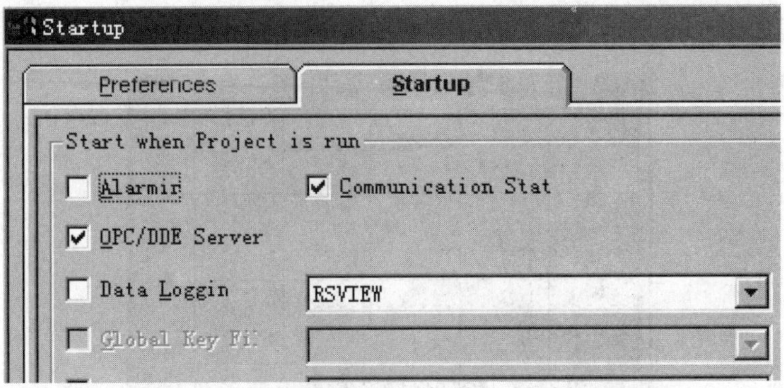

图 5.62 OPC/DDE Server 设置

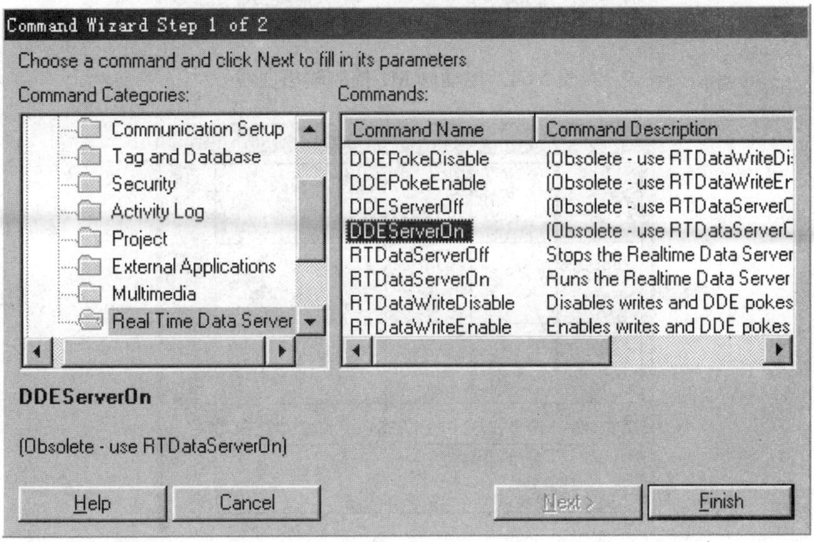

图 5.63 OPC/DDE Server 设置

运行图形程序，单击按钮，打开 DDEServer。然后配置作为 DDE Client 的专业工具，一个用户应用程序通过定义一个应用程序（Application）、主题（Topic）和项目（Item）获得同一个服务器应用程序交换数据的能力。在 Matlab 里建一个项目文件，在开头定义：

chan = ddeinit('RTData','TEST');

应用程序：RTData

主题：TEST (项目名称)

项目：标签名

可以来测试一下，可以写两条语句：

rc = ddepoke(chan, 'sp1', '80'); %向标签“sp1”写值“80”

data = ddereq(chan，'sp2'); %从标签“sp2”读值到“data”

在 Matlab 主窗口中运行项目文件，可以看到“data”与 RSView 中的“sp2”的值相同，而 RSView 中的“sp1”的值被设成了“80”。

(2) 锅炉液位控制回路监控过程曲线

条件 1：回路处于开环状态加阶跃激励。电动阀 M1 控制输出曲线如图 5.64 所示，流量计 F1 响应曲线如图 5.65 所示，锅炉液位响应曲线如图 5.66 所示。

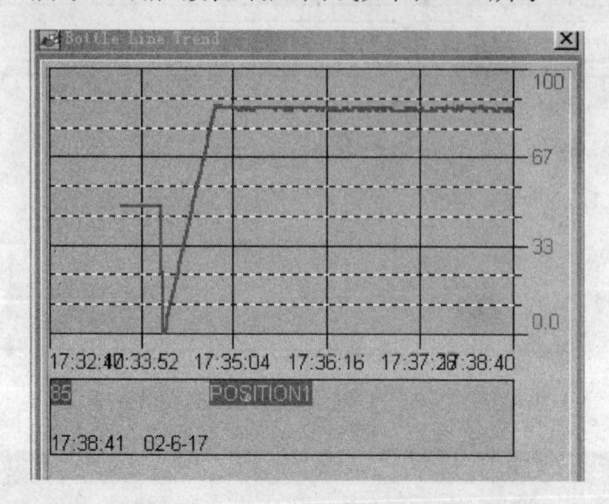

图 5.64 电动阀 M1 控制输出曲线

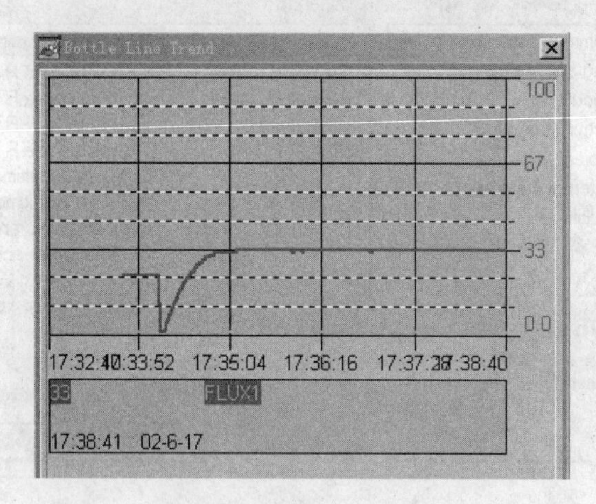

图 5.65 流量计 F1 响应曲线

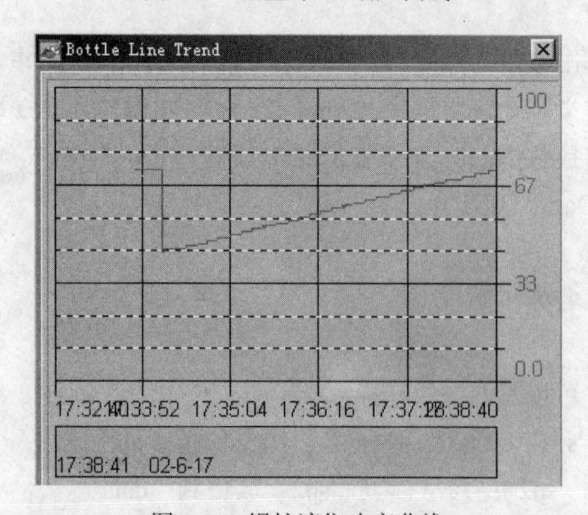

图 5.66 锅炉液位响应曲线

条件 2：回路处于闭环状态加阶跃激励，采用 PID 控制器，控制器参数 K=10，T_i=0，T_d=0。电动阀 M1 控制输出曲线如图 5.67 所示，流量计 F1 响应曲线如图 5.68 所示，锅炉液位响应曲线如图 5.69 所示。

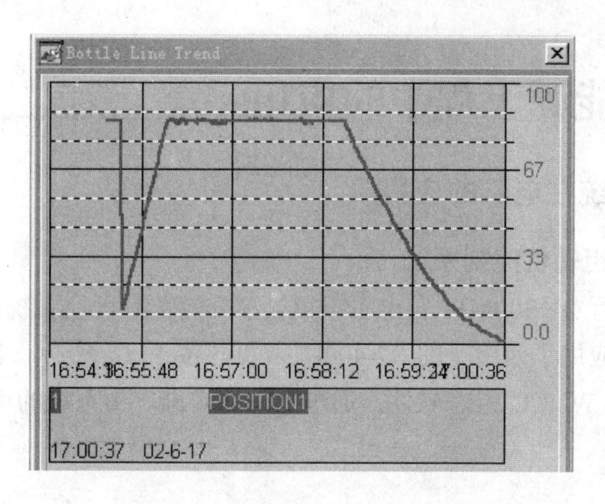

图 5.67　电动阀 M1 控制输出曲线

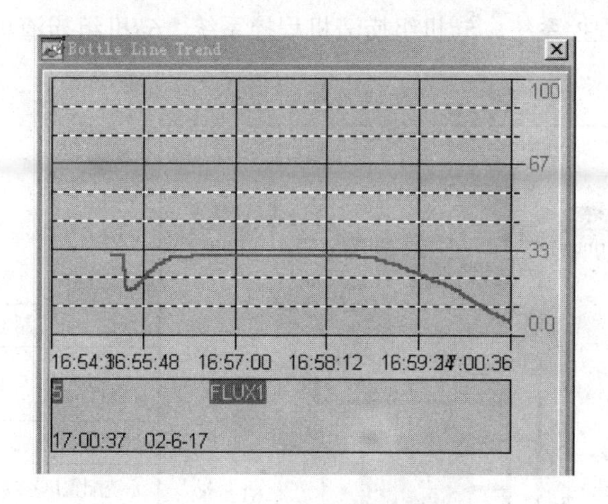

图 5.68　流量计 F1 响应曲线

从整个锅炉控制系统的运行结果来看，现场总线系统应用结果是安全平稳、高效而令人满意的。采用 Rockwell 现场总线构造的锅炉控制系统，简单方便、编程容易、组态可靠，极大地节省了开发时间，缩短了调试运行周期，是一种高效可靠的现场总线控制系统。

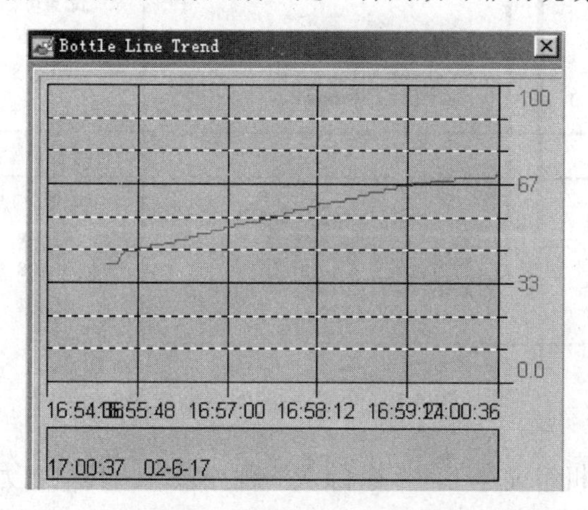

图 5.69　锅炉液位响应曲线

5.3 DCS 在能源工程中的应用

5.3.1 集散控制系统在电厂的应用

5.3.1.1 城市电力机组辅机控制系统

某市西部电力进行 2×300MW 发电机组辅机部分除灰渣程控系统的设计、安装及调试工作，在这个系统中，应用了西门子的 S7-400H 双机热备 PLC 系统、工业以太网通信、远程 I/O、现场总线技术和 WinCC 组态软件，通过工程的实施，为系统的可靠运行，提供了强大的技术支持。

（1）系统的组成

系统由五个基本的子系统组成，如图 5.70 所示：水力除灰程控系统、5#机组石子煤程控系统，6#机组石子煤程控系统、5#机组捞渣机程控系统、6#机组捞渣机程控系统。

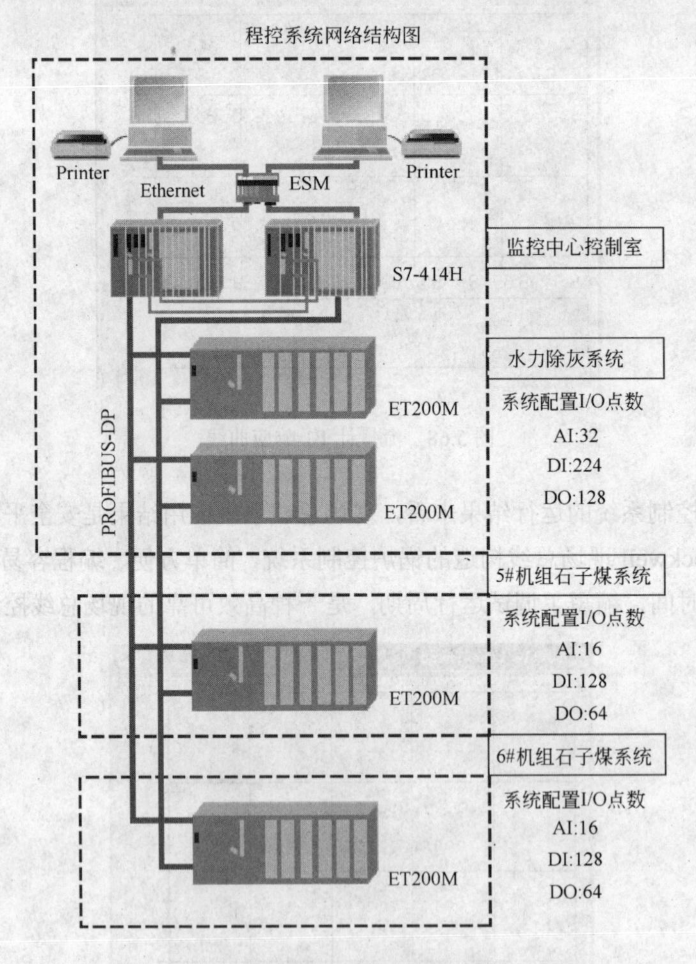

图 5.70 程控系统网络结构图

西部电力 5、6 号机组续建工程——除灰渣程控系统。其中水力除灰程控系统、5#机组石子煤程控系统、6#机组石子煤程控系统由企业提供硬件、软件系统、程序编制及网络组态，

5#机组捞渣机程控系统、6#机组捞渣机程控系统由德国 TECHNIP 公司提供。

系统两台上位监控计算机采用西门子 RACK PCIL40 工控机，配置 CP1613 工业以太网通信处理器，WinCC 组态软件（64K 开发版），利用 S7-REDCONNECT 软件构建起冗余的以太网通信。PLC 控制系统采用西门子 S7-414H 双机热备 CPU，PS407 双电源模板，CP443-1 双以太网通信模板，由 CP443-1 模板与 CP1613 通信处理器组成冗余的以太网通信网络。三个远程 I/O 控制站采用西门子 ET200M 由 IM153-2 和 S7-300 的标准模块组成，与 S7-414H 的 DP 通信接口组成冗余的 PROFIBUS-DP 网络。三个远程 I/O 控制站分别控制水力除灰程控系统、5#机组石子煤程控系统和 6#机组石子煤程控系统，5#机组捞渣机程控系统、6#机组捞渣机程控系统采用西门子 S7-300（CPU315-2DP）系列 PLC，配置 CP343-1 以太网通信模块和 OP7 系列操作面板作为就地监控界面。企业通过光纤与其建立以太网通信网络，利用西门子高速、稳定的网络通信功能，实现了五个系统的集中监控。

（2）水力除灰除渣程控系统组成

- 灰浆泵及水力除灰系统；
- 冲洗水泵系统；
- 密封冷却水泵系统；
- 排浆泵系统；
- 排水泵系统；
- 加湿水泵系统；
- 5#捞渣机系统；
- 6#捞渣机系统；
- 石子煤沟系统。

（3）设备监控系统

在系统界面上，可以选择手动或程控方式对上述系统的各个设备进行控制，监控设备的运行状态及故障信息，记录和显示设备的运行参数，如图 5.71 所示。

程序及流程控制（以 1#灰浆泵系统为例）如下。

① 手动功能——点击 1#灰浆泵，弹出手动-程控功能选择窗口，点击旋钮，选择手动功能。1#灰浆泵启动和停止操作，并有相应的状态指示。手动功能条件如下：

1#灰浆泵在远方操作状态，1#灰浆泵无故障，灰浆泵房前池无低液位报警；

1#灰浆泵冷却水电动门打开和关闭操作，并有相应的到位状态指示；

1#灰浆泵灌引水电动门打开、关闭和停止操作，并有相应的到位状态指示；

1#灰浆泵出口电动门打开、关闭和停止操作，并有相应的到位状态指示。

② 程控功能——点击 1#灰浆泵，弹出手动-程控功能选择窗口，点击旋钮，选择程控功能。程控启动流程条件（执行程控启动时，应有程控关闭完成的状态指示）：

灰浆泵房冲洗水总电动门打开；

1#灰浆泵冷却水电动门打开；2min 内无到位状态指示或电动门故障时，系统报警；

1#灰浆泵灌引水电动门打开，2min 内无到位状态指示或电动门故障时，系统报警；

1#灰浆泵启动，5s 内无启动状态指示或泵故障时，系统报警。

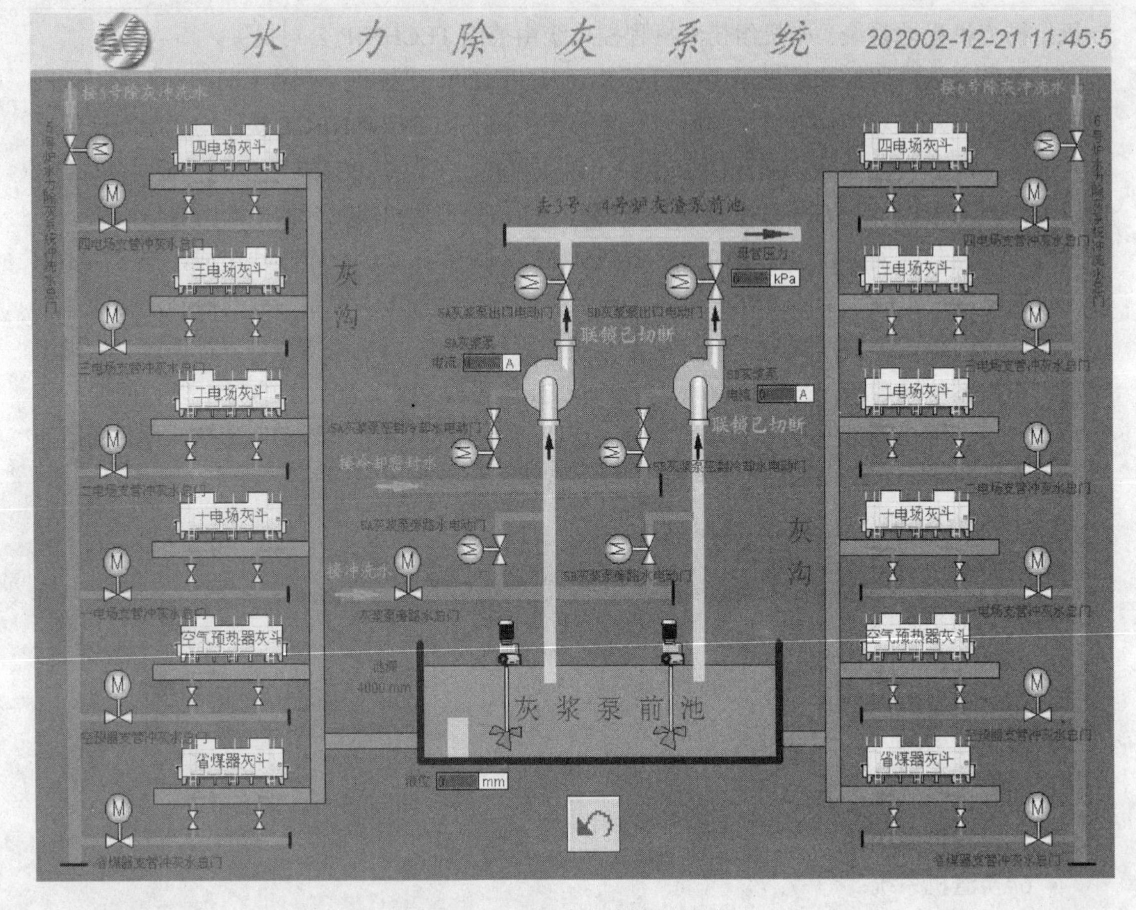

图 5.71　水利除灰机监控系统界面

启动条件：

1#灰浆泵冷却水电动门打开到位；

1#灰浆泵灌引水电动门打开到位；

灰浆泵房前池无低液位报警，1#灰浆泵无故障；

1#灰浆泵在远方操作状态。

密封冷却水泵系统运行停止条件：

1#灰浆泵故障，灰浆泵房前池低液位报警；

1#灰浆泵出口电动门打开；

1#灰浆泵电流值上升到额定电流的 80%（约 75A）时，出口电动门停止；

打开超时或电动门故障时，系统报警；

1#灰浆泵运行 3min 后，1#灰浆泵灌引水电动门关闭；

2min 内无到位状态指示或电动门故障时，系统报警。

启动完成，有相应的启动完成状态指示。

程控关闭流程条件（执行程控关闭时，应有程控启动完成的状态指示）：

灰浆泵房冲洗水总电动门打开；

1#灰浆泵灌引水电动门打开，2min 内无到位状态指示或电动门故障时，系统报警；

1#灰浆泵灌引水电动门打开到位，延时 3min，1#灰浆泵出口电动门关闭；

4min 内无到位状态指示或电动门故障时，系统报警。

1#灰浆泵停止条件：

1#灰浆泵出口电动门关闭到位；

1#灰浆泵在远方操作状态；

1#灰浆泵停止后，1#灰浆泵灌引水电动门关闭；

2min 内无到位状态指示或电动门故障时，系统报警；

1#灰浆泵停止 3min 后，1#灰浆泵冷却水电动门关闭；

2min 内无到位状态指示或电动门故障时，系统报警；

关闭完成，有相应的关闭完成状态指示。

故障联锁功能：1#灰浆泵系统在下列条件同时满足时，程控功能自动启动。

故障联锁功能条件：1#灰浆泵系统在状态启动时，出现综合故障；2#灰浆泵未运行。

程控状态：1#灰浆泵系统联锁投入；2#灰浆泵系统在手动或程控。

捞渣机系统监控界面如图 5.72 所示。

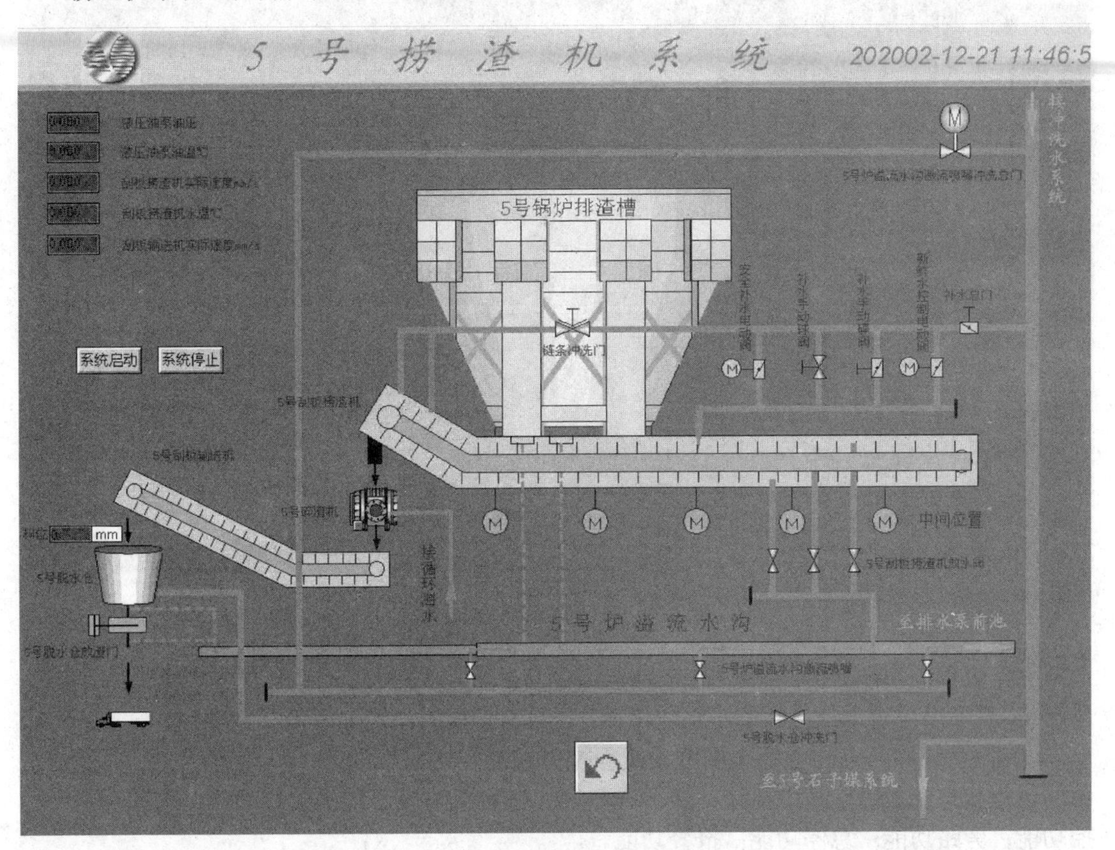

图 5.72 捞渣机系统监控界面

1#灰浆泵系统由故障联锁自动启动后，不能执行手动或程控关闭功能，联锁切断后，才能执行手动或程控关闭功能。

2#灰浆泵系统出现综合故障时，排除故障最好在手动状态。

（4）捞渣机程控系统与石子煤程控系统

在系统界面上可以对德国 TECHNIP 公司的捞渣机程控系统实现远程的启动和停止控制，监控各设备的运行状态及故障信息，实时显示设备的运行参数。捞渣机系统功能如下。

① 手动功能 5/6 号炉溢流水沟激流喷嘴冲洗水总电动门打开和关闭操作，并有相应的到位状态指示。

② 程控功能 5/6 号捞渣机系统远程启动和停止操作，并有相应的状态指示。条件：5/6 号捞渣机系统在远控状态。

石子煤系统监控界面如图 5.73 所示。

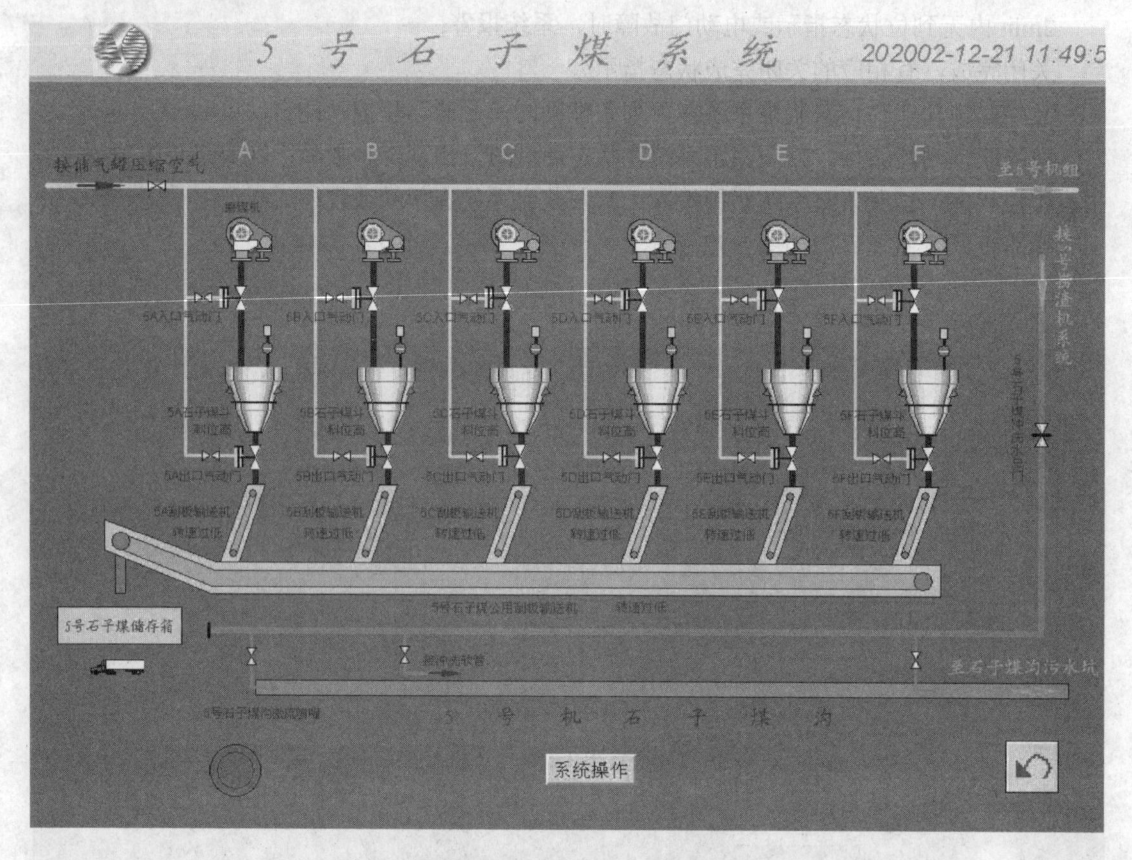

图 5.73 石子煤系统监控界面

石子煤程控系统如下。

① 石子煤程控系统由两个子系统组成：5 号石子煤系统和 6 号石子煤系统。

② 在系统界面上，可以选择手动或程控方式对上述系统的各个设备进行控制，监控设备的运行状态及故障信息，记录、显示设备的运行参数。该子系统主要功能：手动功能；程控功能；旁路功能；急停功能；报警功能。

系统综合功能如下。

① 系统报警及打印功能：点击系统总览画面中的报警总览按键，进入报警记录画面，在该画面中，可查看所有报警点的详细信息，发生、离开和确认的时间等。报警发生时，系统发出报警声响，报警指示灯亮，报警总览画面自动弹出，显示报警信息，系统配置的针式打印机自动打印报警信息，点击报警总览画面中的消音按键或操作电源控制柜面板上的报警

确认按钮，可以消除报警声响，报警未离开时，报警指示灯闪烁。点击报警总览画面左下角的返回按键，返回系统总览画面。

② 系统历史趋势图及查询功能：点击系统总览画面中的趋势图按键，进入历史趋势图画面，在该画面中，可以动态地、实时地查看系统采集的运行参数和数据，利用其功能，可以查询一段时间内历史数据。

③ 系统数据报表及打印功能：点击系统总览画面中的报表打印按键，进入数据报表画面，在该报表中，系统运行参数和数据每小时刷新并记录一次，保留最后 8h 的全部数据。

系统已投入实际运行，系统性能稳定可靠，满足工艺要求，各项技术指标达到了基本的设计要求。由于工期紧、调试周期短，在系统程序和监控界面上还存在进一步细化的空间，一个技术完善、功能齐全、界面友好的控制系统，应用于实践中能发挥良好的经济和社会效益，在火力发电行业机组的辅机控制中也有着日益广阔的前景。

5.3.1.2 电厂输煤集散控制系统应用

某电力股份有限公司电厂对输煤控制和入炉煤计量系统进行了全面改造，以解决生产成本核算问题。鉴于该工程要在整个电厂正常发电的情况下进行，且改造的内容比较多，涉及的面比较广，因此决定分两步对该项目进行改造。先期进行输煤控制系统的改造，而后进行输煤和入炉煤软测量的改造，以期最终达到单炉瞬时燃料计量及动态生产成本核算的目的。

（1）生产过程对象的系统描述

该电厂的输煤工艺系统比一般的火力发电厂要复杂得多。它先后由一二期工程来构成现在的输煤系统。两个系统之间既独立又有相互交叉的工艺连接，同时要为六台发电机组供煤。虽然一二期仅涉及煤场至入炉煤斗之间的输煤控制系统设备改造，但为了安全可靠地实现改造又不影响所有机组的正常运行，因此将该项目分两步进行：先将输煤控制系统改造然后再将入炉煤计量部分改造。先介绍第一部分的内容，其工艺布置如图 5.74 所示。

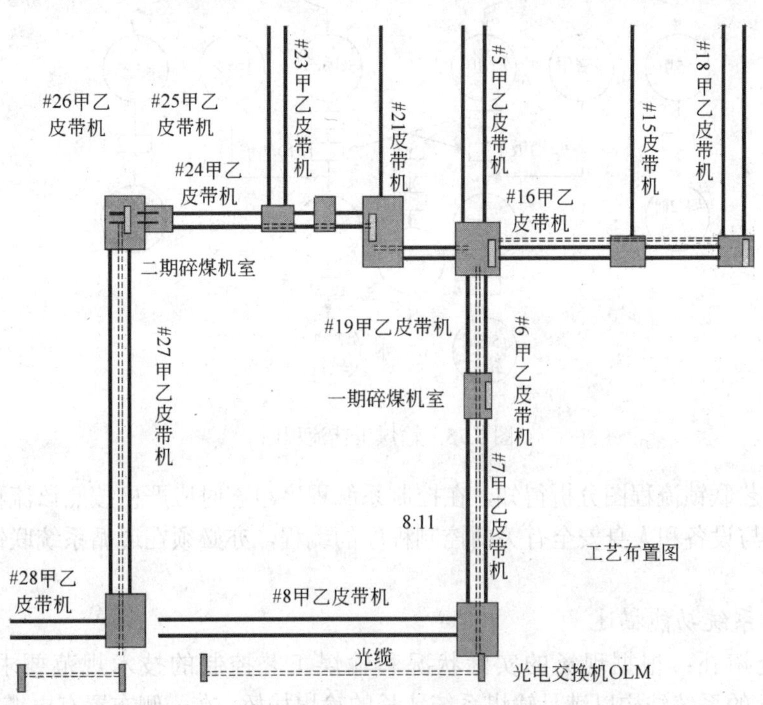

图 5.74 生产过程工艺布置

各工艺段所包含的设备有输煤皮带机、叶轮给煤机、往复式给煤机、碎煤机、滚轴筛带式除铁器、圆盘除铁器、精细除铁器、犁煤器、切换挡板拉绳开关和跑扁开关等组成。其他如撕裂打滑堵煤等保护开关均不进本控制系统。

工艺流程：输煤工艺流程的主要特点是流程距离长，分布点比较广，工艺设备的控制回路比较简单，现场环境粉尘很大，比较恶劣。依据电力企业输煤运行规程技术标准，输煤系统控制必须设有就地控制、集中控制和程序控制三级控制手段，同时输煤系统启停或紧急故障时必须遵循启动时按逆煤流顺序逐一启动设备，停止给煤时按正煤流顺序逐一停止设备的原则进行控制操作，其工艺流程联锁如图 5.75 所示。

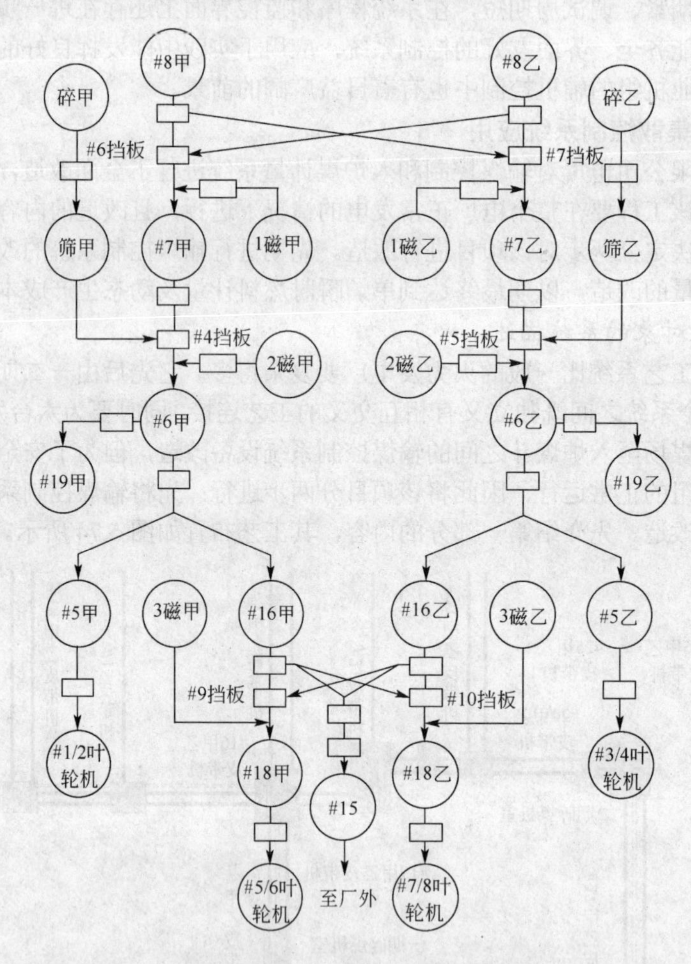

图 5.75 输煤工艺流程图

从输煤工艺联锁流程图分析得知，在控制系统程序组态时应严格按照该流程进行设计及组态，以确保与设备和人身安全有关的控制程序的编程，亦必须在遵循系统联锁的原则下灵活组合。

（2）网络系统功能描述

控制系统拓扑：根据现场的实际状况和输煤工艺控制的技术规范要求，推荐采用 SIEMENS TIA 的系统结构以满足输煤系统狭长的输煤栈桥。在一侧布置有电缆桥架，该桥架敷设 6000VAC 动力电缆，还要敷设控制和通信电缆。因此，电缆周围的共模和差模干扰信号必然要影响控制系统的通信质量，甚至于使得控制系统不能正常工作。为此选用

ROFIBUS-DP 现场总线来组成网络。用光电交换机 OLM 来完成与主控制器之间的信号交换，因为采用了光纤传输通信可将电磁场对通信设备的干扰影响降至最低程度，真正达到阻断干扰的目的。该输煤系统的设备动力电源供电电压等级有两类，即 380VAC 和 6000VAC 两种，经本次改造，凡涉及 380VAC 供电的电动机控制回路都彻底改为 SIMOCODE 和 COMPACT STARTER，共计 95 台套。凡 6000VAC 供电和一些不能作彻底改造的电动机及其设备改为 LOGO，共计 34 台套。这些设备的控制回路都必须与 FCS 的信号连接，以交换两个系统之间的信息。火电厂输煤系统拓扑图如图 5.76 所示。

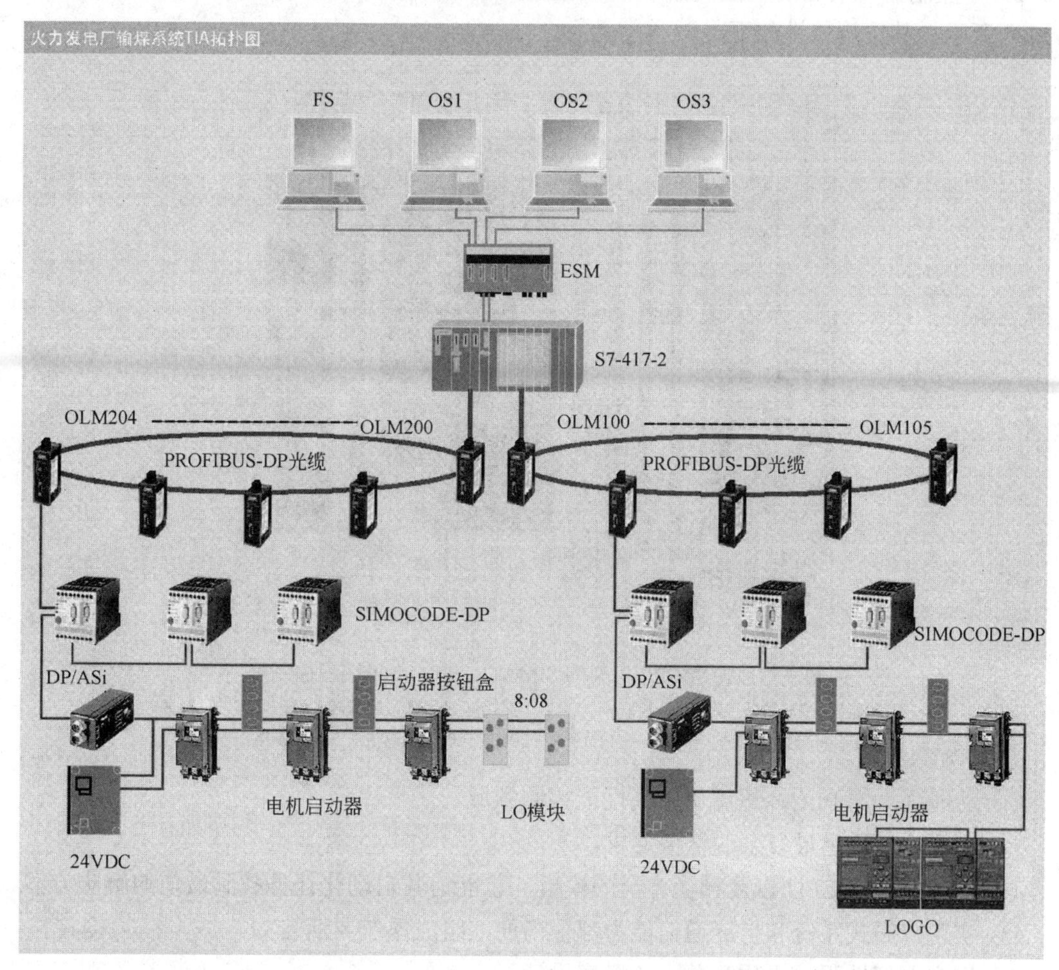

图 5.76 火电厂输煤系统拓扑图

它以主控制器 S7-417-2 作为主站，通过以太网交换机 ESM 连接到四台安装有以太网卡 CP-1613 的工控机上。每台的 HIM 系统界面选用 Win CC V5.2 版本。主控制器除了自身带有的 PROFIBUS-DP 接口外，另外又配了一块 PROFIBUS-DP 模件。这样可以组成两个相对独立的光纤环网，亦便于两个输煤系统布置一个接口，连接一期输煤系统上的 6 只 OLM 光电交换机。另一个接口连接二期输煤系统上的 5 只 OLM 光电交换机。

（3）控制系统组成描述

控制系统是由主控制器 S7-417-2、LOGO、电机启动器、开关按钮盒和 I/O 模块连接组成。OLM100 和 OLM200 两只光电交换机在控制系统中仅仅起到光电转换的目的，在控制柜内就实现光的转换，起到防止电磁场干扰引入的作用。其他 9 个 OLM 分别接有 DP/ASi 通信耦合器或 SIMOCODE 电机智能控制器，每个耦合器下又连接有 LOGO、电机启动器、开关按钮盒和 I/O 模块，由此该控制系统构成了较为复杂的三层结构的通信系统。由于底层的控制器均采用通信的方式与主控制器进行数据交换，因此从控制室的主控制器到现场的电机智能控制器、LOGO、电机启动器和 I/O 模块之间只有通信线而没有一根控制线，真正体现了 SIEMENS 现场总线在工业控制应用中的优势特点。

1）主控制器　采用的主控制器 S7-417-2 是西门子 SIMATIC S7-400 系列 PLC 产品，如图 5.77 所示，其结构特性如下。

图 5.77　使用 CR2 机架的 SIMATIC S7-400 可编程控制器

1—电源模板；2—后备电池；3—模式开关（钥匙操作）；4—状态和故障 LED；5—存储器卡；6—有标签区的前连接器；7—CPU1；8—CPU2；10—I/O 模板；11—IM 接口模板

① 功能强大的 PLC，适用于中高性能控制领域。

② 解决方案满足最复杂的任务要求。

③ 功能分级的 CPU 以及种类齐全的模板，总能为其自动化任务找到最佳的解决方案。

④ 实现分布式系统和扩展通信能力都很简便，组成系统灵活自如。

⑤ 用户友好性强，操作简单，免风扇设计。

⑥ 随着应用的扩大，系统扩展无任何问题。

2）S7-417 的 FM 458-1 DP 应用模板和 FM 458-1 DP 基本模板

① FM 458-1 DP 应用模板　SIMATIC FM 458-1 DP 集成在 SIMATIC S7-400 中。专为高性能和在 SIMATIC S7-400 中自由组态闭环控制任务而设计，可根据需要采用开环控制、闭环控制和运动控制，这样可以在复杂的应用中显著地提高灵活性。含约 300 个功能块的库函数，例如诸如 AND、ADD 和 OR 等简单的功能到复杂的 GMC（General Motion Control）控制的功能块；有 SIMATIC Engineering Tool CFC（连续功能图）用户友好的图形化组态软件；用编译器对程序代码的生成进行优化，所以不需要 SCL。本机带有 PROFIBUS-DP 接口。SIMATIC FM 458-1 DP 是将 15 年来高性能闭环控制系统的经验和 SIMATIC 高技术有机结合

的结晶，与其他静态结构和功能的功能模板相比，FM 458-1 DP 可满足各种应用的要求。

② FM 458-1 DP 基本模板　基本模板可以执行计算、开环控制和闭环控制任务。PROFIBUS-DP 接口可以连接到分布式 I/O 和驱动系统。通过扩展模板可以对 I/O 和通信进行模块化扩展。

6000VAC 供电电机采用了 LOGO!通用逻辑控制模块。LOGO! 模块是西门子的一项重要技术。它现在已经发展成为标准组件产品，因而它比以前更加方便，更加完善。现在 LOGO! 有两个版本：基本型 LOGO! 和经济型 LOGO! 。再加上各式各样的扩展模块，LOGO!事实上已经成为一项能覆盖各个方面的成熟技术。LOGO!通用逻辑控制模块有 8 种基本功能和 26 种特殊功能，它代替了很多定时器、继电器、时钟和接触器所实现的功能，取代了数以万计的继电器设备。LOGO! 模块不需要太多的附件和放置空间，因而它使得控制柜的体积变得更小，而且随时能够扩展其功能。

（4）可通信控制与保护装置 SIMOCODE

SIMOCODE-DP 是西门子低压电器的可通信控制与保护装置，在这个输煤控制系统用于控制 380VAC 电机。PROFIBUS-DP 即过程现场总线分布式外围设备（Process Fieldbus-Decentralised Peripherals）在 SIMOCODE-DP 和自动化级之间提供高性能的通信。控制命令、运行数据、统计数据和参数数据均通过两线式总线电缆传输。而且，也可使用光链路模块。这样，数据传输将通过塑料或玻璃纤维光缆实现。

总线上可编程逻辑控制器（PLC）内的通信处理器（CP/IM）提供与总线相连的 SIMOCODE-DP 设备的管理并形成与用户程序的接口。SIMOCODE-DP 数据的进一步处理，即向监控系统内的集成以及任何的随后处理均由用户程序执行。为实现短的传输时间，PROFIBUS-DP 设有若干个数据信道。多达 12 个字节可周期性地从 SIMOCODE-DP 发送到自动化级，并且可返回多达 4 个字节。一旦有变化，即诊断信道受到事件控制时，20 个字节的诊断数据发送到 SIMOCODE-DP 的自动化级。在自动化系统启动过程中，213 个字节的参数数据发送到 SIMOCODE-DP。

PROFIBUS-DP 标准已经围绕数据的非周期性读写作了扩展，使用 PROFIBUS-DPV1 可实现这一特点。非周期性读写对于 SIMOCODE-DP 来说意味着从中央工作站，通过与 PC 或 PU(装有 Win-SIMOCODE-DP /Professional 软件)配合使用的通信处理器和 PROFIBUS-DPV1 可读写所有控制、诊断、测试和参数数据。PROFIBUS-DPV1 是 PROFIBUS-DP 的辅助协议，它无需增设线路或接口。SIMOCODE-DP 可与任何能读 GSD 文件并能处理下列数据的标准 DP 主机一起工作：

- 控制数据，1 或 4 字节，周期性，从 DP 主机到 SIMOCODE-DP；
- 信令数据，1/4/12 字节，周期性，从 SIMOCODE-DP 到 DP 主机；
- 诊断数据，20 字节，非周期性，从 SIMOCODE-DP 到 DP 主机；
- 参数数据，213 字节。

对于数据的非周期性读写，通信处理器必须采用标准扩展型 PROFIBUS-DPV1。如果目前总线系统不适用，则以后也可容易地重新配备。因为 SIMOCODE-DP 处理所有电动机保护继电器和控制功能，而这与自动化级无关。当然，SIMOCODE-DP 也可作为独立于 PROFIBUS-DP 的电动机保护继电器和控制器。

SIMOCODE-DP 系统的模块化配置意味着它可用作馈电装置的保护和控制设备。该系统由下列部件组成。

1）Win-SIMOCODE-DP 软件　它可在 Windows95 或 Windows NT 环境下的任何一台 AT

兼容的 PC 上运行。用于启动、诊断和维护。手动控制[开（ON），关（OFF），…]；诊断（电流显示，故障，…）；参数化（地址，波特率，设定电流，控制功能，…）；包括在线帮助（Online Help）和参数数据实例。

2）SIMOCODE-DP 3UF50 基本单元（见图 5.78）

① 用于电机保护的热敏电阻检测器回路的连接可选，连接一个矢量和电流互感器用于接地故障检测。

② 控制电源 24V DC / 115V AC / 230V AC 的连接。

③ 3 个 LED 指示。

④ 设备测试，手动复位，自动复位可参数化，通过总线或输入端远程复位。

⑤ 3+1 继电器输出：功能分配，可参数化。

⑥ 4 个光耦合器输入：24V DC 内部电源，功能分配，可参数化。

⑦ 系统接口：用于连接扩展模块、控制模块、手持终端或 PC。

⑧ PROFIBUS-DP 总线连接：标准 9 针 SUB-D 插槽，MCC 柜抽屉单元接线端子。

这个装置带有 4 个输入和 4 个输出的基本单元，自动执行所有保护和控制功能，并提供与 PROFIBUS-DP 的连接。这 4 个输入由内部的 24V DC 电源供电。扩展模块、操作面板、手操设备或 PC 均可通过系统接口予以连接。该基本单元有三种不同的控制电源电压类型：24V DC，115V AC，230V AC。

3）SIMOCODE-DP 3UF51 扩展模块（见图 5.79）

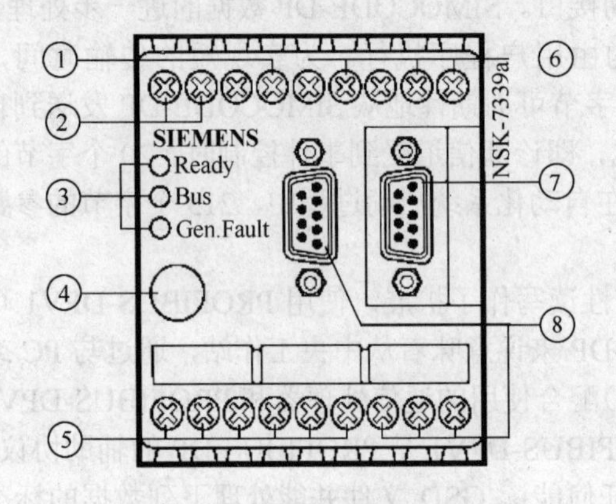

图 5.78　3UF50 基本单元

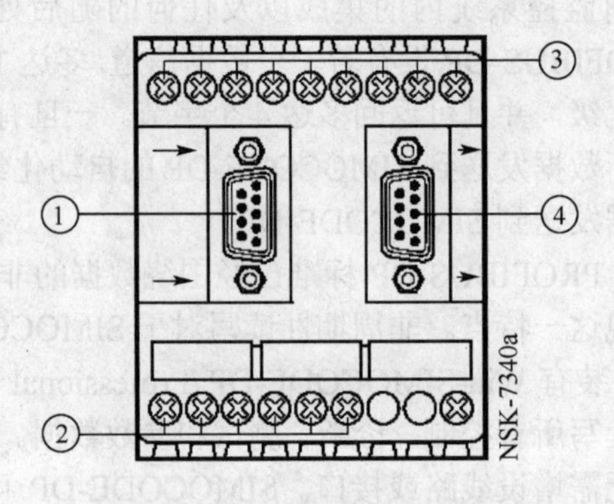

图 5.79　3UF51 扩展模块

① 系统接口：连接基本装置，由基本装置供电。

② 3+1 继电器输出：功能分配，可参数化。

③ 8 个光耦合器输入：24V DC / 115V AC / 230V AC 外部供电。

④ 系统接口：用于连接控制模块或 PC。

该扩展模块另外向系统提供 8 个输入和 4 个输出。设备本身由基本单元供电。这 8 个输入必须连接到一外部电源上。此处，有三种不同类型的电压（24VDC、115VAC、230VAC）。与基本单元的连接、与操作面板、与手操设备或与 PC 的连接均是通过系统接口来进行的。

4）SIMOCODE-DP 3UF52 操作面板（见图 5.80）

① 2 个状态 LED 指示灯——Ready,Gen.Fault。

② 3 个 LED 指示：功能分配可参数化。

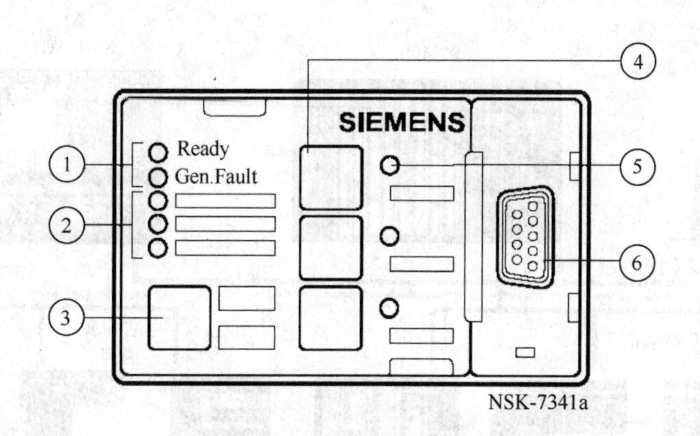

图 5.80 3UF52 操作面板

③ 装置测试，手动复位。

④ 控制按钮，功能分配，可参数化。

⑤ 3 个 LED 指示：功能分配，可参数化。

⑥ 系统接口：用于连接控制模块或 PC。

用于对柜内的驱动器进行手动控制。可连接至基本单元和连接至扩展模块。由基本单元供电。对于手操设备或 PC 可实现连接。安装在前面板内或 IP54 柜门内。3 个按钮可自由参数化。6 个 LED 也可自由参数化。

5）SIMOCODE-DP 总线终端/总线终端模块 如果 PROFIBUS-DP 连接至基本单元，则可使用带有内置总线终端电阻的标准 9 针 Sub-D 插头。尤其对于在电动机控制中心（M C C 抽出式单元设计）内采用 SIMOCODE-DP 来说，设有一个带有内置电源的总线终端模块，这可确保将总线内的最后单元取走的情况下，对数据流不会造成任何损坏。

（5）西门子 PROFIBUS 现场总线通信

SIMATIC S7-400 作为 DP 主站，可通过集成在 SIMATIC S7-400 CPU 上的 PROFIBUS-DP 接口（选件）进行数据通信。

1）数据通信概述

① 通过全局数据（GD）通信，网络上的 CPU 之间可周期地交换数据包。

② 应用通信功能块，网络上各站点之间进行基于事件驱动的通信。可通过 MPI、PROFIBUS 或工业以太网进行联网。

通过多点接口（MPI）的数据通信。多点接口（MPI）通信接口集成在 SIMATIC S7-400 的 CPU 中，它的用途很广泛：

① 编程和参数设置；

② 控制与监视；

③ 灵活的配置选择；

④ 作为 DP 主站；

⑤ 在同等通信伙伴间建立简单的网络结构；

⑥ 多种连接能力，MPI 支持最多 32 个站点的同时连接；

⑦ 通信连接，S7-400 CPU 可同时建立最多 64 个站的连接；

⑧ 最多 32 个 MPI 节点，数据传输率最大为 12Mbps。

通过 CP 的数据通信（点对点），如图 5.81 所示。

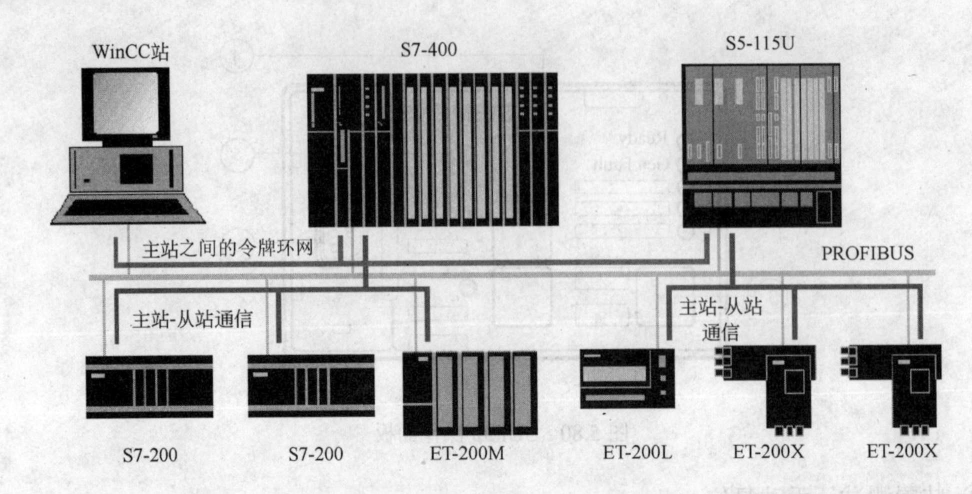

图 5.81 SIMATIC S7 网络配置

还可以通过 CP（PROFIBUS 或工业以太网）进行数据通信。

2）CP 通信处理器

① CP 440 利用点对点连接实现高性能的报文传输（高报文速率）；物理接口：RS-422/RS-485（X.27）；最多可达 32 个节点；协议实现：ASCII，3964（R）；利用集成在 STEP 7 中的参数化工具进行简单的参数设置。CP 440 通信处理器用于利用 RS-422/RS-485（X.27）进行的短报文帧的高性能传输场合，这一特性可以实现以上所有点对点连接。在表 5.12 所示场合可以实现点对点连接。

表 5.12 点对点连接设备

SIMATIC S7、SIMATIC S5 PLC 和第三方控制器	测量设备
编程设备、PC 机	称重设备
扫描仪、条码阅读器	机器人控制器

RS-485 接口最多可以连接 32 个伙伴。

② CP 441-1 和 CP 441-2 通过点对点连接进行高速大容量串行数据交换，2 个版本：

——CP 441-1 有一个可变接口，用于简单的点对点连接；

——CP 441-2 有两个可变接口，用于高性能的点对点连接。

插入式接口模板用于不同的传送接口：

——RS-232C（V.24）；

——20mA（TTY）或 RS-422/RS-485（X.27）。

实施的协议：

——ASCII，3964（R），打印机驱动器；

——CP 441-2 还附加有 RK 512 和定制的协议（可更新的）。

通过集成在 STEP 7 的参数化工具进行参数化。

在表 5.13 所示场合可以实现点对点连接。

表 5.13 适用连接设备

SIMATIC S7 和 SIMATIC S5 可编程序	扫描器、条形码阅读器等
控制器与其他制造商的系统	机器人控制器
编程器和个人计算机	打印机

③ CP 443-5 基本型 S7-400 的主站连接到 PROFIBUS 通信服务：

PG/OP 通信，S7 通信，S5 兼容的通信（SEND/RECEIVE）。

PROFIBUS-FMS 时间同步化。

利用 PROFIBUS 进行简单的编程和组态。

PG/OP 通信通过带有 S7 路由的网络。

易于集成到 SIMATIC S7-400 系统中。

模板转换不需要 PG。

在 SIMATIC H 系统中操作实现冗余的 S7 通信。

④ CP 443-5 扩展型 S7-400 到 PROFIBUS 的 DP 主站连接。

用于组态附加的 PROFIBUS-DP 线路。

通信服务：

——PROFIBUS-DP，PG/OP 通信，S7 通信；

——S5 兼容的通信（SEND/RECEIVE），时间同步。

对 PROFIBUS 的简单编程和组态。

通过 S7 路由，在网络间进行 PG/OP 通信。

易于集成到 SIMATIC S7-400 系统。

模板更换不需要编程设备。

在 SIMATIC H 系统中操作实现冗余的 S7 通信或 DP 主站通信。

数据记录发送（PROFIBUS-DP）。

3）PROFIBUS 现场总线网络连接设备（OLM 系列）

① OLM（光纤链路模块） OLM 可将 PROFIBUS 光纤网络构成总线、环形或星形拓扑结构。光纤链路的传输速率与距离无关，最大可为 12 Mbps，最大光缆长度可达到 15km。

典型的 OLM 应用包括：

基于 PROFIBUS 的系统总线；

使用玻璃纤维光缆楼宇间组网；

由电气和光纤段组成的混合网络；

长距离网络（道路隧道，交通控制系统）；

具有高可用性要求的网络（冗余环网络）；

OLM/G12-EEC 可用在温度达–20℃的环境下。

② OBT（光纤总线终端） OBT 用于将一个不带集成光纤接口的 PROFIBUS-DP 站连接到一个光纤线路。以此，通过与具有光纤接口的装置（例如 ET200S FO）相结合，可实现现有 DP 站或网段光纤数据传输的诸多优点。

OBT 还可用作连接移动装置（例如编程器）的“插座”，而无需断开总线。

以下的光纤传输介质可连接到 OBT：

——塑料 FO 电缆，预装配有 2×2 单工连接器，最长 50 m；

——PCF FO 电缆，预装配有 2×2 单工连接器，最长 300 m。

③ ILM（红外线链路模块） ILM 使得 PROFIBUS 通信能够通过红外线传输，支持所有 PROFIBUS 协议，其范围最大为 15m，每个被连接的站或从站段，其最大数据传输率可达 1.5Mbps。红外线链路模板可用于：

——与移动站进行通信，例如自动导引的车辆（AGV）；

——与经常变动位置的站进行通信，例如，不沿着传送带输送线行进的站；

——用于快速系统装配和暂时性配置，例如测试设备；

——用于高磨损系统的替代，例如滑环、接触导体。

④ IE/PB 链路　上位机系统可以很简单地从工业以太网访问 PROFIBUS 上的现场设备，实现从经营管理层到现场层的垂直集成。其功能如下：

——形成工业以太网和 PROFIBUS 之间的无缝转换；

——IE/PB 链路对于工业以太网是一个独立的节点，对于 PROFIBUS 完成主站功能；

——IE/PB 链路支持 PROFInet 功能，负责协调各 PROFIBUS（智能型从站）的通信和数据交换。

（6）组态软件与系统组态

系统选用了目前被国内外广泛采用的西门子公司中文版工业自动化软件 WinCC V5.1 版。它为系统提供了管理级、操作级的可视化过程数据采集和远程控制功能。系统监控中的操作员站和工程师站均采用 WinCC 相应功能软件，组成了完整的 FCS 系统。

① 监控软件建立　根据工艺要求，在 HIM 画面中主要分为主画面、程控画面、分站画面、报警趋势、数据报表等。主画面主要是根据现场设备位置来布置。为了区分具体皮带种类采用了不同颜色的皮带。同时为了保证画面有一定立体感效果，有煤块流动皮带采用深色，基带为浅色。但皮带电机动作时在画面上表示为煤随皮带一起动作，煤块形成移动状，这主要采用控制属性中闪烁来达到画面动态立体效果要求。在系统总画面中，主要显示输煤皮带的动作状态对皮带的上位机操作控制。在每个分站画面中来完成按工艺区域划分的流程控制图、单元控制图、控制器等。

在模拟图中可动态显示现场设备的开关状态与信号，操作人员可在当前画面通过键盘或鼠标更改信号值，并可以对话或可以对话框的形式调用其他各种信息模拟图以及其他图形，均可以菜单或按钮驱动方式进入不同的显示内容。在分画面中通过点击要操作的设备弹出控制对话菜单，显示出控制的菜单选项，具体包括启动、停止、电流故障、现场手自动位置等。每个不同类型设备要看具体控制情况而定，同时为了设备控制安全，要求在设备控制画面中有操作画面自动手动切换按钮，以保证自动失效情况下可人工干预限制。在重要设备控制方面开关操作时会弹出提醒窗口，需要操作员再次确认才可执行命令。

对于设备信息系统，报警系统在画面中主要是根据用户的不同要求采用不同报警信息类型和信息等级报警表，能够实时显示报警内容。每个报警值都可以显示标签名、报警值、报警类型、报警时间确认、时间优先级、报警闪烁、报警确认等。按时间顺序排列并滚动显示，并且无论画面切换至何处显示屏幕都有专用区域以显示最近的报警标签。同时，设定当报警条达到设定数量容量时，就用打印机将以前报警条打出，以便用户查阅存档。主监控画面中下侧控件按钮为报警、历史趋势、报表、登录、交接班日表、退出系统、操作手册、主监控画面中右侧控件按钮是系统总成、一期和二期、三期、光纤链路模块 OLM111～115 站、OLM211～214 站。主监控画面中传输带可参考生产过程工艺分布位置图。

对于系统操作的安全问题，根据电厂生产安全管理要求通过软件对不同的人员设定了不同的操作等级，在监控软件通过增强的安全性。提供系统的安全计算机在启动后就直接进入启动画面，画面显示为灰色用户不能够进行任何操作，提示操作人员输入自己的用户名称和口令。对于不同的用户提供不同操作权限，如可限制操作员画面显示调度器执行和配方操作，也可限制关键程序功能，提供给客户一个系统管理员口令和密码。系统管理员可分配不同的操作员的用户和密码来操作监控软件程序。同时，在监控画面上显示该用户名称在系统中有记录。这样，防止操作人员随意破坏或改变计算机，除了管理人员用户的操作口令可以退出监控画面外，其他人员不能够退出画面，不能够最小化。关机的一切命令和按钮都不能够结束程序画面运行，如 Ctrl+Alt+Del 都屏蔽了。

对于现场生产企业，生产数据报表很重要。WinCC 提供了集成的报表系统，可以方便地输出 WinCC 数据到打印机进行打印。但考虑一些数据功能采用了最流行的 CRYSTAL REPORTS 报表专用软件，根据生产需要编制实时的和历史数据报表及统计计算报表，报表可按时间触发或事件触发进行打印，并能及时打印报表数据、历史数据，可以根据操作人员不同选择打印出不同报表，如根据时间、配方选择不同变量等，都可以打印出不同风格的报表，在报表中有打印人员名称。SIMATIC WinCC 的数据报表是以系统数据管理服务器为基础的，WinCC 提供了实时数据库和历史数据库服务器，采集最新的现场控制站的数据提供给监控工作站显示、打印全部实时数据，采集周期从 0.5s～20min 可调，历史数据库从实时数据库中采集数据，采样周期从 2min～24h 可调，历史数据的最长存储时间不少于 1 年，通过历史数据可计算累计值最大值、最小值、标准值、相对值、偏差值或其他需要数据，据此操作人员可进行统计分析指导生产，同时操作人员可对遗漏的或无法自动采集的数据输入到历史数据库进行编辑，历史数据可以被写入磁盘、光盘长期保存，以备将来恢复使用。

系统采用 SIMENS SIMATIC 的 S7-400 控制器，通过以太网连接到四台安装有以太网卡的工控机上，编程用 STEP7 V5.2 的软件，在系统组态中考虑到控制系统点数较多，控制设备也很多，所以要先分配好各部分地址编址后，在系统中进行硬件组态。本系统中用到的设备有 S7-417-2、SIMOCODE DP/ASi 耦合器以及现场传感器，ASi 总线中使用的设备有 COMPACT STARTER、LOGO!、I/O 模拟量模块、按钮开关盒。

② 设备组态　一旦创建了一个有 SIMATIC 站的项目，就可以组态设备了。设备可用 STEP7 组态。这些组态数据可以通过下载传送到可编程控制器。开始处在打开的 SIMATIC Manager 及相关项目，如图 5.82 所示。

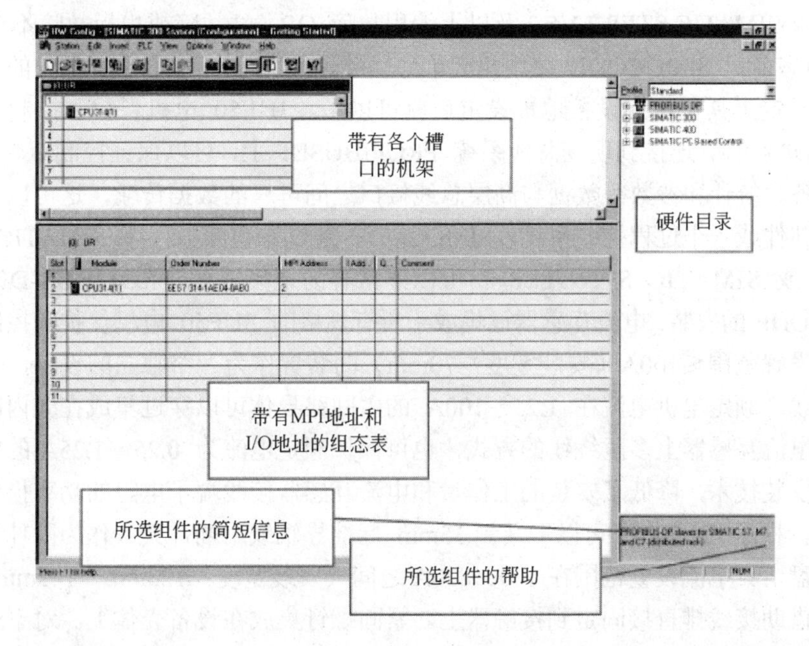

图 5.82　组态硬件窗口

打开 SIMATIC Station 文件夹并双击 Hardware（硬件）符号。“Hw Config”窗口打开。在创建项目时所选择 CPU 显示出来，对于实际项目是 CPU417。首先需要一个电源模板，在目录中查找到，将其拖至 1 号槽。

在一个项目内修改模板参数（如地址），双击该模板。但是只能修改这样一些参数，即确实了解这些参数的修改会对可编程控制器产生什么样的影响。用菜单命令“Save and Compile”（存储并编译）向 CPU 传送准备好数据。一旦关闭“Hw Config”应用程序，在 Blocks 文件夹中将出现系统数据的符号。使用菜单命令 Station>Consistency Check 还可以检查组态错误。对任何可能出现的错误，STEP7 都提供了可能的解决方案。在 STEP7 中实际 SIMATIC S7 主控制器硬件组态如图 5.83 所示。

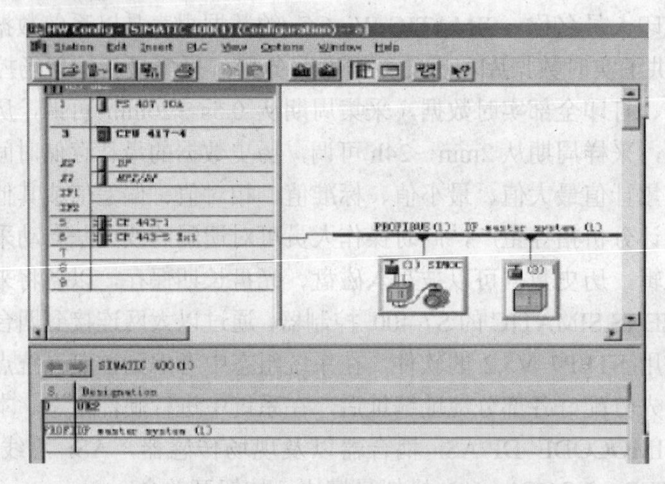

图 5.83 SIMATIC S7 主控制器硬件组态

还可以用 STEP7 V5.2 在运行中修改硬件组态（CiR）。

③ SIMOCODE 连接与组态

软件要求 SIMATIC STEP 7 V5.2 及以上编程故障 OB（站故障或模板故障不会造成 CPU 停机）。在组态前对 SIMOCODE 要用相应单独软件进行组态，而对 ASi 部分的组态比较容易，用地址设定工具把相应设备地址设定后就可以了。3UF50 电机保护和控制装置集成有 PROFIBUS-DP 接口，连接到现场总线系统 PROFIBUSDP 上，可以保证控制命令、操作状态和诊断、服务、统计和参数等数据与高层总线接口之间可靠的数据传输，这可以是可编程控制器的某一部件或一个过程控制系统。SIMOCODE 通过参数服务程序 SIMATIC S5：COM PROFIBUS 或 SIMATIC S7：STEP 7 可以非常容易地集成到 PROFIBUS-DP 网络中。

SIMOCODE 的安装：电流互感器已集成于所有规格的 3UF50 电机保护和控制设备的外壳中。电流设置范围≤100A（安装宽度：70mm）的装置作为一个独立的设备，采用穿芯式安装技术接线。额定电机电流在 1.25～100A 的主回路导体可以穿过集成在壳内的电流变换器。通过在电流互感器上多匝绕线的方式，也可保护额定电流为 0.25～1.25A 的电机负载。这种穿芯式安装技术，降低了安装的工作量和电流互感器接线端子电阻的功率损失。设备只有 70mm 宽，根据 EN 50022 可以卡装到 35mm 标准导轨或用插片夹（作为附件订货）螺钉固定到安装盘上。电流设置范围在 100～820A 之间（安装宽度：120mm，145mm，320mm）的设备可以借助接线排直接固定到接触器上。紧固螺钉集成在设备壳体上。对于 3UF50（安装宽度：10mm）设备，使用一个基盘可以卡装到标准 75mm 安装导轨上。模拟电流指示

SIMOCODE-DP 系统包括一个外部的电流互感器，通过开关柜门上的一个指示仪器可以建立一个块来支持模拟值的指示。电气技师可以了解随时刷新的电机电流数值。

（7）西门子集散控制系统运行结果

设计应用还应有一系列保护和联锁功能保证输煤系统的安全运行。这些联锁包括启动联锁、停机联锁和事故联锁等。输煤控制系统的过程监视和管理是由工控机实现的。工业 PC 机配 21in[1]彩色 CRT、操作键盘、鼠标、打印机等。采用 Windows NT 平台，主要完成下列功能：画面显示系统主菜单、路径选择、工艺流程、原煤仓加仓、运行状况、设备状况、故障显示、电流表、趋势曲线、运煤量表等画面。系统运行操作结束，系统路径的选择，系统自动启/停操作和远为手动启/停操作。显示和追加系统记录报告，实时打印系统事件报告，或定时打印系统运行报表。减少报表管理和维护人员的工作量，减少了事故，对电厂的安全高效实时运行有很大的帮助。设计完成后，系统运行一直非常良好，此系统易于维护，使用方便，性能稳定，与以前相比大大减轻了运行成本。

5.3.2 集散控制系统在热能网行业的应用

集中供热因具有节约能源和改善城市环境等积极作用，而日益成为城市公用事业的一个重要组成部分；集中供汽则是改善工业锅炉污染、提高能源利用率的有效途径。提高集中供热和集中供汽系统的效率、减少能源的浪费、提高热用户的舒适度和工业用户的满意度，都离不开热网监控系统的帮助。

以下为城市热网项目应用实例。

某市热网项目包括东南热网和东北热网两个部分，东南热网包括热源锅炉房、东南热水管网和 32 座热力站；东北热网包括热源锅炉房、东北热水管网和 19 座热力站。其中，东南锅炉房配有 5 台 58MW 循环流化床锅炉，总供热面积约 350 万平方米；东北锅炉房配有 5 台 29MW 循环流化床锅炉，总供热面积约 200 万平方米。两个热网互相独立：独立运行、独立核算。热源锅炉房有锅炉、转动设备、输煤、化水系统等工艺设备；热水管网有口径为 1m 的管道和相应的截止阀、疏水阀等工艺设备；热力站则采用水水换热的间供模式，主要包括换热器、电动调节阀、循环泵、补水泵、水箱等工艺设备。

热源区域供热主要依靠锅炉房区域供热。锅炉房的工艺设备主要包括锅炉、风机、水泵、上煤输煤、水处理、除尘设备、除渣除灰、给煤设备等，一个区域供热锅炉房一般至少包括 2 台锅炉和 1 套公用系统，锅炉容量一般在 40t/h 或以上。通常的炉型为循环流化床锅炉、链条炉和天然气炉等，输出介质一般为蒸汽或热水。区域供热锅炉主要对锅炉系统和公用系统进行监视和控制，主要监视参数包括：炉膛负压、炉膛底部烟气温度、炉膛出口烟气温度、锅炉出口烟气温度、烟气含氧量、锅炉进水温度、锅炉出水温度、锅炉出水流量、风机出口压力、风机出口流量、风机轴承温度、风机电机温度、风门挡板开度、马达电机状态、锅炉进水溶解氧及公用系统的液位、流量、温度、转速和泵的状态等，主要控制回路包括炉膛负压控制、锅炉给煤量控制、汽包水位控制、蒸汽温度控制等。热电联产机组由于区域锅炉房的燃煤锅炉容量较小，锅炉效率较低，越来越难以满足环保要求。同时，随着区域集中供给面积的增大，人们对热源供热能力要求的提高，单凭区域锅炉房已经难以满足热量需求。在这种情况下，热电联产机组供热正毫无疑问地成为集中供热的主力热源。

---

[1] 1in=25.4 mm，余同。

(1）网络系统结构与配置

根据城市热网项目的实际工艺情况，热网监控系统被分为东南热网和东北热网监控系统。两个热网监控系统配置基本相同，现以东南热网监控系统为例，来进行自控系统描述。东南热网自控系统包括锅炉房控制系统和热网 SCADA 系统。

其中锅炉房控制系统包括上位机系统、网络系统、控制器和分布式 I/O 等。上位机系统配有 7 台 OS 站和 1 台 ES 站，其中 7 台 OS 由 2 台热备服务器和 5 台操作员站组成。服务器中安装有 WindowsNT4.0 Server 和 WinCC5.0 的服务器版软件，此外还安装有冗余软件；计算机采用西门子公司的 IPC 工控机，内置 CP1613 工业以太网卡，用于与工业以太网相连。操作员站中安装有 WindowsNT4.0 Workstation 和 WinCC5.0 的客户端版软件。

在网络连接方面，操作员站与服务器通过以太网相连接，并且服务器还能够通过以太网与热网 SCADA 的服务器相连，连接介质为光纤。在系统中还配置了 2 台打印机，用于生成打印报表和报警。网络系统采用的是西门子公司冗余光纤环网，光电转换设备为 OSM 模块，共配置 3 块。根据锅炉房工艺情况，共配置 6 套冗余的控制器和分布式 I/O，其中 5 套为 5 台锅炉配置，1 套为水系统配置。6 套冗余的控制器均采用 S7 414H PLC。S7 400H 控制器通过通信处理器 CP443-1 与工业以太网相连，通过 CPU 的 DP 接口与分布式 I/O ET200M 的 IM153-2 相连。分布式 I/O 的模板包括采集 4~20mA 的模拟量输入模板、PT100 采集模板、热电偶采集模板、开关量采集模板、模拟量输出模板和开关量输出模板等。网络连接结构配置如图 5.84 所示。

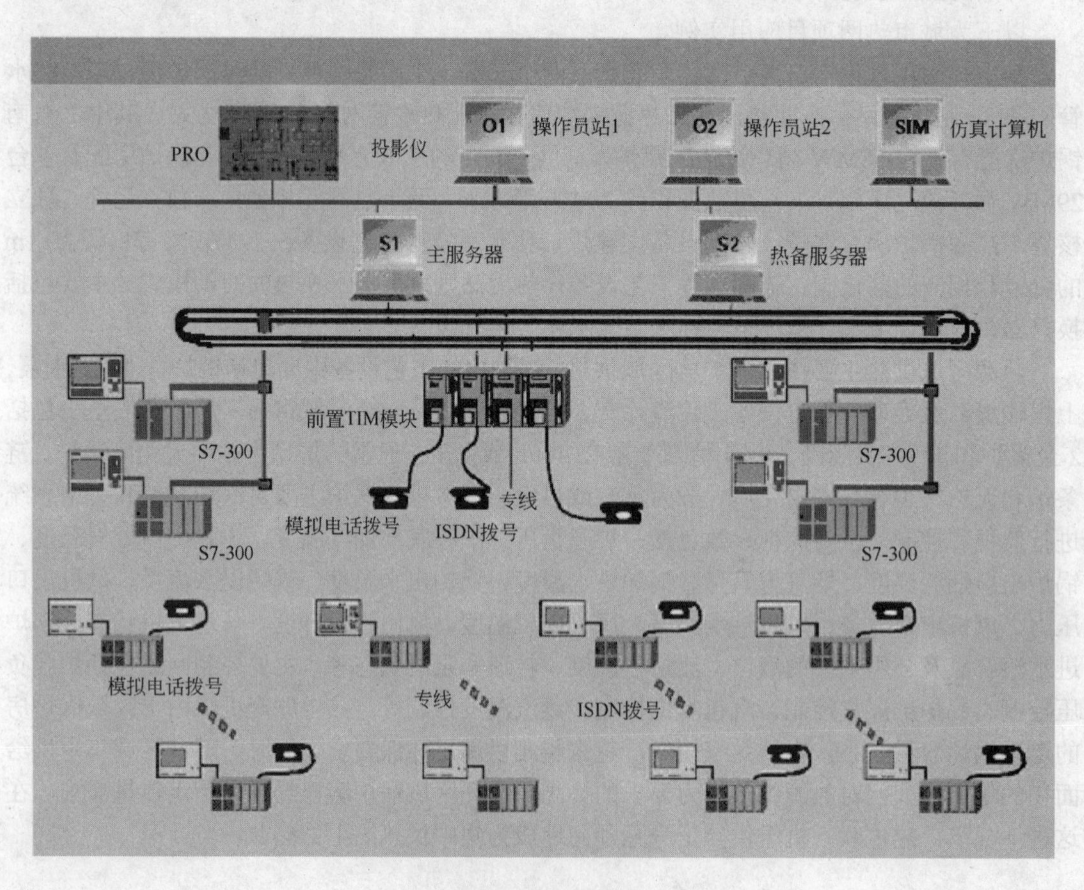

图 5.84 网络连接结构配置

热网SCADA系统包括调度中心1座，现场控制单元32个，其中现场控制单元通过拨号方式与调度中心进行通信。数传电话采用内部分机，降低了运行费用。调度中心包括2台冗余的服务器，这些服务器采用的是西门子公司的IPC工业计算机，并安装有WindowsNT4.0操作系统，WinCC5.0服务器版监控软件、ST7cc软件以及WinCC冗余软件。系统还配置有2个TIM43，并外挂2个MD3，MD3是模拟电话调制解调器，提供4条通信信道，以保证通信的速度。TIM43通过MPI网络与服务器相连，并通过串口与外接MD3相连。热力站采用S7 315 PLC、TIM33模块及相应的I/O模板，通过拨号与上位机进行数据交换。

（2）控制系统通信模块

① 光电转换OSM模块　管理工业以太网的OSM开关用于构建控制层的工业以太网，主干网以高于100 Mbps的速率相互连接使用。OSM使用玻璃纤维光缆，连接数据终端或网段通过RJ45的2～8双绞线口或9针D型口（10/100 Mbps），或通过3或8光纤口（100 Mbps）。对于大型网络，OSM集成冗余管理支持高速介质冗余，方便网络组态和网络扩展，不需要复杂组态规则和参数化。OSM具有SNMP与基于Web的管理和RMON。OSM可以e-mail发送错误信息，集成数字信号，例如门开关、利用数字输入将温度监控和信号传送到管理系统。

OSM模块技术特点。有对故障事件快速重构（<0.3s）的可靠通信，可安全有效地连接存在的10 Mbps数据终端或具有100 Mbps的快速以太网的子网，在负载减轻和100 Mbps的情况下性能增强，方便的网络组态无需对极大网络进行实时计算。由于冗余电压接入和基于光纤或双绞线电缆的冗余网络结构、冗余的管理和待机功能集成，OSM具有高度的网络适用性，网络柔性组态，网络拓扑适于工厂的结构。OSM利用信号联络、数字输入、SNMP或e-mail监控和故障诊断简单。OSM模块无风扇，使它的运行维护工作较少。

② SIMATIC S7-300的TIM 3系列通信模块　所有TIM 3的功能都可以选择作为集成调制解调器、工业以太网结构或RS-232接口的WAN端口。这个TIM也可以优化用于任何WAN链接。

③ SIMATIC S7-300、S7-400或PC的TIM 4系列通信模块　所有TIM 4的功能都是实现MPI与一个或两个WAN的接口。其中一个WAN的连接可以设置成内置的调制解调器。就像TIM 3，TIM 4也可以被作为SIMATIC S7-300的通信处理器集成应用。它也可以被连接到SIMATIC S7-400或PC (ST7cc或ST7sc控制中心) 通过它的MPI接口来为这些设备处理WAN的通信。

当用于控制中心时，单个TIM 4就足以连接两个WAN网络。在终端模式，它特别适用于建立一个中心控制室的冗余连接。作为节点终端，它通过一个WAN接口和中心控制室的另一个接口进行通信，处理与更低层终端的通信业务。这两个连接到TIM 4的WAN可以类型相同，或是不同的类型，例如专用高级电话网络。TIM 4系列通信模块的WAN连接方式如图5.85所示。

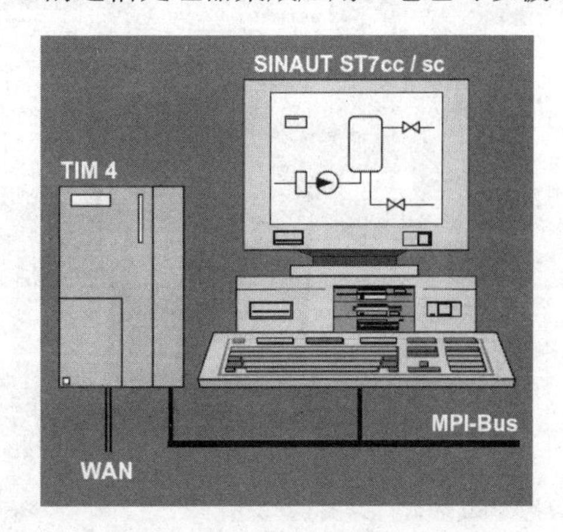

图5.85　TIM 4系列通信模块的WAN连接方式

每一个TIM 4也可选择作为集成DCF77无线始终接收器的一个D变量。这个接收器通过网络连接控制中心和全部CPU，提供正确的数据和时钟。工作的时间可以通过GPS (全球定位系统)传送，因而提供具有时间标志或规定时间运行程序的数据帧是标准的。TIM 4 系列通信模块的 WAN、MODEOM 连接方式如图 5.86 所示。

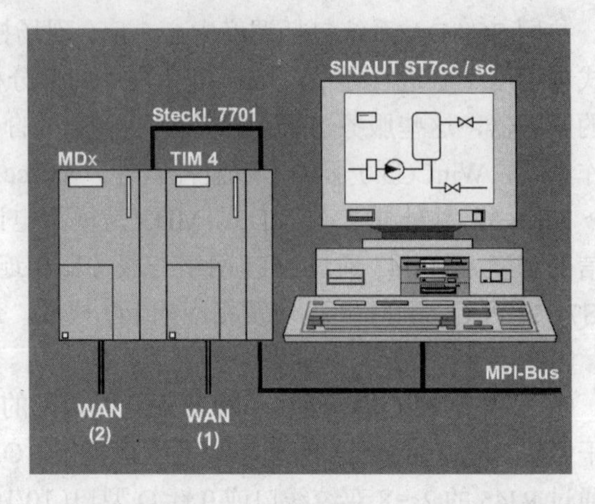

图 5.86 TIM 4 系列通信模块的 WAN、MODEOM 连接方式

（3）生产过程监控

系统运行过程是热网循环泵将热水管网回水增压到 2MPa，通过锅炉进水阀进入热源锅炉，并加热到 150℃的额定温度，锅炉出水汇集到热网供水母管，通过热网供水管将热水输送到各热力站，热力站再通过水水换热器，用一次侧热水加热二次侧供水，保证二次侧供水温度达到要求（保证最终热用户室内温度在 18℃±1℃）。在系统运行过程中，通过调节锅炉出水温度和流量可满足热网需求并保证系统经济、可靠运行，同时，各热力站可进行调节，以避免过冷或过热，进而维持整个热网的热力和水力平衡。热网五号锅炉监控界面如图 5.87 所示。

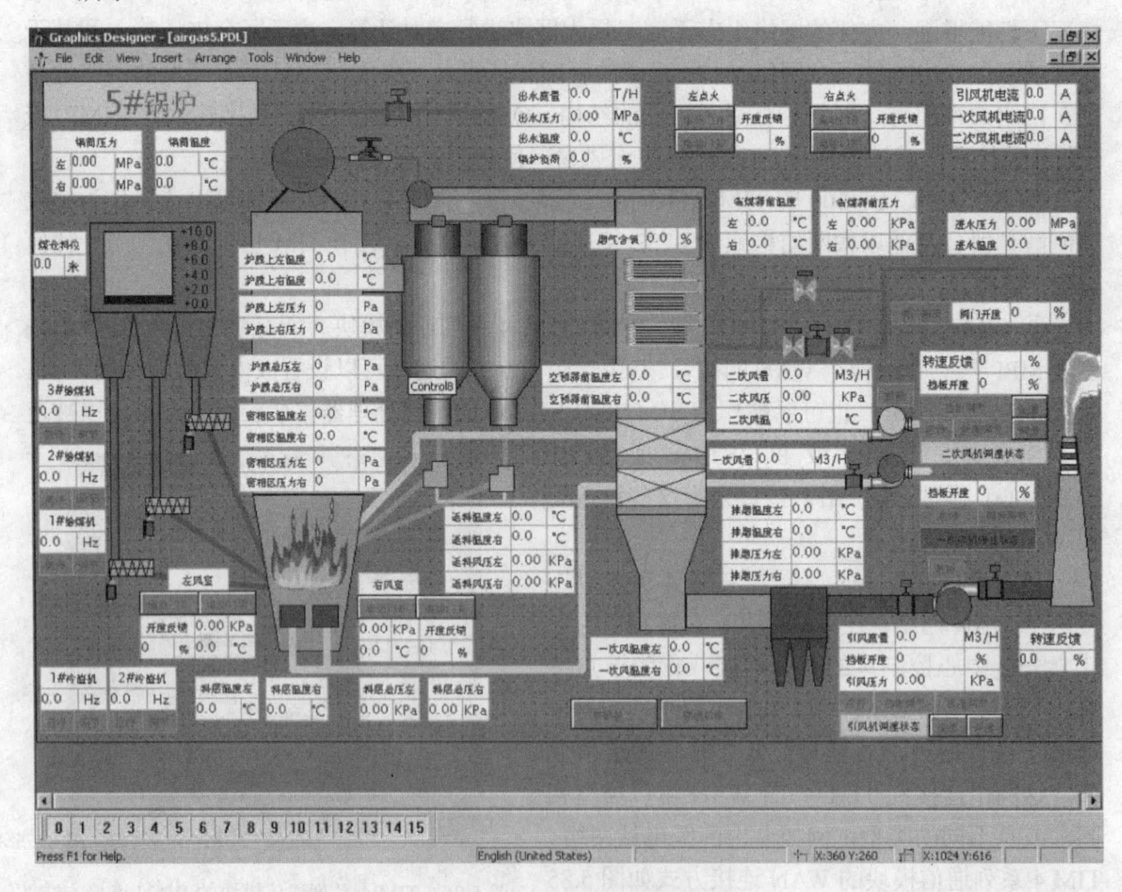

图 5.87 城市热网监控图

控制显示参数包括：煤仓料位，1#、2#、3#给煤机速度，1#、2#冷渣机速度，料区温度

和压力，炉膛上左温度，炉膛上右温度，炉膛上左压力，炉膛上右压力，密相区温度、压力，燃烧炉左右风室的门开度反馈、温度和压力，左点火开度，右点火开度，排烟温度，排烟压力，烟气含氧，省煤器前温度、压力，空预器前左右温度，一次风左右温度，二次风温度、压力和流量，二次风机调速状态，引风机调速状态的流量、开度和压力，引风机转速反馈，引风机电流，一次风机电流，二次风机电流，进水阀门调节的开度、压力和温度，返料温度和风压，烟气含量，锅炉出水压力、出水流量、出水温度和锅炉负荷。

系统于2002年开始运行，当年实现了全部数据采集、远方操作、报警报表、数据归档、锅炉房数据与热网SCADA数据交换等功能。2003年开始调试锅炉自动控制、热力站自动控制和整个热网的调节，并于当年完成调试。现今，自控系统可以实现锅炉燃烧、炉膛负压、料层温度和锅炉出水温度等的自动控制，并实现热力站温度控制和整个热网的平衡调节。经过2003~2004供热季的运行，系统稳定可靠。

自热网监控系统投入运行后，热网运行工况明显改善，使得热网首端用户市内过热而末端用户过冷的现象大大改善，同时，由于合理分配了各热力站的供热量，也大大降低了整个热网的热耗，经济效益得到显著提高。

5.4 集散控制系统在工业制造中的应用

5.4.1 JVH工程公司汽车部件制造机器的现场总线应用

不论汽车部件供应商正在制造的是缓冲器、门、仪表板还是刹车靴，其中一个不变的规律是关注生产周期和产品质量，这是他们为终端客户保证即时供货的两个最重要的因素。作为一个主要的汽车部件设备制造企业，JVH Engineering公司在新改进注塑成型机方面具有广泛经验，注塑成型机新的生产周期和质量标准是由JVH Engineering公司的Grandville Mich所建立的。JVH运作两个部门：工业的自动化和计算机辅助设计（CAD）部，并且自1985年以来一直提供工程咨询服务。JVH工业自动化专业技术是与液压过程相关的技术，像注塑成型、挤出、冲压成型，反应注入成型和液压成型，提供控制和软件解决方案。由于它的地位和专长，JVH在汽车工业做了大量的工程，特别在改进塑料机械方面，像注塑成型机（IMM），但也提供食品、金属成型和制药工业的解决方案。JVH在IMMs方面的工作覆盖了从75～9000t系列的成型机。通过采用现场总线控制对注塑成型机进行新的改进，JVH工程公司帮助主要汽车部件供应商减少废边料90%。

（1）工程背景

在直观上看，IMM里面塑料成型过程是直线向前的。塑料原料的小球被融化为液体形式，进入一个模具内并直到它冷却且固定。在此之后，模子被打开，完成的部件被丢进一个箱柜或送到运送装置上。成型过程的压力、温度和时间对得到质量一致的高精度部件具有十分重要的意义。JVH注塑成型机结构如图5.88所示。

一个汽车部件供应商让JVH评估一个1986型700t的注塑成型机。这个机器具有非常高的废边料率和非常低的过程控制水平。JVH的客户关心这个机器生产一个汽车内部主要部件的质量和规格。如果它不能满足规格和质量，合同就会给另一个供应商。供应商对升级新的自动化解决方案提了许多的要求。机器减少废边料率和生产周期，就可以生产更多的部件，降低每一个部件的成本。委托生产的质量使这个过程更为复杂，生产完成的部件不能掉到一个运送装置之上，因为这样会使它损坏。因此，部件需要一个机械手将它从机器上取下。为了使机械手取走这个部件，夹具和挤出器必须在每个周期结束的时候重复地运送完成的部件到相同的位置。

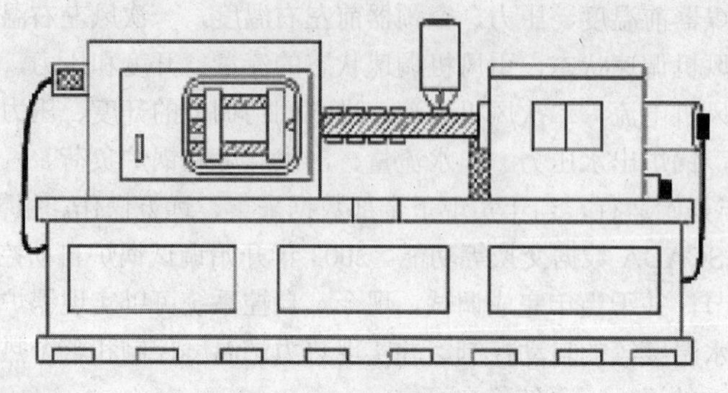

图 5.88 JVH 注塑成型机结构

“注塑成型机 IMM 有小的停工时间并且产生最小的废边料”，JVH 工程公司的副总裁罗德尼说，“当今的国内塑料成型制造都想除去废边料，而不是仅仅减少它。减少生产周期是为了维持他们的竞争边界”。

（2）解决方案

JVH 的客户必须在买新的机器和改进已有的注塑成型机 IMM 之间作出适当的选择。他们最后决定：作翻新改进对成本效益更有利。最终，供应商选择 JVH，因为 JVH 了解塑料处理、注塑成型机、液压原理和 AB 控制系统。供应商希望采用 Rockwell 自动化解决方案，因为容易集成 A-Bradley 特性而且有控制平台的维护经验。JVH 设计了控制和液压系统，并且在俄亥俄州进行机器的机械和电气安装工作。供应商排光了油箱并装船运送注塑成型机 IMM 到那里，然后它被完全拆除并且重新建造。再建增加了第三个电机和液压泵来增加机器的注入速度。

JVH 为这个特殊的工程寻找新的解决方案。Rockwell 自动化已经与 Bosch Rexroth 在新的闭环控制器 DeviceNet 网络上通信进行合作。JVH 会见了两个公司并且决定联合解决工程的技术标准。

JVH 采用了 AB SLC5/05 处理器，对 Bosch Rexroth DPQ-2 X 数字注入控制器和 Bosch Rexroth 闭环夹具控制器 (DPC) 采用 DeviceNet 通信。解决方案也包括了 12"的 AB VersaView 6182 Windows CE 工业计算机运行 Rockwell 软件 RSView 机器版本和 HMI 软件。“DeviceNet 网络允许汽车供应商对 Bosch Rexroth 闭环控制器通信并下载过程控制的设定点”，罗德尼说：“然后，SLC 能控制过程的不同部件，像启动机器和夹具结束程序。一旦一个周期完成，Bosch Rexroth 卡提供真实数据帮助确定机器运行良好。”

JVH 与供应者合作设计 RSView 机器版本的操作员接口。使用 RSView 工作室，基于个人计算机的开发工具提供了一个方便的开发环境来简化应用设计，减少开发时间。工程师可以配置注入处理机器的屏幕，包括它的维护和质量控制屏幕。举例来说，根据它的质量控制功能，机器能立刻辨别它是否为一个完成的好部件或坏部件，并且告诉机械手丢弃它或把它放在完成部件的传送带上。

（3）系统硬件设计

使用 Logix 平台、DeviceNet 和 Bosch- Rexroth 高速的闭环控制器创建了一个塑料注塑成型机控制解决方案。基于 SLC 和 PLC-5 的注塑成型生产线控制可以采用 Rockwell 自动化解决方案，这个解决方案为使用 Logix 的注塑成型机用户建立了基于 Rockwell 自动化的最新控制平台，也为 Bosch-Rexroth 用户提供了类似的控制平台，使他们有关塑料的应用转移到 Logix 控制。新的控制采用开放的网络体系结构和各种不同的 SLC、PLC-5 和 Logix 硬件产品，包括各种存储器、输入 / 输出、控制和通信。 控制系统产品需求下列各项的硬件和软件产品用来实现应用的解决方案：

- Logix 控制器；
- DeviceNet 接口模块；
- 各种不同的 Logix 输入和输出模块；
- Bosch Rexroth 注塑控制器（DPQ-2 X)；
- Bosch Rexroth 夹具控制器（DPC-1 X)；
- 使功能块激活的 RSLogix 5000 软件；
- RSLinx 软件；
- DeviceNet 软件的 RSNetworx；
- 前端 HMI 软件（例如 RSView32 ，I 或 SE)。

（4）系统结构设计

塑料成型过程控制任务包括：

- 减少全部的注入形成过程周期；
- 改善过程的重复性和柔性；
- 减少振动；
- 减少废边料和再磨压；
- 简化方案变换；
- 当集成它进较大或小机器的时候 ，简化并重复使用这一控制策略；
- 建立使用的 MicroLogix 1500、SLC 和 PLC-5 的注塑成型机的解决方案。

建立一个 Logix 控制器应用实例，也可以采用 SLC 和 PLC-5 实现控制器。注塑成型机控制系统结构如图 5.89 所示。

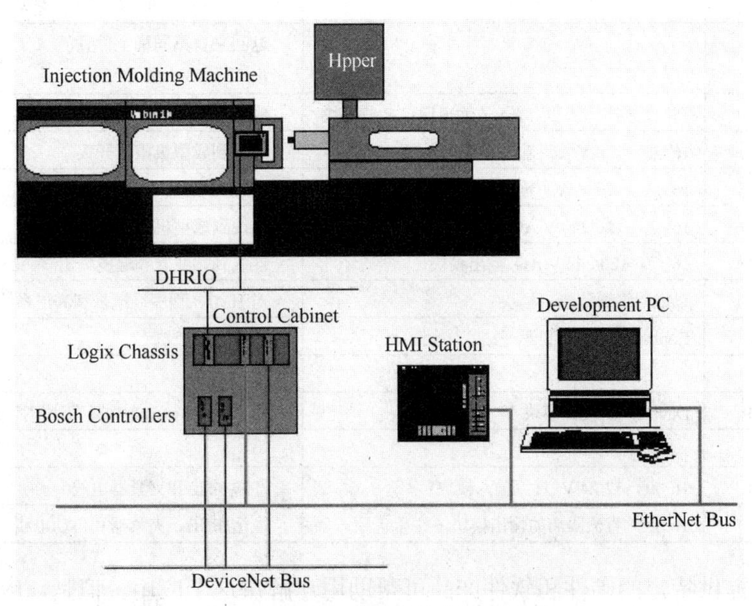

图 5.89　注塑成型机控制系统结构

注塑成型系统结构由下列单元组成：DeviceNet 网络；DeviceNet 扫描机 DPC-1 X（Bosch Rexroth 夹具控制器）；Q-2 X（Bosch Rexroth 注塑/挤出控制器）；以太网络；以太网络模块 HMI 工作站，开发计算机；RIO 网络；DHRIO 模块 Redi_Panel 操作员接口/控制；各种附件。

现场装置 DPC 和 DPQ 液压控制器相接的各种不同的输入 / 输出模块，被连接到实际的阀和传感器来控制，并且读取阀的输出、压力和液压回路里的位置。

注意：这一个结构有许多的理由被选中（例如硬件的集成组合最快）。然而，网络可以重新安排适合新的应用。操作员接口/控制可以是连在 DeviceNet、ControlNet 或以太网络上。高层数据采集系统可以连接到以太网络中心用来汇集和分析实时的数据。

建立这一个系统的控制硬件/网络结构的主要部件：系统的核心是 ControlLogix 基站，用于对现场装置的过程控制、网络连接和输入 / 输出连接。一个 13 个槽的 ControlLogix 作为这个应用的基站（其他可用的基站尺寸：4，7，10 和 17 槽版本）。Logix 平台的标准是这解决方案的关键特征，因此，下面显示的多余槽用来提供一个缓存器，给将来扩展的网络、运动或输入 / 输出能力提供余地。ControlLogix 基站如图 5.90 所示。

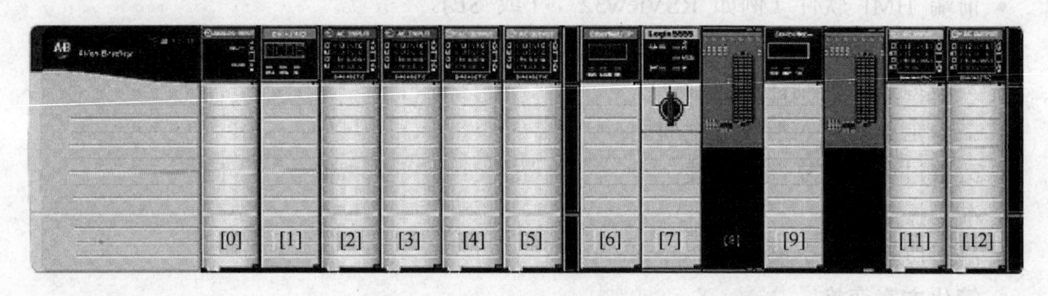

图 5.90 ControlLogix 基站

作为特定测试情况的 ControlLogix 基站在表 5.14 中被描述。

表 5.14 ControlLogix 基站组成部件

槽号	模 块	描 述	功 能
0	1756-IT6I	6 点热电偶输入模块	返回来自不同桶上位置的 4 J 型 T/C 和油的温度数据
1	1756-DHRIO	高速数据通道/远程输入 / 输出通信接口模块	成型机上 Redi 嵌板的接口
2	1756- IA16	16 点，120 V AC 输入模块	连线到成型机限位开关
3	1756- IA16	16 点，120 V AC 输入模块	连线到成型机限位开关
4	1756-OA16	16 点，120/240 V AC 输出模块	连线到成型机螺线管
5	1756-OA16	16 点，120/240 V AC 输出模块	连线到螺线管和温度输出
6	1756-ENET	以太网络通信接口模块	对 HMI、程序终端机和高层系统的接口
7	1756-L63	ControlLogix 控制器	提供系统控制
8	空		
9	1756-DNB	DeviceNet 接口模块	对 Bosch Rexroth 夹紧和注塑控制器的接口
10	空		
11	1756-IB16	16 点，12/24 V 直流输入模块	注塑/挤出和夹紧器电线
12	OB16I	16 点，直流隔离的输出模块	注塑/挤出、夹紧器和自动电线

上述目录提供特定的硬件和软件产品可帮助用户解决这个应用。但是，应用不限于这些硬件产品。

以太网络被选择支持在HMI、程序终端和上层管理系统之间的通信。对于该应用解决，一个小隔离的以太网络应用如图5.91所示。

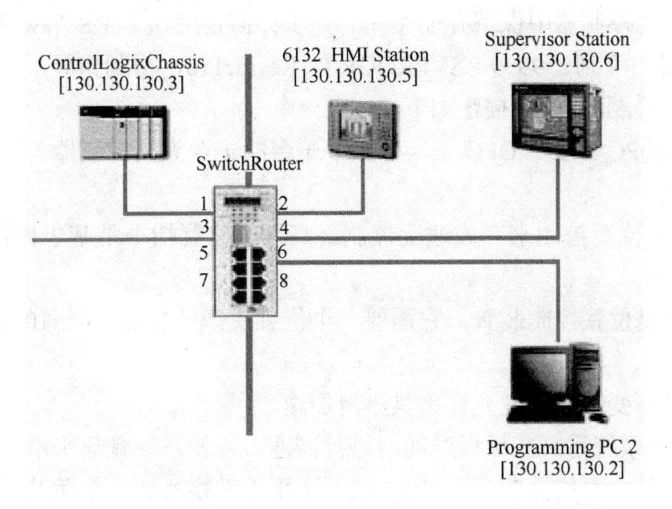

图5.91 与人机界面、控制器和超级工作站连接的以太网

DeviceNet是连接Logix系统和Bosch Rexroth 夹具、注塑/挤出控制器的接口。DeviceNet触发被送到注塑/挤出和夹紧卡，当下列各项事件被确定：通过梯形码编程的事件和条件；来自液压控制器的状态。这些触发表示为注塑/挤出及夹紧液压控制器卡的块数字序列。附加的基于DeviceNet的硬件（如PanelViews、Stacklights、传感器等）也可以在DeviceNet网络上放置；然而，记住因为对液压的控制器的时间事件的触发经由DeviceNet传送，可得到网络和机器性能的最佳性能。在另一端，一般不推荐放其他任何的装置在同一 DeviceNet 网络上，因为这将会不断地使大量的数据输入网络。

这个专用的注塑成型机解决方案在 Dorn 170 HT 上集成，它包含典型Van Dorn 液压的线路的两个装置（这些装置的 1个 支持注塑和挤出）和3个比例阀（1压力和2流程）。然而，这个解决方案不限于这个特别的液压线路，对于其他机器的类型或规格，或应用的尺寸也适用。用户可以与液压专家或系统集成商讨论液压图表，以便使系统具有最佳的性能（例如，确定液压部件是否适合实际应用规定的尺寸制作）。

已存在的万用RIO（远程输入/输出）网络和原先安装的控制系统（SLC和 PLC-5）用的 RediPanel仍用于该解决方案。虽然Logix 平台支持万用 RIO，但是推荐考虑使用在以太网络或 DeviceNet 上的 PanelView 作为操作员的机器控制。这个开放的解决方案是基于NetLinx 集成体系结构。

对于这个应用，RSView32项目在Windows 2000 环境的AB 6181 工业计算机上被开发。数据经过一个 OPC 服务器被转换为 RSView 应用（RSLinx)。数据从在以太网络上的ControlLogix L63 控制器传输，或者数据从 Bosch-Rexroth 注塑/挤出和夹紧控制器经由DeviceNet扫描器传输，通过基架到以太网络模块，从以太网口到HMI。这表明了Rockwell自动化的集成体系结构的主要特点：无缝桥接和路由。因为Bosch Rexroth液压控制器连接在DeviceNet（Rockwell的核心网络之一）上，用户从HMI可直接查看机器的信息，而不通过ControlLogix L63 控制器。这就减少了控制器的负担，可用于更快速扫描和留有较多的通信带宽；另外，它减少了程序员的时间。因为一个成型机用来成型很多的部件，储存数据和接收信息的能力非常关键。为了支持这个功能，称为 RecipePro 的 RSView32 扩展被采用。这是基本 RSView32 包的一个附加软件，它使下载和存储功能变得十分容易。使用它储存方案的另一个优点是：在控制器中保留存储空间。关于如何使用这个 RSView 扩展的更多内容，可参考 Rockwell 软件手册：9399 RSVPROGR 的 RecipePro，得到指导。

Bosch 液压的控制器 设备描述如下。

夹紧控制器（DPC-1 X)：DPC 是一个数字平台的工业夹具控制器，它控制速度和压力，使液压轴控制最优。

① 能使用闭环位置控制来完成速度控制。高级的位置指令是基于操作员输入速度指令自动计算的。

② 因为 DPC 是位置控制装置，它需要一个位置反馈转换器。0～10 VDC 模拟量和 SSI 数字类型被支持。

③ DPC 使用不变的加速度允许夹具平滑加速。

④ 刹车技术被系统用来在最短时间内进行减速，可使系统减速平滑且具有超级重复性。

⑤ DPC 包括压力限位控制，可以用 1 或 2 个压力转换器或一个负荷单元组合配置工作。

⑥ 先进的控制技术如“活跃阻尼”允许对低频系统对象进行精确闭环控制。

⑦ 利用一个比例方向型液压流速控制阀，或使用分开的阀控制流速和压力。

⑧ 具有 DeviceNet 通信能力的 DPC 允许直接访问 PLC 或计算机。所有的触发序列通过 DeviceNet 传送到 DPC。

运动设置点从 PLC 或计算机传送到 DPC 内。使用 DeviceNet 或 Bosch Rexroth BODAC 的 RSNetworx 软件，设置点也可以输入到卡内。

DPC 配置控制夹具应用类型，并且在夹具应用中组态设置所有可识别的参数。然而，DPC 控制质量有许多其他的应用，典型的应用包括：

- 机械处理装置；
- 提升和移动机器；
- 金属粉的挤压；
- 旋转轴的角位置；
- 轴的往返和传动。

注塑控制器（DPQ-2 X)：DPQ 是一个数字平台的工业注塑成型控制器。它将液压注入轴或液压挤出轴的控制最优化。

① 使用闭环位置控制来完成速度控制。高级的位置指令是基于操作员输入速度指令自动计算的。

② 挤出控制可采用液压开环或闭环组态实现。

③ 因为 DPQ 是位置控制装置，它需要一个位置反馈转换器。0～10 VDC 模拟量和 SSI 数字类型支持注入轴。

④ DPQ 包括压力限位控制，可以用 1 或 2 个压力转换器或一个负荷单元组合配置工作。

⑤ 利用一个比例方向型液压流速控制注入速度和压力，或使用分开的阀控制注入速度和压力。

⑥ 具有 DeviceNet 通信能力的 DPQ 允许直接访问 PLC 或计算机。所有的触发序列通过 DeviceNet 传送到 DPQ。

运动设置点从 PLC 或计算机传送到 DPQ 内。使用 DeviceNet 或 Bosch Rexroth BODAC

的 RSNetworx 软件，设置点也可以输入到卡内。

DPQ 配置控制注塑成型类型，并且在注塑成型应用中组态设置所有可识别的参数。然而，DPQ 控制质量有许多其他的应用，典型的应用包括：

- 移动形成；
- 挤出；
- 推削；
- 橡胶成型；
- 积聚头吹成型。

（5）软件设计应用

有 4 个 Rockwell 自动化软件包用于这个工程项目。

① RSLogix 5000 软件包用来对所有逻辑功能块进行编程，实现成型过程工序的顺序逻辑和温度控制逻辑。

② RSNetworx 软件用来配置并且检测 DeviceNet 网络上的设备。

③ RSLinx 是一种把 RA 网络和装置与微软 Windows 应用相连的 32 位软件产品。这些程序覆盖从设备编程到组态应用，例如 RSLogix 和 RSNetworx，到 HMI 应用，例如 RSView32，到使用 Microsoft Office、Web pages 或 Visual Basic 获得的数据应用。

④ RSView 32——Rockwell HMI 软件包，除了这些产品包，Bosch Rexroth 也提供他们自己的专用 Windows 软件（BODAC）给夹具、注塑和挤出的液压控制。这个软件提供另外一条在线通过硬件面板上的串行口为注塑和夹紧控制器方便和快捷编程的途径。这个软件（可以从 Bosch Rexroth 工业液压分公司直接获得）有下列各种功能：设置，故障修理，上传和下载参数，校正，参数监测，实时时间曲线图和模块诊断。

梯形码设置编程是实现注塑成型控制的重要组成部分。这个应用开发的代码设计可以控制绝大多数标准注塑成型过程。程序代码把 Bosch Rexroth 夹具通过 DeviceNet 与注塑/挤出控制器连接在一起。另外，它也包含桶温度控制、机器模态，标准夹紧/注塑/挤出序列，警报等功能。对于这个特殊的应用，梯形码利用夹紧和注塑/挤出序列图进行开发，并且遵循注塑成型过程的四个主要阶段（见 Bosch Rexroth 技术手册的 DPQ-2 X 和 DPC-1 X）。

① 夹具关闭——在这个阶段，夹具圆筒推动移动压盘向固定压盘运动。

② 注塑——在这个阶段，注入充填器前进喷射溶化的塑料进入模具洞内，增压填充任何空虚的空间（包），并且保持压力直到部件冷却；注入器（螺旋管）随后旋转为下次注塑再装载塑料。螺旋管迫使塑料下降到螺旋管运动的顶端，之后，注入充填器缩回（增塑）。注入充填器缩回的距离决定注塑尺寸。

③ 夹具打开——在这个阶段，定位圆筒从固定压盘拉出移动压盘打开模具。

④ 挤出——在这个阶段，模子的挤出圆筒前进用针挤出模具中的部件。为了了解更多有关 DeviceNet 如何导起注塑/挤出和夹紧液压控制过程阶段，参考 Bosch Rexroth 文件提供的 DPQ-2 X 和 DPC-1 X 产品序列图。

Bosch Rexroth 液压控制器的 DeviceNet 接口用于保证液压控制器的通信。Rockwell 自动化的核心网络的 DeviceNet 具有将大的控制和通信能力。当开始开发新的 DeviceNet 控制产品时，仍可采取 Bosch Rexroth 已存在的液压控制器技术（DPC-1 X 夹具控制器和 DPQ-2 X 注塑/挤出控制器）。如先前所讨论那样，梯形逻辑被扫描并且将指令送到 DeviceNet 目标点。图 5.92 例子可以加深理解，可以看到 OTE 指令被映射到本地输出 9:0.Data[0].19，并且有螺旋管旋转的描述。这是对 DPQ-2 X Bosch Rexroth 注塑/ 挤出控制器的激活，指示板卡在注塑完成之后旋转恢复螺旋管。这种专用 DPQ-2 X DeviceNet 产品有 16 字节输入和 4 字节输出数据。

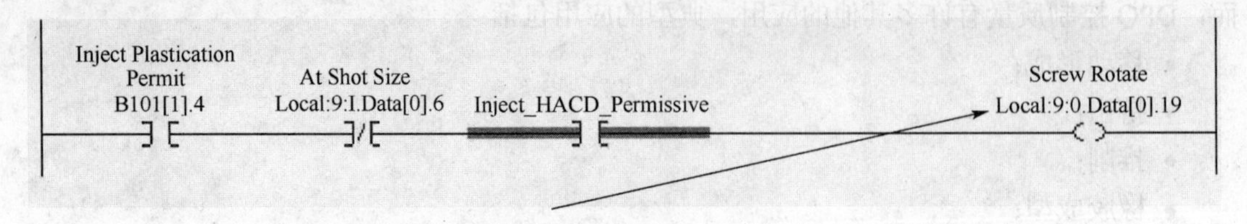

图 5.92 梯形逻辑 OTE 指令

Bosch Rexroth 注塑控制器的 I / O 列表描述见表 5.15。

表 5.15 注塑控制器的 I / O

描 述 符	输入 / 输出类型	字 节	位
移动获取	输入	1	0
注塑卡 OK	输入	1	1
挤出器完全缩回	输入	1	2
选出挤出器缩回位置	输入	1	3
压力描绘结束	输入	1	4
减压结束	输入	1	5
注入尺寸	输入	1	6
在挤出器伸展	输入	1	7
注塑卡准许	输入	2	0
注塑圆筒位置反馈	输入	3～6	
系统/注入压力	输入	7～10	
挤出器位置反馈	输入	11～14	
注塑卡中的活跃块	输入	15～16	

注塑控制器的 I/O 如表 5.16 所示。

表 5.16 注塑控制器的 I / O

描 述 符	输入 / 输出类型	字 节	位
注塑开始	输出	1	0
挤出缩回手动	输出	1	6
手动传递减压	输出	1	7
夹紧运动	输出	2	8
挤出伸展	输出	2	9
轻推向前	输出	3	17
轻推倒退	输出	3	18
螺线管旋转	输出	3	19
预减压	输出	3	22
后减压	输出	3	23
挤出向前手动	输出	4	25
挤出缩回手动	输出	4	26
挤出器自动全部缩回	输出	4	27
挤出器自动缩回顶端	输出	4	28
注塑卡设定初值	输出	4	31

相同的触发机制可以应用在 Bosch Rexroth 夹具控制器。如表 5.17 所示，Bosch Rexroth 夹具控制器支持 12 个字节的输入数据和 4 个字节的输出数据，全部用在序列注塑成型程序。

表 5.17　夹具控制器的输入 / 输出

描　述　符	输入 / 输出类型	字　　节	位
移动获得	输入	1	0
夹紧卡 OK	输入	1	1
在开的位置	输入	1	3
在登记	输入	1	4
在关闭压力	输入	1	5
在减少压力	输入	1	6
挤出器夹紧许可	输入	1	7
夹具卡准许	输入	2	0
夹具位置反馈	输入	3～6	
夹具压力	输入	7～10	
夹具的活跃块	输入	11，12	

夹具控制器的输入/输出如表 5.18 所示。

表 5.18　夹具控制器的输入 / 输出

描　述　符	输入 / 输出类型	字　　节	位
启动关闭	输出	1	0
减少压力	输出	1	7
启动打开	输出	2	8
夹具打开	输出	3	16
夹紧结束	输出	3	17
夹具卡设定初值	输出	4	31

（6）Logix 软件组态

这个应用将 Logix 平台作为基础的优点之一是具有功能块（FB）程序。连同一个离散输出模块和 6 个通道热电偶模块（1756-IT6I）一起，FB 提供了桶温度控制的基础。这个特殊的应用仅使用加热区域，因此只需 4 输出来驱动加热器的电流接触器。在下面控制器的例子中有 2 个温度功能块程序。

RSLogix 软件组态入口见图 5.93。

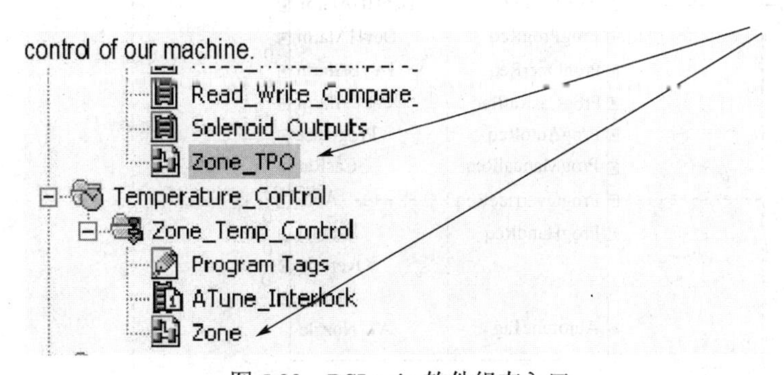

图 5.93　RSLogix 软件组态入口

第一区域（TPO 区）被主程序无条件调用。这一个 FB 程序有 4 张（每个加热桶区域有一个）。SRTP 指令获得 PIDE 回路的 0～100%输出，PIDE 回路是在 FB 程序区（对应温度控制任务），并且通过一个数字脉冲驱动输出接触器。PIDE 回路控制功能块如图 5.94 所示。

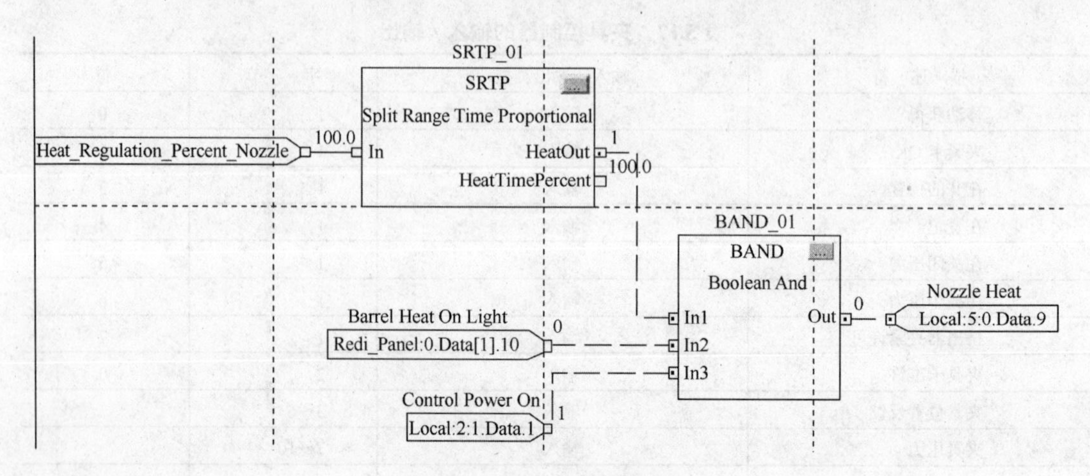

图 5.94 PIDE 回路控制功能块

第二 FB 程序（区域）无条件被 Atune_Interlock 程序调用，并且使用增强的 PID 指令允许程序员建立控制，设定点和桶上每个加热区域的报警值。另外，RSLogix 5000 PIDE 提供一个在 PIDE 指令内的开环自校正功能。可以从 PanelView 终端或任何其他操作接口装置和 RSLogix 5000 软件进行自动校正。对这个应用，自校正功能已经运行。为了看到每个加热区域的 PID 值，转到 FB 程序专用页，点击在 PIDE 指令上的省略按钮。增强的 PID 控制功能块如图 5.95 所示。

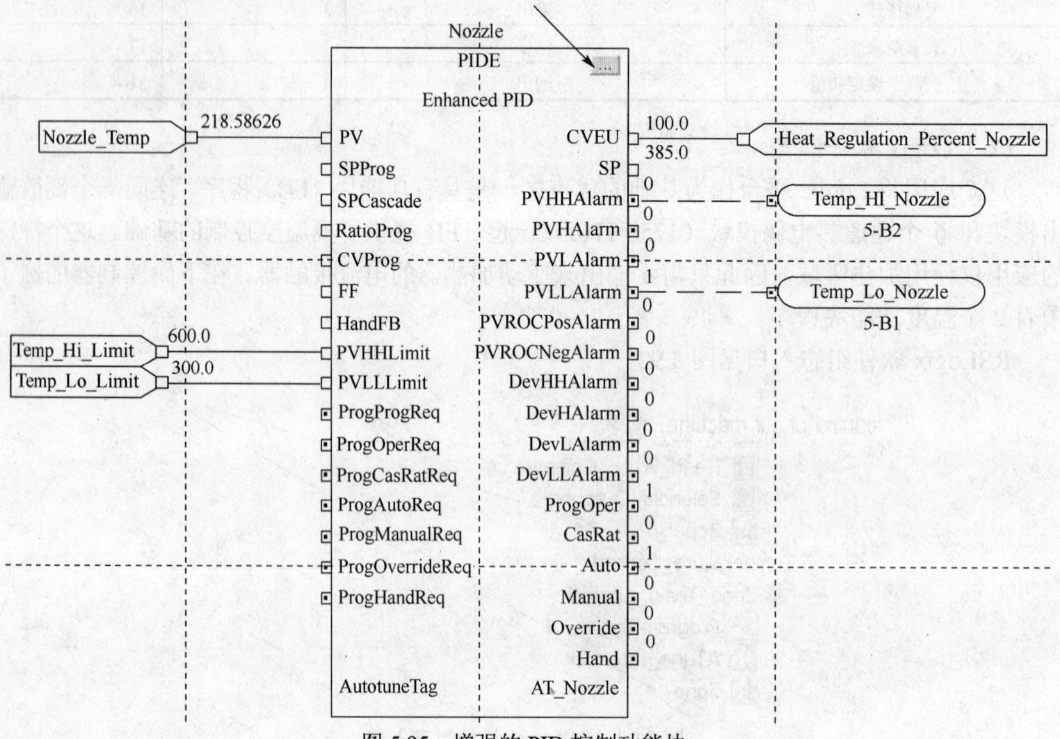

图 5.95 增强的 PID 控制功能块

然后，去 Autotune（自校正）定位键看 Autotune 数据，如图 5.96 所示。

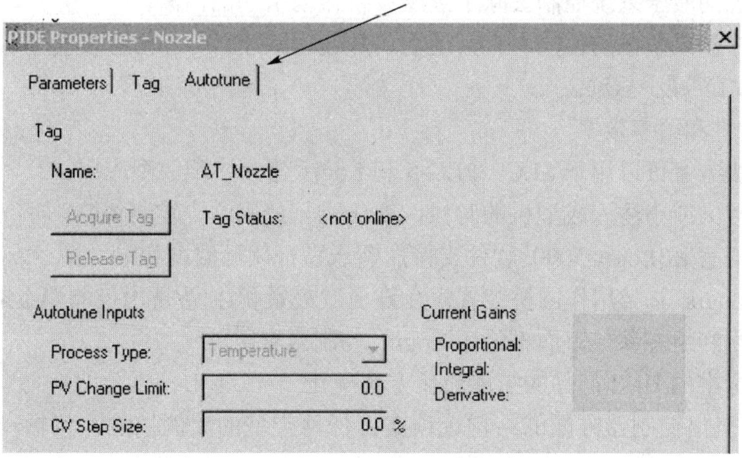

图 5.96 自校正功能确定

通过功能块程序和自校正功能，应用代码运行多区域温度控制。对于这些工作是如何完成的详细的解释，请参考下列各项在 www.ab.com 网站上的知识库：A22929290: ControlLogix Multi-zone Temperature Control-Plastics Industry A20456899: Performing a PIDE Autotune from Logic with the Embedded PIDE Autotune。

（7）运行结果

为了描述利用 Logix 的解决方案建立 W/Bosch Rexroth 液压注塑成型的控制器的优点，看一看解决方案的每个控制如何应对原应用问题的挑战。对现场总线控制提出的挑战描述如下。

① 增加注入成型机的全部制造速度：

- 高性能闭环速度和压力调节的注塑与夹紧控制；
- 具有多冲击能力的高反馈挤出器。

对已存在的专业 Pro-Set 200 解决方案的比较如表 5.19 所示。

表 5.19 解决方案的比较

方　　案	平均周期时间/s	循环时间最小量/s	循环时间最大值/s	循环时间标准偏离
专业 Pro-Set 200 （SLC-注塑成型控制）	42.15	41.59	44.86	0.78
Logix 解决方案的 W/Bosch Rexroth 液压的控制器	33.17	33.04	33.25	0.05

② 改善过程的重复性且减少废边料/再处理

- Logix 控制器的高速项目扫描改善控制和重复性。
- 明确设计用作液压轴控制结构，使控制成为可重复精确的设备。
- 为新老注塑成型机提供注入和夹具控制器的切断边缘的性能。这个性能帮助将废边料减到最少并且注入和夹具处理完全可重复。

③ 减少费用和机器振动

- 减少硬件投资：注入/喷出卡（DPQ）能同时控制达 3 个比例阀；夹具卡（DPC）能同

时控制达 2 个比例阀。

- 由于精确的液压系统控制去除了液压设备振动引起的泄漏。
- 减少了注塑成型机的振动，夹具运动、加速、减速、停止过程变得平稳，使任何的外围设备（如 HMI）减少振动。

④ 增加柔性和改善效率

- 产生解决方案可以用于 SLC，PLC-5 和 Logix 建立注塑成型应用。
- 当集成较大或小注入成型机的时候，简化重复使用这一控制策略。
- 使用多语言 RSLogix 5000 软件支持注塑成型桶闭环温度控制。
- ControlLogix 基架用作网桥装置，允许通过夹紧和注塑/挤出控制器上的 DeviceNet 通信访问全部控制和组态参数，而不经由 Logix 控制器实现。
- 利用对标准的 HMI 产品的扩展简化方案变化。
- 在注入/挤出控制器方面的结构选项支持任何类型的比例控制，包括一或两个阀注入线路。
- 在夹具控制器上的组态选项支持使用不同方向类型比例控制阀的液压线路。

⑤ 改善全部的过程控制

- 夹具和注入/挤出控制器的装备的选项支持使用多种控制要求的应用。
- 实际夹具力的误差控制使夹力对模具影响最低。
- 完全的闭环多步骤夹具速度打开和关闭控制。
- 刹车位置控制允许可重复，快速，平滑的液压夹具减速。
- 部件挤出器的多种选项用于模具填充，保持压力和恢复压力。

虽然机器有足够柔性来生产任何类型的部件，但它为大的汽车生产终端用户专门产生三个部件。当时这一个部件供应商全公司平均废边料率大约是 3%，而在翻新改进的机器上的废边料率将近 0.3%——减少了 90%。工程超出了所有技术规范的标准，而且 JVH 以 2s 打破了周期时间 40s 的估计。此外，注入关车是可重复的 0.01in，表明 JVH 翻新机器在控制塑料模具充填有很高的精度。这比起先前 0.0954in，模具现在填充达到 89.8%精度。

在最初的分析中，供应商估计旧机器会比新机器慢 2s，但是新改进机器节省的时间安排弥补生产周期的延迟。然而，在测试了翻新机器之后，供应商了解它可以满足一部新商标机器周期时间——38s 周期时间的规范。因此，新的控制系统比预期效率提高 5%，可以每小时再多生产几乎 5 个另外的部分。供应商在 1.5 年内收回了投资。

5.4.2 BOPP 薄膜生产线集散控制系统应用实例

双向拉伸聚丙烯薄膜（Biaxial Oriented Polypropylene Plastics ，BOPP）是由双向拉伸所制得聚丙烯薄膜总称，它是经过物理、化学和机械等手段特殊成型加工而成的塑料产品。随着先进控制理论、检测技术、计算机技术和通信技术的高速发展，BOPP 生产线的控制水平及技术也得到了快速提高，性能优越的自动化生产线越来越受到人们的重视。在双向拉伸中双向两步拉伸法是目前最常用的工艺方法，所用设备成熟、线速度高、有较高的生产效率，适于大批量生产，是平膜法的主流，已被绝大多数企业所采用，其工艺流程概括为：原料→挤出→流延→纵向拉伸→横向拉伸→切边→电晕处理→收卷→分切→成品→边料回收→造粒。主要设备有：挤出机、过滤器及 T 型机头，厚片冷却成型机（急冷辊），纵、横向拉伸机，后处理机，测厚仪，收卷机，分切机和边料回收系统等，这些设备相互关联、相互影响。

为了保证系统的协调工作，在该生产线的电气传动控制中采用了 CC-Link 现场总线，以保证系统的数据共享，实现协调工作。CC-Link 现场总线是目前应用较为广泛的一种现场总线，它是一个以设备层为主的网络，同时也可以覆盖较高层次的控制层和较低层次的传感器层。一般情况下，CC-Link 整个一层网络可由 1 个主站和 64 个子站组成，它采用总线方式通过屏蔽双绞线进行连接。网络中的主站由三菱电机 FX 系列以上的 PLC 或计算机担当，子站可以是远程 I/ O 模块、特殊功能模块、带有 CPU 的 PLC 本地站。如果需要增强系统的可靠性，可以采用主站和备用主站冗余备份。整个生产流程较为复杂，环节较多，包含主从站的网络系统构成方式。CC-Link 具有高速的数据传输速度，最高可以达到 10Mbps 。CC-Link 具有多种分支中继器和光中继器，以满足不同的应用场合。

（1）系统的组成和功能

BOPP 生产线的电气控制主要分速度链传动控制系统、温度控制系统、测厚控制系统和辅助控制系统。传动控制系统由挤出机电机、冷辊电机、慢速辊电机、快速辊电机、横拉辊电机、后处理电机、上卷电机、收卷 1 电机和收卷 2 电机等组成，根据生产工艺，除挤出机电机单独控制外，其余电机必须保持严格的同步速度，即要求按照特定的速度链进行增/减速。温度控制系统主要对挤出机、过滤器、机头、纵拉伸和横拉伸部分进行温度控制，控制精度在±0.5 ℃。测厚系统由两个独立的计算机控制系统组成：一个为前扫描测厚系统，用于测量厚片的厚度；另一个为后扫描测厚系统，用于测量成品膜的厚度。辅助控制系统主要包括对储片架升降、换卷系统、罗茨风机、排风风机、跟紧辊、自动注油系统和恒张力收卷等的控制 。上位机方便实现工艺参数的设定、修改、设备运行状态的监视和生产过程数据监视功能。过程机为研华 IPC610 工控机。

BOPP 生产线的电气控制如图 5.97 所示，分为基础自动化控制级和过程计算机控制级，过程机完成高精度的设定计算和控制，基础自动化完成高性能的速度控制、温度控制和辅助控制。基础自动化控制级采用三菱公司 PLC 和欧陆公司的 590/ 591 直流调速器，对生产线的直流驱动系统进行速度控制和辅助控制，RKC 温控仪表对生产线的温度进行控制。过程机采用工业控制计算机，该计算机完成对薄膜的厚度测量，它通过 β 射线测厚仪实时测量厚片的形状和成品膜形状，并将数据传送给过程机。同时过程机和 PLC 之间通过 CC-Link 现场总线连接，过程机和 RKC 仪表通过 RS-485 连接，整个系统组成如图 5.98 所示（图中粗线为 CC-Link）。

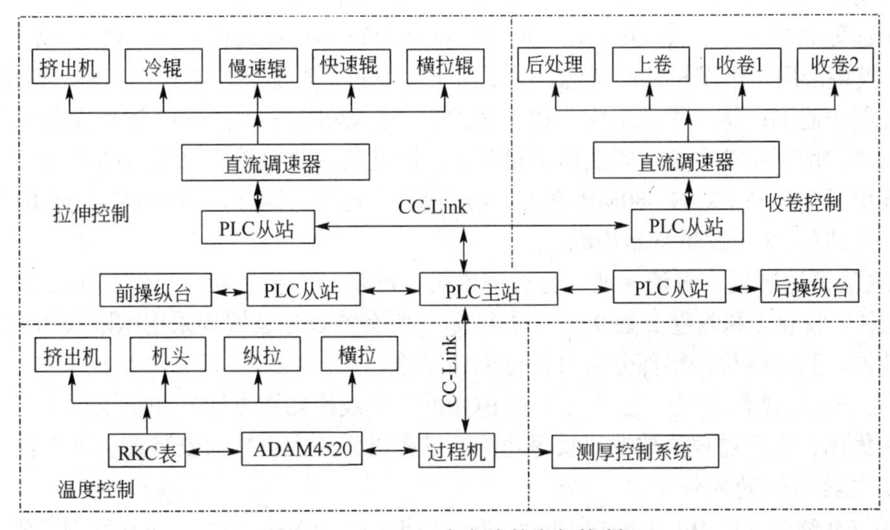

图 5.97　BOPP 生产线的电气控制

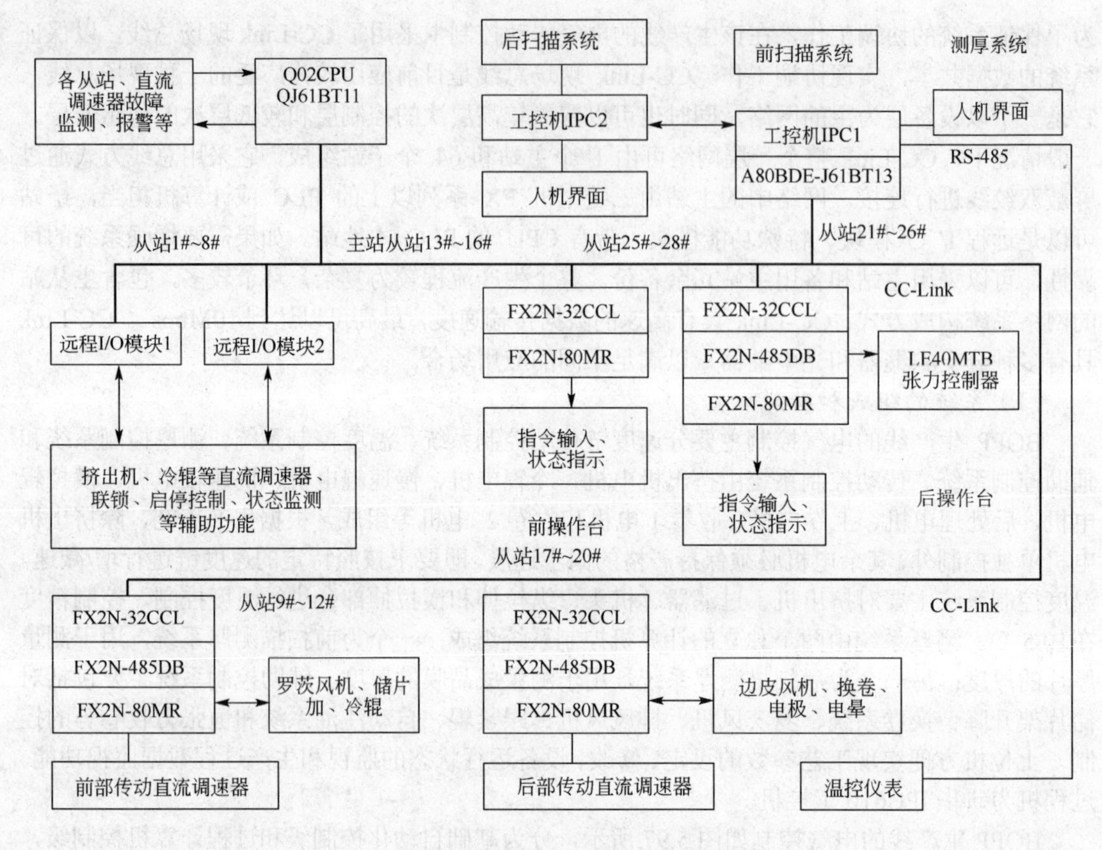

图 5.98 控制系统网络连接关系

（2）监控系统硬件配置

PLC 系统配置：系统由 5 个 PLC 站组成，其中 4 个为 PLC 从站，一个为 PLC 主站，PLC 从站 1 完成对挤出机、冷辊、纵拉伸和横拉伸直流调速器的控制，PLC 从站 2 完成后处理、上卷、收卷 1 和收卷 2 直流调速器的控制，PLC 从站 3 和 PLC 从站 4 完成与 BOPP 生产线有关的所有逻辑控制。PLC 从站和主站之间通过 CC-Link 现场总线实现数据的共享。在该 CC-Link 现场总线网上，Q02CPU 是主站，QJ61BT11 作为接口模块。从站有两类：第一类从站是远程 I/ O 站，由 AJ65BTB2 -16R 和 AJ65SBTB1-16D 远程 I/ O 模块组成，共 8 个模块，每个模块占用 1 个逻辑从站资源，主要用于实现对各直流调速电机的启停、切换、联锁、故障等控制和监测；第二类从站由 FX2N -32CCL 和 A80BDE -J61BT13 远程设备模块构成，共 5 个模块，由于系统中要传输的信息量较大，因此将这类模块设计成占用 4 个逻辑从站资源，主要用于实现与 FX2N -80MR PLC 和过程机的连接。因此，整个 CC-Link 现场总线网络由一个主站和 28 个逻辑从站构成。

① 直流调速装置　直流调速部分有挤出机、冷辊、纵拉慢辊、纵拉快辊、横拉伸、后处理、上卷、收卷 1 和收卷 2 共 9 个部分组成，所有的调速装置均采用欧陆公司的 590/ 591 直流调速器，其中纵拉慢辊部分为可逆直流调速器。

② 过程机的硬件配置　过程机完成 BOPP 生产线原始数据输入和记录、工艺过程的设定计算和优化、生产过程的数据记录等功能。过程机作为人机接口安装在主操作台。

（3）监控系统的软件平台

过程机系统软件以 Windows98/ 2000 为操作平台，用 Visual C++　6.0 编制完成。软件功

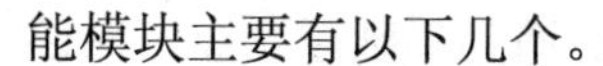

能模块主要有以下几个。

① 厚度控制模块　包括前扫描及后扫描厚度控制模块。其中前扫描主要为厚片控制，包括前扫描机构的控制、厚片数据处理、机头螺栓调整算法、厚片目标截面整定和各种参数设定等。后扫描包括后扫描机构的控制、处理成品薄膜厚度、计算厚度偏差并将偏差传送到过程机。

② 温度控制模块　包括温度显示、串行通信、温度设定、数据记录、偏差整定等。

③ 速度控制模块　包括速度显示、现场总线通信、传动系统速度链的设定、工艺数据的记录等。

④ 文件处理模块　包括数据存储、曲线显示、打印处理等。PLC 编程软件采用三菱公司的 PLC 编程软件，它是基于 Windows95/ 98/ NT 的标准软件包，通过该软件用户可以进行系统配置和程序编写、调试，在线诊断 PLC 硬件状态、控制 PLC 的运行状态和 I/ O 通道的状态等。PLC 编程主要包括了对直流调速器的控制和系统中的逻辑状态控制。

⑤ 通信网络　在 BOPP 生产线中，速度链传动控制系统和辅助控制系统采用了 CC-Link 现场总线网络，温度控制系统采用了 RS-485 网络，测厚控制系统由过程机单独完成。BOPP 生产线的网络连接关系如图 5.98 所示。

图中前部传动控制用 FX2N -80MR PLC（从站 9# ～12 #）通过 FX2N -485BD 板卡对挤出机、冷辊电机、慢速辊电机、快速辊电机和横拉辊电机共 5 台直流电机进行控制与检测；后部传动控制用 FX2N -80MR PLC（从站 17 # ～20 # ） 采用相同的方式对后处理电机、上卷电机、收卷 1 电机和收卷 2 电机共 4 台直流电机进行控制和检测，实现对速度链传动控制系统的控制。温控系统通过 RKC 温控仪表直接对各温控单元进行控制。温度的设定和显示通过 RS-485 通信实现。测厚系统作为独立的系统完成对薄膜厚度的测量。

（4）CC-Link 现场总线的软件实现

在 BOPP 生产线中，速度链传动控制系统及辅助控制系统与过程计算机控制级的数据传递是通过 PLC 主站和过程计算机之间的通信实现的，PLC 主站为 QJ61BT11 接口模块，过程计算机中为 A80BDE-J61BT13 通信卡。过程计算机作为 CC-Link 现场总线的从站，它的逻辑从站号为 25 #～28# ，它们通过相应的通信协议及软件实现了数据通信。

Visual C++的 CC-Link 软件编程。在利用 Visual C++ 进行通信编程时，可使用相应的数据连接库，数据连接库中提供了丰富的通信函数。编程时要进行的工作有以下几项。

① 由“MELSEC CC- Link”管理软件对通信方式进行设置，包括通信速率、数据格式和通道号等。

② 在 Visual C++ 编译环境中设置一个头文件“MDFUNC.H”，并在应用程序中加入语句“# include 〈mdfunc. h 〉”。

③ 在 Visual C++ 编译环境中设置库文件“mdfunc32.lib”。

④ 使用“MELSEC”数据连接库创建一个应用程序。

⑤ 使用功能函数（mdOpen）打开通信口。

⑥ 利用“MELSEC”数据连接库提供的函数进行数据的读写操作和控制。

⑦ 结束应用程序时，使用功能函数（mdClose） 关闭通信口。

数据的传递过程：在系统中过程机和 PLC 主站通过 CC-Link 现场总线传递速度链传动控制系统及辅助控制系统的速度信息、电流信息和控制状态信息，包括对各调速器的速度设定和控制。过程机接收到的数据一方面通过人机界面显示出来，另一方面以文件形式定时地存盘，便于数据的浏览和打印。同时，过程机通过数据发送将数据传递到基础控制级，保证系统的正常运行。数据流动和传递示意如图 5.99 所示。

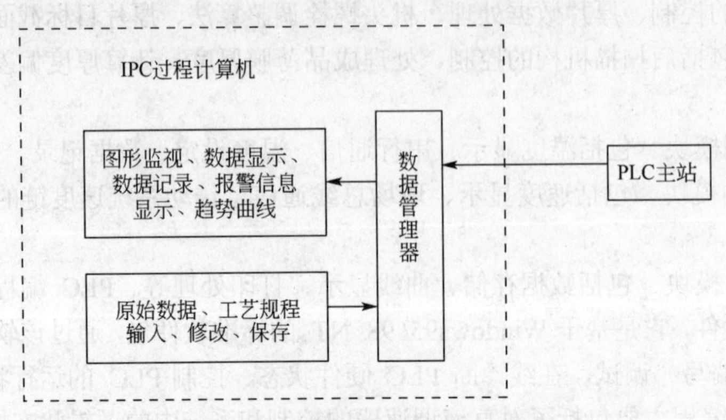

图 5.99 数据流动和传递示意

由于线程的优先级控制着该线程可以获得 CPU 的时间，在其他线程优先级不变的情况下，某一线程优先级的提高会使该线程占用更多的 CPU 时间。为使得数据分析和显示的线程不会因为数据采集太忙而产生等待状态，设置采集线程的优先级高于另外两个，这样可以更快地实现数据的存储和读取。

数据存储与管理部分利用 LabWindows/ CVI SQL Toolkit 工具包开发了该工具包的 CVI 数据库应用程序，该工具包的使用使得 CVI 对数据库的操作能力大大增强。数据库的操作主要步骤如图 5.100 所示。

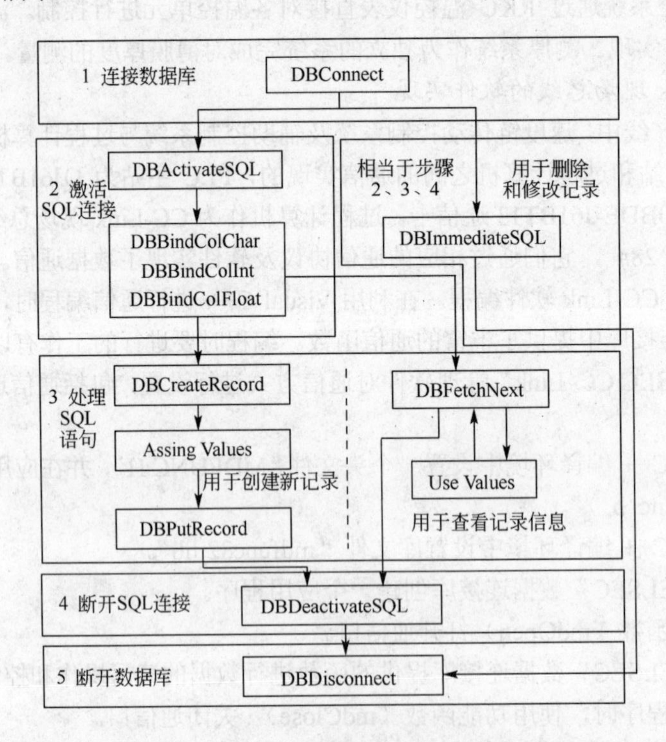

图 5.100 SQL 数据库函数操作步骤

数据处理部分借助于 MatLab 软件强大的数据分析和处理能力。LabWindows/ CVI 中使用 ActiveX Automation Controller Wizard 生成的自动化仪器驱动器，用户不必关心复杂的

ActiveX 自动化库函数的使用，直接调用简单的自动化仪器驱动的函数即可。

该测试系统已成功地应用于内燃机试验台架， 系统运行状况稳定，测试结果准确可靠。内燃机测试系统各个测试环节相对来说已经达到了较高的水平和标准，但仍有较大的改进余地。例如，上止点的确定问题，上止点的精度直接关系到试验的成败与否，影响到试验的结论，如何进一步提高上止点的精度是有待完善的地方。

（5）运行结果

该系统于 2002 年 10 月投入使用，应用效果良好。系统的投入使用使操作员的操作更为方便快捷，控制手段更为现代化，检测和数据记录手段的变化使数据的监测记录更为准确、迅速和全面，为技术人员进行数据分析提供了可靠的依据和丰富的数据资源，全面提高了管理水平。应用表明该系统可扩展性好，适应性强，简化了系统，节省了大量控制电缆，达到了 BOPP 生产线电气控制的要求。该系统的实现方法可推广到其他类型的薄膜生产线中。

5.5 集散控制系统在环境工程中的应用

5.5.1 水处理厂集散控制系统应用

某市水处理厂是省重点工程项目，它的竣工通水使城市人民喝上了放心优质的自来水，出厂水达到了欧盟标准。通过建立一套完整的 SCADA 系统，整个水处理厂的自动控制系统，并综合考虑与无线电调度系统、公司企业内部网络的衔接，建立自控系统、调度系统、企业内部网（Intranet）系统三位一体的综合管理与控制系统。

（1）总体结构

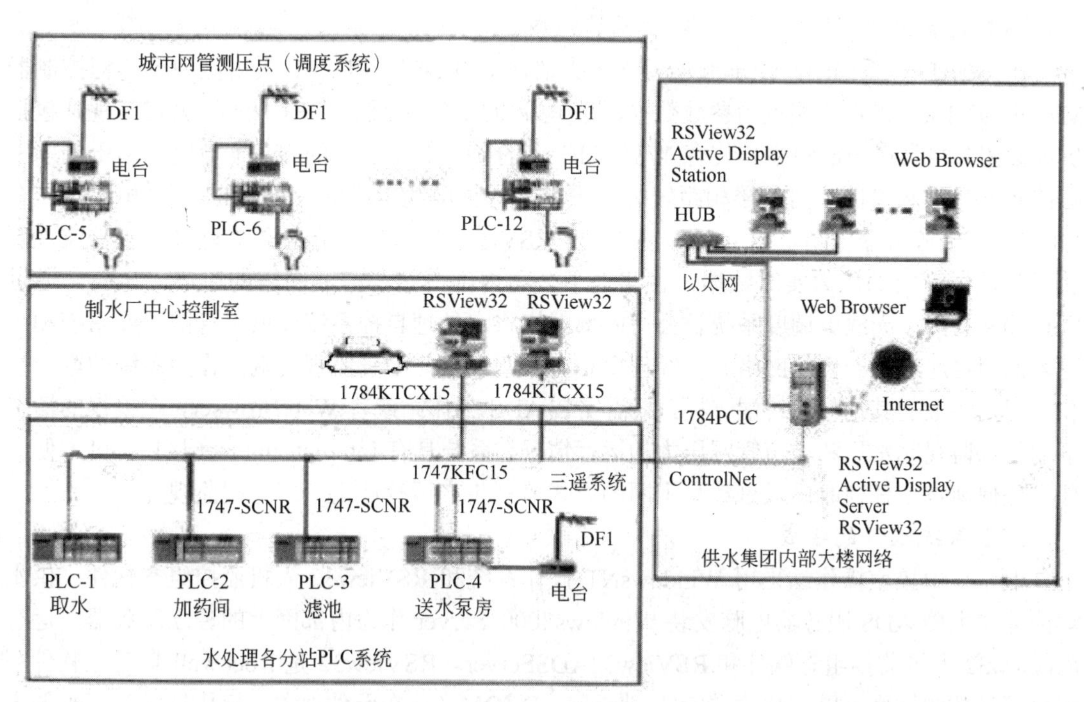

图 5.101 某水处理厂 SCADA 系统结构图

如图 5.101 所示，该水处理厂 SCADA 系统由水处理厂的自动控制系统、城市管网测压点、供水集团公司办公大楼内部网构成。以太网用于系统的管理层，ControlNet 网和无线通信用于各 PLC 及计算机操作站之间的控制层通信。管理层与控制层通过基于客户/服务器 HMI 组态软件 RSView32 活动显示系统（Active Display System，ADS）服务器实现信息交互。ControlNet 网采用屏蔽同轴电缆进行通信，具有连接方便、通信距离远的特点，是 PLC 通信广泛应用稳定的工业网络。无线通信采用具有 SCADA 功能的 DF1 主从通信协议，PLC 通过其标准 RS-232 与数传电台实现无线通信，通信速率可达 9600bps。

（2）水处理厂自控系统组成

根据水处理厂设备分类和控制要求，水处理厂自控系统包括取水泵站 PLC1、加药站 PLC2、滤池站 PLC3（包括公共反冲洗）、送水泵站 PLC4 和中心控制室组成。系统由管理层、控制管理层、现场控制层三层组成，控制系统结构采用集散型控制系统。PLC1 用于监控取水泵房取水泵运行和操作，包括检测泵运行温度、电量参数，以及原水的 pH、浊度、温度等水质参数。PLC2 加药站用于监控加矾计量泵、石灰泵以及加氯机的运行和操作，包括检测加药混合后水质的 SCD、pH、余氯，通过反馈，PLCPID 调节设备的加药量实现自动控制。这样使水能达到更好的沉淀和杀毒消菌的效果，并且保证水的 pH，这是制水厂最关键的控制环节。PLC3 是控制滤池自动恒水位过滤、自动公共反冲洗的。PLC4 是监控送水泵房送水泵运行和操作，包括检测泵运行温度、电量参数，以及出厂水的 pH、浊度、余氯、压力、流量等参数，保证城市供水量和水质。水处理厂的 PLC 通过屏蔽同轴电缆在全厂组成一个 ControlNet 网，水处理厂中心控制室配置两台 HMI 操作站，互为热备，是由两台各装有一块 1784KTCX15 卡的电脑运行 RSView32 系统做成了人机界面，监测和控制整个制水厂的生产和运行情况以及监测城市管网的压力情况。

（3）城市管网测压点与公司监视站的组成

在 SCADA 系统中，用于城市管网压力监测的 PLC5～PLC12 采用微型可编程控制器 MicroLogix1000 采集监测点的参数数据，并作为 SCADA 系统的 DF1 从站。公司监视站包括供水集团公司大楼内部网络和装有 1784PCIC 卡的 SCADA 系统的服务器电脑。由于制水中心控制室和供水集团公司大楼相距较远，采用了同轴电缆组成的 ControlNet 网相连，装有 1784PCIC 卡服务器电脑安装了 RSView32 及 RSView32 ADS 为监控组态软件，用于监视制水厂和城市管网的压力实时数据，也实现了公司内部网络与控制网络的通信。从而，通过 ControlNet 网，无线电调度系统、公司内部网络将水处理自控系统、城市管网调度系统和公司内部网络连成了一体化网络。在经理室和有关职能部门配置监视终端，作为系统的客户机和公司网络上的其他任何终端一样，只需安装 ADS 工作站或者 Web Browser，在授权的情况下均可以监视制水厂和城市管网压力的运行情况。系统具有 Internet/ Intranet 接口，可方便实现在任何地点、任何时候通过拨号上网的方式监视生产运行情况，即远程监视。

（4）系统软件的组成

制水厂中控室操作站采用 WindowsNT 操作系统和 RSView32 人机监控组态软件。供水集团公司大楼 ADS 服务器电脑安装 Windows2000 Server 作为内部网上的独立服务器，运行 RSView32 人机监控组态软件和 RSView32ADSServer。RSView32 是 Rockwell 自动化软件公司采用开放的技术，以 MFC（微软基础级）、DCOM（分布元件对象）模块技术为基础的人机监控软件，是第一个在图形显示中利用 ActiveX、VBA、OPC 的 HMI 产品，提供了监视、控制和数据采集等全部功能，是一个使用方便、可扩展性强、监控性能高的监控组态软件。

RSView32 ADS 将 RSView32 HMI 软件扩展为客户/服务器结构。ADS 服务器不仅可以在现场，而且可以通过国际互联网在世界任何地方接入。客户端可以采用 ADS Station 软件或 Internet Explorer 作为监控软件平台。系统安全策略利用 Windows2000 和 RSView32 提供的双重安全功能，Windows2000 在内部网络系统层负责管理操作人员或系统管理员的登录，而 RSView32 通过设置不同的安全级别在应用层对各用户的操作权限进行控制，从而保证系统的正常操作，防止越权操作。

（5）SCADA 系统协议

ControlNet 网是一个开放的高速确定性网络，它可用于传输对时间有苛刻要求的信息，通信速率可达到 5Mbps。提供实时的控制和对等的通信服务。采用生产者/客户方式，将传统的网络针对不同站点需多次发送改为一次发送多点共享，减少了网络发送次数，从而使网络实时、有效。用 RSNETworx 软件完成 ControlNet 的网络组态。由于历史的原因该厂采用的是 SLC5/03PLC，所以要上 ControlNet 网每个 PLC 机架上加了 1747-SCNR 通信模块，在送水泵站 PLC4 上另外还加了 1747 KFC15 通信模块，以满足 1784KTCX15 和 1784PCIC 卡与 PLC-CPU 的通信。

A-B 公司的 SLC5/03、SLC5/04 和 MicroLogix1000PLC 具有内置的多功能标准 RS-232 接口通道 0，该接口的系统方式支持 DF1 通信协议。DF1 协议是 A-B 公司 PLC 广泛支持的通信，包括各系列 PLC 及装有 RSLinx 通信软件的计算机均支持 DF1 协议，通过该协议可以构成基于 PLC 的调度系统。该城市管网调度系统采用点对多点半双工通信模式，PLC4 作为主站采用 DF1 半双工主通信方式，其他 PLC5～PLC12 控制器作为从站采用 DF1 半双工从通信方式，主站 PLC 采用对各站轮询方式实现数据交换。

（6）SCADA 系统功能与特点

① 集中管理、分散控制　如图 5.102 所示，在制水厂中心控制室能集中对全系统各种设备和生产运行数据进行监视和控制。能实现三级控制，即就地手动控制、分站 PLC 控制、中控室集中控制。

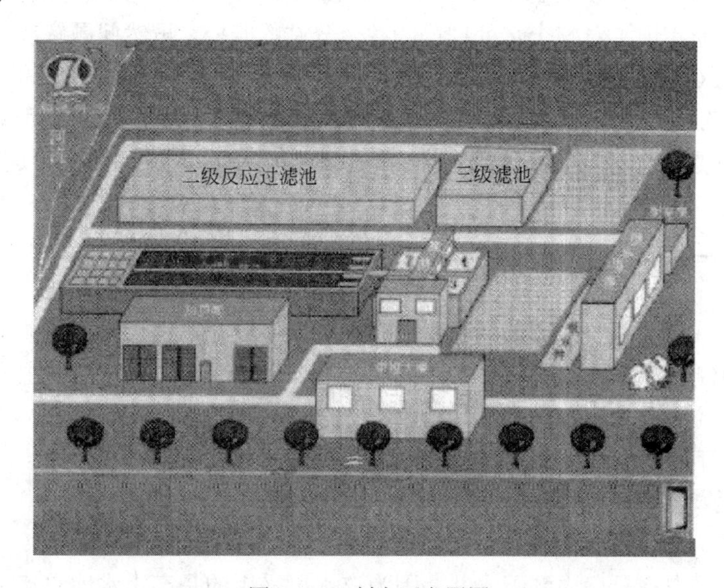

图 5.102　制水厂布置图

在控制室具有自动控制和远程手动控制（遥控）两种方式。就地手动控制在就地通过控制箱或柜上的按钮或控制器对设备进行手动控制；分站 PLC 控制各分站 PLC 执行自己的控制程序，处理该站现场 I/O 信号。在与中心控制室脱机或通信出现故障时各分站能独立利用自己的 PLC 进行控制及 PLC 之间的通信；中控室集中控制在中心控制室能对全厂生产过程和城市管网压力进行监测控制和数据处理，对所控设备进行自动或遥控控制。在自动控制方式下能对制水厂的相关设备进行联动控制，如开泵过程为先开泵后开阀，停泵过程为先关阀后停泵。在遥控方式下能对各控制设备进行独立控制。

② 通信能力强　水处理整个 PLC 组成一个 ControlNet 网络。无线电通信速率可达 9600bps。DF1 轮询时间可以根据实际需要在监控画面上设定，以达到数据的实时有效。公司采用 100M 以太网，保证了整个系统可以快速稳定和可靠地运行。

③ 系统可扩展性和开放性强　该系统采用的硬件和软件符合国际标准，如监控系统是基于微软公司的 WindowsNT、2000 或 9X 平台，支持各种规范的协议如 OPC、ODBC、ActiveX、DDE 等，为过程控制系统与管理信息系统交互信息、实现管理控制一体化提供了接口基础。

（7）综合使用效果与实际存在问题

该水处理厂自 2001 年 11 月调试完毕，正式投入使用以来，系统运行比较稳定，自动化控制效果良好。但是由于特定的原因采用的是 SLC5/03 PLC，而没有选用 A-B 的 ControlLogix 5000 系列 PLC，虽然每个机架上加了 1747- SCNR 通信模块组成了一个 ControlNet 网，但是电脑上的 1784KTCX15 和 1784PCIC 卡是没有办法直接和 SLC5/03 PLC CPU 通信。为了解决这个问题，在送水泵站 PLC-4 上另外还加了 1747 KFC15 通信模块，这样送水泵站 SLC5/03 PLC CPU 通过 RS-232 串口可以先和 1747 KFC15 通信，电脑上的 1784KTCX15 和 1784PCIC 卡通过 ControlNet 网和 1747 KFC15 进行通信，从而解决了 1784KTCX15 和 1784PCIC 卡与 SLC5/03 PLC CPU 的通信的问题。由于只有一块 1747 KFC15 通信模块，对于其他的取水、加药和滤池站的 SLC5/03 PLC，通过 ControlNet 网，先把要处理的 PLC 地址传送到各自的 1747-SCNR 通信模块 M 地址中，然后把取水、加药和滤池站 1747-SCNR 数据传到送水泵站 1747-SCNR 上，这样再把所有的送水泵站 1747-SCNR 传送来的地址送到送水泵站 SLC5/03 PLC CPU 上，从而实现了对整个水处理厂的各个分站的监控。虽然问题解决了，也存在不足之处，SLC5/03 PLC CPU 通过 RS-232 串口和 1747 KFC15 通信的速率最大只能设到 19200bps，这样电脑上的 1784KTCX15 和 1784PCIC 卡与 SLC5/03 PLC CPU 最多也只能是 19200bps，而 ControlNet 网是一个开放的高速确定性网络，通信速率可达到 5Mbps。这样，ControlNet 网的高速、实时、有效就体现出来了。

5.5.2 自来水厂集散控制系统应用

某水厂位于城市城郊，水源采用水库水，水质条件较好，设计日供水能力为 15 万吨，属三类水司，控制目标是要实现三类水司标准，接近二类水司要求。两大主要出厂水水质指标要求出水浊度控制在 1～5NTU 内，余氯水平在 0.3～0.5 mg/L 范围之内。水厂从 2002 年 3 月开始经过近半年的建设，于 2002 年 10 月正式投入运行。

（1）水厂的工艺流程

水厂的基本工艺流程如图 5.103 所示。

通常源水需经取水泵房送到配水井，因为该水厂采用的是高山水库自流水，所以没设取水泵房，也无需格栅排泥控制，所以工艺流程图中没有这两部分。配水井中的水经输水管道进行前加氯和加药后，进入沉淀池进行沉淀，沉淀后水进入滤池进行石英砂过滤，滤后水在进入清水池的过程中进行后加氯，最后清水池中水经输水泵房送往城市管网。根据工艺，水处理流程被分成三个控制部分：V形滤池过滤、加氯加药模拟斜管沉淀池沉淀和输水泵房输水。各控制部分的主要控制参数如下。

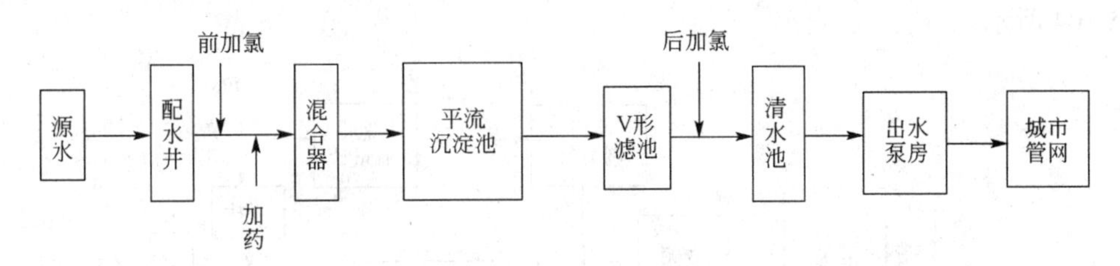

图 5.103　自来水厂工艺流程

① 滤池过滤部分

• 开关量输入（DI)117 点：包括 5 组滤池，每组设一出水阀、一初滤阀、一反冲洗阀，每阀有全关/全开/故障三个信号点，所以共有 3×3×8=72 点，每组阀的手动/自动切换点 8 个；2 台真空泵的运行/故障测点 2×2=4 个，真空表 1 点；电磁阀故障（排水抽真空、排水关闭、进水抽真空、进水关闭)共 32 点（8×4)。

• 开关量输出（DO)81 点：8 组电动阀门（控制管道)，每组 3 个，其开/关控制信号共 8×3×2=48 点；电磁阀上电 8×4=32 点；报警输出 1 点。

• 模拟量输入(AI)18 点：每个池的出水液位/控制液位 8×2=16 点；进水槽新/旧池液位 2 点(8 组滤池分 4 个新池一组和 4 个旧池一组分开控制)。

② 加氯加药及格栅沉淀处理部分

• 模拟量输入 15 点：源水流量(2AI)、源水温度(1AI)、源水浊度(1AI)、pH 值(1AI)、溶药池液位(2AI：上限和下限)、溶液池液位(2AI)、两台自动加氯机开度(对应加氯量 2AI)和计量泵变频器运行频率(1AI)、沉淀后浊度(2AI)、沉淀后余氯(1AI)。

• 模拟量输出 4 点：两台加氯机的流量输出信号(2AO)、两台变频器的频率控制(2AO)。

• 数字量输出 75 点：两组排泥阀(每组 36 个)的开关控制(2×36= 72DO)、故障报警(1DO)、两台变频器上电(2DO)。

• 数字量输入(DI) 114 点：两组排泥阀的自动/手动信号(2DI)；36 个阀的全关/全开/故障信号(36×3 =108DI)、变频器运行/故障(2×2 = 4DI)。

③ 输水泵房子站

出水流量(2 个)；出厂水浊度；出厂水余氯；出厂水压；配电柜和电机泵的电压、电流、功率、功率因数。以上均为模拟量输入信号，其中电流表、电压表、功率表和功率因数表等测量仪表的个数与配电柜的个数相匹配。

此外，水厂还设立了 6 个城市管网测压点，采用的是无线传输方式。被控参数是整个控制系统设计的基础，因此设计系统之前的首要任务就是确定每个部分所要测量和控制的变量和参数。

（2）加药控制实现

在整个净水工艺流程中，药液和消毒剂的投加是核心环节，因为该环节不仅直接决定了出厂水水质的好坏，决定了系统的药耗和氯耗(占系统的很大一部分成本)，而且是控制的难点。系统工作原理如下。

系统选取带有冲程、频率双调节的计量泵，当源水流量改变时，由源水流量计检测出当前进水量的大小，并输出一个 4～20mA 的标准信号送到计量泵冲程自动调节器，冲程自动调节器根据进水量的大小将冲程自动调节到合适的位置。加药控制的前一反馈闭环控制系统如图 5.104 所示。

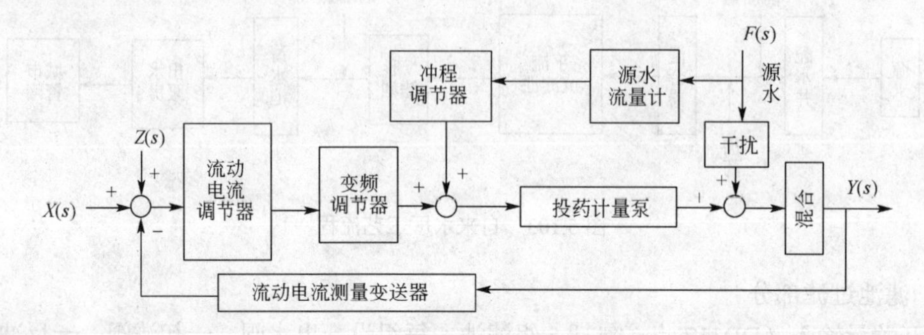

图 5.104 前一反馈闭环控制系统

改变 H 泵值即可改变投药量，因而计量泵冲程自动调节器通过改变 H 泵值实现了混合投药的流量比率控制。而原水水质参数(例如浊度等参数)的变化，由流动电流反馈控制器通过变频调速器调节投药泵的电机工作电源频率 f 来实现补偿。另外，由于流动电流反馈控制回路的存在，降低了对前馈控制器模型精度的要求，也就是说流量前馈没有完全补偿或过补偿的部分仍可由反馈回路补偿。

控制系统计量泵选用 USFilter/Wallace&Tiernan(简称 W&T)公司的 Chem-Ad D 系列隔膜计量泵。W&T 是世界上最早的水处理设备制造商和供应商，一直保留着水处理领域的领导地位。D 系列隔膜计量泵可从 0～100%手动或自动在线调节冲程，可直接接收 0/4～20mA 直流信号进行自动冲程频率控制，无需其他界面或转换设备，脉动调节可达 122 次/min，其最大投加能力为 900L/h，最大背压为 120psi(1psi=6894.76Pa)。

变频器为 ABB 公司的 ACS 600 系列，包括一 LAM 312 控制面板以进行参数设置和程序编制，同时其内部固化有一些标准应用宏程序，如 PID 控制、扭矩控制、序列控制等。在线浊度检测仪为 HACH 公司的 17200Turbidimeter，是一智能化程度较高的在线检测、分析及监控仪表，包括三个部分：Aqua Trend/SOM, PS 1201 Power Supply 12V, PS 1201 Network Connection Module，分别实现散光浊度分析、电源供应、网络连接传输和显示调节等功能。

（3）加氯控制实现

液氯杀菌是目前自来水厂的主要消毒手段，在工艺设计上，加氯控制一般设源水前加氯和滤池出水后加氯。前加氯通常采用流量比例法控制加氯量，后加氯则采用用流量配比前馈、余氯反馈的“复合环路”控制算法；余氯是出厂水的一项重要水质指标，国家生活饮用水卫生标准 GB5749—85 规定出厂水游离余氯为 0.3～0.5mg/L 之间。前加氯主要是为了消除藻类，要求较低，所以控制也很简单；滤后水加氯是加氯工艺的中心内容，下面着重对其进行分析。

加氯消毒是一个较长的化学反应过程，液氯投加后，一般需要 30min 以上的反应时间才能有较好的杀菌效果，加氯控制与加药控制一样，也是一个比较大的滞后系统，因此加氯控制研究主要围绕怎样解决滞后问题来进行。复合环加氯控制系统原理如图 5.105 所示。

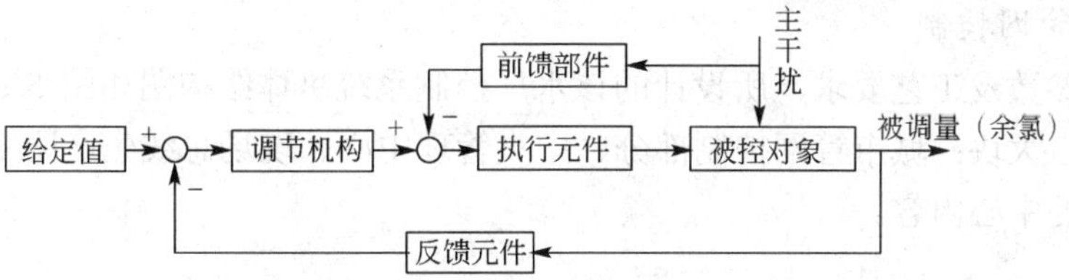

图 5.105　复合环加氯控制系统原理图

根据实际情况，水厂设计如图 5.106 所示的加氯控制系统。该系统主要有气源提供系统、气体计、投加系统、监测及安全保护系统几个部分组成。气源提供系统主要为真空加氯机系统提供充足连续的氯气气源，包括氯瓶、氯瓶歧管模块、角阀、过滤器、真空调节器和正负压管路等组成。

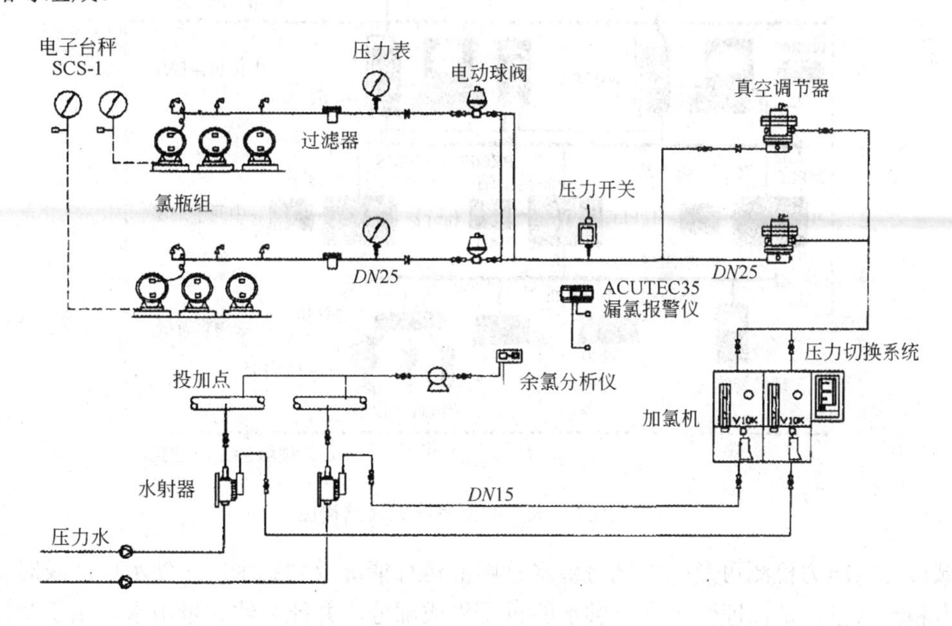

图 5.106　加氯控制系统图

监测及安全保护系统主要监测系统运行状况及提供报警保护功能。电子台秤在线监测氯瓶净重并输出相应信号到上位机。氯气压力表用于监测液氯管线压力。压力水水压表装于水射器的压力水入口处，用于监测压力水水压。ACUTEC35 双探头漏氯检测报警仪用于在线连续监测氯气浓度，超标时报警并启动漏氯处理装置。余氯分析仪 D3PLUS 的 4～20mA 信号是加氯机 PCU 控制器的输入信号之一。真空调节器是用来将来自氯瓶的有压氯气转变成负压状态，其配置的压力泄放阀是为了在有压氯气进入真空调节器时，将氯气排于室外，以避免设备损坏。电动球阀实现工作与备用氯瓶组间的切换启/闭，并保证气源管路畅通。

该加氯系统经过三个月的试运行后，得出了如下 FX4000 加氯机参数的整定情况：滞后时间的固定时间成分设定为 180s；滞后时间的可变时间成分为 0s；剂量参数设定为 95%；积分参数设定为 30%；余氯设定值为 1.4mg/L，允许偏差为±0.3mg/L。

这些参数设定较好地消除了滞后问题给系统带来的影响，并保证了出厂水余氯指标，后面出厂水余氯分析曲线将说明这一点。

（4）城市管网控制

结合被控参数及工艺要求，所设计的该水厂控制系统总体结构图如图 5.107 所示。整个系统可以分成三大块：城市管网控制部分、中央管理中心、现场总线生产网络部分，其中第三部分是控制的中心内容。

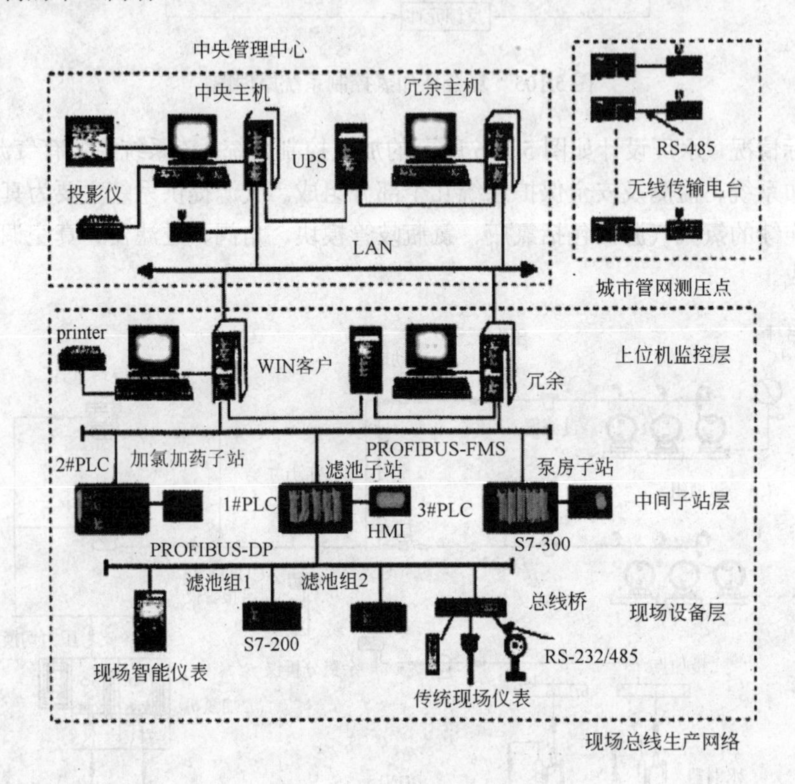

图 5.107 水厂控制系统总体结构图

城市管网压力检测可及时将城市供水管网的运行情况反馈到水厂，使水厂能及时调整供水压力和输水量，是保证恒压安全供水的重要组成部分，并能节约大量用水。由于测量点的地理位置的分散性及离水厂较远，通常采用无线传输监测方式。该水厂根据送水分布的具体情况设置了六个测压点，每个测量点设置为：S7-200 型 PLC(CPU224，带 4 点模拟量输入模块一块)、TDX-868/C 无线数传电台和一根定向天线。TDX-868/C 输出功率为 5～10W，工作在 230MHz 频率段，信道速率为 1200/2400/4800bps，支持三种调制方式 FSK、MSK、GMSK，传输距离范围为 5～25km，提供 TTL/RS-232/RS-485 用户选择接口，收发频率既可同频，也可异频，天线接口为 TNC-50KY,9～12V 直流电源供电。通过压力表测量的压力数据由 TDX-868/C 通过定向天线直接发送到水厂的中央管理中心进行监视，无线传送数率由管理中心设定。

PLC 程序编制采用的是 SIEMENS 的 STEP7-Micro/WIN32 V3.1 软件，装有该软件的计算机或专门的编程设备把程序编制好后再下载到 S7-200 的 CPU 中。由于进行的是无线传送，通信通常采用自由端口模式，这样 PLC 的串行通信口可直接由用户确定，用户可利用发送/接收中断和指令实现与管理中心通信。经与管理中心主机约定，设计采用的通信协议如下：

发送数据时：

53	2	地址	2	数据高字节	数据低字节	校验和	45

其中“53”和“45”是锁位字节，分别表示每帧数据的开始和结束；第二字节和第四字节的“2”是为了把地址字节与其他字节分开，以提高地址识别的准确率；地址字节是正在发送数据的 PLC 的地址编号；发送数据时先发高字节，其次是低字节，也可设定同时发送多个字节数据，但这样差错率会上升，由于测压点只有一个数据，设计一次只发送一个数据；校验和采用如下算法：数据＋地址＋4，其中数据在具体编程时是以寄存器符号表示的了。以上除了数据字不能更改外，所有字节内容都可自由约定。

PLC 接收来自管理中心主机的数据发送命令格式如下：

53	1	地址	0	地址+1	45

“地址+1”字节为了进一步核对地址以提高准确性，其他字节作用与上面完全相同。所有的 S7-200 都同时接收此命令，只有地址相符的 PLC 才随后发送数据。

S7-200 通信程序流程图采用的是中断方式，所以程序包括主程序和中断子程序两部分。

（5）中央管理中心

中央管理中心设在公司总经理室，对全厂的生产情况进行监视和管理。由于管理中心与现场总线生产网络部分传输的数据量大，因而建立的是局域网(LAN)连接，采用 100Mbps 以太网，这也有利于系统的扩展。当要建立分水厂时，分水厂便可通过该局域网与中央管理中心相连，而不会影响任何其他部分，需要时管理中心还可和 Internet 互联。管理中心硬件配置如下：两台奔腾 IV 主机，一用一备：EPSON EMP-50 型 48in 的大屏幕投影仪，分辨率可达到 XGA 800×600，采用 Interlace Progressive Converter 与 Digital Noise Reduction 等技术，能播放连续动态影像，对全厂的工艺及各个站的生产情况进行放大显示；HP 激光打印机、稳压 UPS 电源各一台；RTL8139(A) P CI Fast Ethernet Adapter 以太网卡；一块 TDX-868/C 无线数传电台和一根定向天线。

管理中心与城市管网的无线通信数据采集程序及与现场总线生产网络部分的 WinCC 工作站间通过以太网进行数据交换的监控主程序，利用 DELPHI 开发平台来设计，其他的应用设计由生产数据库设计。

监控主程序设计介绍如下。

管理中心设计的监控主程序与现场总线生产网络部分主工作站间是通过以太网来进行数据交换的，设计的中央管理中心监控程序的主界面主要包括系统操作、数据显示和数据报表三个部分。系统操作包括系统登录和参数设定，系统登录对操作权限进行控制，不同权限的成员所能进行的操作能力不同，只有系统管理员才能进行系统参数设定和对其他成员的访问控制等，而公司经理等访问人员只能进行一些数据浏览活动，这样完全保证了系统的运行安全和重要数据的保护。

图 5.108 是现场数据实时显示监控界面的现场总线生产网络控制室数据系数设置页，数据显示部分包括管网测压点压力显示、控制室数据显示、设备运行状态、控制室数据系数设置及校时设置五个页面。压力显示页除了对 6 个管网压力点(分别标识为 1#PLC，…，6# PLC)定时间隔采集来的压力大小进行显示外，还对 1#～6# PLC 的数据发送电台端口、中央管理中心电台端口及模拟屏端口的初始状态进行显示。图 5.108 的控制室数据显示页主要是对现场总线生产网络部分设置的三个 PLC。

窗口子站的数据分别进行实时显示，各个 PLC 子站运行时数据显示的详细情况将在后面说明；设备运行状态页主要是对生产一线设备的运行参数、状态及其良好情况等进行显示，包括加药计量泵、加氯机、搅拌机、阀门(主要为沉淀池和滤池)、输水泵等，从而为生成现场设备的状态报告提供及时数据。因为现场采集的数据与监控画面要显示的数据之间格式不同，要显示的现场采集数据必须进行格式转换、量程变换、单位换算及标度转换等。图 5.108 的控制室数据系数设置页就是为实现显示数据与现场数据一致而设定的一组初始值，当各种现场设备的量程或标度有变化时，数据系数设置能及时作出调整以实现一致；不仅数据采集周期可以随时设定，而且系统运行的时间及中央管理中心与另外两部分通信的同步调整都要求校准系统时间，校时设置页便是实现这一功能的，它可以设定系统时间、采样周期、日历对照等。

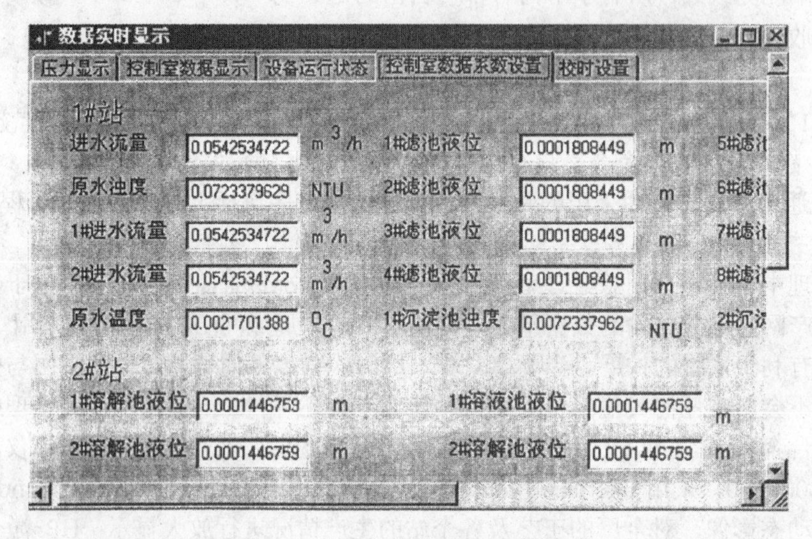

图 5.108 中心监控数据显示系数设定

生产数据必须进行打印，以便有关人员及时进行分析，从而调整生产计划，及时作出一些决策，监控程序也充分考虑到了这一点。主菜单的数据报表菜单设计了当前/历史日报表、月报表、压力报表等，兼具打印和预览功能，实现了数据的组合分析和打印输出。

整个 DELPHI 监控程序的设计基本上实现了水厂所要求的数据监控功能，虽然仍存在一些不足，如无线数据通信的数据传输率控制、差错控制、冲突避免等还有许多值得解决的问题，但也体现了很多的优越性。程序的设计和实现都相当自由灵活，能完成一些要求不高的小型水厂的控制要求，因而在小型水厂有较好的应用前景。

（6）现场总线生产控制网络设计

现场总线生产网络部分是整个水厂设计的核心部分，同时也是现场总线技术和相关通信技术应用于现代化水厂生产网络设计中的体现。整个现场总线生产网络部分是通过一个三级网络结构来设计和实现的：上位机监控层、中间子站层、现场设备层，见总体控制结构。

① 上位机监控层　上位机监控室主要完成对下位 PLC 各子站的监控管理工作，其硬件配置主要如下：2 台研华工控机 IPC-610，一台热备冗余，每台工控机主板的扩展槽都配置了三块 CP5613 型 PROFIBUS-FMS 通信网卡和一块 RTL8139(A) PCI FastEthernet Adapter(用于与中央管理中心通信)，一台 UPS 电源，一台打印机。监控软件选用 Siemens 公司的 WinCC，因为 WinCC 非常方便组态与 Siemens 公司的 PLC 之间的通信，而且支持很多种工业通信网络和总线，PROFIBUS 便是其中最明显的一种。

为与外部设备进行通信，首先必须组态用于该设备的通道，即在外部设备和 WinCC 间生成的逻辑接口的驱动器，从而通过数据管理器在外部设备和 WinCC 间建立一个在线运行接口。项目中 WinCC 要通过 PROFIBUS-FMS 与下位 S7-300 PLC 行通信，所以必须在 WinCC 项目中加入并组态 S7-300 的驱动器。先是右击 WinCC 资源管理器中的“Tag Manager”并选择“Add New Driver”，把 SIMATIC S7 Protocol Suite 协议包加入到项目中，随后便可在 WinCC 资源管理器中通过右击 SIMATIC S7 Protocol Suite 下的 PROFIBUS 子项并选择“System Parameter”来组态协议特定的连接参数，如加入连接点的逻辑设备名。接下来便是组态，“New Driver Connection”，在这里建立 PLC 与 WinCC 接口所需的逻辑连接参数，项目需建立三个连接，分别命名为 PLC1、PLC2 和 PLC3，分别对应滤池控制子站、加氯/加药子站和泵房子站，当建立起这样的变量标签-PLC 地址对应关系后，WinCC 中对 liquid_ high 的操作直接就是对滤池液位高度的操作，如果当前是在线运行，把鼠标放在控制中心的变量标签管理器中的变量标签上，就会显示该变量标签所对应的过程数据的当前值。没有定义地址的外部变量标签没有任何作用，还会明显降低系统的运行速度，应尽量避免。当对所有的外部过程数据都完成了变量标签组态后，才可对这些变量数据进行动态数据生成、变量存档、报表设计和报警存档等其他的组态操作，因而生成变量标签是所有其他 WinCC 组态操作的基础。采用 WinCC 组态的运行时主画面如图 5.109 所示。

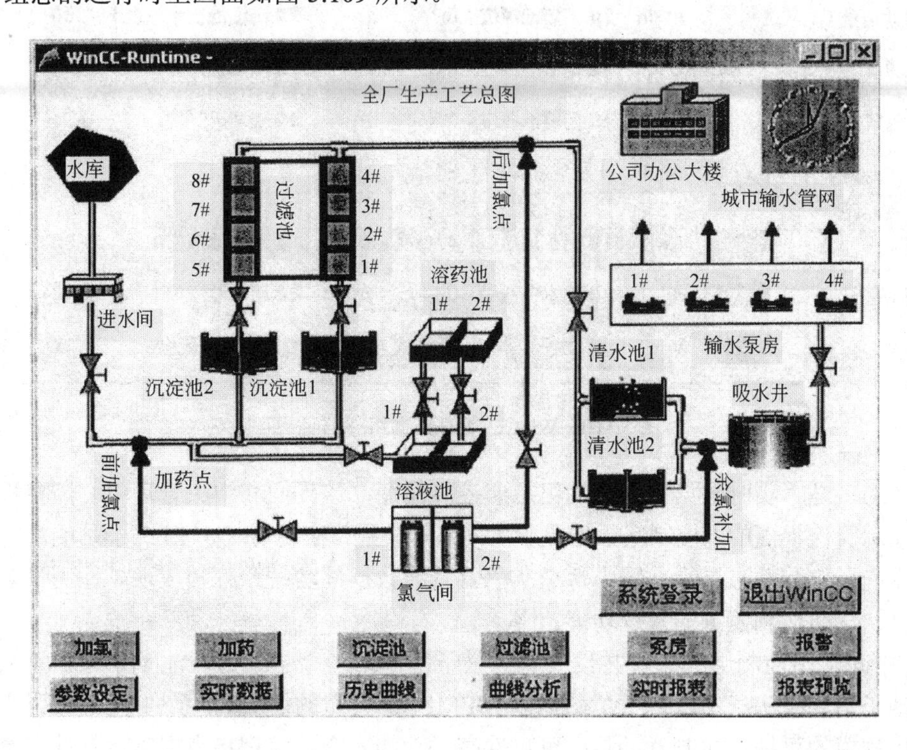

图 5.109　WinCC 组态的运行主画面

主画面对 WinCC 组态工艺流程和整体状态进行显示，同时还对各个池子的液位高度和主要阀门的开关状态进行动态显示，是整个生产过程的生动反映。右上角的时钟调用了 WinCC 中集成的 ActiveX 控件，显示系统的运行时间。另外，主画面共设置了 14 个按钮控件，“系统登录”按钮对不同访问权限的访问者的访问操作能力进行限制，访问者通常分为管理员、工程师、普通用户三种，它们各自的成员设置和操作能力控制都是通过 WinCC 的用户管理器组态的，WinCC 设置了用户管理、变量输入……动作编辑、项目管理器共 17 级访问权限，所有这些权限都可自由随机组合。

图 5.109 中底部的“加氯”到“报表预览”两排共 12 个按钮是用来进行其他任意组态画面相互切换的，不同组态画面将各自实现对系统不同部分的组态，如“加氯”是对系统的加药控制部分的组态，“实时报表”则是对系统运行的实时变量和数据的组态(包括变量归档、制表和报表打印等)。可点击“曲线分析”按钮后进入实时曲线分析画面，WinCC 的实时曲线分析功能能将所有监控变量的实时运行曲线合并于一块，以便进行更好的相互比较。

WinCC-Runtime -

运行实时数据显示　返回

1#PLC站

1# 滤池液位：	1.10	m	4# 滤池液位：	1.16	m	7# 滤池液位：	0.01	m
2# 滤池液位：	0.09	m	5# 滤池液位：	-0.02	m	8# 滤池液位：	0.00	m
3# 滤池液位：	0.15	m	6# 滤池液位：	0.01	m	滤池出水液位：	0.87	NTU

2#PLC站

1#原水流量：	576	m3/h	1# 溶解池液位：	1.12	m	1# 沉淀池出水浊度：	5.56	NTU
2#原水流量：	1	m3/h	2# 溶解池液位：	0.74	m	2# 沉淀池出水浊度：	2.60	NTU
原水温度：	19.64	C	1# 溶液池液位：	0.95	m	1# 加氯机开度：	13.50	%
原水浊度：	12.73	NTU	2# 溶液池液位：	0.84	m	2# 加氯机开度：	0.07	%
出厂水余氯：	0.77	mg/l	计量泵频率：	35.00	Hz			

3#PLC站

电量：	113	Kwh	1# 出水流量：	425	m3/h	1# 清水池液位：	1.90	m
电流：	155	A	2# 出水流量：	0	m3/h	2# 清水池液位：	1.88	m
电压：	392	V	出厂水压	0.40	MPa	反冲洗水箱液位：	2.14	m

图 5.110　WinCC 实时数据组态监控界面

图 5.110 是“实时数据”部分的组态监控界面图，该界面和中央管理中心监控程序的实时数据显示监控界面的“控制室数据显示”页基本一致，实现对三个 PLC 子站的主要参数和运行数据的采集和动态显示，图中每个灰色背景的数据都实时跟踪相应现场检测设备测量的动态数据，从而达到监测的系统功能。

② 中间子站控制层　该层共设立了三个子工作站三个子站为滤池子站、加氯加药及平流沉淀池子站、泵房子站，每个子站均以 SIEMENS 公司的 S7-300 系列 PLC 作为主机，它是一种中规模的可编程控制器，具有可靠性高、功能齐全、编程指令丰富、存储容量大、采用模块结构、配置灵活等特点。

由于该层采用的是 PROFIBUS-FMS 通信协议，因而每站都配置了一块 CP343-5 通信处理模块，该模块提供如下通信服务：PG/Op 通信、PROFIBUS-FMS、S7 通信、S5 兼容通信(发送/接收)。CPU 均采用 315-2 DP 型，带集成的 MPI 接口，具有中到大容量存储器和 PROFIBUS-DP 主/从接口，可用于大规模的 I/O 配置和建立分布式 I/O 结构，需要时可向下扩展 PROFIBUS-DP 网络，滤池控制站就属于这种情况。PLC 的电源模块都选用 PS 307-1E，它将 120/230V 交流电压转换位 PLC 所需的 24V 直流工作电压，为 S7-300、传感器及执行元件供电，输出电流为 5A。此外，每个站都配置一台 0P-37 显示操作面板 HMI(Human Machine

Interface，采用背光LCD显示技术，带128M内存)，分别对每个站的重要参数进行显示和控制组态，组态软件为ProTool/Pro 5.2 SP3(中文版)，HMI与PLC间采用MPI通信电缆进行连接。

STEP7 V5.0作为S7-300的编程控制软件，必须完成项目创建、网络通信数据组态、硬件及模板参数组态和可编程模板程序的编制等任务。在“New Project Wizard”下创建项目后，接下来就是把三个子工作站加入到该项目中，并与WinCC所建立的连接相对应分别命名为PLC1、PLC2和PLC3。图5.111显示了项目的工作站组成情况和1号PLC滤池子站所包含的子程序。

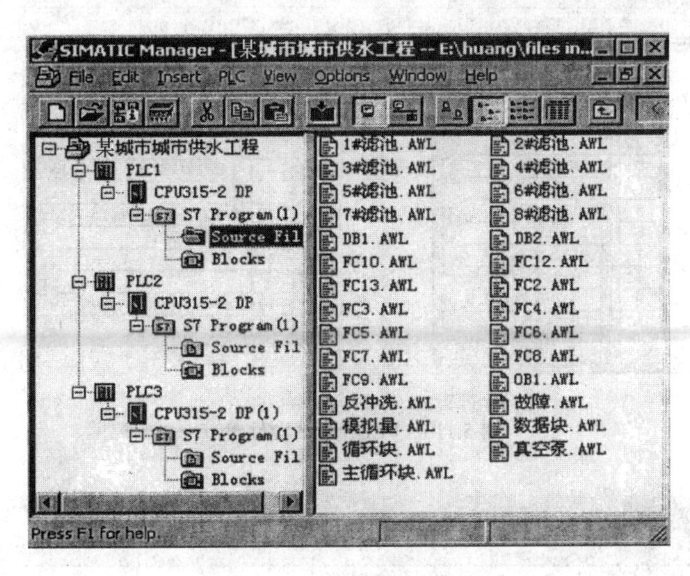

图5.111 城市供水工程组成

整体结构组建好之后，便要进行PROFIBUS通信网络组态。点击项目右键，选择弹出菜单“Insert New Object”下的“PROFIBUS”项，便创建了一个PROFIBUS总线网络图标，右击图标并打开“Open Object”便可对该总线网络进行硬件组态。图5.112是项目的PROFIBUS网络硬件组态图，图中，PLC 1、PLC2和PLC3分别对应滤池控制子站、加氯加药子站和泵房子站，均为1类PROFIBUS主站(DP Master)，如需要还可往后接入2类PROFIBUS主站。

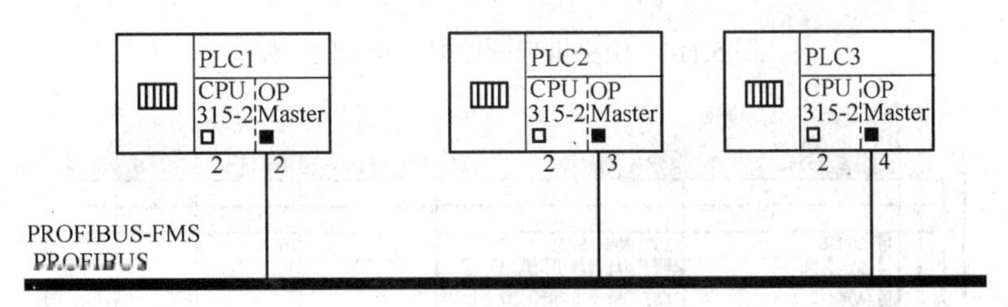

图5.112 PROFIBUS网络硬件组态

双击图中的总线便可打开总线属性设置界面。图中的“General”页主要包括总线名称、总线下S7子网标识号范围及一些描述信息的设置，而“Network Setting”页则主要对数据传输速率和使用协议的设置，设计分别选择187.5Kbps和Universal FMS/DP。点击“Network Setting”页上的“Bus Parameter”按钮弹出总线设备参数设置界面，该界面可对介绍的

PROFIBUS 设备运行参数如“GAP”，“Tslot”等进行设置，不过这些参数通常不用改变。

点击图 5.112 中的任意 FLU 图标或通过双击项目管理器中某个站下的“Hardware”项，便可进入相应 FLU 子站硬件的组态，主要是对机架号、槽号、CPU 型号、模块类型、通信卡和电源等进行选择。图 5.113 是 PLC2 子站的硬件组态图，由于要进行模块扩展，所以有两个安装机架。图 5.114 显示了中央机架(0)UR 的硬件配置和信号模块的地址分配情况，图 5.115 显示了扩展机架(1)UR 的硬件配置和信号模块的地址分配情况。

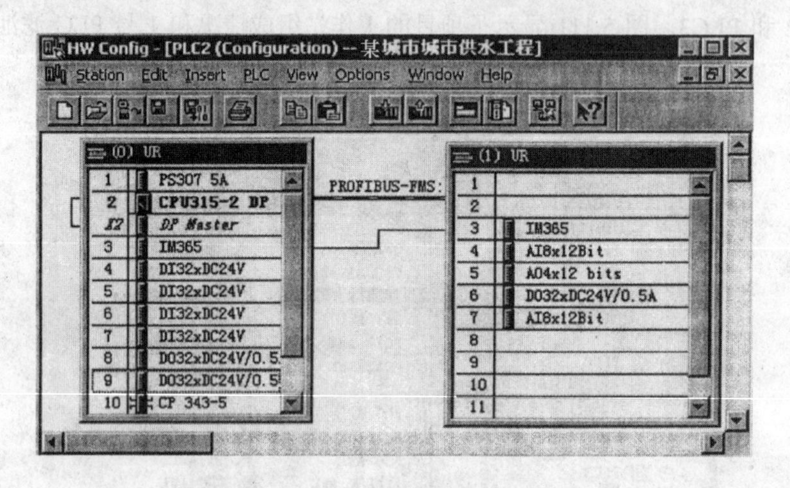

图 5.113 PLC2 子站硬件组态

(0) UR

S...	Module	Order Number	M...	I A...	Q A...	Comment
1	PS307 5A	6ES7 307-1EA00-0AA0				
2	CPU315-2 DP	6ES7 315-2AF03-0AB0	2			
X2	DP Master			1023*		PROFIBUS总线网
3	IM365	6ES7 365-0BA01-0AA0		2000		
4	DI32xDC24V	6ES7 321-1BL00-0AA0		0...3		
5	DI32xDC24V	6ES7 321-1BL00-0AA0		4...7		
6	DI32xDC24V	6ES7 321-1BL00-0AA0		8...11		
7	DI32xDC24V	6ES7 321-1BL00-0AA0		12...15		
8	DO32xDC24V/0.5A	6ES7 322-1BL00-0AA0			16...19	
9	DO32xDC24V/0.5A	6ES7 322-1BL00-0AA0			20...23	
10	CP 343-5	6GK7 342-5DA00-0XE0	3	352...367	352...36	
11						

图 5.114 中央机架硬件配置及地址分配

(1) UR

S...	Module	Order Number	MPI Address	I Add...	Q A...	C...
1						
2						
3	IM365	6ES7 365-0BA01-0AA0		2004		
4	AI8x12Bit	6ES7 331-7KF01-0AB0		384...399		
5	AO4x12 bits	6ES7 332-5HD00-0AB0			400...40	
6	DO32xDC24V/0.5A	6ES7 322-1BL00-0AA0			40...43	
7	AI8x12Bit	6ES7 331-7KF01-0AB0		432...447		
8						

图 5.115 扩展机架硬件配置及地址分配

图 5.114 和图 5.115 表格中的列标题的意义分别为序号、模块号、订货号、MPI 地址、I(输入)地址、Q(输出)地址、注释，图中，PS307 5A 是电源模块、CPU315-2 DP 是处理器模块，IM365 是接口模块、CP 343-5 是通信处理模块(它支持 PROFIBUS-FMS 通信协议)，其他均为

信号模块。变量表是加氯加药及沉淀池子站的PLC输入输出量、PLC端子号和I/O地址的表，表中的I/O地址必须与本站硬件组态中的地址分配情形一致，地址分配可由STEP7根据子站号、机架号和槽号自动分配，也可手动设置，但手动设置必须遵守配置规则且容易造成重复，一般不太使用。

下面是另外两个站即滤池子站和泵房子站的硬件基本配置情况。

- 滤池子站 DO SM-322 32 点，DI SM-321 32 点，AO SM-332×12bits 8 点，AI SM-331×12bits 16点，CP5613型PROFIBUS-FMS通信网卡一块，PS307 5A电源模块一块。
- 泵房站 DO SM-322 16点，DI SM-321 16点，AO SM-332×12bits 4点，AI SM-331×12bits 8点，CP5613型PROFIBUS - FMS通信网卡一块，PS307 5A电源模块一块。

滤池控制子站由于控制参数较多，8组滤池分新、旧两组各4个，有必要向下进行扩展，扩展的2台S7-200各自控制一组滤池，并作为从站通过PROFIB US-DP与主站进行通信，每个S7-200从站的配置均如下：CPU224；EM 223 16 DI 16 DO 24V DC；EM231 4 AI×12bits：EM232 2 AO×12bits；EM277 PROFIBUS-DP扩展模块。

在完成硬件及模板参数组态后，便可根据输入/输出量及地址表进行可编程模板程序的编制，STEP7采用梯形图或语句表设计语言，简便易学，引入结构化的设计思想，程序利用逻辑功能块间的参数和数据传递进行过程控制，可重复利用的代码段装在不同的块中，通过组织块OB调用这些块并传递相应的数据，STEP7软件包中还提供大量的系统功能块(SFC、SFB)供用户选用。

最后，所有的硬件组态数据及程序通过“SIMATIC Manager”的“PLC”菜单下的“download”项下载到相应的PLC中，并就网络的连通状况进行测试，测试通过后便说明所有的变量标签-地址对应没有差错。设计所有通过PROFIBUS总线的数据通信都采用面向连接的方式，任何一次数据交换请求都是建立起通信逻辑链路后来完成数据交换的。

③ 现场设备层　现场设备层主要是各种现场测量仪器、变送器、执行器和传感器，主要包括温度计、pH仪、浊度分析仪(分高浊度与低浊度)、流量计、液位变送器、水射器、计量泵、SCU仪、PCU仪、变频器和余氯分析仪等，按所具有的功能可分为智能型和传统型，对带PROFIBUS接口的智能型现场产品，如远程分布式I/O和FUJI变频器，可直接通过RS-485电缆连接于总线上。由于智能仪器技术仍是一正在发展的新兴技术，产品还较少(尤其在净水行业)，所以大部分传统型设备的输入输出信号一般还是经过一对一方式直接连在PLC的信号端子上，这对于距离较远的设备控制来说必须付出较大的成本，总线桥技术可以改变这一状况，设计滤池子站采用了这一最新技术，滤池现场的液位计和真空泵等设备是通过PB-B-RS232/V2转换器再连接到PROFIBUS上。

（7）系统运行结果分析

在系统正式投入运营一个月后，对主要目标参数进行了采集分析，包括采集的主要控制目标数据，包括日耗费电量、日进水流量、日出水流量、出厂水压、出厂水余氯和出厂水浊度。总体看来，出厂水的两项主要水质指标均满足了设计要求，余氯值绝大部分处于0.3～0.5mg/L之间，浊度值也大部分处于1.1~0.9之间。采用现场总线技术设计的系统运行至今，情况一直良好，表明设计是合理的，尤其是通过采用现场总线技术和总线桥技术，优化了系统的运行性能，同时节省了大量成本，据统计核算，与常规系统相比，大约可节省15%的成本。最重要的是随着整个系统自动化程度的提高，为整个系统今后的改造和扩展升级打下了坚实的基础。所有这些都说明了现场总线技术带来的优越性。

参 考 文 献

[1] 阳宪惠．现场总线技术及应用．北京：清华大学出版社，1996．

[2] 蔡忠勇，高涵．DEVICENET 讲座．低压电器，2000（2）．

[3] 刘美俊．PROFIBUS 现场总线的通信原理．机床电气，2005（2）．

[4] 华镕．开放的 Modbus TCP．工控网，2004．

[5] 王俊杰．“ASi 总线技术及其应用”讲座，自动化仪表，2004（11）．

[6] 夏德海.现场总线技术讲座：第一讲现场总线的由来．自动化与仪表，2005（3）．

[7] 夏德海.现场总线技术讲座：第二讲现场总线的国际标准．自动化与仪表，2005（4）．

[8] 俞孟蕻，陈红卫，孟昕．CC Link 现场总线在 BOPP 薄膜生产线中的应用.工业仪表与自动化装置，2004（6）．

[9] 罗芹芝．啤酒灌装生产线控制系统的设计与应用.包装与食品机械，2005（3）．

[10] 湛洪然．基于 LonWorks 技术的智能抄表系统.洛阳工业高等专科学校学报，2005（6）．

[11] 付军．FF 现场总线技术在丁二烯生产装置中的应用．南京工业大学学报，2003（2）．

[12] 邓志强.企业信息化的选择——Intranet.中国科技信息，2005（12）．

[13] 贺群焱.现代企业资源计划 ERP 的应用研究．特区经济，2005（2）．

[14] 梁勇，范全义，徐博文.企业数据环境建设研究与实践．计算机集成制造系统，2004（12）．

[15] 金建新，刘文鹏.组态软件在 PLC 控制系统故障诊断中的应用.中国机械化工程，2005（8）．

[16] 何衍庆，王慧锋，俞旭波，陈新，邱宣振．现场总线仪表的选型设计.石油化工自动化，2005（2）．

[17] 韩 斌，王孝红，景绍洪．现场总线仪表技术在水泥生产线上的应用.济南大学学报，2004（1）．

[18] 杨庆柏，王月志．LD302 现场总线仪表的原理及其应用.化工自动化及仪表，1998（2）．

[19] 茅骐.现场总线控制系统在液体 SO_3 装置上的应用.硫磷设计与分体工程，2003（5）．

[20] 孟凡华，祁耀斌．PROFIBUS 现场总线技术及其在油田联合站的应用.仪器仪表用户，2006（2）．

[21] 王淑芳.现场总线仪表 848T 的实际应用.石油化工自动化，2005（5）．

[22] 赵静，王坚，陈婵媛．PROFIBUS 总线式智能温控仪表的研制.传感器与仪器仪表，2006（3）．

[23] 乔毅，王长友，袁爱进.锅炉汽包水位测控系统现场总线仪表的研制.大连铁道学院学报，1998（1）．

[24] 于衍星，孟彦京，陈景文．4400/500 纸机电气传动控制系统的设计.仪表自控，2004（3）．

[25] 杨建国，李文霞，吴曙晶．HART 协议及在能源计量仪表中的应用.河南冶金，2005（8）．

[26] 童立君，江智军，何小斌．基于 PROFIBUS 总线的水厂自动投药系统.电气传动自动化，2005（3）．

[27] 赵建华，赵中伟，喻益超．基于 Profibus 总线的中央空调控制系统.自动化仪表，2005（7）．

[28] 代新冠，田永鹏，张超．基于 S3C2440 的嵌入式多媒体控制器设计.现代电子技术，2006（8）．

[29] 戴永寿，郑金吾．基于现场总线的炼油装置控制系统及其与炼油厂 MIS 的互连实现.仪器仪表学报，2004（4）．

[30] 金建新，刘文鹏.组态软件在 PLC 控制系统故障诊断中的应用.中国机械化工程，2005（8）．

[31] 和秋鹏，喻寿益．IFIX 组态软件在循环流化床锅炉控制系统中的应用.安全技术与管理，2006（6）．

[32] 于水娟，刘淮霞．MCGS 工控组态软件在煤矿主通风机监控系统中的应用.煤炭工程，2006（11）．

[33] 候宝军，王浩．炼油厂电气监控系统组态软件应用，电器制造，2006（8）．

[34] 马国华．监控组态软件及其应用．北京：清华大学出版社，2001.

[35] 刘美俊.PLC 的故障诊断与维护方法．中华纸业，2006，3.

[36] 杨东，黄永红.交通红绿灯 PLC 控制系统编程方法与技巧．微计算机信息，2006， 4-1.

[37] 陆秀令.提高 PLC 控制系统可靠性的措施．机电工程技术，2004，1.

[38] 罗庚兴.西门子 STEP7 编程软件的使用方法．南方金属，2006，10.

[39] 熊淑燕，王兴业，田建艳，张伟.火力发电厂集散控制系统．北京：科学出版社，2000.

[40] 刘翠玲，黄建兵.集散控制系统.北京:北京大学出版社，2006.

[41] 韩兵，于飞.现场总线控制系统应用实例.北京：化学工业出版社，2006.

[42] 韩兵，火长跃.现场总线仪表.北京：化学工业出版社，2007.

[43] 韩兵.现场总线系统监控组态软件.北京：化学工业出版社，2008.

[44] 韩兵.PLC 编程与故障排除.北京：化学工业出版社，2009.

欢迎订阅自控类图书

书　　名	定价/元	书　号
自控软件		
MATLAB 实用教程——控制系统仿真与应用	48	9787122049889
MATLAB 语言与控制系统仿真实训教程(附光盘)	38	9787122060617
LabVIEW 虚拟仪器程序设计与应用	48	9787122103321
组态软件应用指南——组态王 Kingview 和西门子 WinCC	68	9787122104748
仪器仪表		
调节阀应用 1000 问	45	9787502585860
流量测量方法和仪表的选用	60	9787502531010
有毒有害气体检测仪器原理和应用	20	9787122038463
污水处理在线监测仪器原理与应用	28	9787122029218
仪表工程施工手册	98	9787502567415
仪表工试题集——在线分析仪表分册(二版)	48	9787502583224
仪表维修工技术问答	27	9787122011145
传感器手册	75	9787122014702
新型流量检测仪表	45	7502571450
在线分析仪表维修工必读	55	9787122009319
在线分析仪器手册	148	9787122024398
过程控制技术及施工		
氮肥生产控制系统	30	7502592512
现场总线系统监控与组态软件	28	9787122030030
油库电气控制技术读本	28	9787122027122
过程控制工程实施教程(姜秀英)	28	9787122027795
过程控制系统及工程(二版)	30	9787502538514
过程自动检测与控制技术	20	9787502593322
工业过程控制技术——应用篇	65	7502577955
石油化工自动控制设计手册(三版)	138	9787502526962
自动化及仪表技术基础	28	9787122026316
电视监控系统及其应用	36	9787122012579
人机界面设计与应用	36	9787122014016
PLC 技术		
PLC 编程和故障排除	30	9787122037947
西门子 S7 系列 PLC 电气控制精解	46	9787122083708
西门子 S7-200 系列 PLC 应用实例详解	36	9787122072313
可编程控制器使用指南	38	9787122036407
可编程序控制器原理及应用技巧(二版)	30	7502544062
PLC 技术及应用	18	9787122012203
西门子 S7-200PLC 与工业网络应用技术(胡健)	35	9787122057020

变频器技术丛书		
变频器故障排除 DIY	38	9787122032973
变频器使用指南	40	9787122036520
变频器应用问答	22	9787122038890
变频器应用技术丛书——变频器的使用与维护	29	9787122047649
变频器应用技术丛书——变频器应用实践	29	9787122047625
变频器应用技术丛书——电气传动与变频技术	30	9787122093271
变频器的使用与节能改造	28	9787122102515
单片机系列		
单片机应用入门——AT89S51 和 AVR	33	9787122029515
单片机系统设计与调试(吉红)	29	9787122087010
单片机 C51 完全学习手册(附光盘)	68	9787122035820

以上图书由**化学工业出版社·电气分社**出版。如需以上图书的内容简介、详细目录以及更多的科技图书信息，请登录 www.cip.com.cn。

邮购地址：(100011)北京市东城区青年湖南街 13 号 化学工业出版社

服务电话：010-64519683，64519685(销售中心)

如要出版新著，请与编辑联系。联系方法：010-64519262，sh_cip_2004@163.com